Robert Denk | Reinhard Racke

Kompendium der ANALYSIS

Robert Denk | Reinhard Racke

Kompendium der ANALYSIS

Ein kompletter Bachelor-Kurs
von Reellen Zahlen zu Partiellen Differentialgleichungen

Band 1:
Differential- und Integralrechnung,
Gewöhnliche Differentialgleichungen

STUDIUM

**VIEWEG+
TEUBNER**

Bibliografische Information der Deutschen Nationalbibliothek
Die Deutsche Nationalbibliothek verzeichnet diese Publikation in der
Deutschen Nationalbibliografie; detaillierte bibliografische Daten sind im Internet über
<http://dnb.d-nb.de> abrufbar.

Prof. Dr. Robert Denk
Universität Konstanz
Fachbereich Mathematik und Statistik
Universitätsstraße 10
78464 Konstanz

robert.denk@uni-konstanz.de

Prof. Dr. Reinhard Racke
Universität Konstanz
Fachbereich Mathematik und Statistik
Universitätsstraße 10
78464 Konstanz

reinhard.racke@uni-konstanz.de

1. Auflage 2011

Alle Rechte vorbehalten
© Vieweg+Teubner Verlag | Springer Fachmedien Wiesbaden GmbH 2011

Lektorat: Ulrike Schmickler-Hirzebruch | Barbara Gerlach

Vieweg+Teubner Verlag ist eine Marke von Springer Fachmedien.
Springer Fachmedien ist Teil der Fachverlagsgruppe Springer Science+Business Media.
www.viewegteubner.de

Umschlaggestaltung: KünkelLopka Medienentwicklung, Heidelberg
Druck und buchbinderische Verarbeitung: AZ Druck und Datentechnik, Berlin
Gedruckt auf säurefreiem und chlorfrei gebleichtem Papier

ISBN 978-3-8348-1565-1

Unseren Familien gewidmet

Birgit, Bernadette, Lorenz
Judith, Maria, Christian, Thomas

Vorwort

Mit diesem Band 1 und dem sich anschließenden Band 2 wird ein *Kompendium* für einen kompletten Analysiszug in einem Bachelor-Studiengang *Mathematik* vorgelegt. Die Inhalte entsprechen den Standardveranstaltungen

- Analysis I, Analysis II des ersten Jahres mit je 4 Semesterwochenstunden (SWS) mit der Differential- und Integralrechnung,

- der Analysis III mit 2 SWS Theorie Gewöhnlicher Differentialgleichungen und 2 SWS Lebesguescher Maß- und Integrationstheorie,

- der Analysis IV mit 2 SWS Funktionentheorie und 4 SWS Funktionalanalysis sowie

- einer Einführung in die Theorie Partieller Differentialgleichungen mit 2 SWS im dritten Jahr.

Damit wird ein Bogen geschlagen von den Grundlagen der Analysis bis hin zu den Anfängen einer möglichen Spezialisierung in Richtung Analysis im Bereich Partielle Differentialgleichungen.

Um den Studierenden eine Möglichkeit zu geben, in wenigen Büchern alles nachlesen zu können, was in den Vorlesungen zur Analysis üblicherweise in einem Bachelor-Studiengang auftaucht, wurde als Format eine Kompendiumform, wie sie bei Merkblättern üblich ist, gewählt. Diese neue Form als Buch orientiert sich dann zwar inhaltlich an Vorlesungen, die die Autoren nun schon mehrfach an der Universität Konstanz gehalten haben, bietet jedoch allen an der Analysis Interessierten unabhängig vom Hochschulort ein konzentriertes Nachschlagewerk, da die Thematik trotz aller Spezialisierungen an verschiedenen Orten immer noch universell ist. Selbst für Leute, die nur spezielle Themen nachschlagen wollen, bleibt immer noch ein sehr großer Fundus in Analysis im vorgelegten und dem noch folgenden Band 2.

Zum gewählten neuen Kompendiumformat hinaus passt ein Kapitel *Prüfungsfragen*, in dem sich die Studierenden auf mündliche oder schriftliche Prüfungen einstimmen können – keine Übungsaufgaben plus Lösungen sondern Simulation und Beherrschung von Prüfungen ist gefragt. Ein ausführlicher Index rundet das Kompendium ab. Die beiden Bände 1 und 2 sind weitgehend unabhängig voneinander von Nutzen, nicht nur, weil sich der Inhalt chronologisch anordnet.

Die Kompendiumform bietet sowohl den Studierenden als auch den eine Vorlesung planenden Dozenten durch die Vorlesungsnähe eine hilfreiche Grundlage.

Im Stil geht vieles auf Merkblätter zurück, die der zweite Autor bei Prof. Dr. Dr. h.c. Rolf Leis an der Universität Bonn kennenlernte. Inhaltlich gibt es eine Reihe von zugrunde liegenden Büchern, von denen besonders die beiden Bände [2, 3] von Barner & Flohr zu nennen sind.

Die gewählte chronologische Reihenfolge in diesem Band 1 behandelt in den Kapiteln 1–9 die Differential- und Integralrechnung des ersten Semesters (entspricht 4 SWS Vorlesung), in den Kapiteln 10–14 die des zweiten Semesters (4 SWS). In den Kapiteln 15–19 werden Gewöhnliche Differentialgleichungen (2 SWS) behandelt. Kapitel 20 liefert die genannte Hilfestellung zur Prüfungsvorbereitung, dem sich Literaturangaben zur Standardliteratur zu den Themen des Buches anschließen.

Band 2 wird dann die Gebiete Lebesguesche Maß- und Integrationstheorie (2 SWS), Funktionentheorie (2 SWS), Funktionalanalysis (4 SWS) und Partielle Differentialgleichungen (Einführung, 2 SWS) behandeln.

Wir danken den Mitarbeitern Dipl.-Math. Mario Kaip, Dipl.-Math. Patrick Kurth, Dipl.-Math. Tobias Nau und Dipl.-Math. Michael Pokojovy für das Korrekturlesen und für Verbesserungsvorschläge sowie dem Verlag Vieweg+Teubner, insbesondere Frau Ulrike Schmickler-Hirzebruch, für die Aufnahme in das Verlagsprogramm.

Konstanz, März 2011   Robert Denk – Reinhard Racke

Inhaltsverzeichnis

Differential- und Integralrechnung

Kapitel 1 – 14

Kapitel 1

Grundlagen und Bezeichnungen

Worum geht's? *Die Mathematik besitzt eine eigene Sprache und auch eigene Symbole, die nicht nur eine kurze und prägnante Schreibweise erlauben, sondern auch zu präzisen Formulierungen zwingen. In diesem Kapitel werden wichtige Grundlagen für alles Weitere bereitgestellt: Operationen mit Mengen, logische Verknüpfungen und die zugehörigen mathematischen Symbole.*

1.1 Mengen und Abbildungen

Für die Infinitesimalrechnung werden wir uns mit der sogenannten „naiven Mengenlehre" begnügen. Eine Menge ist danach die „Zusammenfassung von (endlich oder unendlich vielen) wohlbestimmten und wohlunterschiedenen Objekten (Elementen) zu einem Ganzen".

Wir setzen somit voraus, dass wir die Elemente von den Mengen, welche wir betrachten, „kennen". Die Elemente sind uns z. B. durch explizite Aufführung (z. B.: $M = \{1, 5\}$) oder durch die Angabe einer definierenden Eigenschaft (z. B.: $M = \{x|\ x$ ist eine gerade natürliche Zahl$\}$) bekannt.

Beispiele 1.1. $\mathbb{N} := \{1, 2, 3, \dots\}$ *(natürliche Zahlen)*,
$\mathbb{N}_0 := \mathbb{N} \cup \{0\} = \{0, 1, 2, \dots\}$,
$\mathbb{Z} := \{x|\ x \in \mathbb{N}_0\ \ oder\ \ -x \in \mathbb{N}_0\}$ *(ganze Zahlen)*,
$\mathbb{Q} := \{x|\ x = \frac{m}{n}\ für\ ein\ m\ aus\ \mathbb{Z}\ und\ ein\ n\ aus\ \mathbb{N}\}$ *(rationale Zahlen)*,
$\mathbb{R}$: *reelle Zahlen (s. Kapitel 2)*,
$\emptyset$ *(oder $\{\}$): leere Menge.*

Definition 1.2. *Seien M, N Mengen. Dann definiert man:*
$x \in M$: *x ist Element von M,*
$x \notin M$: *x ist nicht Element von M,*

$M \subset N$: M ist Teilmenge von N,

$M \subsetneqq N$: M ist echte Teilmenge von N,

$M \cup N$ $:= \{x \mid x \in M \text{ oder } x \in N\}$: Vereinigung,

$M \cap N$ $:= \{x \mid x \in M \text{ und } x \in N\}$: Durchschnitt,

$M \setminus N$ $:= \{x \mid x \in M \text{ und } x \notin N\}$: Komplement von N bzgl. M.

Es gelten die folgenden Rechenregeln:

Hilfssatz 1.3. *Für beliebige Mengen A, B und C gilt:*

(i) $A \cup A = A$ und $A \cap A = A$ (Idempotenz),

(ii) $A \cup B = B \cup A$ und $A \cap B = B \cap A$ (Kommutativität),

(iii) $A \cup (B \cup C) = (A \cup B) \cup C$ und $A \cap (B \cap C) = (A \cap B) \cap C$ (Assoziativität) und

(iv) $A \cap (B \cup C) = (A \cap B) \cup (A \cap C)$ und $A \cup (B \cap C) = (A \cup B) \cap (A \cup C)$ (Distributivität).

Wir führen nun den Begriff der „Abbildung" ein:

Definition 1.4. *Bei gegebenen Mengen X und Y werde jedem $x \in X$ genau ein Element aus Y, das $f(x)$ genannt werde, zugeordnet. Diese Zuordnung f heißt „Abbildung" oder „Funktion" von X nach (in) Y:*

$$f : X \to Y,$$
$$x \mapsto f(x).$$

X heißt „Definitionsbereich" (oder „Definitionsmenge") von f.
Für $A \subset X$ heißt $f(A) := \{y \in Y \mid \text{Es gibt } x \in A \text{ mit } y = f(x)\}$ „Bild von A", entsprechend, für $B \subset Y$, heißt $f^{-1}(B) := \{x \in X \mid f(x) \in B\}$ „Urbild von B".
$R(f) := f(X)$ heißt „Wertebereich" (oder „Wertemenge") von f.

Es gelten die folgenden Rechenregeln:

Satz 1.5. *Seien U, V, U_1, V_1, A und B Mengen mit $U \subset A$, $V \subset A$, $U_1 \subset B$ und $V_1 \subset B$, und sei f eine Abbildung von A nach B. Dann gelten:*

(i) $f(U \cap V) \subset f(U) \cap f(V)$,

(ii) $f(U \cup V) = f(U) \cup f(V)$,

(iii) $f(A \setminus U) \supset f(A) \setminus f(U)$,

(iv) $f^{-1}(U_1 \cap V_1) = f^{-1}(U_1) \cap f^{-1}(V_1)$,

(v) $f^{-1}(U_1 \cup V_1) = f^{-1}(U_1) \cup f^{-1}(V_1)$,

(vi) $f^{-1}(B \setminus U_1) = A \setminus f^{-1}(U_1)$.

In (i) und (iii) kann $\neq$ auftreten.

Wir benötigen noch die folgenden Begriffe:

Definition 1.6.   *(i) Sei $f : X \to Y$ eine Abbildung und sei $C \subsetneq X$.*
Dann heißt $g := f_{|C} : C \to Y$, $x \mapsto f(x)$ „Restriktion von f auf C".
Für $h : C \to D$ mit $D \subset Y$ und $f_{|C} = h$ heißt f „Fortsetzung von h".

(ii) Für $f : A \to B$ und $g : C \to D$ mit $f(A) \subset C$ heißt
$h := g \circ f : A \to D, x \mapsto g(f(x))$ „Verkettung", „Verknüpfung" oder
„Komposition" von f und g.

(iii) Für $f : X \to Y$ heißt
$G(f) := \{(x, f(x))| \ x \in X\} \subset X \times Y$ der „Graph" von f, wobei
$X \times Y := \{(x, y)| \ x \in X, y \in Y\}$ das „kartesische Produkt" von X und
Y ist.

(iv) $f : X \to Y$ heißt „injektiv", falls aus $f(x_1) = f(x_2)$ folgt : $x_1 = x_2$.
f heißt „surjektiv" (oder Abbildung auf Y), falls $R(f) = f(X) = Y$ ist.
f heißt „bijektiv", falls f injektiv und surjektiv ist.

(v) Ist $f : X \to Y$ injektiv, so ist die Abbildung $g : R(f) \to A$, $y \mapsto g(y) := z$
mit dem eindeutig bestimmten Element z aus $f^{-1}(\{y\})$ definiert und wird
mit „f^{-1}" und „Umkehrabbildung" bezeichnet.

1.2   Elemente der Logik

Wir benutzen die folgenden abkürzenden Schreibweisen:

$\wedge$: und, $\vee$: oder (nicht ausschließend), $\neg$: nicht, $\forall$: für alle, $\exists$: es gibt, $\overset{1}{\exists}$: es gibt genau ein.
Jeder Aussage A wird ein Wahrheitswert zugeordnet, nämlich w (wahr) oder f (falsch). Wir verabreden ausdrücklich, dass „tertium non datur" gelten soll, das heißt

$$A \vee (\neg A) \text{ ist immer wahr.}$$

Wir verknüpfen nun Aussagen zu neuen Aussagen. Die logischen Operationen

$$\begin{aligned}
\neg A \ &: \ \text{Negation,} \\
A \wedge B \ &: \ A \text{ und } B \text{ (sowohl } A \text{ als auch } B\text{),} \\
A \vee B \ &: \ A \text{ oder } B, \\
A \Rightarrow B \ &: \ \text{Implikation,} \\
A \Leftrightarrow B \ &: \ \text{Äquivalenz}
\end{aligned}$$

werden durch „Wahrheitstafeln" definiert:

$$
\begin{array}{c||c}
A & \neg A \\
\hline
w & f \\
f & w
\end{array}
$$

$$
\begin{array}{c|c||c|c|c|c}
A & B & A \wedge B & A \vee B & A \Rightarrow B & A \Leftrightarrow B \\
\hline
w & w & w & w & w & w \\
w & f & f & w & f & f \\
f & w & f & w & w & f \\
f & f & f & f & w & w
\end{array}
$$

Die letzte Spalte folgt aus: $A \Leftrightarrow B := (A \Rightarrow B) \wedge (B \Rightarrow A)$. Besonders interessant sind nun Aussagen, die wie $A \vee (\neg A)$ immer wahr sind:

Satz 1.7. *Es gelten die folgenden Äquivalenzbeziehungen:*

$$
\begin{array}{lll}
(i) & \neg(A \wedge B) & \Leftrightarrow \quad (\neg A) \vee (\neg B), \\
(ii) & \neg(A \vee B) & \Leftrightarrow \quad (\neg A) \wedge (\neg B), \\
(iii) & (A \Rightarrow B) & \Leftrightarrow \quad (\neg A) \vee B, \\
(iv) & (A \Rightarrow B) & \Leftrightarrow \quad ((\neg B) \Rightarrow (\neg A)).
\end{array}
$$

Die beiden ersten Regeln heißen de Morgansche[1] Regeln.
Die Aussage (iv) ist besonders wichtig und wird beim „indirekten Beweis" genutzt; hier geht besonders das „tertium non datur" ein.

Weitere Abkürzungen:

$\forall x \in M : \ P(x)$ \qquad\qquad für alle $x \in M$ gilt $P(x)$,

$\overset{(1)}{\exists} \ x \in M : \ P(x)$ \qquad\qquad es gibt (genau) ein $x \in M$, für das $P(x)$ gilt.

Es gelten die Regeln von de Morgan:

$$
\neg(\forall x \in M : P(x)) \Leftrightarrow \exists x \in M : \neg(P(x)),
$$
$$
\neg(\exists x \in M : P(x)) \Leftrightarrow \forall x \in M : \neg(P(x)).
$$

---

[1] Auguste de Morgan, 27.6.1806 – 18.3.1871

Kapitel 2

Zahlen

Worum geht's? *In diesem Kapitel werden die wichtigsten Zahlensysteme der Mathematik vorgestellt. Neben den natürlichen und rationalen Zahlen sind dies die reellen und komplexen Zahlen. Mit den natürlichen Zahlen verbunden ist das Prinzip der vollständigen Induktion, das sich für Beweise als äußerst nützlich zeigen wird.*

2.1 Natürliche und rationale Zahlen

2.1.1 Natürliche Zahlen

Wir geben hier nur eine kurze axiomatische Einführung nach Peano[1].

Definition 2.1. *Eine Menge* $\mathbb{N}$, *natürliche Zahlen genannt, wird axiomatisch definiert durch:*
(i) $1 \in \mathbb{N}$
(ii) $\exists f : \mathbb{N} \to \mathbb{N}$ *injektiv,* $f(a) =: a^+$. *Das Element* a^+ *heißt Nachfolger von* a.
(iii) $\forall a \in \mathbb{N} : a^+ \neq 1$.
(iv) Sei $M \subset \mathbb{N}$ *mit :* $1 \in M$ *und* $((a \in M) \Rightarrow (a^+ \in M))$.
Dann ist $M = \mathbb{N}$.

Die Summe $a \oplus b$ zweier natürlicher Zahlen (im Folgenden $a + b$ genannt, da $\mathbb{N} = \{1, 2, 3, \dots\}$ mit der üblichen Addition als Standardmodell benutzt wird) lässt sich eindeutig so definieren, dass gilt:

$$a + 1 = a^+ \text{ und } a + b^+ = (a + b)^+.$$

---

[1]Guiseppe Peano, 27.8.1858 – 20.4.1939

Das Produkt $a \odot b$ zweier natürlicher Zahlen (im Folgenden $a \cdot b$ oder ab genannt) lässt sich eindeutig so definieren, dass gilt:

$$a \cdot 1 = a \text{ und } a \cdot b^+ = a \cdot b + a.$$

Wir erhalten die bekannten Gesetzmäßigkeiten:

Folgerung 2.2. *Seien a, b, $c \in \mathbb{N}$. Dann gilt:*

(i) $(a+b)+c = a+(b+c)$ (Assoziativgesetz der Addition),
(ii) $a+b = b+a$ (Kommutativgesetz der Addition),
(iii) $(ab)c = a(bc)$ (Assoziativgesetz der Multiplikation),
(iv) $ab = ba$ (Kommutativgesetz der Multiplikation),
(v) $a(b+c) = ab+ac$ (Distributivgesetz).

Auf $\mathbb{N}$ lässt sich eine Halbordnung $\leq$ mit 1 als erstem (kleinstem) Element erklären. Wir definieren zunächst den Begriff „Halbordnung":

Definition 2.3. *Sei X eine Menge.*

(i) $R \subset X \times X$ heißt „Relation".
    Für $(x,y) \in R$ schreiben wir auch „$x \sim y$".

(ii) Eine Relation heißt

    (1) „reflexiv", wenn gilt: $\forall x \in X : \ x \sim x$,

    (2) „transitiv", wenn gilt : $\forall x,y,z \in X : \ (x \sim y \wedge y \sim z) \Rightarrow x \sim z$,

    (3) (a) „symmetrisch", wenn gilt: $\forall x,y \in X : \ x \sim y \Rightarrow y \sim x$ und
       (b) „antisymmetrisch", wenn gilt: $\forall x,y \in X : \ x \sim y \wedge y \sim x \Rightarrow$
       $x = y$.

(iii) Eine reflexive, transitive und symmetrische Relation heißt „Äquivalenzrelation".

(iv) Eine reflexive, transitive und antisymmetrische Relation heißt „Halbordnung in (auf) X".

(v) Ein Element $x \in X$ heißt „erstes (kleinstes) Element (bzgl. einer Halbordnung R)", wenn gilt: $\forall y \in X : \ x \sim y$; analog definiert man ein kleinstes Element einer Teilmenge von X (bzgl. einer Halbordnung R).

(vi) Eine Menge X mit einer Halbordnung R heißt „vollständig geordnet", wenn gilt:
$\forall x,y \in X : \ x \sim y \vee y \sim x$.

(vii) Eine vollständig geordnete Menge X heißt „wohlgeordnet", wenn jede nichtleere Teilmenge ein erstes Element besitzt.

Wir können nun auf den natürlichen Zahlen $\mathbb{N}$ wie folgt eine Halbordnung erklären:

Definition 2.4. *(i) Wir definieren auf $\mathbb{N}$ eine Relation „<" durch:*

$$a < b \,(oder\; b > a) \;:\Leftrightarrow\; \exists c \in \mathbb{N} : b = a + c$$

(ii) Die Relation „≤" sei erklärt durch:

$$a \leq b \;:\Leftrightarrow\; a < b \; oder \; a = b.$$

Hilfssatz 2.5. *Die Relation „≤" ist eine Halbordnung auf $\mathbb{N}$ mit kleinstem Element 1. Die natürlichen Zahlen sind mit „≤" vollständig geordnet.*

Satz 2.6 (Wohlordnungssatz). *$\mathbb{N}$ ist wohlgeordnet.*

Beweis: Sei $M \subset \mathbb{N}, M \neq \emptyset$. Annahme: M besitzt kein erstes Element.
Sei $A := \{n \in \mathbb{N}| \; \forall m \in M : n \leq m\}$. Dann gilt:

(i) $1 \in A$ (da $M \subset \mathbb{N}$ ist) und

(ii) $n \in A \Rightarrow n + 1 \in A$ (da M nach Annahme kein kleinstes Element besitzt).

Somit ist $A = \mathbb{N}$, also $M = \emptyset$, was ein Widerspruch zur Voraussetzung ist. $\square$
(Statt $\square$ auch: Q.e.d. (*Quod $\underline{e}$rat $\underline{d}$emonstrandum*))

Die Mengen $\mathbb{N}_0$ bzw. $\mathbb{Z}$ entstehen durch „Lösen der Gleichungen" $a + x = a$ bzw. $a + x = 0$.

Eine wichtige Beweismethode ist das Prinzip von der vollständigen Induktion:

Hilfssatz 2.7 (Prinzip von der vollständigen Induktion).
Sei $n_0 \in \mathbb{N}$ und für alle $n \geq n_0$ seien $A(n)$ Aussagen mit

(i) $A(n_0)$ *ist wahr (Induktionsanfang),*

(ii) $\forall n \geq n_0 : (A(n)$ *ist wahr* $\Rightarrow A(n + 1)$ *ist wahr) (Induktionsschritt oder -schluss).*

Dann gilt: $\forall n \geq n_0 : A(n)$ *ist wahr.*

Beweis: Sei $S := \{x \in \mathbb{N}| \; x > n_0 \wedge A(x) \text{ ist falsch }\}$. Annahme: $S \neq \emptyset$.
Dann gibt es ein kleinstes Element $x_0 \in S$ und somit gilt: $x_0 > n_0 \wedge A(x_0 - 1)$ ist wahr. Somit folgt aus dem Induktionsschritt: $A(x_0)$ ist wahr, was ein Widerspruch zu $x_0 \in S$ ist. $\square$

Das Prinzip von der vollständigen Induktion ist für viele Beweise nützlich; hierzu einige Beispiele.
Seien $m, n \in \mathbb{Z}$ mit $m \leq n$ und a_k Zahlen für $k = m, m + 1, m + 2, \ldots, n$. Dann setze

$$\sum_{k=m}^{n} a_k := a_m + a_{m+1} + \ldots + a_n \quad (\text{Summe}),$$

$$\prod_{k=m}^{n} a_k := a_m \cdot a_{m+1} \cdot \ldots \cdot a_n \quad (\text{Produkt}).$$

Für $m > n$ definieren wir die Summe $\sum_{k=m}^{n} a_k := 0$ (leere Summe) und das Produkt $\prod_{k=m}^{n} a_k := 1$ (leeres Produkt).

Hilfssatz 2.8. *Für alle $n \in \mathbb{N}$ gilt*

$$\sum_{k=1}^{n} k = \frac{n(n+1)}{2}.$$

Beweis: Sei $A(n)$ die Aussage: $\sum_{k=1}^{n} k = \frac{n(n+1)}{2}$.

$A(1)$ ist wahr (Induktionsanfang), da gilt: $\sum_{k=1}^{1} k = 1$ und $\frac{1(1+1)}{2} = 1$.

Sei $A(n)$ wahr. Dann ist auch $A(n+1)$ wahr (Induktionsschritt), denn:

$$\sum_{k=1}^{n+1} k = \sum_{k=1}^{n} k + (n+1) = \frac{n(n+1)}{2} + (n+1) = \frac{(n+1)(n+2)}{2}.$$

Also ist $A(n)$ für alle $n \in \mathbb{N}$ wahr. $\qquad\qquad\square$

Hilfssatz 2.9 (Bernoullische[2] Ungleichung). *Für $x \in \mathbb{Q}$ (später auch für reelle Zahlen) mit $x \neq 0$ und $x > -1$ gilt für alle $n \in \mathbb{N}$ mit $n \geq 2$*

$$(1+x)^n > 1 + nx.$$

Beweis: Mittels vollständiger Induktion nach n. Der Induktionsanfang $n = 2$ gilt wegen

$$(1+x)^2 = 1 + 2x + x^2 > 1 + 2x.$$

Für den Induktionsschritt können wir die Behauptung für n als bewiesen annehmen (Induktionsvoraussetzung). Für $n+1$ erhalten wir

$$(1+x)^{n+1} = (1+x)^n \cdot (1+x) \geq (1+nx) \cdot (1+x)$$
$$= (1 + nx + x + nx^2) > 1 + (n+1)x$$

und damit die Behauptung. $\qquad\qquad\square$

---

[2]Jakob (I) Bernoulli, 27.12.1654 – 16.8.1705

Definition 2.10 (Binomialkoeffizient). *Für $n, k \in \mathbb{N}_0$ heißt*

$$\binom{n}{k} := \prod_{j=1}^{k} \frac{n-j+1}{j} = \frac{n(n-1)(n-2)\ldots(n-k+1)}{1 \cdot 2 \cdot \ldots \cdot k}$$

der zugehörige „Binomialkoeffizient". Man spricht „n über k" oder „k aus n".
Für $k \in \mathbb{N}$ heißt

$$k! := 1 \cdot 2 \cdot \ldots \cdot k$$

die „Fakultät" von k. Für $k = 0$ vereinbart man $0! := 1$.

Hilfssatz 2.11. *(i) Für $n, k \in \mathbb{N}$ gilt*

$$\binom{n}{k} = \frac{n!}{k!(n-k)!} = \binom{n}{n-k}.$$

(ii) Für $n, k \in \mathbb{N}$ mit $1 \le k \le n$ gilt

$$\binom{n}{k} = \binom{n-1}{k-1} + \binom{n-1}{k}.$$

Beweis: Die Gleichheit (i) sieht man direkt aus der Definition. Für (ii) berechnet
man

$$\frac{(n-1)(n-2)\ldots(n-k+1)}{(k-1)!} + \frac{(n-1)(n-2)\ldots(n-k)}{k!}$$

$$= \frac{(n-1)\ldots(n-k+1)[k+(n-k)]}{k!}$$

$$= \frac{n(n-1)(n-2)\ldots(n-k+1)}{k!}$$

$$= \frac{n!}{k!(n-k)!}.$$

$\square$

Hilfssatz 2.12 (Binomische Formel). *Für (im Vorgriff) beliebige Zahlen x, y*
und für $n \in \mathbb{N}$ gilt

$$(x+y)^n = \sum_{k=0}^{n} \binom{n}{k} x^k \cdot y^{n-k}.$$

Dabei wurde $x^0 = 1$ gesetzt.

Beweis: Der Beweis wird durch vollständige Induktion nach n geführt.
Induktionsanfang $n = 1$: Auf der linken Seite erhalten wir $(x+y)^1 = x+y$, auf
der rechten Seite

$$\sum_{k=0}^{1} \binom{n}{k} x^k y^{1-k} = \binom{1}{0} x^0 y^1 + \binom{1}{1} x^1 y^0 = y + x,$$

also stimmt die Behauptung für $n = 1$.

Induktionsschritt $n \to n + 1$: Wir berechnen die linke Seite unter Verwendung der Induktionsvoraussetzung und erhalten

$$(x + y)^{n+1} = (x + y)^n \cdot (x + y) = \left[\sum_{k=0}^{n} \binom{n}{k} x^k y^{n-k} \right] \cdot (x + y)$$

$$= \sum_{k=0}^{n} \binom{n}{k} (x^{k+1} y^{n-k} + x^k y^{n-k+1})$$

$$= \sum_{k=0}^{n} \binom{n}{k} x^{k+1} y^{n-k} + \sum_{k=0}^{n} \binom{n}{k} x^k y^{n+1-k}$$

$$= \sum_{j=1}^{n+1} \binom{n}{j-1} x^j y^{n+1-j} + \sum_{k=0}^{n} \binom{n}{k} x^k y^{n+1-k}.$$

Hier wurde in der ersten Summe die Indexverschiebung $j = k + 1$ verwendet. So erhalten wir weiter

$$(x + y)^{n+1} = x^{n+1} + \sum_{j=1}^{n} \binom{n}{j-1} x^j y^{n+1-j} + \sum_{j=1}^{n} \binom{n}{j} x^j y^{n+1-j} + y^{n+1}$$

$$= x^{n+1} + y^{n+1} + \sum_{j=1}^{n} \left[\binom{n}{j-1} + \binom{n}{j} \right] x^j y^{n+1-j}$$

$$= \sum_{j=0}^{n+1} \binom{n+1}{j} x^j y^{n+1-j}.$$

Im letzten Schritt haben wir dabei die Gleichheit

$$\binom{n}{j-1} + \binom{n}{j} = \binom{n+1}{j}$$

aus Hilfssatz 2.11 verwendet. Damit gilt die Aussage für $n + 1$, und der Induktionsbeweis ist beendet. $\qquad\qquad\qquad\qquad\qquad\qquad\qquad\qquad\qquad\qquad\qquad\qquad\qquad$ $\square$

2.1.2 Rationale Zahlen

Eine „rationale Zahl" – ein Element von $\mathbb{Q}$ – wird durch einen Bruch $\frac{p}{q}$ repräsentiert mit $p \in \mathbb{Z}$ und $q \in \mathbb{Z} \setminus \{0\}$, und jeder Bruch repräsentiert eine rationale Zahl.

Zwei Brüche $\frac{p_1}{q_1}$ und $\frac{p_2}{q_2}$ repräsentieren dieselbe rationale Zahl, falls gilt: $p_1 q_2 = p_2 q_1$; $\frac{p}{1}$ wird mit $p \in \mathbb{Z}$ identifiziert.

Wir benötigen die Definition einer (abelschen) Gruppe und eines Körpers.

Definition 2.13. *(i) Eine Gruppe $(G, \circ)$ ist eine Menge G mit einer Abbildung (Verknüpfung) $\circ : (x, y) \in G \times G \mapsto x \circ y \in G$, mit folgenden Eigenschaften:*

(1) $\forall x, y, z \in G : (x \circ y) \circ z = x \circ (y \circ z)$ (Assoziativität),

(2) $\exists n \in G \ \forall x \in G : n \circ x = x$ (Existenz eines neutralen Elementes),

(3) $\forall x \in G \ \exists y \in G : y \circ x = n$ (Existenz eines inversen Elementes).

(ii) Eine Gruppe G heißt „abelsch"[3] oder „kommutativ", falls gilt:
$\forall x, y \in G : x \circ y = y \circ x$.

(iii) Sei K eine Menge, auf der zwei Verknüpfungen $\oplus$ und $\odot$ erklärt sind:
$\oplus : (x, y) \in G \times G \mapsto x \oplus y \in G$ und $\odot : (x, y) \in G \times G \mapsto x \odot y \in G$.
$(K, \oplus, \odot)$ heißt „Körper", falls $(K, \oplus)$ und $(K \setminus \{0\}, \odot)$ (0 bezeichnet hier das neutrale Element bezüglich der Verknüpfung $\oplus$) abelsche Gruppen sind und das Distributivgesetz gilt:

$$\forall x, y, z \in K : x \odot (y \oplus z) = x \odot y \oplus x \odot z.$$

Wir erklären wie üblich in $\mathbb{Q}$ die Addition und die Multiplikation. Dann bildet $(\mathbb{Q}, +, \cdot)$ einen Körper.
Die Halbordnung $\leq$ in $\mathbb{Z}$ lässt sich übertragen, und $\mathbb{Q}$ ist bezüglich dieser Halbordnung vollständig geordnet.

Wir definieren noch den Absolutbetrag einer rationalen Zahl:

$$\text{Für } x \in \mathbb{Q} \text{ sei } |x| := \begin{cases} x, & \text{falls } x \geq 0, \\ -x, & \text{falls } x < 0. \end{cases}$$

Satz 2.14. *Für alle $x, y \in \mathbb{Q}$ gilt:*
(i) $|x| \geq 0$,
(ii) $|x \cdot y| = |x| \cdot |y|$,
(iii) $||x| - |y|| \leq |x + y| \leq |x| + |y|$ *(Dreiecksungleichung).*

Wir definieren abschließend (zunächst für $\mathbb{Q}$, später analog für $\mathbb{R}$) verschiedene Typen von Intervallen:

Definition 2.15. *Für $a, b \in \mathbb{Q}$, $a < b$, definiere*
$(a, b) := \{x \in \mathbb{Q} | \ a < x < b\}$, $[a, b] := \{x \in \mathbb{Q} | \ a \leq x \leq b\}$,
$[a, b) := \{x \in \mathbb{Q} | \ a \leq x < b\}$, $(a, b] := \{x \in \mathbb{Q} | \ a < x \leq b\}$,
$(a, \infty) := \{x \in \mathbb{Q} | \ a < x < \infty\}$, usw.

---

[3]Niels Henrik Abel, 5.8.1802 – 6.4.1829

2.2   Reelle Zahlen

Die bisher eingeführte Menge der rationalen Zahlen $\mathbb{Q}$ ist noch zu klein. Wir werden sie zur Menge der reellen Zahlen $\mathbb{R}$ erweitern.

Mit der Menge der reellen Zahlen $\mathbb{R}$ bezeichnen wir einen vollständig geordneten Körper, der $\mathbb{Q}$ mit dessen Halbordnung enthält und in dem das Vollständigkeitsaxiom gilt.

Bis auf Isomorphien (lineare und bijekte Abbildungen) ist $\mathbb{R}$ hierdurch eindeutig bestimmt (vgl. etwa [14]).

Zur Formulierung des Vollständigkeitsaxioms benötigen wir die folgenden Definitionen.

Definition 2.16. *Sei $S \subset \mathbb{R}$.*

(i) *S heißt „von unten (oben) beschränkt" :* $\Longleftrightarrow$

$$\exists a \in \mathbb{R} \, \forall x \in S : \quad a \leq x \ (a \geq x);$$

a heißt dann „untere (obere) Schranke von S".

(ii) *S heißt „beschränkt", falls S von oben und unten beschränkt ist.*

(iii) *$c \in \mathbb{R}$ heißt „größte untere Schranke (kleinste obere Schranke) von S" oder „Infimum (Supremum) von S", falls gilt:*

(1) *c ist untere (obere) Schranke.*

(2) *Für alle unteren (oberen) Schranken a von S gilt: $a \leq c$ $(a \geq c)$.*

(Schreibweise: $\inf S$ ($\sup S$)).

Infima und Suprema sind eindeutig bestimmt.

Das Vollständigkeitsaxiom lautet nun:

Axiom 2.17 (Vollständigkeitsaxiom). *Jede nicht leere von oben (unten) beschränkte Menge S reeller Zahlen besitzt ein Supremum (Infimum) in $\mathbb{R}$.*

Bemerkungen 2.18.   (i) *$\mathbb{R}$ ist echt größer als $\mathbb{Q}$:*
$S := \{x \in \mathbb{Q} \mid 0 \leq x \text{ und } x^2 \leq 2\}$ besitzt kein Supremum in $\mathbb{Q}$, welches „$\sqrt{2}$" wäre. Es gibt jedoch $x \in \mathbb{R}^+$ mit $x^2 = 2$.
Letzteres zeigt man, indem man beweist:

$$a := \sup S$$

existiert und erfüllt die Gleichung.

(ii) *Es wird <u>nicht</u> $\sup S \in S$ (bzw. $\inf S \in S$) gefordert, sondern nur die Existenz $\sup S \in \mathbb{R}$ (bzw. $\inf S \in \mathbb{R}$).*
Ist $\sup S \in S$ (bzw. $\inf S \in S$), so nennt man es „Maximum" (bzw. „Minimum") (Schreibweise: $\max S$ (bzw. $\min S$)).

(iii) *Reelle Zahlen lassen sich durch rationale Zahlen approximieren:*
Sei $r \in \mathbb{R}$. Dann gilt: $\forall \varepsilon > 0 \ \exists q \in \mathbb{Q} : |r - q| < \varepsilon$.

(iv) *Weitere Zugänge zu den reellen Zahlen sind der Dedekindsche[4] Schnitt und die Vervollständigung der rationalen Zahlen mittels Cauchy-Folgen (s. Kapitel 3).*

(v) *Sei $a \in \mathbb{R}$ mit: $\forall n \in \mathbb{N} \ \ 0 \le a < 1/n$. Dann gilt: $a = 0$ (d. h. es gibt keine reelle Zahl, die obere Schranke der natürlichen Zahlen ist).*

2.3 Komplexe Zahlen

Als letzte wesentliche Erweiterung führen wir nun noch die Menge der komplexen Zahlen $\mathbb{C}$ ein. In $\mathbb{C}$ ist es möglich, Gleichungen der Form „$x^2 + 2 = 0$" zu lösen.

Wir identifizieren $\mathbb{C}$ mit $\mathbb{R} \times \mathbb{R}$ und erklären die beiden Rechenoperationen $+, \cdot$ für $x = (x_1, x_2), \ y = (y_1, y_2) \in \mathbb{R} \times \mathbb{R}$ durch:

$$x + y := (x_1 + y_1, \ x_2 + y_2) \ (\text{„Vektoraddition"}),$$
$$x \cdot y := (x_1 y_1 - x_2 y_2, \ x_1 y_2 + x_2 y_1).$$

$(\mathbb{C}, +, \cdot)$ wird damit zu einem Körper.
Die neutralen Elemente sind: $n_+ = (0,0)$, $n_\cdot = (1,0)$.
Das inverse Element bzgl. $\cdot$ zu $x \ne 0$ ist

$$\frac{1}{x} = \left(\frac{x_1}{|x|^2}, \ -\frac{x_2}{|x|^2} \right) = \frac{1}{|x|^2}(x_1, -x_2),$$

wobei der Absolutbetrag wie folgt definiert ist:

$$|x| := \sqrt{x_1^2 + x_2^2} \quad (\text{„Vektorlänge"}).$$

Der Absolutbetrag hat die üblichen Eigenschaften (s. Satz 2.14).

Wir definieren für $x = (x_1, x_2) \in \mathbb{C}$:
$\overline{x} := (x_1, -x_2)$ „konjugiert komplexe Zahl",
$\operatorname{Re} x := x_1$ „Realteil" und
$\operatorname{Im} x := x_2$ „Imaginärteil".
Dann gilt:

Hilfssatz 2.19. *Für $x \in \mathbb{C}$ ist*
$|x| = |\overline{x}|, \quad |x|^2 = x \cdot \overline{x}, \quad \overline{x \cdot y} = \overline{x} \cdot \overline{y}, \ \overline{\overline{x}} = x, \ \frac{1}{2}(x + \overline{x}) = (\operatorname{Re} x, 0)$ *und*
$\frac{1}{2}(x - \overline{x}) = (0, \operatorname{Im} x)$.

---

[4]Richard Dedekind, 6.10.1838 – 12.2.1916

Wir schreiben für $(r, 0)$ vereinfachend wieder r (dies ist möglich aufgrund der Einbettung der reellen Zahlen in die komplexen Zahlen vermöge der Abbildung $r \in \mathbb{R} \mapsto (r, 0) \in \mathbb{C}$).

Sei ferner $i := (0, 1)$ („imaginäre Einheit"). Folglich ist für $x \in \mathbb{C}$:

$$x = (x_1, x_2) = x_1(1, 0) + x_2(0, 1) = x_1 + ix_2.$$

Da $i \cdot i = (-1, 0) = -1$ ist, wird die Gleichung „$x^2 = -2$" gelöst von $x = \pm i\sqrt{2}$.

Bemerkung 2.20. *Die Ordnungsrelation „$\leq$" ist nicht von $\mathbb{R}$ auf $\mathbb{C}$ übertragbar. Der Absolutbetrag in $\mathbb{C}$ entspricht jedoch der Vektorlänge in $\mathbb{R}^2 = \mathbb{R} \times \mathbb{R}$, so dass sich Begriffe und Aussagen des nächsten Kapitels übertragen lassen.*

Kapitel 3

Folgen und Grenzwerte

Worum geht's? *Folgen und Grenzwerte, hier von Zahlen, werden auch später bei Funktionenfolgen eine große Rolle spielen. Im Mittelpunkt stehen dabei Konvergenzbegriffe, die schließlich auch eine konstruktive Einführung der reellen Zahlen erlauben.*

Im vorigen Kapitel haben wir gesagt, dass die reelle, aber nicht rationale Zahl $\sqrt{2}$ durch rationale Zahlen „approximiert" werden kann. Wir wollen hier die Begriffe „Folge", „Konvergenz" und „Grenzwert" präzisieren.

Definition 3.1. *Eine „Folge von Elementen einer Menge M" ist eine Abbildung von $\mathbb{N}$ nach $M: n \mapsto a_n$. Ist $M = \mathbb{C}$ oder $\mathbb{R}$, so sprechen wir von einer „Zahlenfolge".*
Schreibweisen: $(a_n)_{n \in \mathbb{N}}, \{a_n\}_{n \in \mathbb{N}}, (a_n)_n, \{a_n\}_n, (a_n)$ oder $\{a_n\}$.
Als Definitionsbereich einer Folge wählt man oft auch $\mathbb{N}_0$ oder eine Teilmenge von $\mathbb{N}$ statt $\mathbb{N}$.

Im Folgenden sei – falls nicht ausdrücklich anders erklärt – $M \subset \mathbb{R}$.

Nach Cauchy[1] erklärt man

Definition 3.2. *Eine Folge (a_n) heißt „Cauchy-Folge" (oder „Cauchy-konvergent")*
$:\Leftrightarrow \forall \varepsilon > 0 \; \exists n_0 \in \mathbb{N} \; \forall n, m \geq n_0 : \; |a_n - a_m| < \varepsilon.$

Beispiele 3.3.

$a_n :=$	Cauchy-Folge?
1	*ja*
$\frac{1}{n}$	*ja*
n	*nein*
$\sqrt{n}$	*nein*

---

[1] Augustin-Louis Cauchy, 21.8.1789 – 23.5.1857

Definition 3.4. *Eine Zahl a heißt „Grenzwert" der Folge (a_n) :$\Leftrightarrow$*
$\forall \varepsilon > 0 \; \exists n_0 \in \mathbb{N} \quad \forall n \geq n_0 : |a_n - a| < \varepsilon.$
Schreibweisen: $a_n \underset{(n \to \infty)}{\longrightarrow} a, \quad a = \lim_{n \to \infty} a_n = \lim_n a_n.$

Definition 3.5. *Eine Folge (a_n) heißt „konvergent": $\Leftrightarrow$*
(a_n) besitzt einen Grenzwert.
Eine Folge mit Grenzwert Null heißt „Nullfolge".
Eine Folge heißt „divergent", wenn sie nicht konvergent ist.
Eine Folge (a_n) heißt „bestimmt divergent gegen ∞": $\Leftrightarrow$
$\forall N > 0 \, \exists n_0 \in \mathbb{N} \, \forall n \geq n_0 : a_n \geq N.$

Satz 3.6. *Eine konvergente Folge besitzt genau einen Grenzwert.*

Beweis: Seien a und a' Grenzwerte von $(a_n)_n$. Damit ist für beliebiges $\varepsilon > 0$:
$|a - a'| = |a - a_n + a_n - a'| \leq |a - a_n| + |a_n - a'| < \varepsilon,$
für $n \geq \max\{n_0(a, \varepsilon/2), n_0(a', \varepsilon/2)\}$. $\hfill \square$

Satz 3.7. *Eine Cauchy-Folge (a_n) ist beschränkt, d. h.*

$$\exists c \in \mathbb{R}_0^+ := \{x \in \mathbb{R} \mid x \geq 0\} \; \forall n \in \mathbb{N} : |a_n| \leq c.$$

Satz 3.8. *Eine konvergente Folge ist eine Cauchy-Folge.*

In $\mathbb{R}(\mathbb{C})$ gilt auch die Umkehrung von Satz 3.8 ($\mathbb{R}(\mathbb{C})$ ist vollständig!), was wir nach einiger Vorbereitung beweisen werden.

Definition 3.9.   *(i) Eine Folge (a_n) heißt „monoton wachsend (fallend)" :*
   $\Leftrightarrow \forall n : a_n \leq a_{n+1} \quad (a_n \geq a_{n+1}).$

   (ii) Eine Folge (a_n) heißt „streng monoton wachsend (fallend)" :$\Leftrightarrow \forall n : a_n <$
   $a_{n+1} \quad (a_n > a_{n+1}).$

Satz 3.10. *Sei (a_n) eine monoton wachsende (fallende) und beschränkte Folge. Dann gilt: $a_n \to \sup\{a_1, a_2 \dots\} \quad (a_n \to \inf\{a_1, a_2, \dots\}).$*

Beweis: Wir beweisen die Aussage nur für eine monoton wachsende beschränkte Folge (a_n). Sei $a := \sup\{a_1, a_2, \dots\}$ (das Supremum existiert, da die Folge beschränkt ist).
Dann gilt: $\forall \varepsilon > 0 \; \exists n_0 : a - \varepsilon < a_{n_0} \leq a$ (Definition von a).
Da (a_n) monoton ist, folgt hieraus: $\forall \varepsilon > 0 \; \exists n_0 \; \forall n \geq n_0 : a - \varepsilon < a_n \leq a$,
bzw. $|a - a_n| < \varepsilon$. $\hfill \square$

Satz 3.11. *In $\mathbb{R}$ konvergiert jede Cauchy-Folge.*

Beweis: Sei (a_n) eine Cauchy-Folge. Insbesondere ist (a_n) beschränkt (Satz 3.7), d. h. $\exists K \in \mathbb{R}_0^+ \; \forall n : -K \leq a_n \leq K$.
Sei $c_n := \inf\{a_n, a_{n+1}, \dots\}$; (c_n) ist beschränkt durch K und monoton wachsend, also gilt: $c_n \to c := \sup\{c_1, c_2, \dots\}$.
Wir zeigen: $a_n \to c$. Es gelten:

1. $\forall \varepsilon > 0 \; \exists n_0 \; \forall n \geq n_0 \; : \; |c_n - c| < \varepsilon/3$,

2. $\forall \varepsilon > 0 \; \exists n_1 \; \forall n, m \geq n_1 \; : \; |a_n - a_m| < \varepsilon/3$ und

3. $\forall \varepsilon > 0 \; \forall n \; \exists k(n) \geq n \; : \; |c_n - a_{k(n)}| < \varepsilon/3$ (dies folgt aus der Definition des Infimums).

Hieraus folgt für alle $n \geq n_2 := \max(n_0, n_1)$:

$|a_n - c| \leq |a_n - a_{k(n)}| + |a_{k(n)} - c_n| + |c_n - c| < \varepsilon.$ $\qquad\qquad\qquad$ $\square$

Beispiele 3.12. *(i) Für $p > 0$ gilt: $a_n := \sqrt[n]{p} \to 1$.*

Beweis:

1. *Der Fall $p = 1$ ist klar.*

2. *Sei $p > 1$. Dann ist $\sqrt[n]{p} = 1 + h_n$ mit $h_n > 0$.*
   Die Behauptung folgt nun aus:
   $p = (1 + h_n)^n > 1 + n \cdot h_n$ *für $n \geq 2$* $\quad$ *(s. Hilfssatz 2.9), d. h.*
   $0 < h_n < \frac{p-1}{n} \to 0$.

3. *Sei $p < 1$. Dann ist (siehe 2.) $\frac{1}{p} = (1 + h_n)^n > 1 + n \cdot h_n$ mit $h_n > 0$,*
   d. h. $0 < h_n < \frac{1/p - 1}{n} \to 0$.

(ii) Sei $a_n := p^n$ für $p > 0$.
Dann gilt
$a_n \to 0$ für $0 < p < 1$, $a_n \to 1$ für $p = 1$ und $a_n \to \infty$ für $p > 1$.

(iii) Es gilt: $a_n := \sqrt[n]{n} \to 1$ und $a_n := \frac{n}{2^n} \to 0$.

Es gelten die folgenden Grenzwertsätze:

Satz 3.13. *Seien (a_n) und (b_n) zwei Zahlenfolgen mit $a_n \to a$ und $b_n \to b$. Dann gilt:*

(i) $a_n + b_n \to a + b$.

(ii) $a_n \cdot b_n \to a \cdot b$.

(iii) Falls $b \neq 0$ und
$$c_n := \begin{cases} a_n/b_n & \text{für } b_n \neq 0, \\ 0 & \text{für } b_n = 0, \end{cases} \qquad \text{dann gilt} : c_n \to a/b,$$

(iv) $|a_n| \to |a|$.

Man betrachtet häufig Teilfolgen von Folgen:

Definition 3.14. *(i) Sei $D \subset \mathbb{R}$ und $f : D \to \mathbb{R}$ eine Funktion.*
f heißt „(streng) monoton wachsend [bzw. (streng) monoton fallend]" :
$\Leftrightarrow$
$\forall x_1, x_2 \in D : x_1 < x_2 \Rightarrow f(x_1) \leq f(x_2) \quad (f(x_1) < f(x_2))$
$[\forall x_1, x_2 \in D : x_1 < x_2 \Rightarrow f(x_1) \geq (x_2) \quad (f(x_1) > f(x_2))]$.

(ii) Sei (a_n) eine Folge und $\varphi : \mathbb{N} \to \mathbb{N}$ eine streng monoton wachsende Funktion. Dann heißt $n \mapsto a_{\varphi(n)}$ eine „Teilfolge von (a_n)".
Schreibweise: (a'_n) oder $(a_{n_k})_{k \in \mathbb{N}}$ (d. h. : $n_k \geq n$).

Hilfssatz 3.15. *Es gelten die folgenden Aussagen:*

(i) (a_n) *konvergiert* $\Rightarrow$ *Jede Teilfolge* (a_n') *konvergiert.*

(ii) $a_n \to a \Rightarrow a_n' \to a$ *für jede Teilfolge* (a_n').

(iii) (a_n) *konvergiert, und es gibt eine Teilfolge* (a_n') *mit* $a_n' \to a \Rightarrow a_n \to a$.

Anwendung: Vervollständigung der rationalen Zahlen

Mit Hilfe des Begriffs der Cauchy-Folge werden wir nun eine zweite Methode zur Gewinnung der reellen Zahlen vorstellen. Die reellen Zahlen werden konstruktiv aus den rationalen Zahlen hergeleitet vermöge Äquivalenzklassen von Cauchy-Folgen (a_n) mit $a_n \in \mathbb{Q}$.

Wir definieren zunächst die Äquivalenzklassen; wir benötigen sie, da wir verschiedene Cauchy-Folgen, deren Differenz eine Nullfolge bildet, miteinander identifizieren wollen.

Definition 3.16. *(i) Seien* (a_n) *und* (b_n) *zwei Cauchy-Folgen rationaler Zahlen. Wir sagen* „$(a_n) \sim (b_n)$ *(d. h.* (a_n) *und* (b_n) *sind äquivalent)" genau dann, wenn* $(a_n - b_n)$ *Nullfolge ist.*
Schreibweise:
$$\alpha := [(a_n)] := \{(b_n)| (b_n) \text{ ist Cauchy-Folge in } \mathbb{Q} \text{ und } (a_n) \sim (b_n)\}.$$

(ii) Es bezeichne $\mathbb{A}$ *die Menge dieser Äquivalenzklassen.*

(iii) Die Operationen $+, \cdot$ *aus* $\mathbb{Q}$ *übertragen sich, d. h. für* $\alpha, \beta \in \mathbb{A}$, $\alpha = [(a_n)]$, $\beta = [(b_n)]$, *seien*
$$\alpha + \beta := [(a_n + b_n)] \text{ und } \alpha \cdot \beta := [(a_n \cdot b_n)].$$

Hilfssatz 3.17. $(\mathbb{A}, +, \cdot)$ *bildet einen Körper.*

Wir können wie folgt eine Ordnung auf $\mathbb{A}$ erklären:
Ist (a_n) keine Nullfolge, so existieren ein $n_0 \in \mathbb{N}$ und $p \in \mathbb{Q}$, $p > 0$, so dass für alle $m \geq n_0$ gilt: $a_n > p$ oder $a_n < -p$. Im ersten Fall sagen wir: $[(a_n)] \in \mathbb{A}^+$, im zweiten Fall: $[(a_n)] \in \mathbb{A}^-$.
Wir erhalten somit die disjunkte Zerlegung $\mathbb{A} = \mathbb{A}^- \cup \{0\} \cup \mathbb{A}^+$, wobei wir abkürzend 0 für $[(0)]$ schreiben.
Für $\alpha, \beta \in \mathbb{A}$ sei dann $\alpha > \beta$, falls $\alpha - \beta \in \mathbb{A}^+$ usw.

Auch der Absolutbetrag lässt sich übertragen. Sei für $\alpha = [(a_n)]$: $|\alpha| := [(|a_n|)]$. Dann gilt:

Hilfssatz 3.18. *Für* $\alpha, \beta \in \mathbb{A}$ *gilt:*

(i) $|\alpha| \in \mathbb{A}_0^+ := \mathbb{A}^+ \cup \{0\}$ *und* $|\alpha| \in \mathbb{A}^+ \Leftrightarrow \alpha \neq 0$.

(ii) $|\alpha \cdot \beta| = |\alpha| \cdot |\beta|$

(iii) $|\alpha + \beta| \leq |\alpha| + |\beta|$.

$\mathbb{Q}$ lässt sich vermöge der injektiven Abbildung

$$f : \mathbb{Q} \to \mathbb{A}, \quad q \mapsto f(q) := [(q)] := [(q_n)] \text{ mit } q_n := q \quad (n \in \mathbb{N})$$

in $\mathbb{A}$ einbetten, wobei f die algebraischen Operationen $+$, $\cdot$, die Ordnung und den Abstand erhält. Wir identifizieren also $\mathbb{Q}$ mit $\{[(q)] : q \in \mathbb{Q}\} \subset \mathbb{A}$ (um Verwechslungen zu vermeiden, schreiben wir von nun an $(q_n)_n$ statt (q_n) für eine Cauchy-Folge rationaler Zahlen mit nicht-konstanten Gliedern $q_n \in \mathbb{Q}$). Analog zu obiger Definition von Cauchy-Folgen nennt man eine Folge $(\alpha_n)_n$, $\alpha_n \in \mathbb{A}$, Cauchy-Folge genau dann, wenn gilt:

$$\forall \varepsilon > 0 \; \exists n_0 \in \mathbb{N} \; \forall m, n \geq n_0 : |\alpha_m - \alpha_n| < [(\varepsilon)].$$

Ebenso definiert man den Grenzwert einer Folge $(\alpha_n)_n, \alpha_n \in \mathbb{A}$.

Hilfssatz 3.19. *Elemente aus $\mathbb{A}$ lassen sich in folgendem Sinn durch Elemente aus $\mathbb{Q}$ approximieren:*

$$\forall \alpha \in \mathbb{A} \; \forall \varepsilon > 0 \; \exists q \in \mathbb{Q} \text{ so, dass } |\alpha - [(q)]| < [(\varepsilon)].$$

Beweis: Seien $\alpha = [(a_n)] \in \mathbb{A}$ und $q_j := a_j \in \mathbb{Q}$ für $j \in \mathbb{N}$.
Dann existiert für jedes $\varepsilon > 0$ ein $j_0(\varepsilon) \in \mathbb{N}$, so dass für alle $j \geq j_0(\varepsilon)$ gilt:

$$|\alpha - [(q_j)]| = |[(a_n - a_j)_n]| = [(|a_n - a_j|)_n] < [(\varepsilon)].$$

Satz 3.20. $\mathbb{A}$ *ist vollständig, d. h. jede Cauchy-Folge in $\mathbb{A}$ besitzt einen Grenzwert in $\mathbb{A}$.*

Beweis: Sei $(\alpha_n)_n$ eine Cauchy-Folge in $\mathbb{A}$, etwa $\alpha_n = [(a_{nj})_j]$ mit $a_{nj} \in \mathbb{Q}$.
Zu $n \in \mathbb{N}$ wähle $j = j(n) \in \mathbb{N}$ so groß, dass

$$|\alpha_n - [(q_n)]| < [(\tfrac{1}{n})] \text{ für } q_n := a_{nj(n)}$$

ist. Nun ist $(q_n)_n$ eine Cauchy-Folge in $\mathbb{Q}$, da für beliebiges $\varepsilon > 0$ gilt:

$$
\begin{aligned}
|q_n - q_m| &\leq |q_n - a_{nk} + a_{nk} - a_{mk} + a_{mk} - q_m| \\
&\leq |q_n - a_{nk}| + |a_{nk} - a_{mk}| + |a_{mk} - q_m| \\
&\leq \frac{1}{n} + |a_{nk} - a_{mk}| + \frac{1}{m} \\
&< \varepsilon \text{ für } n, m \text{ und } k \text{ genügend groß,}
\end{aligned}
$$

und somit ist $\alpha := [(q_n)_n] \in \mathbb{A}$.
α ist der gesuchte Grenzwert von $(\alpha_n)_n$, denn

$$|\alpha - \alpha_n| \leq |\alpha - [(q_n)]| + |[(q_n)] - \alpha_n| \leq |\alpha - [(q_n)]| + \left[\left(\frac{1}{n}\right)\right] < [(\varepsilon)]$$

für $n \geq n_1(\varepsilon)$. $\qquad \square$

Kapitel 4

Reihen

Worum geht's? *Wir führen in diesem Kapitel den Begriff der „Reihe" ein und geben einige Konvergenzkriterien für Reihen an. Dabei ist die Konvergenz einer Reihe als Konvergenz der Folge der Partialsummen definiert.*

Definition 4.1. *Seien $a_1, a_2, \ldots$ Zahlen aus $\mathbb{R}$ (oder aus $\mathbb{C}$).*

(i) $\sum\limits_{j=1}^{\infty} a_j$ (oder auch $\sum\limits_{j=k}^{\infty} a_j$ für $k \in \mathbb{Z}$) oder $\sum\limits_{j} a_j$ oder $\sum a_j$ heißt „(unendliche) Reihe mit den Summanden a_j".

(ii) $s_n := a_1 + \cdots + a_n = \sum\limits_{j=1}^{n} a_j$ heißt „n-te Partialsumme".

(iii) $\sum a_j$ heißt „konvergent" genau dann, wenn die Folge (s_n) konvergiert. In diesem Falle heißt $s := \lim\limits_{n \to \infty} s_n$ „Summe" der Reihe $\sum a_j$ und wir schreiben: $s = \sum\limits_{j=1}^{\infty} a_j$.

(iv) $\sum a_j$ heißt „divergent", wenn sie nicht konvergent ist.

Eine Reihe kann höchstens dann konvergieren, wenn ihre Summanden eine Nullfolge bilden:

Satz 4.2. *$\sum a_j$ konvergiert $\Rightarrow (a_j)$ ist Nullfolge.*

Die Umkehrung dieses Satzes gilt jedoch nicht. So ist z. B. $\left(\frac{1}{j}\right)$ eine Nullfolge, die „harmonische Reihe" $\sum\limits_{j=1}^{\infty} \frac{1}{j}$ divergiert jedoch.

Wir betrachten nun die „geometrische Reihe":

Satz 4.3. *Die geometrische Reihe $\sum\limits_{j=0}^{\infty} q^j$ konvergiert für $|q| < 1$ und divergiert für $|q| \geq 1$.*

Beweis: Für $q \neq 1$ ist $s_n = \frac{1-q^{n+1}}{1-q}$. Für $|q| < 1$ ergibt sich somit

$$\sum_{j=0}^{\infty} q^j = \frac{1}{1-q}.$$

Für $|q| > 1$ ist q^j keine Nullfolge, was die Divergenz der Reihe impliziert.   □

Ein erstes Konvergenzkriterium ist das der „absoluten Konvergenz".

Definition 4.4. *Die Reihe $\sum a_j$ heißt „absolut konvergent", wenn $\sum |a_j|$ konvergiert.*

Satz 4.5. *Wenn eine Reihe $\sum a_j$ absolut konvergent ist, so ist sie auch konvergent.*

Beweis: Für o. B. d. A. (<u>o</u>hne <u>B</u>eschränkung <u>d</u>er <u>A</u>llgemeinheit) $n > m$ ist

$$|s_n - s_m| = \left| \sum_{j=m+1}^{n} a_j \right| \leq \sum_{j=m+1}^{n} |a_j| < \varepsilon \text{ für } n, m \geq n_0(\varepsilon).$$ □

Die Umkehrung gilt jedoch nicht; so konvergiert die Reihe $\sum_j \frac{(-1)^j}{j}$ nicht absolut, aber nach dem folgenden Satz ist sie konvergent.

Satz 4.6 (Leibniz[1]-Kriterium). *Eine alternierende Reihe $\sum a_j$ in $\mathbb{R}$ (d. h. mit reellen Summanden wechselnden Vorzeichens) konvergiert, wenn $(|a_j|)_j$ eine monoton fallende Nullfolge ist.*

Beweis: Sei o. B. d. A. $a_{2j} \geq 0$ und $a_{2j-1} \leq 0$ für $j \in \mathbb{N}$.
Dann ist die Folge $(s_{2m})_m$ monoton fallend und nach unten beschränkt, denn:
$s_{2m+2} = s_{2m} + (a_{2m+1} + a_{2m+2}) \leq s_{2m}$, da $a_{2m+1} \leq 0$ und $|a_{2m+1}| \geq a_{2m+2}$,
und für alle $m \in \mathbb{N}$ ist $s_{2m} \geq s_1$.
Analog zeigt man: $(s_{2m-1})_m$ ist monoton steigend und nach oben beschränkt.
Die beiden Folgen konvergieren also (Satz 3.10) und zwar gegen einen gemeinsamen Grenzwert, s genannt, da $|s_{2m} - s_{2m-1}| = |a_{2m}| \to 0$ für $m \to \infty$.
Dies bedeutet die Konvergenz der Folge $(s_n)_n$ gegen den Grenzwert s.   □

Ein weiteres Konvergenzkriterium ist das „Majorantenkriterium".

Definition 4.7. *Seien $\sum a_n$ und $\sum b_n$ Reihen mit nichtnegativen Gliedern und es gelte:*
$\forall n \in \mathbb{N}: 0 \leq a_n \leq b_n.$
Dann heißt $\sum a_n$ „Minorante" zu $\sum b_n$, und $\sum b_n$ heißt „Majorante" zu $\sum a_n$.

Satz 4.8 (Majorantenkriterium). *$\sum |a_n|$ habe eine konvergente Majorante. Dann konvergiert $\sum a_n$ absolut.*

Das Majorantenkriterium liefert weitere wichtige Konvergenzkriterien, etwa durch Vergleich mit der geometrischen Reihe.

---

[1]Gottfried Wilhelm Leibniz, 21.6.1646 – 14.11.1716

Satz 4.9 (Quotientenkriterium). *Es gelte $a_n \neq 0$ für alle $n \in \mathbb{N}$ und*

$$\exists q \in (0,\, 1) \quad \exists k \in \mathbb{N} \quad \forall n \geq k : \left| \frac{a_{n+1}}{a_n} \right| \leq q.$$

Dann konvergiert $\sum a_n$ absolut.

Beweis: Für $n \geq k$, $a_n \neq 0$ und $m \in \mathbb{N}$ ist $|a_{n+m}| \leq q^m |a_n|$. Somit hat $\sum\limits_{j=0}^{\infty} |a_{k+j}|$

die konvergente Majorante $|a_k| \sum\limits_{j=0}^{\infty} q^j$. $\qquad\qquad\qquad\qquad\qquad \square$

Ähnlich beweist man

Satz 4.10 (Wurzelkriterium). *Es gelte:*
$\exists q \in (0,\, 1) \quad \exists k \in \mathbb{N} \quad \forall n \geq k:$

$$\sqrt[n]{|a_n|} \leq q.$$

Dann konvergiert $\sum a_n$ absolut.

Diese Kriterien sind hinreichend, aber nicht notwendig, wie das folgende Beispiel zeigt.

Beispiel 4.11. *Sei $\zeta(s) := \sum \frac{1}{j^s}$ die Riemannsche[2] Zetafunktion. Es gilt: $\zeta(s)$ konvergiert für $s > 1$ und divergiert für $s \leq 1$. Wir untersuchen hier nur den Fall $s = 2$. Dann sind weder das Wurzel- noch das Quotientenkriterium anwendbar, da*

$$\left| \frac{a_{n+1}}{a_n} \right| = \frac{n^2}{(n+1)^2} = \frac{1}{(1+1/n)^2} \to 1 \ \textit{und}$$

$$\sqrt[n]{|a_n|} = \frac{1}{\sqrt[n]{n^2}} \to 1;$$

jedoch ist die Folge (s_n) monoton wachsend und nach oben beschränkt, da

$$s_n = 1 + \sum_{j=2}^{n} \tfrac{1}{j^2} \leq 1 + \sum_{j=2}^{n} \tfrac{1}{j(j-1)} = 1 + \sum_{j=2}^{n} \left(\tfrac{1}{j-1} - \tfrac{1}{j} \right)$$

$$= 1 + \sum_{j=1}^{n-1} \tfrac{1}{j} - \sum_{j=2}^{n} \tfrac{1}{j} = 1 + 1 - \tfrac{1}{n} < 2,$$

und somit konvergent.
(Es gilt: $\sum\limits_{j=1}^{\infty} \frac{1}{j^2} = \frac{\pi^2}{6}$, s. Kapitel 9 zur Theorie der Fourierreihen.)

---

[2]Bernhard Riemann, 17.9.1826 – 20.7.1866

Kapitel 5

Elemente der Topologie und der Funktionalanalysis

Worum geht's? *Mögliche Strukturen, die allgemeine Mengen tragen können, beschäftigen uns zunächst in diesem Kapitel. Der Begriff „Kardinalität" ermöglicht einen „Größenvergleich" von Mengen. „Metrische Räume" müssen keine Vektorraumstruktur tragen, aber es ist dennoch möglich, in ihnen Abstände zu messen. So können wir auf metrischen Räumen Cauchy-Folgen usw. erklären, und wir definieren und diskutieren spezielle Eigenschaften von Mengen wie „Abgeschlossenheit" oder „Kompaktheit". Im letzten Teil betrachten wir Vektorräume, für die eine „Norm" oder ein „Skalarprodukt" gegeben ist.*

5.1 Mächtigkeit von Mengen

Eine mögliche Eigenschaft von Mengen ist ihre „Mächtigkeit", ihre „Größe".

Definition 5.1. *(i) Seien A und B zwei Mengen. Existiert eine bijektive Abbildung von A auf B, so sagt man, dass A und B dieselbe „Kardinalzahl" („Kardinalität") haben oder auch dass A und B „gleichmächtig" oder „äquivalent" sind.*
In diesem Falle schreiben wir $A \sim B$. $\sim$ ist eine Äquivalenzrelation.

   (ii) Sei A eine Menge. A heißt

   (1) „endlich", falls $A \sim \emptyset$ oder $A \sim \{1, \ldots, n\}$ für ein $n \in \mathbb{N}$,

   (2) „unendlich", falls A nicht endlich ist,

   (3) „abzählbar", falls $A \sim \mathbb{N}$ oder falls A endlich ist,

   (4) „überabzählbar", falls A nicht abzählbar ist.

Beispiel 5.2. $\mathbb{Z} \sim \mathbb{N}$, da $f : \mathbb{N} \to \mathbb{Z}, n \mapsto \begin{cases} n/2, & n \text{ gerade,} \\ -\frac{n-1}{2}, & n \text{ ungerade,} \end{cases}$
eine Bijektion auf $\mathbb{Z}$ ist. Insbesondere ist $\mathbb{Z}$ abzählbar.

Bemerkung 5.3. *Obiges Beispiel zeigt, dass eine unendliche Menge einer echten Teilmenge äquivalent sein kann; bei endlichen Mengen ist das unmöglich.*

Satz 5.4. *Seien* A_n, $n \in \mathbb{N}$, *abzählbare Mengen. Dann ist auch* $M := \bigcup\limits_{n \in \mathbb{N}} A_n$ *abzählbar.*

Beweis: Da o. B. d. A. $A_n \sim \mathbb{N}$ ist, können wir die Elemente von A_n als Folge $(a_{nj})_j$ mit paarweise verschiedenen Gliedern anordnen.
Wir ordnen nun die Elemente von M wie folgt an:

a_{11}

$a_{21} a_{12}$

$a_{31} a_{22} a_{13}$

$\vdots$

wobei mehrfach auftretende Elemente nur einmal aufgeführt werden. Also ist M abzählbar. $\qquad\square$

Insbesondere interessieren die Mengen $\mathbb{Q}$ und $\mathbb{R}$.

Satz 5.5. *Es gilt*

(i) *Die Menge der rationalen Zahlen* $\mathbb{Q}$ *ist abzählbar.*

(ii) *Die Menge der reellen Zahlen* $\mathbb{R}$ *ist überabzählbar.*

Beweis:

(i) Für rationale Zahlen $q \in \mathbb{Q}$ haben wir die Darstellung:
$q = \frac{m}{n}$, wobei $m \in \mathbb{Z}$ und $n \in \mathbb{N}$ sind.
Die Abzählbarkeit von $\mathbb{Q}$ folgt nun aus der Abzählbarkeit von $\mathbb{Z} \times \mathbb{N}$.

(ii) Wir führen einen Widerspruchsbeweis.
Annahme: Es gebe eine Anordnung $\{a_1, a_2, \dots\}$ *von* $[0, 1] \subset \mathbb{R}$.
Die Zahlen a_n *mögen die Dezimaldarstellung (vgl. Kapitel 6)*
$a_n = 0, b_{n1} b_{n2} \dots$ *mit* $0 \le b_{nj} \le 9$, $j \in \mathbb{N}$, *haben, d. h.* $a_n = \sum\limits_{j=1}^{\infty} b_{nj} 10^{-j}$.

Sei $c := 0, c_1 c_2 \dots$ *mit* $c_j := \begin{cases} 1 & \text{für } b_{jj} \neq 1, \\ 2 & \text{für } b_{jj} = 1. \end{cases}$
Dann ist $c \neq a_n$ $\forall n \in \mathbb{N}$, *da sich* c *von* a_n *an der n-ten Stelle unterscheidet:* $c_n \neq b_{nn}$.
Damit hat die Annahme zu einem Widerspruch geführt, d. h. $\mathbb{R}$ *ist überabzählbar.* $\qquad\square$

Die Grundidee des obigen Beweises wurde zuerst von Cantor[1] benutzt und ist als Cantorsches Diagonalverfahren bekannt.

Bemerkungen 5.6. *(i) Bei endlichen Mengen, $A \sim \{1, \ldots, n\}$, spricht man von der Kardinalzahl $\#A = n$, bei $A \sim \mathbb{N}: \#A = \aleph_0$ ($\aleph$: Aleph, der erste Buchstabe des hebräischen Alphabets) und für $A \sim \mathbb{R}: \#A = \mathfrak{c}$ (Mächtigkeit des Kontinuums).*
Die sogenannte „Kontinuumshypothese" besagt, dass es keine Menge mit einer Kardinalzahl „zwischen" $\aleph_0$ und $\mathfrak{c}$ gibt. Nach Ergebnissen von Gödel[2] und Cohen[3] ist diese Hypothese aus den Axiomen der Mengenlehre weder zu beweisen noch zu widerlegen.

(ii) Für eine Menge A bezeichne $\mathcal{P}(A)$ die Potenzmenge von A, also die Menge aller Teilmengen von A. Dann gilt: $\mathcal{P}(\mathbb{N}) \sim \mathbb{R}$.
Für endliche Mengen ist $\#\mathcal{P}(A) = 2^{\#A}$. In diesem Sinn ist $\mathfrak{c} = 2^{\aleph_0}$.

5.2 Metrische Räume

Wir können den „Abstand" zweier Zahlen a und b (z. B. $a, b \in \mathbb{R}$) voneinander mit Hilfe des Absolutbetrags $|x - y|$ messen. Wir wollen hier dieses Konzept des „Abstandes" auf „metrische Räume" übertragen, die insbesondere keine Vektorraumstruktur haben müssen, d. h. in denen der Ausdruck „$x - y$" nicht notwendigerweise erklärt ist.

Definition 5.7. *Sei X eine Menge. Dann heißt $d : X \times X \to \mathbb{R}_0^+$ „Metrik auf X" : $\Longleftrightarrow$*
$\forall x_1, x_2, x_3 \in X$:

(1) $d(x_1, x_2) = d(x_2, x_1)$,

(2) $d(x_1, x_2) = 0 \Leftrightarrow x_1 = x_2$,

(3) $d(x_1, x_2) \leq d(x_1, x_3) + d(x_3, x_2)$ (Dreiecksungleichung).

Definition 5.8. *Eine Menge X mit einer Metrik d heißt „metrischer Raum (X, d)".*

Wir kennen bereits einige Beispiele für metrische Räume:

Beispiele 5.9. *(i) Definiere für $x = (x_1, \ldots, x_n)$, $y = (y_1, \ldots, y_n) \in \mathbb{R}^n$*

$$d_1(x, y) := |x - y| := \sqrt{\sum_{i=1}^{n} (x_i - y_i)^2},$$

$$d_2(x, y) := \sum_{i=1}^{n} |x_i - y_i|,$$

---

[1]Georg Cantor, 3.3.1845 – 6.1.1918
[2]Kurt Gödel, 28.4.1906 – 14.1.1978
[3]Paul Joseph Cohen, 2.4.1934 – 23.3.2007

$$d_3(x,y) := \max_{i=1,\ldots,n} |x_i - y_i| \text{ und}$$

$$d_4(x,y) := \sqrt{|x - y|}.$$
Dann sind $(\mathbb{R}^n, d_i)$, $i = 1,\ldots,4$, metrische Räume.

(ii) $([0,1], d)$ mit $d(x,y) := |x - y|$ für $x, y \in [0,1]$ ist ein metrischer Raum.

(iii) Sei X eine beliebige Menge. Definiere die „diskrete Metrik"
$$d : X \times X \to \mathbb{R}_0^+, \quad (x,y) \mapsto d(x,y) := \begin{cases} 1, & x \neq y, \\ 0, & x = y. \end{cases}$$
(X, d) ist ein metrischer Raum.

Wir können in metrischen Räumen Kugeln und Cauchy-Folgen erklären:

Definition 5.10. *Seien (X, d) ein metrischer Raum, $x_0 \in X$ und $r > 0$. Dann heißt*
$$B(x_0, r) := \{x \in X \,|\, d(x, x_0) < r\}$$
„(offene) Kugel (Ball) um x_0 mit Radius r".

Definition 5.11. *Sei (X, d) ein metrischer Raum.*

(i) Eine Folge (x_n) in X heißt „Cauchy-Folge" : $\Leftrightarrow$
$\forall \varepsilon > 0 \, \exists n_0 \, \forall n, m \geq n_0 : d(x_n, x_m) < \varepsilon$.

(ii) $x \in X$ heißt „Grenzwert" der Folge (x_n) : $\Leftrightarrow$
$\forall \varepsilon > 0 \, \exists n_0 \, \forall n \geq n_0 : d(x_n, x) < \varepsilon$.

(iii) X heißt „vollständig" genau dann, wenn jede Cauchy-Folge in X einen Grenzwert in X besitzt.

Wir können zwei metrische Räume miteinander identifizieren, wenn sie isometrisch sind.

Definition 5.12. *Zwei metrische Räume (X, d_X) und (Y, d_Y) heißen „isometrisch", wenn eine bijektive Abbildung $f : X \to Y$ existiert mit der Eigenschaft:*
$\forall x_1, x_2 \in X : d_X(x_1, x_2) = d_Y(f(x_1), f(x_2))$.

Ähnlich wie bei dem Prozess der Vervollständigung der rationalen Zahlen über Äquivalenzklassen von Cauchy-Folgen zu $\mathbb{R}$ können auch allgemeine metrische Räume vervollständigt werden.
Zur Formulierung dieses Ergebnisses benötigen wir noch die folgende Definition:

Definition 5.13. *Sei (X, d_X) ein metrischer Raum und sei $X_0 \subset X$. X_0 heißt „dicht in X" :$\Leftrightarrow \forall x \in X \;\forall \varepsilon > 0 \, \exists x_0 \in X_0$ mit $d_X(x, x_0) < \varepsilon$.*

Es gilt:

Satz 5.14. *Sei (X, d_X) ein metrischer Raum. Dann gibt es einen vollständigen metrischen Raum (Y, d_Y) und einen dichten Teilraum (Y_0, d_Y) von Y, so dass gilt: (X, d_X) und (Y_0, d_Y) sind isometrisch.*

Wir schließen dieses Kapitel mit dem sehr häufig angewendeten „Banachschen[4] Fixpunktsatz". Dieser Satz gibt ein hinreichendes Kriterium für die Lösbarkeit der „Fixpunktgleichung" $T(x) = x$ in allgemeinen metrischen Räumen.

Definition 5.15. *Seien (X, d) ein metrischer Raum und $T : X \to X$ eine Abbildung. T heißt „kontrahierend" :$\Leftrightarrow$*

$$\exists k \in [0, 1) \, \forall x, y \in X : d(T(x), T(y)) \leq kd(x, y).$$

Satz 5.16 (Banachscher Fixpunktsatz). *Seien (X, d) ein vollständiger metrischer Raum und $T : X \to X$ eine kontrahierende Abbildung. Dann gibt es genau ein $\hat{x} \in X$ mit : $T(\hat{x}) = \hat{x}$.*
Ferner gilt für $x_0 \in X$ beliebig, $x_n := T(x_{n-1})$ für $n = 1, 2, \cdots$:

$$d(x_n, \hat{x}) \leq \frac{k^n}{1 - k} d(x_1, x_0).$$

Beweis:

1. Wir zeigen zunächst, dass (x_n) eine Cauchy-Folge ist, wobei x_n wie in der Formulierung des Satzes definiert sei. Es gilt:

$$\begin{aligned}
d(x_{n+m}, x_n) &\leq d(x_{n+m}, x_{n+m-1}) + \cdots + d(x_{n+1}, x_n) \\
&\leq \left(k^{n+m-1} + \cdots + k^n \right) d(x_1, x_0) \\
&= k^n \left(k^{m-1} + \cdots + 1 \right) d(x_1, x_0) \\
&\leq k^n \left(\sum_{j=0}^{\infty} k^j \right) d(x_1, x_0) \\
&\leq \frac{k^n}{1 - k} d(x_1, x_0) \to 0 \text{ für } n \to \infty \text{ unabhängig von } m.
\end{aligned}$$

2. X ist vollständig; die Cauchy-Folge (x_n) konvergiert somit gegen einen Grenzwert $\hat{x} \in X$. Wir zeigen: $\hat{x}$ ist Fixpunkt, d. h. $T(\hat{x}) = \hat{x}$.
   Es ist

$$\begin{aligned}
d(\hat{x}, T(\hat{x})) &\leq d(\hat{x}, x_n) + d(x_n, T(\hat{x})) = d(\hat{x}, x_n) + d(T(x_{n-1}), T(\hat{x})) \\
&\leq d(\hat{x}, x_n) + k \, d(x_{n-1}, \hat{x}) \to 0
\end{aligned}$$

   für $n \to \infty$, und somit ist $d(\hat{x}, T(\hat{x})) = 0$.

3. Der Fixpunkt $\hat{x}$ ist eindeutig, denn für einen weiteren Fixpunkt $\check{x}$ würde gelten:
   $d(\hat{x}, \check{x}) = d(T(\hat{x}), T(\check{x})) \leq k \, d(\hat{x}, \check{x})$ für $k \in [0, 1)$, und somit muss $d(\hat{x}, \check{x}) = 0$ sein.

4. Die behauptete Fehlerabschätzung folgt sofort aus der im 1. Schritt bewiesenen Abschätzung. $\qquad\Box$

---

[4]Stefan Banach, 30.3.1892 – 31.8.1945

Wir geben nun noch ein Anwendungsbeispiel für den Banachschen Fixpunktsatz an:

Beispiel 5.17. *Das Ziel ist die Berechnung von $\sqrt{2}$ mit Hilfe des Banachschen Fixpunktsatzes.*
Seien $X := [1, 2]$, $d : X \times X \to \mathbb{R}_0^+$, $(x, y) \mapsto |x - y|$ die Metrik und $T : X \to \mathbb{R}, x \mapsto Tx := x + c\,(2 - x^2)$ für $c \neq 0$ beliebig. Ein Fixpunkt der Abbildung T löst offenbar die Gleichung: $2 - x^2 = 0$. Es gilt:

(i) *(X, d) ist ein vollständiger metrischer Raum.*

(ii) *T ist eine Abbildung nach X für $c \in [0, \frac{1}{2}]$.*

(iii) *T ist kontrahierend für $c \in (0, \frac{1}{2})$, da für $x_1, x_2 \in [1, 2]$*
   $|T(x_1) - T(x_2)| = |x_1 - x_2| \cdot |1 - c\,(x_1 + x_2)|$ ist.

Das bedeutet, dass für $c \in (0, \frac{1}{2})$ die Voraussetzungen des Banachschen Fixpunktsatzes erfüllt sind und die Folge $x_n := Tx_{n-1}$, $x_0 \in [1, 2]$ beliebig, gegen den eindeutigen Fixpunkt $\hat{x} = \sqrt{2}$ konvergiert.
Wählen wir $c = \frac{1}{3}$, so ergibt sich für die Kontraktionskonstante $k = \frac{1}{3}$, und die Fehlerabschätzung liefert (wenn wir bei $x_0 = 1$ beginnen) für den zehnten Iterationsschritt:
$|\sqrt{2} - x_{10}| \leq \frac{1}{2}(\frac{1}{3})^{10} \approx 8.47 \cdot 10^{-6}$.

5.3   Reelle Punktmengen

In diesem Kapitel werden wir noch einige Begriffe aus der Theorie metrischer Räume einführen und sie gegebenenfalls auf reelle Punktmengen spezialisieren. Nachfolgend bezeichne durchgängig (X, d) einen metrischen Raum.

Definition 5.18.   (i) *$x \in M \subset X$ heißt „innerer Punkt" von M :$\Leftrightarrow$*
   $\exists \varepsilon > 0 : B(x, \varepsilon) \subset M$.

(ii) *$M \subset X$ heißt „offen" :$\Leftrightarrow$*
   M besteht nur aus inneren Punkten.

(iii) *Seien $M \subset X$ und $x_0 \in X$. x_0 heißt „Häufungspunkt von M" :$\Leftrightarrow$*
   $\forall \varepsilon > 0 \, \exists x \in M, \, x \neq x_0 : x \in B(x_0, \varepsilon)$.

(iv) *$x_0 \in M \subset X$ heißt „isolierter Punkt von M":$\Leftrightarrow$*
   $\exists \varepsilon > 0 : (B(x_0, \varepsilon) \setminus \{x_0\}) \cap M = \emptyset$.

(v) *$M \subset X$ heißt „abgeschlossen" :$\Leftrightarrow$*
   alle Häufungspunkte von M gehören zu M.

(vi) *Sei $M \subset X$. Dann heißt*
   $\overline{M} := M \cup \{x_0 \in X \,|\, x_0$ ist Häufungspunkt von $M\}$ „Abschluss von M in X".

(vii) Sei $M \subset X$. Dann heißt $M^c := X \setminus M$ das „Komplement von M in X".

Beispiele 5.19. *(i) $\mathbb{R}$ ist in $\mathbb{R}$ offen und abgeschlossen.*

(ii) $(0,1]$ ist in $\mathbb{R}$ weder offen noch abgeschlossen.

Das Komplement offener Mengen ist abgeschlossen und umgekehrt.

Satz 5.20. *$M \subset X$ ist offen $\Leftrightarrow M^c$ ist abgeschlossen.*

Beweis:

(i) Wir zeigen zunächst durch Widerspruch: $M \subset X$ offen $\Rightarrow M^c$ abgeschlossen.
Annahme: Es gibt einen Häufungspunkt x_0 von M^c, der nicht in M^c liegt, d. h. $x_0 \in M$.
Da M offen ist, existiert ein $\varepsilon > 0$ mit $B(x_0, \varepsilon) \subset M$. Somit kann x_0 kein Häufungspunkt von M^c sein. Widerspruch.

(ii) Wir zeigen nun: M^c abgeschlossen $\Rightarrow M$ offen.
Sei $x_0 \in M = X \setminus M^c$. Da M^c abgeschlossen ist, ist x_0 kein Häufungspunkt von M^c und somit existiert ein $\varepsilon > 0$ mit $B(x_0, \varepsilon) \subset M$.

$\square$

Definition 5.21. *(i) Sei $M \subset X$. Dann heißt $x_0 \in X$ „Randpunkt von M" (Schreibweise: „$x_0 \in \partial M$") $:\Leftrightarrow$*
$\forall \varepsilon > 0 \, \exists x \in B(x_0, \varepsilon) \cap M$ und $\exists y \in B(x_0, \varepsilon) \cap M^c$.

(ii) $M \subset X$ heißt „beschränkt" $:\Leftrightarrow \exists r > 0 \, \exists x_0 \in X : M \subset B(x_0, r)$.

Beispiel 5.22. *Sei $M := (0,1] \cup \{2\} \subset \mathbb{R}$; M ist eine beschränkte Menge. $(0,1)$ ist die Menge der inneren Punkte, $[0,1]$ die der Häufungspunkte, $\{0,1,2\}$ die der Randpunkte, $\{2\}$ die der isolierten Punkte und $\overline{M} = [0,1] \cup \{2\}$.*

Definition 5.23. *$U \subset X$ heißt „Umgebung des Punktes $x_0 \in X$" (Schreibweise: „$U(x_0)$") $:\Leftrightarrow$*
$\exists \varepsilon > 0 : B(x_0, \varepsilon) \subset U$.

Satz 5.24. *Sind $U \subset X$ und $V \subset X$ Umgebungen des Punktes $x_0 \in X$, so auch $U \cap V$.*

Satz 5.25. *Seien $x_1, x_2 \in X$, $x_1 \neq x_2$. Dann existieren Umgebungen $U(x_1)$ und $U(x_2)$ mit $U(x_1) \cap U(x_2) = \emptyset$.*

Beweisidee:
Wähle für $\varrho := d(x_1, x_2)$ und $i = 1, 2 : \ U(x_i) := B(x_i, \varrho/2)$.

Bemerkung 5.26. *Allgemeine topologische Räume (s.u. zur Definition topologischer Räume), in denen die Aussage des obigen Satzes gilt, heißen „Hausdorff-Räume"[5]; die Forderung nach der Existenz von disjunkten Umgebungen zu zwei verschiedenen Punkten heißt „Hausdorffsches Trennungsaxiom".*

---

[5]Felix Hausdorff, 8.11.1868 – 26.1.1942

Satz 5.27. *(i) Die beliebige Vereinigung offener Mengen ist offen.*

(ii) Der Durchschnitt endlich vieler offener Mengen ist offen.

Bemerkungen 5.28. *(i) Es gilt* nicht: *Der Durchschnitt beliebig vieler offener Mengen ist offen; zum Beispiel ist für $X = \mathbb{R}, i \in \mathbb{N}$ und $M_i :=$ $(0, 1 + \frac{1}{i})$ der Durchschnitt $\bigcap_{i=1}^{\infty} M_i = (0, 1]$ nicht offen.*

(ii) Aus obigem Satz folgt natürlich sofort:

(1) Die Vereinigung endlich vieler abgeschlossener Mengen ist abgeschlossen.

(2) Der beliebige Durchschnitt abgeschlossener Mengen ist abgeschlossen.

Für die Menge der reellen (oder der komplexen) Zahlen gilt der folgende wichtige Satz von Bolzano[6] & Weierstraß[7].

Satz 5.29 (Bolzano & Weierstraß). *Jede unendliche beschränkte Menge M reeller (komplexer) Zahlen besitzt mindestens einen Häufungspunkt.*

Beweis: Seien $x_1, x_2, \ldots$ Punkte aus $M \subset \mathbb{R}$ mit $x_i \neq x_j$ für $i \neq j$ und $c_n :=$ $\inf\{x_n, x_{n+1}, \ldots\}$. Dann ist (c_n) eine monoton wachsende und beschränkte Folge und somit für $n \to \infty$ konvergent gegen den Grenzwert $c := \sup\{c_1, c_2, \ldots\} \in$ $\mathbb{R}$. Es gibt höchstens ein $j_0 \in \mathbb{N}$ mit $x_{j_0} = c$. Streiche dieses x_{j_0} aus der Folge (x_i). Dann ist c ein Häufungspunkt von M, denn es gilt:
$\forall n \; \forall \varepsilon > 0 \, \exists x_k, \, k \geq n : |x_k - c_n| < \varepsilon/2,$
$\forall \varepsilon > 0 \; \exists n_0 : |c_{n_0} - c| < \varepsilon/2$ und somit
$\forall \varepsilon > 0 \; \exists k \geq n_0 : |x_k - c| \leq |x_k - c_{n_0}| + |c_{n_0} - c| < \varepsilon, \, x_k \neq c.$
Im Fall $M \subset \mathbb{C}$ betrachte man Real- und Imaginärteil. $\qquad\square$

Obiger Beweis schreibt sich kürzer mit der folgenden Definition:

Definition 5.30. *Seien $a_n \in \mathbb{R}$ für $n \in \mathbb{N}$.*

(i) Sei (a_n) nach oben beschränkt.
Dann heißt $\overline{\lim} \, a_n := \limsup_{n \to \infty} a_n := \lim_{n \to \infty} \sup\{a_n, a_{n+1}, \ldots\}$ der „limes superior" der Folge (a_n).

(ii) Sei (a_n) nach unten beschränkt.
Dann heißt $\underline{\lim} \, a_n := \liminf_{n \to \infty} a_n := \lim_{n \to \infty} \inf\{a_n, a_{n+1}, \ldots\}$ der „limes inferior" der Folge (a_n).

Bemerkung 5.31. *Es gilt: (a_n) konvergiert $\Leftrightarrow \underline{\lim} \, a_n = \overline{\lim} \, a_n = \lim_{n \to \infty} a_n$.*

---

[6]Bernard Bolzano, 5.10.1781 – 18.12.1848
[7]Karl Theodor Wilhelm Weierstraß, 31.10.1815 – 19.2.1897

Wir haben in diesem Kapitel vor der Spezialisierung auf die reellen (komplexen) Zahlen metrische Räume betrachtet. Wir wollen nun noch allgemeinere Räume, nämlich „topologische Räume", definieren.

Definition 5.32. *Seien X eine Menge und $\mathcal{T} \subset \mathcal{P}(X)$ ein System von Teilmengen von X. Dann heißt $\mathcal{T}$ „Topologie" auf X oder $(X, \mathcal{T})$ „topologischer Raum" :$\Leftrightarrow$*

(i) $\emptyset, X \in \mathcal{T}$.

(ii) Sei Λ eine beliebige Indexmenge und seien $\mathcal{O}_\lambda \in \mathcal{T}$ für $\lambda \in \Lambda$. Dann ist $\bigcup_{\lambda \in \Lambda} \mathcal{O}_\lambda \in \mathcal{T}$.

(iii) Für alle $\mathcal{O}_1, \mathcal{O}_2 \in \mathcal{T}$ ist $\mathcal{O}_1 \cap \mathcal{O}_2 \in \mathcal{T}$.

Die Elemente $\mathcal{O} \in \mathcal{T}$ heißen „(bzgl. $\mathcal{T}$) offene Mengen".

Beispiele 5.33. *(i) $\mathcal{T}_t := \{\emptyset, M\}$: triviale (gröbste) Topologie.*

(ii) $\mathcal{T}_d := \mathcal{P}(M)$: diskrete (feinste) Topologie.

(iii) Für einen metrischen Raum (X, d) ist $\mathcal{T} := \{V \subset X \,|\, V \text{ ist offen in } X\}$ eine Topologie. Insbesondere ist somit jeder metrische Raum auch ein topologischer Raum.

5.4 Kompakte Mengen

Wir werden in diesem Kapitel den Begriff „kompakte Mengen" für metrische Räume definieren und diskutieren. In $\mathbb{R}$ lassen sich kompakte Mengen besonders leicht charakterisieren. Doch zunächst zur Definition:

Definition 5.34. *Seien (X, d) ein metrischer Raum, Λ eine beliebige Indexmenge, U_λ für $\lambda \in \Lambda$ offene Teilmengen von X und $U := \{U_\lambda \,|\, \lambda \in \Lambda\}$.*

(i) Dann heißt U „offene Überdeckung von $M \subset X$" : $\Leftrightarrow$ $\forall x \in M \ \exists \lambda \in \Lambda : x \in U_\lambda$.

(ii) U enthält eine „endliche Teilüberdeckung von M" :$\Leftrightarrow$ $\exists n \in \mathbb{N} \ \exists i_1, \ldots, i_n \in \Lambda : M \subset \bigcup_{j=1}^{n} U_{i_j}$.

Definition 5.35. *Sei (X, d) ein metrischer Raum. $M \subset X$ heißt „kompakt", wenn jede offene Überdeckung U von M eine endliche Teilüberdeckung enthält.*

Bemerkungen 5.36. *(i) Die oben definierte Eigenschaft heißt auch „Heine[8]-Borel[9]-Eigenschaft".*

---

[8]Heinrich Eduard Heine, 16.3.1821 – 21.10.1881
[9]Émile Borel, 7.1.1871 – 3.2.1956

(ii) Offensichtlich ist jede endliche Menge kompakt.

Wir beweisen zunächst ein notwendiges Kriterium für Kompaktheit, das für $X = \mathbb{R}$ (im Allgemeinen aber nicht) auch hinreichend ist.

Satz 5.37. *In einem metrischen Raum (X, d) ist eine kompakte Menge beschränkt und abgeschlossen.*

Beweis: Seien $M \subset X$ kompakt und $x_0 \in M$. Dann ist $\{B(x_0, n) \mid n \in \mathbb{N}\}$ eine offene Überdeckung von M. Da M kompakt ist, genügen endlich viele Kugeln $B(x_0, n)$ zur Überdeckung von M; dies bedeutet aber: $\exists n_0 \in \mathbb{N} : M \subset B(x_0, n_0)$, und somit ist M beschränkt.

Wir zeigen nun: $X \setminus M$ ist offen.

Sei $x \in X \setminus M$. Dann gibt es für alle $m \in M$ ein $\varepsilon_m > 0$ so, dass $B(x, \varepsilon_m) \cap B(m, \varepsilon_m) = \emptyset$. Da $M \subset \bigcup_{m \in M} B(m, \varepsilon_m)$ und M kompakt ist, existieren ein $k \in \mathbb{N}$ und $m_j \in M, j = 1, \ldots, k$, so, dass $M \subset \bigcup_{j=1}^{k} B(m_j, \varepsilon_{m_j})$ (hier geht die Kompaktheit von M ein).

Sei $\varepsilon := \min\{\varepsilon_{m_1}, \ldots, \varepsilon_{m_k}\} > 0$. Dann gilt: $B(x, \varepsilon) = \bigcap_{j=1}^{k} B(x, \varepsilon_{m_j})$ ist offen

und $(B(x, \varepsilon) \cap M) \subset \bigcup_{j=1}^{k} (B(x, \varepsilon) \cap B(m_j, \varepsilon_{m_j})) = \emptyset$, d. h. $B(x, \varepsilon) \subset X \setminus M$. $\square$

Die Umkehrung dieses Satzes ist im Allgemeinen falsch, wie das folgende Beispiel zeigt:

Beispiel 5.38. *Sei X eine unendliche Menge und d die auf X erklärte diskrete Metrik, d. h.*

$$d : X \times X \to \mathbb{R}_0^+, (x, y) \mapsto \begin{cases} 1 & \text{für } x \neq y, \\ 0 & \text{für } x = y. \end{cases}$$

X ist beschränkt, da für ein festes $y \in X$ und beliebiges $x \in X$ $d(x, y) \leq 1$ gilt. Als ganzer Raum ist X auch abgeschlossen. Da $B(x, \frac{1}{2}) = \{x\}$ ist, gilt: $X = \bigcup_{x \in X} B(x, \frac{1}{2})$; also ist $\bigcup_{x \in X} B(x, \frac{1}{2})$ eine offene Überdeckung, die keine endliche Teilüberdeckung enthält.

Es gilt jedoch:

Satz 5.39. *Sei (X, d) ein metrischer Raum. Abgeschlossene Teilmengen von in (X, d) kompakten Mengen sind kompakt.*

Beweis: Seien $K \subset X$ eine kompakte, $A \subset K$ eine abgeschlossene Menge und $\{M_\lambda\}_{\lambda \in \Lambda}$ (für eine beliebige Indexmenge Λ) eine offene Überdeckung von A. Dann ist $\{M_\lambda \mid \lambda \in \Lambda\} \cup (X \setminus A)$ eine offene Überdeckung von K; für diese existiert eine endliche Teilüberdeckung, die somit auch A überdeckt. Falls $X \setminus A$

zu dieser dazugehört, können wir sie zur Überdeckung von A weglassen.   □

Wir betrachten nun speziell den Raum $\mathbb{R}$ mit der Metrik

$$d : \mathbb{R} \times \mathbb{R} \to \mathbb{R}_0^+, \ (x,y) \mapsto d(x,y) := |x - y|.$$

Unser Ziel ist eine Charakterisierung der kompakten Mengen in $(\mathbb{R}, d)$.

Satz 5.40 (Intervallschachtelung). *Ist (J_i) eine Folge abgeschlossener, beschränkter Intervalle in $\mathbb{R}$ mit $J_i \supset J_{i+1}$, $i \in \mathbb{N}$, so gilt $\bigcap\limits_{i=1}^{\infty} J_i \neq \emptyset$.*

Beweis: Wähle für jedes $i \in \mathbb{N}$ $x_i \in J_i$; sei o. B. d. A. $x_i \neq x_j$ für $i \neq j$. (x_i) ist eine beschränkte Folge und besitzt somit nach dem Satz von Bolzano & Weierstraß (Satz 5.29) eine konvergente Teilfolge, die wir (x'_n) nennen wollen; ihr Grenzwert heiße x_0 (x_0 ist Häufungspunkt von $\{x_1, x_2, \dots\}$).
Annahme: $x_0 \notin \bigcap\limits_{i=1}^{\infty} J_i$. Dann gibt es insbesondere ein $k \in \mathbb{N}$ mit $x_0 \notin J_k$; also gilt: $\forall m \geq k : x_0 \notin J_m$ und sogar, wegen der Abgeschlossenheit der Intervalle: $\exists \varepsilon > 0 \ \forall x \in J_m : |x - x_0| > \varepsilon$. Dies ist aber ein Widerspruch zur Konvergenz von (x'_n) gegen x_0.   □

Satz 5.41. *Sei $J = [a, b] \subset \mathbb{R}$ mit $a, b \in \mathbb{R}$, $a < b$. Dann ist J kompakt.*

Beweis: Annahme: Es gebe eine offene Überdeckung $\{M_\lambda\}_{\lambda \in \Lambda}$ von J, die *keine* endliche Teilüberdeckung besitzt.
Wir teilen J nun in die zwei abgeschlossenen Intervalle $Q_1 := [a, \frac{a+b}{2}]$ und $Q_2 := [\frac{a+b}{2}, b]$, welche beide die halbe Intervalllänge von J haben. Mindestens eine der beiden Mengen Q_1, Q_2 kann nach unserer Annahme nicht endlich überdeckt werden; wir nennen diese J_1.
Nun unterteilen wir J_1 wiederum in zwei Intervalle Q_i mit halber Intervalllänge, wählen ein nicht endlich überdeckbares abgeschlossenes Intervall J_2 mit halber Intervalllänge von J_1 und fahren analog fort.
Wir erhalten eine Folge $(J_i)_{i \in \mathbb{N}}$ von abgeschlossenen Intervallen mit folgenden Eigenschaften:

(i) $J_i \supset J_{i+1}$,

(ii) $\forall x, y \in J_i : |x - y| \leq \frac{b-a}{2^i}$,

(iii) J_i ist nicht endlich überdeckbar.

Nach Satz 5.40 existiert ein $z \in \bigcap\limits_{i=1}^{\infty} J_i$. Ferner existiert ein $\lambda_0 \in \Lambda : z \in M_{\lambda_0}$; da M_{λ_0} offen ist, gibt es ein $r > 0$ mit $B(z, r) \subset M_{\lambda_0}$. Ist i_0 so groß, dass $\frac{b-a}{2^{i_0}} < r$ ist, so ist $J_{i_0} \subset M_{\lambda_0}$, was in Widerspruch zur nicht endlichen Überdeckbarkeit aller J_i steht.   □

Wir können nun die gewünschte Charakterisierung kompakter Mengen in $\mathbb{R}$ beweisen.

Satz 5.42. *Für $M \subset \mathbb{R}$ sind äquivalent:*

(i) M ist beschränkt und abgeschlossen.

(ii) M ist kompakt.

(iii) Jede unendliche Teilmenge von M hat einen Häufungspunkt in M.

Beweis: (i) $\Rightarrow$ (ii): Es existiert ein abgeschlossenes Intervall J mit $M \subset J$. J ist kompakt (Satz 5.41) und nach Satz 5.39 sind abgeschlossene Teilmengen kompakter Mengen kompakt.

(ii) $\Rightarrow$ (iii): Annahme: Sei E eine unendliche Teilmenge von M ohne Häufungspunkt in M.

Dann existiert für alle $m \in M$ ein $\varepsilon_m > 0$ mit

$$B(m, \varepsilon_m) \cap E = \begin{cases} \{m\} & \text{für } m \in E, \\ \emptyset & \text{sonst.} \end{cases}$$

E wird folglich von keiner endlichen Teilmenge von $\bigcup_{m \in M} B(m, \varepsilon_m)$ überdeckt und somit auch M nicht, was der Kompaktheit von M widerspricht.

(iii) $\Rightarrow$ (i): Annahme: M ist unbeschränkt.

Insbesondere gibt es dann für alle $n \in \mathbb{N}$ ein $x_n \in M$ mit $|x_n| > n$. (x_n) hat jedoch keinen Häufungspunkt in $\mathbb{R}$, was ein Widerspruch zur Voraussetzung (iii) ist.

Annahme: M ist nicht abgeschlossen.

Dann existiert ein Häufungspunkt $z \in \mathbb{R}^n \setminus M$ der Menge M. Also existiert für jedes $n \in \mathbb{N}$ ein $x_n \in M$ mit $|x_n - z| < \frac{1}{n}$. $\{x_1, x_2, \dots\}$ ist eine unendliche Teilmenge von M mit einzigem Häufungspunkt $z \notin M$. Dies ist ein Widerspruch zu der Voraussetzung. $\qquad\square$

Bemerkung 5.43. *Man sieht leicht, dass der Satz von Bolzano & Weierstraß (Satz 5.29) auch im $\mathbb{R}^n$ mit $n > 1$ gilt; genauso lassen sich die Beweise von Satz 5.40 (Intervallschachtelung) und Satz 5.41 auf $n > 1$ übertragen. Somit gilt auch die obige Charakterisierung kompakter Mengen im $\mathbb{R}^n$ und insbesondere auch in $\mathbb{C}$. Wir werden in Kapitel 10 nochmal darauf zurückkommen.*

5.5 Normierte Räume und Hilberträume

Wir betrachten nun Räume, die mehr Struktur aufweisen als z. B. nur metrische Räume, insbesondere algebraische Struktur. Wir erinnern zunächst an den Begriff eines „Vektorraums":

Definition 5.44. *Seien X eine Menge und K ein Körper, und es seien auf X Abbildungen*

$$+ : X \times X \to X, \quad (x, y) \mapsto x + y \text{ und}$$
$$\cdot : K \times X \to X, \quad (\lambda, x) \mapsto \lambda \cdot x$$

erklärt, so dass $(X, +)$ eine abelsche Gruppe ist und für alle $\alpha, \beta \in K$ und $x, y \in X$ gilt:

(i) $\alpha(x + y) = \alpha x + \alpha y$,

(ii) $(\alpha + \beta)x = \alpha x + \beta x$,

(iii) $\alpha(\beta x) = (\alpha\beta)x$,

(iv) $1 \cdot x = x$ *(wobei 1 das bzgl. der Multiplikation neutrale Element von K bezeichnet).*

Dann heißt X „Vektorraum über K" oder „K-Vektorraum".

Wir werden hier grundsätzlich nur $K = \mathbb{R}$ oder $K = \mathbb{C}$ betrachten, wofür wir auch $\mathbb{K}$ schreiben. Beispiele für Vektorräume sind:
$\mathbb{R}^n$ über $\mathbb{R}$ $(n \geq 1)$, $\mathbb{C}^n$(über $\mathbb{R}$ oder $\mathbb{C}$) und
$\ell_2 := \{x = (\xi_1, \xi_2, \dots) | \xi_i \in \mathbb{R} \text{ [oder } \mathbb{C}], \sum_{i=1}^{\infty} |\xi_i|^2 < \infty\}$ (über $\mathbb{R}$ [oder über $\mathbb{R}$ oder $\mathbb{C}$]).
Auf Vektorräumen können wir nun Normen betrachten (vgl. den Absolutbetrag in $\mathbb{R}$):

Definition 5.45. *Sei X ein Vektorraum über $\mathbb{K}$. Eine Abbildung*

$$|| \cdot || : X \to \mathbb{R}_0^+$$

heißt „Norm auf X", wenn gilt:

(i) $\forall x \in X : ||x|| = 0 \Leftrightarrow x = 0$,

(ii) $\forall \alpha \in \mathbb{K}, x \in X : ||\alpha \cdot x|| = |\alpha| \, ||x||$,

(iii) $\forall x, y \in X : ||x + y|| \leq ||x|| + ||y||$.

$(X, || \cdot ||)$ heißt dann „normierter Raum".

Bemerkung 5.46. *Jeder normierte Raum wird mit $d : X \times X \to \mathbb{R}_0^+, (x, y) \mapsto d(x, y) := ||x - y||$ zu einem metrischen Raum. In diesem Sinne sind Begriffe wie Cauchy-Folge, Vollständigkeit usw. zu verstehen.*

Definition 5.47. *Ein vollständiger normierter Raum heißt „Banachraum".*

Eine zusätzliche Struktur kann auf einem Vektorraum durch ein „Skalarprodukt" gegeben sein.

Definition 5.48. *Sei X ein Vektorraum über $\mathbb{K}$. Eine Abbildung*

$$\langle \cdot, \cdot \rangle : X \times X \to \mathbb{K}$$

heißt „Skalarprodukt" oder „inneres Produkt", wenn gilt:

(i) $\forall x, y, z \in X \, \forall \alpha, \beta \in \mathbb{K} : \langle \alpha x + \beta y, z \rangle = \alpha \langle x, z \rangle + \beta \langle y, z \rangle$,

(ii) $\forall x, y \in X :$

$$\langle x, y \rangle = \begin{cases} \overline{\langle y, x \rangle} & \text{für } \mathbb{K} = \mathbb{C}, \\ \langle y, x \rangle & \text{für } \mathbb{K} = \mathbb{R}, \end{cases}$$

(iii) $\forall x \in X : \langle x, x \rangle \geq 0$ *und es gilt* $: \langle x, x \rangle = 0 \Rightarrow x = 0$.

Beispiele sind, mit $x = (\xi_1, \xi_2, \dots), \, y = (\eta_1, \eta_2, \dots)$:

$\mathbb{R}^n$ mit $\langle x, y \rangle := \sum\limits_{i=1}^{n} \xi_i \eta_i$,

$\mathbb{C}^n$ mit $\langle x, y \rangle := \sum\limits_{i=1}^{n} \xi_i \overline{\eta_i}$,

ℓ_2 mit $\langle x, y \rangle := \sum\limits_{i=1}^{\infty} \xi_i \eta_i$ bzw. $\langle x, y \rangle = \sum\limits_{i=1}^{\infty} \xi_i \overline{\eta_i}$.

Jeder Vektorraum mit Skalarprodukt ist auch ein normierter Raum, wobei

$$|| \cdot || : X \to \mathbb{R}_0^+, \quad x \mapsto ||x|| := \sqrt{\langle x, x \rangle}.$$

Zum Nachweis, dass die so definierte Abbildung die Dreiecksungleichung erfüllt, benötigen wir die Cauchy & Schwarzsche[10] Ungleichung:

Satz 5.49 (Cauchy & Schwarzsche Ungleichung). *Seien X ein Vektorraum und $\langle \cdot, \cdot \rangle$ ein Skalarprodukt. Dann gilt für alle $x, y \in X$:*

$$|\langle x, y \rangle| \leq ||x|| \cdot ||y||.$$

Beweis: Sei o.B.d.A $y \neq 0$. Definiere $\alpha := ||y||^2 > 0, \, \beta := -\langle x, y \rangle$.
Dann gilt:
$0 \leq \langle \alpha x + \beta y, \alpha x + \beta y \rangle = |\alpha|^2 ||x||^2 + \alpha \overline{\beta} \langle x, y \rangle + \overline{a} \beta \langle y, x \rangle + |\beta|^2 ||y||^2$
$\quad = ||y||^2 \{ ||y||^2 ||x||^2 - |\langle x, y \rangle|^2 \}$, also ist
$||y||^2 \cdot ||x||^2 - |\langle x, y \rangle|^2 \geq 0$. $\hfill \square$

Hilfssatz 5.50. *Seien X ein Vektorraum und $\langle \cdot, \cdot \rangle$ ein Skalarprodukt. Dann ist die Abbildung $|| \cdot || : X \to \mathbb{R}_0^+, \, x \mapsto ||x|| := \sqrt{\langle x, x \rangle}$ eine Norm.*

Besonders interessant sind die „Hilberträume[11]".

Definition 5.51. *Ein Vektorraum mit Skalarprodukt, der bezüglich der induzierten Norm ein Banachraum ist, heißt „Hilbertraum".*

---

[10]Hermann Amandus Schwarz, 25.1.1843 – 30.11.1921
[11]David Hilbert, 23.1.1862 – 14.2.1943

Wir geben abschließend noch einige leicht zu beweisende Eigenschaften eines Skalarproduktes an:

Hilfssatz 5.52. *Seien X ein Vektorraum, $\langle \cdot, \cdot \rangle$ ein Skalarprodukt auf X und $\| \cdot \|$ die vom Skalarprodukt induzierte Norm.*
Dann gilt für alle $x, y \in X$:

(i) *Satz von Pythagoras*[12]*:*
$$\langle x, y \rangle = 0 \Leftrightarrow \|x + y\|^2 = \|x\|^2 + \|y\|^2.$$

(ii) *Parallelogrammgleichung:*
$$\|x + y\|^2 + \|x - y\|^2 = 2(\|x\|^2 + \|y\|^2).$$

(iii) *Polarisation*

    (1) *für* $\mathbb{K} = \mathbb{R}$: $\langle x, y \rangle = \frac{1}{4}(\|x + y\|^2 - \|x - y\|^2)$

    (2) *für* $\mathbb{K} = \mathbb{C}$: $\langle x, y \rangle = \frac{1}{4}(\|x + y\|^2 - \|x - y\|^2 + i\|x + iy\|^2 - i\|x - iy\|^2).$

---

[12]Pythagoras, ca. 580 − 500 v. Chr.

Kapitel 6

Stellenwertsysteme und die Zahl e

Worum geht's? *Ein kurzer Rückblick auf die historische Entwicklung von Zahldarstellungen führt bis zu dem in Computern verwendeten Dualsystem. Einer der wichtigsten Zahlen – e – ist ein eigenes Kapitel gewidmet.*

Zum praktischen Arbeiten mit den reellen Zahlen ist eine geeignete Darstellung besonders wichtig. Die ältesten Darstellungen erfolgten durch Steine, Perlen oder Knoten. Dabei war der Zahlbegriff noch nicht abstrakt gefasst. Die Babylonier benutzten etwa ab 2000 v. Chr. das Sexagesimalsystem (heute hat die Stunde noch 60 Minuten und der Kreis 360 Grad). Schon früh gab es Systeme zur Basis 10 (Dezimalsystem), 12 (heute noch: ein „Dutzend") und 20 (vgl. frz. „quatre-vingts"). Es gab zur kürzeren Schreibweise Striche mit Fünferbündelung, bei den Griechen die Zeichen Δ=10, H=100, X=1000 und bei den Römern V=5, X=10, L=50, C=100, D=500, M=1000. Ein wesentlicher Fortschritt gegenüber solchen Systemen wurde durch die Erfindung des Stellenwertsystems (der Babylonier) erreicht, das wir noch heute benutzen. Es gibt Einer, Zehner, Hunderter usw. Jetzt war auch das schriftliche Rechnen möglich. Die Ziffern 0-9 stammen von den Indern und wurden von den Arabern nach Europa gebracht.

6.1 Stellenwertsysteme

Dezimalsystem

Die rationalen Zahlen $\mathbb{Q}$ entsprechen den periodischen Dezimalbrüchen. So ist zum Beispiel $\frac{1}{7} = 0,\overline{142857}$.
Begründung:
Jeder Bruch entspricht einer periodischen Dezimalzahl, da sich nach endlich vielen Divisionen ein Rest wiederholen muss.

Sei umgekehrt $a = 0, \underbrace{a_1 a_2 \ldots a_r}_{\hat{=} A} \underbrace{\overline{b_1 b_2 \ldots b_s}}_{\hat{=} B}$ eine periodische Dezimalzahl, also
ist
$a = 10^{-r}\{A + B\, 10^{-s}(1 + 10^{-s} + 10^{-2s} + \ldots)\} = 10^{-r}\{A + \frac{B}{10^s - 1}\}$,
und somit ist $a \in \mathbb{Q}$.

Wir schließen die Periode 9 aus, um die Mehrdeutigkeit $1 = 0,\overline{9}$ zu vermeiden. Die Irrationalzahlen $\mathbb{R} \setminus \mathbb{Q}$ entsprechen den nicht periodischen Dezimalbrüchen. An dieser Darstellung sieht man auch, dass $\mathbb{Q}$ dicht in $\mathbb{R}$ ist.

Das Dual- und das Hexadezimalsystem

Durch die Entwicklung moderner Computer sind Dualzahlen und Hexadezimalzahlen wichtig geworden, d. h. Darstellungen zur Basis 2, was den 2 möglichen Stellungen „ein" oder „aus" eines Schalters entspricht, und zur Basis $16 = 2^4$.

dezimal	dual	hexadezimal
0	0	0
1	1	1
2	10	2
3	11	3
4	100	4
5	101	5
6	110	6
7	111	7
8	1000	8
9	1001	9
10	1010	A
11	1011	B
$\vdots$	$\vdots$	$\vdots$
15	1111	F
16	10000	10
17	10001	11
$\vdots$	$\vdots$	$\vdots$

Im Dualsystem hat man die einfachsten „Einsundeins-Tafeln" bzw. „Einmaleins-Tafeln", nämlich

+	0	1
0	0	1
1	1	10

$\cdot$	0	1
0	0	0
1	0	1

Beispiele 6.1.   *(i) Die Multiplikation „7·3" schreibt sich im Dualsystem wie folgt:*

$$\begin{array}{r} 111 \cdot 11 \\ \hline 111 \\ 1110 \\ \hline 10101 \end{array}$$

(ii) Die Division „1/3" schreibt sich im Dualsystem

$$\begin{array}{r} 1 \quad : 11 = 0,\overline{01} \\ 100 \\ - \ \underline{11} \\ 1 \end{array}$$

Die kleinste Informationseinheit (ein/aus bzw. ja/nein bzw. 0/1) heißt ein
„Bit". Es sind
1 Byte := 8 Bit,
1 KByte := 2^{10} Byte = 1024 Byte : „Kilobyte",
1 MByte := 2^{20} Byte = 1048576 Byte : „Megabyte",
1 GByte := 2^{30} Byte = 1024 MByte : „Gigabyte" .

6.2 Die Zahl e

Wir definieren $e := \sum\limits_{n=0}^{\infty} \frac{1}{n!}$.
Da $\frac{a_{n+1}}{a_n} = \frac{1}{n+1} \leq \frac{1}{2} < 1$ für $a_n := \frac{1}{n!}$ ist, konvergiert die Reihe (Quotientenkriterium).
Eine Berechnung liefert $e = 2,71828182845904523536\ldots$
Die Bezeichnung „e" stammt (ebenso wie die Bezeichnung „π") von Euler[1].

Satz 6.2. *Die Zahl e ist irrational.*

Beweis: Sei $e = \sum\limits_{j=1}^{n} \frac{1}{j!} + \sum\limits_{j=n+1}^{\infty} \frac{1}{j!} =: s_n + r_n$.
Es gilt die folgende „Restgliedabschätzung":

$$0 < r_n \leq \frac{1}{(n+1)!} \sum_{j=0}^{\infty} \frac{1}{(n+2)^j} \leq \frac{1}{(n+1)!} \cdot \frac{1}{1 - \frac{1}{n+2}}$$

$$= \frac{n+2}{(n+1)!(n+1)} < \frac{1}{n \cdot n!},$$

und somit die Fehlerabschätzung: $0 < e - s_n < \frac{1}{n \cdot n!}$.
Für $b_n := (e - s_n) \cdot n \cdot n!$ folgt also:
$0 < b_n < 1$ und $e = \frac{b_n}{n \cdot n!} + s_n$.

---

[1]Leonhard Euler, 15.4.1707 – 18.9.1783

Annahme: e ist rational, d. h. $e = p/q$ für $p, q \in \mathbb{N}$.
Für $n := q$ ist somit

$$e = \frac{p}{q} = \frac{b_q}{q \cdot q!} + \sum_{j=0}^{q} \frac{1}{j!}.$$

Multiplikation dieser Gleichung mit $q!$ ergibt

$$p \cdot (q-1)! = \frac{b_q}{q} + q! \sum_{j=0}^{q} \frac{1}{j!}.$$

Da $p \cdot (q-1)!$ und $q! \sum_{j=0}^{q} \frac{1}{j!}$ aus $\mathbb{N}$ sind, aber $\frac{b_q}{q} < 1$ ist, muss diese Gleichung
falsch sein. $\square$

(Irrationale) Zahlen werden unterteilt in „algebraische" und in „transzendente"
Zahlen.

Definition 6.3.   *(i) Seien $n \in \mathbb{N}_0$, $a_j \in \mathbb{Z}$ für $j = 0, 1, \ldots, n$ und $a_n \neq 0$.*
Dann heißt $P_n : \mathbb{R} \to \mathbb{R}$, $x \mapsto P_n(x) := a_n x^n + a_{n-1} x^{n-1} + \cdots + a_0$ ein
„Polynom n-ten Grades mit Koeffizienten a_j".

(ii) Eine Zahl $x_0 \in \mathbb{R}$ heißt „algebraisch", wenn es eine natürliche Zahl n
und ein Polynom n-ten Grades gibt, so dass gilt: $P_n(x_0) = 0$.

(iii) Eine Zahl $x_0 \in \mathbb{R}$ heißt „transzendent", wenn sie nicht algebraisch ist.

Beispiele 6.4.   *(i) Alle rationalen Zahlen sind algebraisch, denn die ratio-*
nale Zahl $x_0 = p/q$ ist Nullstelle des Polynoms $P_1(x) = qx - p$.

(ii) Die Zahl $\sqrt{2}$ ist Nullstelle des Polynoms $P_2(x) := x^2 - 2$ und ist somit
algebraisch.

(iii) e und π sind transzendent.
Für e wurde diese Aussage von Hermite[2] bewiesen, für π lieferte von
Lindemann[3] den Beweis.

---

[2]Charles Hermite, 24.12.1822 – 14.1.1901
[3]Carl Louis Ferdinand von Lindemann, 12.4.1852 – 6.3.1939

Kapitel 7

Funktionen einer reellen Veränderlichen

Worum geht's? *In diesem Kapitel werden Funktionen $f : D \subset \mathbb{R} \to \mathbb{R}$ behandelt, wobei zwei zentrale Kapitel des ganzen Buches auftreten: Stetigkeit und Differenzierbarkeit. Dabei behandeln wir neben wichtigen Regeln für die Ableitung einer Funktion auch Folgen und Reihen von Funktionen, was uns wiederum einen Zugang zu bekannten elementaren Funktionen wie der Exponential- oder der Logarithmusfunktion ermöglichen wird.*

7.1 Stetige Funktionen

Wir hatten in Kapitel 3 in Definition 3.14 „streng monotone Funktionen $f :
D \subset \mathbb{R} \to \mathbb{R}$" definiert. Für diese gilt:

Satz 7.1. *Seien $S, T \subset \mathbb{R}$ und $f : S \to T$ eine streng monotone Funktion. Dann existiert f^{-1} und ist wiederum streng monoton.*

Beispiele 7.2. (i) *Die Funktion $f : \mathbb{R} \to \mathbb{R}_0^+$, $x \mapsto f(x) := x^2$ ist streng monoton fallend in $(-\infty, 0]$ und streng monoton wachsend in $[0, \infty)$.*

(ii) *Die Funktion*
$$f : [0,1] \subset \mathbb{R} \to \mathbb{R}, \quad x \mapsto f(x) := \begin{cases} x & \text{für } x \in \mathbb{Q} \cap [0,1] \\ 1-x & \text{für } x \in [0,1] \setminus \mathbb{Q} \end{cases}.$$
ist bijektiv, aber nicht monoton. Strenge Monotonie ist also nur ein hinreichendes, aber kein notwendiges Kriterium für die Umkehrbarkeit einer Funktion.

(iii) *Die Sprungfunktion $f : \mathbb{R} \to \mathbb{R}$, $x \mapsto [x]$, wobei $[x] := \max\{z \in \mathbb{Z} \mid z < x\}$ die „Gaußklammer[1] von x" bezeichnet, ist monoton, aber nicht streng*

---

[1] Carl Friedrich Gauß, 30.4.1777 – 23.2.1855

monoton und nicht umkehrbar.

Wir werden uns hier mit verschiedenen Unterräumen des Vektorraums der Funktionen einer reellen Veränderlichen beschäftigen.

Definition 7.3. *Seien $S, T \subset \mathbb{R}$ und $\mathcal{F}(S, T)$ die Menge aller Abbildungen $f : S \to T$. Wir erklären für $f, g \in \mathcal{F}(S, T)$:*

$$(f + g)(x) := f(x) + g(x) \ \text{und}$$

$$(\alpha f)(x) := \alpha f(x) \ \text{für} \ \alpha \in \mathbb{R}.$$

Für $T = \mathbb{R}$ wird damit $\mathcal{F}(S, T)$ zu einem Vektorraum über $\mathbb{R}$.

Bevor wir den Unterraum der stetigen Funktionen einführen, wollen wir noch einige andere Beispiele für Unterräume angeben.

Beispiele 7.4.   *(i) Die Menge*
   $B(S, T) := \{f \in \mathcal{F}(S, T) | \exists c = c(f) > 0 : \forall x \in S : |f(x)| \leq c\}$
   ist der Unterraum der „beschränkten Abbildungen".

(ii) Die Menge
   $C^{0,1}(S, T) := \{f \in \mathcal{F}(S, T) | \exists c = c(f) > 0 \ \forall x, y \in S : |f(x) - f(y)| \leq c|x - y|\}$
   ist der Unterraum der „Lipschitz[2]-beschränkten (oder: Lipschitz-stetigen)" Funktionen.

(iii) Die Menge aller Polynome bildet einen Unterraum.

(iv) Die Menge aller monoton wachsenden Funktionen bildet keinen *Unterraum.*

Nun jedoch zum Unterraum der stetigen Funktionen:

Definition 7.5. $f \in \mathcal{F}(S, T)$ *heißt „stetig in $x_0 \in S$"* $: \Leftrightarrow$

$$\forall \varepsilon > 0 \quad \exists \delta > 0 \quad \forall x \in S, \quad |x - x_0| < \delta : \quad |f(x) - f(x_0)| < \varepsilon.$$

Bemerkung 7.6. *Nach obiger Definition ist $f \in \mathcal{F}(S, T)$ „unstetig in $x_0 \in S$", wenn gilt:*

$$\exists \varepsilon > 0 \quad \forall \delta > 0 \quad \exists x \in S, \ |x - x_0| < \delta : \quad |f(x) - f(x_0)| \geq \varepsilon.$$

Beispiele 7.7.   *(i) Die Funktion $f : \mathbb{R} \to \mathbb{R}_0^+$, $x \mapsto f(x) := |x|$ ist stetig in allen $x_0 \in \mathbb{R}$, da $|f(x) - f(x_0)| = ||x| - |x_0|| \leq |x - x_0|$; wähle also $\delta := \varepsilon$.*

(ii) Die „Heaviside[3]-Funktion"

$$H : \mathbb{R} \to \mathbb{R}, \ x \mapsto H(x) := \begin{cases} 1 & \text{für } x \geq 0, \\ 0 & \text{für } x < 0. \end{cases}$$

ist unstetig in $x_0 = 0$, denn für jedes $x < 0$, $|x| < \delta$ ist $|f(x) - f(x_0)| = 1$. Der Punkt $x_0 = 0$ ist eine „Sprungstelle" der Heaviside-Funktion.

---

[2]Rudolf Otto Sigismund Lipschitz, 18.5.1832 – 7.10.1903
[3]Oliver Heaviside, 18.5.1850 – 3.2.1925

(iii) Sei $f : (-1, 1) \to \mathbb{R}, \quad x \mapsto f(x) := \begin{cases} \sin 1/x & \text{für } x \neq 0, \\ 0 & \text{für } x = 0, \end{cases}$

(wir werden die Sinus-Funktion später noch einmal definieren).
Wir zeigen die Unstetigkeit dieser Funktion in $x_0 = 0$.
Sei $x_n := \frac{2}{(2n+1)\pi}$ für n so groß, dass $|x_n| < \delta$ für ein gegebenes δ. Dann ist

$$|f(x_n) - f(x_0)| = \left| \sin\left(\frac{2n+1}{2}\pi \right) \right| = 1.$$

Diese Funktion „oszilliert für $x \to 0$".

(iv) Sei $f : (-1, 1) \to \mathbb{R}, \quad x \mapsto f(x) := \begin{cases} 1/x & \text{für } x \neq 0, \\ 0 & \text{für } x = 0. \end{cases}$

Die Funktion f ist unstetig in $x_0 = 0$; für $x \neq 0$ ist
$|f(x) - f(x_0)| = |\frac{1}{x}| \geq 1$.
Im Punkt $x_0 = 0$ ist die Funktion f „singulär".

Definition 7.8. *Eine Funktion $f \in \mathcal{F}(S, T)$ heißt „stetig in S", wenn sie in allen Punkten $x \in S$ stetig ist.*
Schreibweise: $C(S, T) := C^0(S, T) := \{f \in \mathcal{F}(S, T) | f \text{ ist stetig in } S\}$.

$C(S, \mathbb{R})$ ist mit der in Definition 7.3 erklärten Addition und skalaren Multiplikation ein Vektorraum.

Wir gehen nun auf den Zusammenhang zwischen der Definition der Stetigkeit und des Grenzwertbegriffs ein.

Definition 7.9. *Sei a ein Häufungspunkt von S und $f \in \mathcal{F}(S, T)$ oder $f \in \mathcal{F}(S \setminus \{a\}, T)$.*
Dann heißt $b \in \overline{T}$ „Grenzwert von f an der Stelle a ($b = \lim_{x \to a} f(x)$)" $:\Leftrightarrow$

$$\forall (x_n)_{n \in \mathbb{N}} \text{ mit } x_n \in S \setminus \{a\} \text{ für alle } n \text{ aus } \mathbb{N} \text{ und } x_n \to a : \lim_{n \to \infty} f(x_n) = b.$$

Bemerkung 7.10. *In obiger Definition ist nicht gefordert, dass f in a definiert ist, insbesondere muss nicht gelten: $f(a) = b$.*

Beispiel 7.11. *Sei $f : (-1, 1) \to \mathbb{R}, \quad x \mapsto f(x) := \begin{cases} x^2 & \text{für } x \neq 0, \\ 7 & \text{für } x = 0. \end{cases}$*
Dann ist $\lim_{x \to 0} f(x) = 0 \neq f(0)$. Außerdem ist $\lim_{x \nearrow 1} f(x) = 1$ der „linksseitige Grenzwert"; f ist in $x = 1$ nicht erklärt.

Es gilt der folgende Zusammenhang:

Satz 7.12. *Sei $f \in \mathcal{F}(S, T)$. Dann gilt:*

$$f \text{ ist in } x_0 \in S \text{ stetig} \Leftrightarrow \lim_{x \to x_0} f(x) = f(x_0).$$

Beweis: Zu beweisen ist nur etwas für den Fall, dass x_0 Häufungspunkt von S ist. Sei also x_0 Häufungspunkt von S.

„$\Rightarrow$": Sei $x_n \in S$ mit $\lim_{n\to\infty} x_n = x_0$, d. h.:

$$\forall \delta > 0 \quad \exists n_0(\delta) \ n_0 := n_0(\delta) \ \forall n \geq n_0 : |x_n - x_0| < \delta.$$

Da f stetig in x_0 ist, gilt außerdem

$$\forall \varepsilon > 0 \quad \exists \delta(\varepsilon) > 0 \quad \forall x \in S, \ |x - x_0| < \delta(\varepsilon) : |f(x) - f(x_0)| < \varepsilon.$$

Zu $\varepsilon > 0$ wähle nun $n(\delta(\varepsilon))$ so groß, dass für alle $n \geq n(\delta(\varepsilon))$ $|x_n - x_0| < \delta(\varepsilon)$ ist, also $|f(x_n) - f(x_0)| < \varepsilon$. Dies ist aber gerade die Behauptung.

„$\Leftarrow$": Annahme: f ist nicht stetig in x_0, d. h.

$$\exists \varepsilon > 0 \ \forall \delta > 0 \ \exists x, \ x \neq x_0, |x - x_0| < \delta : |f(x) - f(x_0)| \geq \varepsilon.$$

Für $\delta := \frac{1}{n}$ folgt hieraus: $\exists (x_n), \ x_n \neq x_0, |x_n - x_0| < \frac{1}{n} : |f(x_n) - f(x_0)| \geq \varepsilon$. Dies ist jedoch ein Widerspruch zur Voraussetzung. $\qquad\square$

Der eben bewiesene Zusammenhang zwischen Stetigkeit und der Existenz eines Grenzwertes kann auch zur Definition einer stetigen Ergänzung einer Funktion genutzt werden.

Definition 7.13. *Sei $f \in \mathcal{F}(S,T)$, sei $a \notin S$ ein Häufungspunkt von S und existiere $\lim_{x\to a} f(x) =: f(a)$. Die fortgesetzte Funktion*

$$\tilde{f} : S \cup \{a\} \to \overline{T}, \quad x \mapsto \tilde{f}(x) = \begin{cases} f(x) & \text{für } x \in S, \\ \lim_{x\to a} f(x) & \text{für } x = a, \end{cases}$$

heißt „stetige Ergänzung" der Funktion f. Existiert nur der Grenzwert für $x > a$ (bzw. $x < a$), so sprechen wir von einer „stetigen Ergänzung von rechts (bzw. von links)".

Satz 7.12 liefert ein nützliches Stetigkeitskriterium. So sieht man sofort ein:

Hilfssatz 7.14. *Seien $f \in \mathcal{F}(S,T)$ und $g \in \mathcal{F}(T,U)$, und sei f stetig in $x_0 \in S$ und g in $f(x_0) \in T$. Dann ist die Verknüpfung $g \circ f$ stetig in x_0.*

Wir beweisen nun einige allgemeingültige Aussagen über stetige Funktionen.

Satz 7.15. *Seien $K \subset \mathbb{R}$ kompakt und $f \in C(K,\mathbb{R})$. Dann ist der Wertebereich $R(f)$ kompakt, insbesondere ist f also eine beschränkte Funktion.*

Beweis:

1. Wir zeigen: $R(f)$ ist beschränkt.
   Annahme: $R(f)$ ist unbeschränkt. d. h. insbesondere: $\forall n \in \mathbb{N} \ \exists x_n \in K : |f(x_n)| > n$.
   Wähle aus der Folge (x_n) eine gegen einen Grenzwert $x_0 \in K$ konvergente

Teilfolge (x'_n) aus, was wegen der Kompaktheit von K möglich ist.
Dann gilt für $n \geq n_0 := 2 + [|f(x_0)|]$:
$|f(x'_n) - f(x_0)| \geq |f(x'_n)| - |f(x_0)| > n - |f(x_0)| \geq 1$,
was im Widerspruch zur Stetigkeit von f im Punkt x_0 steht.

2. Wir zeigen: $R(f)$ ist abgeschlossen.
   Sei y_0 Häufungspunkt von $R(f)$; sei $(x_n), x_n \in K$, eine Folge mit $f(x_n) \to y_0$. Wähle aus dieser Folge eine gegen einen Grenzwert $x_0 \in K$ konvergente Teilfolge (x'_n) aus. Dann gilt für $n \to \infty$:

$$y_0 \leftarrow f(x'_n) \to f(x_0),$$

   d. h. $y_0 \in R(f)$. $\square$

Aus diesem Satz folgt sofort, dass eine stetige Funktion auf einer kompakten Menge ihre Extremwerte annimmt. Wir definieren:

Definition 7.16. *Sei $f \in \mathcal{F}(S, \mathbb{R})$ von oben (unten) beschränkt und sei $I \subset S$.*

(i) *Dann heißt*
   $$\sup_{x \in I} f(x) := \sup\{y | \exists x \in I : y = f(x)\} \quad (\inf_{x \in I} f(x) := \inf\{y | \exists x \in I : y = f(x)\})$$
   das „Supremum (Infimum) von f in I".

(ii) *Dann heißt*
   $$M := \max_{x \in I} f(x) \quad (m := \min_{x \in I} f(x))$$
   das „Maximum (Minimum) von f in I", wenn gilt:
   i) $M = \sup\limits_{x \in I} f(x) \quad (m = \inf\limits_{x \in I} f(x))$ *und*
   ii) $\exists x_0 \in I : f(x_0) = M \quad (f(x_0) = m)$.

Zur Illustration des Unterschieds zwischen einem Supremum und einem Maximum dient das

Beispiel 7.17. *Für $S := [0, 1]$ und $f : S \to \mathbb{R}, x \mapsto f(x) := \begin{cases} -x^2 & \text{für } x \neq 0 \\ -1/2 & \text{für } x = 0 \end{cases}$,*
ist $\sup\limits_{x \in S} f(x) = 0$, das Supremum wird jedoch nicht als Maximum angenommen,
und $\inf\limits_{x \in S} f(x) = \min\limits_{x \in S} f(x) = -1$.

Folgerung 7.18. *Seien $K \subset \mathbb{R}$ kompakt und $f \in C(K, \mathbb{R})$. Dann existieren $\max\limits_{x \in K} f(x)$ und $\min\limits_{x \in K} f(x)$.*

Beweis: Die Behauptung folgt sofort aus der Kompaktheit von $R(f)$. $\square$
Stetige Funktionen nehmen nicht nur ihre Extremwerte an, sondern auch alle Zwischenwerte.

Satz 7.19 (Zwischenwertsatz). *Seien $I := [a, b] \subset \mathbb{R}$ und $f \in C(I, \mathbb{R})$ mit $f(a) < 0$ und $f(b) > 0$. Dann existiert ein $x_0 \in (a, b)$ mit $f(x_0) = 0$.*

Beweis: Definiere $M := \{x \in [a, b] \mid f(x) < 0\}$. Offensichtlich ist M eine nicht-leere beschränkte Menge.
Sei $x_0 := \sup M$.

1. Annahme: $f(x_0) < 0$.

   Wähle ε so, dass $0 < \varepsilon < -\frac{f(x_0)}{2}$ und $\delta(\varepsilon) > 0$ so, dass für $x \in I$ mit $|x - x_0| < \delta : |f(x) - f(x_0)| < \varepsilon$ ist. Dann ist (insbesondere) für $\overline{x} := x_0 + \delta/2$:
   $$f(\overline{x}) = f(\overline{x}) - f(x_0) + f(x_0) < \varepsilon + f(x_0) \leq \frac{f(x_0)}{2} < 0,$$
   was im Widerspruch zur Definition von M steht.

2. Annahme: $f(x_0) > 0$.

   Dann existiert eine Folge $x_n \in M$ mit $x_n \to x_0$ und $f(x_n) \to f(x_0)$ für $n \to \infty$ und $f(x_n) < 0$; also muss $f(x_0) \leq 0$ sein, was der Annahme widerspricht. $\qquad\square$

In allgemeiner Formulierung lautet der Zwischenwertsatz wie folgt:

Satz 7.20. *Seien $I := [a, b]$, $f \in C(I, \mathbb{R})$ und $z \in \mathbb{R}$ mit $f(a) < z < f(b)$. Dann gibt es ein $x_0 \in (a, b)$ mit $f(x_0) = z$.*

Beweis: Die Funktion g, definiert vermöge $g(x) := f(x) - z$ für $x \in I$, erfüllt die Voraussetzungen von Satz 7.19. Sei $x_0 \in (a, b)$ eine Nullstelle von g; dann ist $f(x_0) = z$. $\qquad\square$

Wir werden nun gleichmäßig stetige Funktionen definieren. Ein Beispiel für diese sind die Hölder[4]-stetigen Funktionen.

Definition 7.21. *Eine Funktion $f \in \mathcal{F}(S, \mathbb{R})$ heißt „Hölder-stetig zum (mit) Hölderexponenten $\alpha \in (0, 1]$", wenn gilt:*

$$\exists c > 0 \, \forall x, y \in S : |f(x) - f(y)| \leq c|x - y|^\alpha.$$

Schreibweise: $f \in C^{0,\alpha}(S, \mathbb{R})$.

Für $\alpha = 1$ erhalten wir den bereits bekannten Raum der Lipschitz-stetigen Funktionen.

Definition 7.22. *Eine Funktion $f \in C(S, \mathbb{R})$ heißt „gleichmäßig stetig in S"* $:\Leftrightarrow$

$$\forall \varepsilon > 0 \; \exists \delta > 0 \; \forall x_0 \in S \; \forall x \in S, |x - x_0| < \delta : |f(x) - f(x_0)| < \varepsilon.$$

Beispiele 7.23. *Sei $S := (0, 1)$.*

(i) *Die Funktion f, $f(x) := x^2$ ist gleichmäßig stetig in S, denn:*
   $$|f(x) - f(x_0)| \leq 2|x - x_0| < \varepsilon \text{ für } |x - x_0| < \delta := \tfrac{\varepsilon}{3}.$$

---

[4]Otto Hölder, 22.12.1859 – 29.8.1937

(ii) Die Funktion f, $f(x) := \frac{1}{x}$ ist stetig, aber nicht gleichmäßig stetig in S.
Beweis: Zu zeigen ist: $\exists \varepsilon > 0 \ \forall \delta > 0 \ \exists x,y \in S, \ |x - y| < \delta : |f(x) - f(y)| \geq \varepsilon$.
Wähle $\varepsilon := 1$, $n \geq \frac{1}{\delta}$, $x_n = \frac{1}{n}$, $y_n := \frac{1}{2n}$; dann ist $|x_n - y_n| = \frac{1}{2n} < \delta$
und $|f(x_n) - f(y_n)| = n \geq 1$.

Für gleichmäßig stetige Funktionen gilt:

Satz 7.24. *Sei die Funktion $f : S \to T$ gleichmäßig stetig. Dann kann sie stetig auf $\overline{S}$ fortgesetzt werden.*

Beweis: Seien $a \notin S$ ein Häufungspunkt von S und (x_n), $x_n \in S$, eine Folge mit $x_n \to a$ für $n \to \infty$.

1. Beh: $f(a) := \lim_n f(x_n)$ existiert.

   Bew:
   Da (x_n) konvergiert und f gleichmäßig stetig ist, gilt:
   $\forall \delta > 0 \ \exists n_1(\delta) \ \forall n,m \geq n_1(\delta) : |x_n - x_m| < \delta$ und
   $\forall \varepsilon > 0 \ \exists \delta(\varepsilon) > 0 \ \forall x_n, x_m \in S, |x_n - x_m| < \delta(\varepsilon) : |f(x_n) - f(x_m)| < \varepsilon$
   also
   $\forall \varepsilon > 0 \ \exists n_0(\varepsilon) \ \forall n,m \geq n_0(\varepsilon) : |f(x_n) - f(x_m)| < \varepsilon$ für $n_0(\varepsilon) := n_1(\delta(\varepsilon))$.

2. Beh: f ist in $\overline{S}$ wohldefiniert.

   Bew:
   Seien (x_n) und (x_n^*) Folgen in S mit $x_n \to a \leftarrow x_n^*$ und $f(x_n^*) \to b^*$, $f(x_n) \to b$ für $n \to \infty$.
   Dann ist
   $|b - b^*| \leq |b - f(x_n)| + |f(x_n) - f(x_n^*)| + |f(x_n^*) - b^*| < \varepsilon$ für $n \geq n_0(\varepsilon)$.

Die Stetigkeit von f in a ist klar. $\square$
Umgekehrt gilt auch:

Satz 7.25. *Seien $K \subset \mathbb{R}$ kompakt und $f \in C(K, \mathbb{R})$. Dann ist f gleichmäßig stetig in K.*

Beweis: Annahme: f ist nicht gleichmäßig stetig, d. h.

$$\exists \varepsilon > 0 \ \forall \delta > 0 \ \exists x,y \in K, \ |x - y| < \delta : |f(x) - f(y)| \geq \varepsilon.$$

Somit existieren für $\delta := \frac{1}{n}$ Zahlen $x_n, y_n \in K$ mit

$$|x_n - y_n| < \frac{1}{n} \quad \text{und} \quad |f(x_n) - f(y_n)| \geq \varepsilon.$$

Wähle konvergente Teilfolgen (x_n') und (y_n') aus, die gegen den Grenzwert $z \in K$ konvergieren (dies ist möglich aufgrund der Kompaktheit von K).
Definiere nun für $n \in \mathbb{N}$: $z_{2n-1} := y_n'$, $z_{2n} := x_n'$. Dann gilt $z_n \to z$ für $n \to \infty$
und

$$\exists \varepsilon > 0 \ \forall n_0 \ \exists n,m \geq n_0 : |f(z_n) - f(z_m)| \geq \varepsilon,$$

nämlich z. B. $n := n_0$, $m := n_0 + 1$.

Das bedeutet aber, dass $(f(z_n))$ keine Cauchy-Folge ist, was der Stetigkeit von f widerspricht. $\square$

Nun soll die Stetigkeit der Umkehrabbildung einer stetigen Funktion untersucht werden.

Wir hatten in Satz 7.1 bereits das hinreichende Kriterium der strengen Monotonie für die Existenz einer Umkehrfunktion gefunden. Für stetige Funktionen gilt auch die Umkehrung:

Satz 7.26. *Ist $f \in C([a,b], \mathbb{R})$ injektiv, so ist f streng monoton.*

Beweis: Sei o. B. d. A. $f(a) < f(b)$. Dann ist $f(a) = \min\limits_{[a,b]} f$, denn wenn es ein $c \in [a,b]$ gäbe mit $f(c) < f(a)$, so gäbe es nach dem Zwischenwertsatz ein $d \in [c,b]$ mit $f(d) = f(a)$, was der Injektivität der Funktion widerspräche. Wenn es nun $x_1, x_2 \in [a,b]$, $x_1 < x_2$, mit $f(x_1) \geq f(x_2)$ gäbe, so würde wiederum ein $z \in [a, x_1]$ existieren mit $f(z) = f(x_2)$, was der Injektivität der Funktion widerspräche. $\square$

Für die Umkehrabbildung einer stetigen Funktion gilt nun:

Satz 7.27. *Seien $S \subset \mathbb{R}$ offen und $f \in C(S, \mathbb{R})$ eine injektive Funktion. Dann ist die Abbildung $f^{-1} : R(f) \to S$ stetig.*

Beweis:

1. Sei zunächst S kompakt.
   Annahme: f^{-1} ist nicht stetig in $y_0 = f(x_0)$.
   Wähle dann $y_n = f(x_n) \in R(f)$ so, dass $|y_n - y| < \frac{1}{n}$ und $|f^{-1}(y_n) - f^{-1}(y_0)| \geq \varepsilon$ für ein gegebenes $\varepsilon > 0$ ist. Wähle aus $(x_n) = (f^{-1}(y_n))$ eine konvergente Teilfolge (x'_n) aus; sei $x \in S$ ihr Grenzwert. Es ist $x \neq x_0$, da $|x'_n - x_0| \geq \varepsilon$, aber $f(x) = \lim\limits_{n \to \infty} f(x'_n) = y_0 = f(x_0)$, was der Injektivität der Funktion widerspricht.

2. Sei nun S offen.
   Zu $y_0 = f(x_0) \in R(f)$ wähle $[a,b] \subset S$ mit $x_0 \in (a,b)$. Es folgt die Stetigkeit von f^{-1} im Punkt y_0 aus dem ersten Teil des Beweises.

Zum Abschluss dieses Kapitels über stetige Funktionen geben wir noch eine zur Stetigkeit äquivalente Bedingung an (die häufig auch zur Definition von Stetigkeit benutzt wird).

Satz 7.28. *Sei $S \subset \mathbb{R}$ offen und $f : S \to \mathbb{R}$ eine Abbildung. Dann sind äquivalent:*
(i) $f \in C(S, \mathbb{R})$.
(ii) $U \subset \mathbb{R}$ offen $\Rightarrow f^{-1}(U)$ ist offen.

Beweis: „(i) $\Rightarrow$ (ii)":
Seien $U \subset \mathbb{R}$ offen, $x_0 \in f^{-1}(U)$ und $y_0 \in U$ mit $f(x_0) = y_0$. Wähle $\varepsilon > 0$ so, dass $B(y_0, \varepsilon) \subset U$ ist. Aus der Stetigkeit von f folgt:

$\exists \delta > 0 \ \forall x \in B(x_0, \delta) : f(x) \in B(y_0, \varepsilon)$ und $B(x_0, \delta) \subset S$.

Also ist $B(x_0, \delta) \subset f^{-1}(U)$, und somit ist $f^{-1}(U)$ offen.

„(ii) $\Rightarrow$ (i)":

Seien $y_0 \in \mathbb{R}$ und $\varepsilon > 0$. Dann ist $f^{-1}(B(y_0, \varepsilon))$ nach Voraussetzung offen, d. h.

$\forall \varepsilon > 0 \ \forall x_0 \in f^{-1}(B(y_0, \varepsilon)) \ \exists \delta > 0 : B(x_0, \delta) \subset f^{-1}(B(y_0, \varepsilon))$.

Also gilt: $\forall \varepsilon > 0 \ \exists \delta > 0 \ \forall x \in B(x_0, \delta) \cap S \ : \ f(x) \in B(y_0, \varepsilon)$.

Dies ist aber gerade die Definition von Stetigkeit. $\square$

7.2 Funktionenfolgen

In diesem Kapitel beschäftigen wir uns mit Funktionenfolgen und untersuchen, inwieweit sich die Eigenschaften der Glieder einer konvergenten Funktionenfolge auf die Grenzfunktion übertragen.

Nach Definition 3.1 ist eine „Funktionenfolge" eine Abbildung von $\mathbb{N}$ nach $\mathcal{F}(D, \mathbb{R}), n \mapsto f_n$, wobei $D \subset \mathbb{R}$ sei.

Wir unterscheiden punktweise und gleichmäßige Konvergenz einer Funktionenfolge:

Definition 7.29.   *(i)* $(f_n)_n$ *heißt „in D punktweise konvergent" oder einfach „konvergent" : $\Leftrightarrow$*

   $\forall x \in D : (f_n(x))$ *konvergiert in D.*

   (ii) $(f_n)_n$ *heißt „in D (punktweise) konvergent gegen eine „Grenzfunktion" $f \in \mathcal{F}(D, \mathbb{R})$" $\Leftrightarrow$*

   $\forall x \in D : f_n(x) \to f(x)$.

Beispiele 7.30.   *(i) Seien $D := [0, 1]$ und $f_n(x) := x^n$ für $x \in D$.*

   Dann konvergiert $(f_n)_n$ punktweise gegen

$$f(x) := \begin{cases} 0 & \text{für } 0 \le x < 1, \\ x & \text{für } x = 1. \end{cases}$$

(ii) Seien $D := [0, 2]$ und

$$f_n(x) := \begin{cases} nx & \text{für } 0 \le x < 1/n \\ 2 - nx & \text{für } 1/n \le x < 2/n \\ 0 & \text{für } 2/n \le x \le 2 \end{cases} .$$

(f_n) konvergiert punktweise gegen $f(x) := 0$ für $x \in D$.

Definition 7.31. $(f_n)_n$ *heißt „in D gleichmäßig (Cauchy-) konvergent" : $\Leftrightarrow$*

$$\forall \varepsilon > 0 \ \exists n_0 \ \forall n, m \ge n_0 \ \forall x \in D : |f_n(x) - f_m(x)| < \varepsilon.$$

Analog wird die gleichmäßige Konvergenz einer Funktionenfolge gegen eine Funktion f definiert.

Beispiele 7.32.   *(i) Seien D, f_n und f wie in (i) in den Beispielen 7.30.
Die Konvergenz der Funktionenfolge gegen f ist nicht gleichmäßig.
Beweis: Zu zeigen ist: $\exists \varepsilon > 0 \; \forall n_0 \; \exists n, m \geq n_0 \; \exists x \in D : |f_n(x) - f_m(x)| \geq \varepsilon$.
Wähle $\varepsilon := \frac{1}{4}$, $n = n_0$, $m = 2n_0$ und $x := (\frac{1}{2})^{\frac{1}{n_0}}$.
Dann ist $|f_n(x) - f_m(x)| = |x^n - x^m| = |(\frac{1}{2})^1 - (\frac{1}{2})^2| = \frac{1}{4} \geq \varepsilon$.*

*(ii) Seien D, f_n und f wie in (ii) in den Beispielen 7.30. Auch diese Konvergenz ist nicht gleichmäßig, denn für $\varepsilon := 1$, $n := n_0$, $m := 2n_0$ und
$x := \frac{1}{n_0}$ gilt : $|f_n(x) - f_m(x)| = |1 - 0| = 1 \geq \varepsilon$.*

*(iii) Seien $D := \mathbb{R}$ und $f_n(x) := \frac{x^2}{1 + nx^2}$ für $x \in D$. Dann ist für alle $x \in D$:
$|f_n(x)| = \frac{1}{\frac{1}{x^2} + n} \leq \frac{1}{n}$, was impliziert:*

*$\forall \varepsilon > 0 \; \exists n_0 \; \forall n \geq n_0 \; \forall x \in D : |f_n(x) - 0| \leq \frac{1}{n_0} < \varepsilon$ für $n_0 \geq \frac{2}{\varepsilon}$;
somit konvergiert die Funktionenfolge gleichmäßig gegen $f(x) := 0$ für
$x \in D$.*

(iv) Seien $D := \mathbb{R}$ und $f_n(x) := \begin{cases} x^n & \text{für } 0 \leq x < \frac{1}{2}, \\ 1 & \text{sonst.} \end{cases}$

(f_n) konvergiert gleichmäßig gegen $f(x) := \begin{cases} 0 & \text{für } 0 \leq x < \frac{1}{2} \\ 1 & \text{sonst} \end{cases}$,

denn für beliebiges $x \in D$ ist

$$|f_n(x) - f_m(x)| \leq \left(\frac{1}{2}\right)^n < \varepsilon$$

für $n \geq n_0(\varepsilon)$.

Die Beispiele zeigen, dass die Stetigkeit der Glieder einer konvergenten Funktionenfolge nicht zu gleichmäßiger Konvergenz führt. Wenn eine Folge stetiger Funktionen gleichmäßig konvergiert, so bedingt dies jedoch die Stetigkeit der Grenzfunktion, wie wir beweisen werden.

Definiere für $f \in B(D, \mathbb{R})$:

$$\|f\|_\infty := \sup_{x \in D} |f(x)|.$$

Hilfssatz 7.33. *Die Abbildung*

$$\| \cdot \|_\infty : B(D, \mathbb{R}) \to \mathbb{R}_0^+, \; f \mapsto \|f\|_\infty$$

ist eine Norm; somit ist $(B(D, \mathbb{R}), \| \cdot \|_\infty)$ ein normierter Raum mit $\|f \cdot g\|_\infty \leq \|f\|_\infty \cdot \|g\|_\infty$.

Die gleichmäßige (Cauchy-)Konvergenz einer Funktionenfolge schreibt sich somit wie folgt:

Bemerkung 7.34. *Sei $(f_n)_n$, $f_n \in B(D, \mathbb{R})$, eine Funktionenfolge. Dann gilt: $(f_n)_n$ ist gleichmäßig Cauchy-konvergent $\Leftrightarrow \forall \varepsilon > 0 \; \exists n_0 \; \forall n, m \geq n_0 : \|f_n - f_m\|_\infty < \varepsilon$.*
Analoges gilt für gleichmäßige Konvergenz.

Für Folgen aus $C(D, \mathbb{R})$ gilt nun speziell:

Satz 7.35. *Sei $(f_n)_n$, $f_n \in C(D, \mathbb{R})$ eine gleichmäßig gegen $f \in \mathcal{F}(D, \mathbb{R})$ konvergente Funktionenfolge. Dann ist $f \in C(D, \mathbb{R})$.*

Beweis: Seien $\varepsilon > 0$ und $x_0 \in D$ gegeben. Wähle $n \in \mathbb{N}$ so groß, dass gilt: $|f_n(x) - f(x)| < \frac{\varepsilon}{3}$ für alle $x \in D$, was wegen der Gleichmäßigkeit der Konvergenz möglich ist. Da die Funktionen f_n insbesondere in x_0 stetig sind, gibt es ein $\delta > 0$ so dass für $x \in D$ $|x - x_0| < \delta$ gilt: $|f_n(x) - f_n(x_0)| < \varepsilon/3$.
Das heißt also: $\forall x_0 \in D \; \forall \varepsilon > 0 \; \exists \delta > 0 \; \forall x, |x - x_0| < \delta :$
$$|f(x) - f(x_0)| \leq |f(x) - f_n(x)| + |f_n(x) - f_n(x_0)| + |f_n(x_0) - f(x_0)| < \varepsilon. \qquad \square$$
Ebenso beweist man:

Satz 7.36. *Seien $f_n \in C(D, \mathbb{R})$ gleichmäßig stetige Funktionen und konvergiere $(f_n)_n$ gleichmäßig gegen $f \in \mathcal{F}(D, \mathbb{R})$. Dann ist f eine gleichmäßig stetige Funktion.*

Insbesondere folgt hieraus:

Folgerung 7.37. *Für $K \subset \mathbb{R}$ kompakt ist $C(K, \mathbb{R})$ vollständig bzgl. $\| \cdot \|_\infty$.*

Bemerkung 7.38. *Auch der Raum $B(D, \mathbb{R})$ ist vollständig bzgl. $\| \cdot \|_\infty$.*

Eine spezielle Art von Funktionenfolgen bilden die Reihen mit Funktionen als Summanden; wir werden diese in Kapitel 9 ausführlich diskutieren.
Wir wollen hier nur kurz andeuten, wie sich die bekannten Ergebnisse übertragen lassen.
Sei also $(f_n)_n$ eine Funktionenfolge, $f_n \in \mathcal{F}(D, \mathbb{R})$, und $s_n := \sum_{j=1}^{n} f_j$ die n-te
Partialsumme. Offensichtlich ist $s_n \in \mathcal{F}(D, \mathbb{R})$. Die Reihe $\sum_{j=1}^{\infty} f_j$ konvergiert
genau dann punktweise, wenn $(s_n)_n$ punktweise konvergiert; die Reihe $\sum_{j=1}^{\infty} f_j$
konvergiert genau dann gleichmäßig, wenn $(s_n)_n$ gleichmäßig konvergiert.
Es gilt:

Satz 7.39. *Seien $f_n \in \mathcal{F}(D, \mathbb{R}), n \in \mathbb{N}$, mit $\|f_n\|_\infty \leq c_n$. Dann gilt: Wenn $\sum_{n=1}^{\infty} c_n$ konvergiert, dann konvergiert $\sum_{n=1}^{\infty} f_n$ gleichmäßig.*

Wir beenden dieses Kapitel mit zwei Beispielen.

Beispiele 7.40. *(i) Sei $\zeta(x) := \sum_{n=1}^{\infty} \frac{1}{n^x}, x > 1$, die „Riemannsche Zetafunktion". Die Reihe konvergiert gleichmäßig in jeder Menge*

$D_c := \{x \mid x \geq c\}$ *für* $c > 1$, *denn:*

$\forall x \in D_c : \frac{1}{n^x} \leq \frac{1}{n^c} =: c_n$ *und*

$$\sum_{n=1}^{\infty} c_n = \sum_{j=0}^{\infty} \sum_{n=2^j}^{2^{j+1}-1} \frac{1}{n^c} \leq \sum_{j=0}^{\infty} 2^j \cdot \frac{1}{2^{cj}} = \sum_{j=0}^{\infty} \frac{1}{(2^{c-1})^j} = \frac{2^{c-1}}{2^{c-1}-1} < \infty.$$

In $(1,\infty)$ *liegt punktweise aber keine gleichmäßige Konvergenz vor, in* $x = 1$ *divergiert die Reihe.*

(ii) *Potenzreihen (vgl. Kapitel 9):*

Potenzreihen haben die Gestalt $\sum_{n=1}^{\infty} a_n x^n$ *mit Koeffizienten* $a_n \in \mathbb{R}$ *(oder* $\mathbb{C}$*).*

Es existiere $a := \overline{\lim} \sqrt[n]{|a_n|}$. *Definiere* $r = 1/a$ *für* $a \neq 0$ *und* $r := \infty$ *für* $a = 0$.

Dann gilt:

(1) $\sum a_n x^n$ *konvergiert absolut für* $x \in B(0, r)$.

(2) $\sum a_n x^n$ *konvergiert absolut und gleichmäßig für* $x \in B(0, c)$ *für* $0 \leq c < r$.

Beweis:

(1): Sei $x \in B(0, r)$ *und* $\varepsilon := \frac{1}{2}\left(\frac{1}{|x|} - a\right) > 0$.

Wähle $n_0(\varepsilon)$ *so groß, dass für alle* $n \geq n_0$: $\sqrt[n]{|a_n|} \leq a + \varepsilon$.

Dann gilt für $n \geq n_0$:

$\sqrt[n]{|a_n \cdot x^n|} = |x| \sqrt[n]{|a_n|} \leq |x|(a + \varepsilon) \leq \frac{a+\varepsilon}{a+2\varepsilon} < 1$.

Die absolute Konvergenz der Reihe folgt nun aus dem Wurzelkriterium.

(2): Für $x \in B(0, c)$ *mit* $c < r$ *ist* $|a_n x^n| \leq |a_n| \cdot c^n$.

Die Reihe $\sum_{n=1}^{\infty} |a_n| c^n$ *konvergiert nach (1).*

7.3   Elementare Funktionen

In diesem Kapitel werden wir uns mit der Exponentialfunktion, dem Sinus, dem Cosinus, mit deren Umkehrfunktionen und mit den Hyperbelfunktionen beschäftigen.

7.3.1   Die Exponentialfunktion und der Logarithmus

Die Exponential- (oder e-)Funktion wird definiert als

$$\exp(x) := \sum_{n=0}^{\infty} \frac{x^n}{n!}$$

für $x \in \mathbb{R}$.

Hilfssatz 7.41.   *(i) Die Reihe* $\exp(x)$ *konvergiert absolut und gleichmäßig in jedem Intervall* $[-R, R]$.

(ii) Es ist $\exp(0) = 1$ *und* $\exp(1) = e$.

(iii) Die Funktion $x \mapsto \exp(x)$ *ist stetig in* $\mathbb{R}$.

Beweis:

(i) Für $|x| < R$ ist

$$\frac{|x|^{n+1}}{(n+1)!} \Big/ \frac{|x|^n}{n!} = \frac{|x|}{n+1} \leq \frac{R}{n+1} \leq \frac{1}{2} < 1 \text{ für } n \geq 2R,$$

und somit ist das Quotientenkriterium anwendbar.

(iii) Die Partialsummen $s_n := \sum\limits_{k=0}^{n} \frac{x^n}{n!}$ sind stetige Funktionen, und somit folgt die Behauptung aus der gleichmäßigen Konvergenz der Reihen auf jedem beliebigen Intervall $[-R, R]$. $\qquad\square$

Satz 7.42 (Additionstheorem). *Für alle* $x, y \in \mathbb{R}$ *gilt:*

$$\exp(x)\exp(y) = \exp(x+y).$$

Der Beweis des Additionstheorems verwendet das Cauchy-Produkt von Summen und ist technisch etwas aufwändiger, wird hier aber weggelassen. Aus dem Additionstheorem folgt:

Folgerung 7.43. *Für alle* $x \in \mathbb{Q}$ *gilt:* $e^x = \exp(x)$, *und mit* $e^x := \exp(x)$ *für* $x \in \mathbb{R} \setminus \mathbb{Q}$ *wird* $x \mapsto e^x$ *eine stetige Funktion.*

Mit dieser Folgerung ist auch der Name Exponentialfunktion gerechtfertigt.
Beweis: Zunächst folgt aus dem Additionstheorem direkt:
$\exp(n) = e^n$ und $\exp(-n) = e^{-n}$ $\quad \forall n \in \mathbb{N}$, da $\exp(-n) \cdot \exp(n) = \exp(0) = 1$.
Da $(\exp(\frac{1}{n}))^n = \exp(1) = e$ ist, ist auch $\exp(\frac{1}{n}) = e^{\frac{1}{n}}$. Hieraus folgt die Behauptung für alle rationalen Zahlen $x \in \mathbb{Q}$. $\qquad\square$

Die e-Funktion $e : \mathbb{R} \to \mathbb{R}^+$, $x \mapsto e^x$ ist streng monoton wachsend und $R(e) = \mathbb{R}^+$. Ihre Umkehrfunktion

$$\ln : \mathbb{R}^+ \to \mathbb{R}, \quad y \mapsto \ln y := x$$

mit $e^x = y$ heißt „logarithmus naturalis" oder „Logarithmus zur Basis e".
Für $a > 0$ und $x \in \mathbb{R}$ definieren wir $a^x := e^{x \ln a}$. Allgemein bezeichnet der „Logarithmus zur Basis a" für $a > 0$, $a \neq 1$, die Umkehrfunktion der Abbildung $x \mapsto a^x$, d. h. für $a > 0$,

$$\log_a : \mathbb{R}^+ \to \mathbb{R}, \quad y \mapsto \log_a y := x$$

mit $a^x = y$. Es gelten folgende Rechenregeln:

Hilfssatz 7.44. *Seien $a, b, y, y_1, y_2, \alpha \in \mathbb{R}^+$, $a, b \neq 1$. Dann gilt:*
(i) $\log_a(y_1 y_2) = \log_a y_1 + \log_a y_2$,
(ii) $\log_a(y^\alpha) = \alpha \log_a y$,
(iii) $\log_a y = \frac{\log_b y}{\log_b a}$.

Die Exponentialfunktion kann auch auf $\mathbb{C}$ erklärt werden:

$$e : \mathbb{C} \to \mathbb{C}, \quad z \mapsto \exp(z) := \sum_{n=0}^{\infty} \frac{z^n}{n!} =: e^z.$$

Wie zuvor konvergiert die Reihe gleichmäßig auf jeder beschränkten Kugel $B(0, R) \subset \mathbb{C}$. exp ist eine auf $\mathbb{C}$ stetige Funktion und für $z = x + iy$ gilt: $e^z = e^x e^{iy}$, wobei

$$e^{iy} = \sum_{n=0}^{\infty} \frac{(iy)^n}{n!} = \sum_{n=0}^{\infty} (-1)^n \frac{y^{2n}}{(2n)!} + i \sum_{n=0}^{\infty} (-1)^n \frac{y^{2n+1}}{(2n+1)!}$$

ist.

7.3.2 Sinus, Cosinus und Hyperbelfunktionen

Definiere die Funktionen $c : \mathbb{R} \to \mathbb{R}$, $s : \mathbb{R} \to \mathbb{R}$ durch

$$c(y) := \sum_{n=0}^{\infty} (-1)^n \frac{y^{2n}}{(2n)!} \qquad \text{und}$$

$$s(y) := \sum_{n=0}^{\infty} (-1)^n \frac{y^{2n+1}}{(2n+1)!} \qquad \text{für } y \in \mathbb{R}.$$

Wir werden zeigen, dass diese Funktionen den klassischen Funktionen Sinus bzw. Cosinus entsprechen.

Hilfssatz 7.45. *Die Funktionen s und c sind stetig und haben die folgenden Eigenschaften: $\forall x, y \in \mathbb{R}$:*

(i) $c(0) = 1$, $s(0) = 0$
(ii) $c(-x) = c(x)$, $s(-x) = -s(x)$
(iii) $c(x + y) = c(x)c(y) - s(x)s(y)$, $s(x + y) = s(x)c(y) + s(y)c(x)$
(iv) $c^2(x) + s^2(x) = 1$

Wir erinnern an die klassischen Funktionen Sinus und Cosinus:
Für $(x, y) \in \mathbb{R}^2$ (bzw. $x + iy \in \mathbb{C}$) in der „Gaußschen Zahlenebene" bezeichne φ den Winkel zwischen den Vektoren (x, y) und $(1, 0)$. Der Winkel wird traditionell in Grad gemessen, d. h. ($0° \leq \varphi \leq 360°$) (zum Bogenmaß s. u.). Bezeichne $r := \sqrt{x^2 + y^2}$ die Länge des Vektors (x, y). Dann definiere $\sin \varphi := \frac{y}{r}$ und $\cos \varphi := \frac{x}{r}$.
Wir werden jedoch – wenn nicht ausdrücklich anders gesagt – die Winkel im

Bogenmaß messen. Bezeichne $\pi = 3,1415\ldots$ den „Inhalt" des Einheitskreises und sei

$$s := \frac{2\pi}{360°} \cdot \varphi = 2|G_\varphi|$$

der „Bogenlängenparameter", wobei $|G_\varphi|$ den „Inhalt" des Kreissektors

$$G_\varphi := \{(r, \psi)|\quad 0 \le r \le 1, \quad 0 \le \psi \le \varphi\}$$

bezeichne.

Für $r = 1$ ist also $\cos(2|G_\varphi|) = x$, $\sin(2|G_\varphi|) = y$, und somit $\cos s = \frac{x}{r}$ und $\sin s = \frac{y}{r}$.
Man kann nun mit klassischen geometrischen Argumenten zeigen, dass die Funktionen sin und cos stetig sind und die Eigenschaften (i) – (iv) aus Hilfssatz 7.45 besitzen.
Wir wollen nun die Funktionen cos und sin mit c bzw. s identifizieren. Die Reihenentwicklung von $c(x)$ zeigt, dass

$$c(x) = \left(1 - \frac{x^2}{2!}\right) + \left(\frac{x^4}{4!} - \frac{x^6}{6!}\right) + \cdots \ge \frac{1}{2} > 0 \text{ für } x \in [0,1] \text{ und}$$

$$c(2) = \left(1 - \frac{2^2}{2} + \frac{2^4}{4!}\right) - \left(\frac{2^6}{6!} - \frac{2^8}{8!}\right) - \left(\ldots\right) \cdots$$

$$= -\frac{1}{3} - \frac{2^6}{6!}\left(1 - \frac{4}{7 \cdot 8}\right) - \frac{2^{10}}{10!}\left(\ldots\right) \cdots$$

$$< 0$$

ist, so dass c in (1,2) (c ist stetig, der Zwischenwertsatz ist anwendbar) eine Nullstelle haben muss.
Sei $\alpha := \inf\{x > 0|\ c(x) = 0\}$; dann ist α die kleinste positive Nullstelle, und es ist $1 < \alpha < 2$.
Nun ist $s(2\alpha) = 2s(\alpha)c(\alpha) = 0$ und $s(\alpha) = 1$, denn:

$$s(\alpha) \in \{1, -1\}, \text{ da } s^2(\alpha) = 1$$

ist, und für $0 < x \le 2$ ist

$$s(x) = \left(x - \frac{x^3}{3!}\right) + \left(\frac{x^5}{5!} - \frac{x^7}{7!}\right) + \cdots$$
$$= x\left(1 - \frac{x^2}{6}\right) + \frac{x^5}{5!}\left(1 - \frac{x^2}{6\cdot 7}\right) + \cdots$$
$$> 0.$$

Für $\xi := \frac{2k+1}{2^n}, k, n \in \mathbb{N}$ beliebig, gilt:

$$c(\xi\alpha) = \cos(\xi\frac{\pi}{2}) \text{ und } s(\xi\alpha) = \sin(\xi\frac{\pi}{2});$$

dies beweist man mit Hilfe der Additionstheoreme und vollständiger Induktion. Da die Menge $\{x \in \mathbb{R}|\ \exists k, n \in \mathbb{N} : \quad x = \frac{2k+1}{2^n}\}$ dicht in $[0, \infty)$ liegt, folgt hieraus, da die Funktionen stetig sind:

$$\forall x \in \mathbb{R}_0^+ : c(\alpha x) = \cos(\frac{\pi}{2}x), \ s(\alpha x) = \sin(\frac{\pi}{2}x).$$

Die gewünschte Indentifizierung ist bewiesen, wenn wir nun noch zeigen:

$$\alpha = \frac{\pi}{2}.$$

Dies wird folgen aus

$$\lim_{\substack{x \to 0 \\ x \neq 0}} \frac{s(\alpha x)}{x} = \alpha \quad \text{und} \quad \lim_{\substack{x \to 0 \\ x \neq 0}} \frac{\sin(\frac{\pi}{2} x)}{x} = \frac{\pi}{2}.$$

Ersteres folgt aus der Reihenentwicklung von s:

$$s(\alpha x) = \alpha x + xG(x) \text{ mit } G \text{ stetig}, G(0) = 0.$$

Letzteres folgt aus elementaren geometrischen Überlegungen:

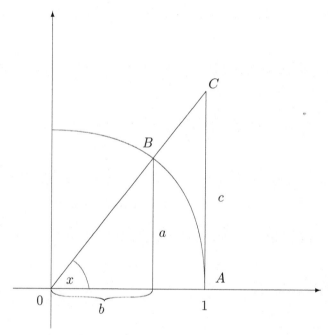

Abbildung 7.1: $\sin(x)/x \to 1$ für $x \to 0$.

Es gilt:
$a = \sin x$, $b = \cos x$ und $\frac{c}{1} = \frac{a}{b} = \frac{\sin x}{\cos x}$ (Strahlensatz),
und für die Flächeninhalte:
$|\Delta(0AB)| < |\text{ Sektor }(0AB)| < |\Delta(0AC)|$
$\Leftrightarrow \frac{a}{2} < \frac{x}{2} < \frac{c}{2} \qquad \Leftrightarrow \sin x < x < \frac{\sin x}{\cos x}$
$\Rightarrow \cos x < \frac{\sin x}{x} < 1 \qquad \Rightarrow \lim_{x \to 0} \frac{\sin x}{x} = 1$
$\Rightarrow \frac{\sin(\frac{\pi}{2} x)}{x} = \frac{\pi}{2} \frac{\sin(\frac{\pi}{2} x)}{(\frac{\pi}{2} x)} \to \frac{\pi}{2}$, für $x \to 0$.

Somit ist $c(x) = \cos x$, $\sin x = s(x)$ und insbesondere gilt:
$e^{ix} = \cos x + i \sin x$ (vgl. Definition der Exponentialfunktion auf $\mathbb{C}$).
Aus dem Additionstheorem für die Exponentialfunktion kann man nun die de
Moivreschen[5] Formeln herleiten:

$$\cos(n\varphi) = \operatorname{Re}(\cos\varphi + i\sin\varphi)^n$$
$$= \cos^n \varphi \binom{n}{2} \cos^{n-2}\varphi \sin^2\varphi \pm \ldots$$
$$\sin(n\varphi) = \operatorname{Im}(\cos\varphi + i\sin\varphi)^n$$
$$= n\cos^{n-1}\varphi \cdot \sin\varphi - \binom{n}{3}\cos^{n-3}\varphi \cdot \sin^3\varphi \pm \ldots$$

Die Zahl $\frac{\pi}{2}$ kann als kleinste positive Nullstelle der Funktion $c(x)$ mit Hilfe einer Iteration berechnet werden, deren Konvergenz man mit dem Banachschen Fixpunktsatz (Satz 5.16 zeigt. $T : x \in [1,2] \mapsto T(x) := x + \frac{c(x)}{s(x)} \in \mathbb{R}$ ist eine kontrahierende Selbstabbildung des vollständigen metrischen Raumes ($[1,2],|\cdot|$), und hat als einzigen Fixpunkt die Nullstelle von c.
Mit dem Startwert $x_0 = 1,5$ erhält man $\frac{\pi}{2}$ schon in zwei Schritten mit einer Genauigkeit von 10^{-7}, $\pi = 3,14159265\ldots$ Die Funktionen sin und cos sind periodisch, also nicht injektiv und somit nicht invertierbar. Aber die auf $[-\frac{\pi}{2}, \frac{\pi}{2}]$ eingeschränkte Sinus-Funktion ist z. B. invertierbar; ihre Umkehrfunktion heißt „arcsin". Entsprechend verfährt man mit cos, tan, ... Wir wollen zum Abschluss noch die „Hyperbelfunktionen" einführen (in Analogie zu den „Kreisfunktionen" Sinus und Cosinus).
Definiere:
$\cosh : \mathbb{R} \to \mathbb{R}_0^+$, $\quad x \mapsto \frac{e^x + e^{-x}}{2}$ „cosinus hyperbolicus" und
$\sinh : \mathbb{R} \to \mathbb{R}$, $\quad x \mapsto \frac{e^x - e^{-x}}{2}$ „sinus hyperbolicus".
Es ist
$\cosh x = \cos(ix)$ und $\sinh x = -i\sin(ix)$, und somit $\cosh^2 x - \sinh^2 x = 1$.
Der Name der Funktion rührt daher, dass die Punkte $(\cosh x, \sinh x)$ auf einer Hyperbel liegen.
(Die Punkte auf einer Hyperbel haben die Gestalt $(x, \sqrt{x^2 - 1})$, $x \geq 1$).
Außerdem gilt hier, ähnlich wie bei der Beschreibung des Winkels φ im Einheitskreis durch den Bogenlängenparameter s bzw. dem Inhalt des Kreissektors G für cos und sin: $x = \cosh(2|G|)$ bzw. $y = \sinh(2|G|)$, wobei G wie in Abbildung 7.2 gegeben ist.

---

[5]Abraham de Moivre, 26.5.1667 – 27.11.1754

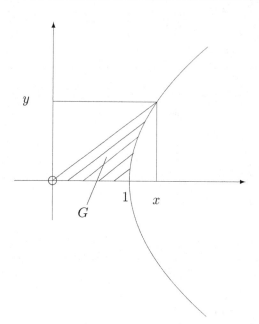

Abbildung 7.2: Hyperbelsektor

Dies lässt sich wie folgt berechnen (die Integrationstheorie wird später behandelt werden): $|G| = \frac{y(x)}{2}x - \int_1^x y(s)ds = \frac{1}{2}\ln(x + \sqrt{x^2 - 1})$

$\Rightarrow e^{2|G|} = x + y(x) \Rightarrow \cosh(2 \cdot |G|) = \frac{1}{2}(x + y(x) + \frac{1}{x+y(x)}) = x.$

7.4 Differenzierbare Abbildungen

Differenzierbarkeit oder k-fache Differenzierbarkeit sind Eigenschaften, die stetige Funktionen haben können. Je öfter eine Funktion differenzierbar ist, desto „glatter" oder „regulärer" ist sie.

Definition 7.46. *Seien $I \subset \mathbb{R}$ offen, $x_0 \in I$ und $f \in \mathcal{F}(I, \mathbb{R})$. f heißt „in x_0 differenzierbar" : $\Leftrightarrow$*

$$\lim_{h \to 0} \frac{f(x_0 + h) - f(x_0)}{h}$$

existiert.
Wir schreiben dann: $f'(x_0) := \lim_{h \to 0} \frac{f(x_0+h)-f(x_0)}{h}$ oder auch $\frac{df(x)}{dx_0} := f'(x_0)$.
Speziell falls $f = f(t)$, wobei t die Bedeutung der Zeit hat, schreibt man auch $\dot{f}(t) := f'(t)$.
Ist f für alle $x_0 \in I$ differenzierbar, so heißt f „in I differenzierbar". f' heißt „Ableitung on f".

Bemerkung 7.47. *(i) Der Ausdruck $\frac{f(x_0+h)-f(x_0)}{h}$ beschreibt die Steigung der Geraden, auf der die Punkte $(x_0, f(x_0))$ und $(x_0+h, f(x_0+h))$ liegen.*

Der Grenzwert $f'(x_0)$ entspricht somit der Steigung der Tangente an die Funktion f im Punkt x_0.

(ii) *Wenn $x_0 \in \mathbb{R}$ ein Häufungspunkt von I ist, dann definieren wir entsprechend auch links- und rechtsseitige Differenzierbarkeit.*

Beispiele 7.48.   (i) *Seien $I = \mathbb{R}$ und $f : \mathbb{R} \to \mathbb{R}$, $x \mapsto x^n$, $n \in \mathbb{N}$. f ist differenzierbar in $\mathbb{R}$, da gilt:*

$$\frac{(x+h)^n - x^n}{h} = \frac{1}{h} \cdot \sum_{j=1}^{n} \binom{n}{j} h^j x^{n-j} = \sum_{j=1}^{n} \binom{n}{j} h^{j-1} x^{n-j}$$

und somit ist
$$\lim_{h \to 0} \frac{(x+h)^n - x^n}{h} = n \cdot x^{n-1} = f'(x).$$

(ii) *Seien $I = \mathbb{R}$ und $f(x) = e^x$. Dann ist*

$$\frac{e^{x+h} - e^x}{h} = e^x \frac{e^h - 1}{h} = e^x \sum_{j=1}^{\infty} \frac{h^{j-1}}{j!} = e^x (1 + \sum_{j=2}^{\infty} \frac{h^{j-1}}{j!}) \xrightarrow[h \to 0]{} e^x = (e^x)' .$$

Ebenso zeigt man:
$$\frac{e^{i(x+h)} - e^{ix}}{h} = e^{ix} \frac{e^{ih} - 1}{h} \xrightarrow[h \to 0]{} i e^{ix}$$
und erhält $(\cos x)' = -\sin x$ und $(\sin x)' = \cos x$.

(iii) *Die Funktion $f : \mathbb{R} \to \mathbb{R}_0^+$, $x \mapsto |x|$ ist im Nullpunkt nicht differenzierbar:*
$$\lim_{h \searrow 0} \frac{f(h) - f(0)}{h} = \lim_{h \searrow 0} \frac{h}{h} = 1 \quad und \quad \lim_{h \nearrow 0} \frac{f(h) - f(0)}{h} = \lim_{h \nearrow 0} -\frac{h}{h} = -1.$$
Die Funktion ist aber links- und rechtsseitig differenzierbar in x_0.

Satz 7.49. *Sei $f \in \mathcal{F}(I, \mathbb{R})$ in $x_0 \in I$ differenzierbar. Dann ist f auch stetig in x_0.*

Insbesondere werden wir uns für stetig differenzierbare Funktionen interessieren:

Definition 7.50. *Sei $f \in \mathcal{F}(I, \mathbb{R})$ differenzierbar in $\mathbb{R}$ und sei $f' \in C(I, \mathbb{R})$. Dann heißt f „stetig differenzierbar in I". Den Raum der stetig differenzierbaren Funktionen in I bezeichnen wir mit $C^1(I, \mathbb{R})$.*

$C^1(I, \mathbb{R})$ ist wieder ein Vektorraum.

Satz 7.51. *Seien f und g differenzierbare Funktionen. Dann gilt:*

(i) *$(f + g)' = f' + g'$,*

(ii) *$(f \cdot g)' = f'g + fg'$,*

(iii) *$\forall x, g(x) \neq 0 : (\frac{1}{g(x)})' = -\frac{g'(x)}{g^2(x)}$.*

Beweis: Alle Aussagen folgen aus den Grenzwertsätzen. Zum Beweis von (iii) benutzen wir, dass g als differenzierbare Funktion auch stetig ist und somit aus $g(x) \neq 0$ folgt, dass g auch in einer Umgebung von x nicht verschwindet. □

Beispiel 7.52. *Sei für $x \in \mathbb{R}$*
$$g_1(x) := \begin{cases} \sin \frac{\pi}{x} & \text{für } x \neq 0, \\ 0 & \text{für } x = 0. \end{cases}$$
Die Funktion g_1 ist in $x_0 = 0$ nicht stetig und somit auch nicht differenzierbar. Die Funktion g_2 mit $g_2(x) := x \cdot g_1(x)$ ist stetig in $x_0 = 0$, aber nicht differenzierbar, denn für $h_n := \frac{1}{n}$ ist $\frac{g_2(h_n)}{h_n} = 0$, für $k_n := \frac{1}{2n+\frac{1}{2}}$ ist $\frac{g_2(k_n)}{k_n} = 1$.
Die Funktion g_3 mit $g_3(x) := x^2 \cdot g_1(x)$ ist jedoch in $x_0 = 0$ differenzierbar:
$$\lim_{h \to 0} \frac{g_3(h)}{h} = \lim_{h \to \infty} h \cdot \sin \frac{x}{h} = 0, \text{ da } |\sin \frac{x}{h}| \leq 1.$$
Also ist $g_3'(0) = 0$.
Für $x \neq 0$ ist $g_3'(x) = 2x \cdot \sin \frac{\pi}{x} - \pi \cos \frac{\pi}{x}$.
Somit ist g_3' nicht stetig in $x_0 = 0$, also nicht stetig differenzierbar.

Wir werden nun noch ein Beispiel geben für eine Funktion, die in $\mathbb{R}$ stetig, aber nirgendwo in $\mathbb{R}$ differenzierbar ist.

Beispiel 7.53. *Sei $f : \mathbb{R} \to \mathbb{R}$, $x \mapsto f(x) := \sum\limits_{n=0}^{\infty} \frac{\{10^n x\}}{10^n}$, wobei $\{\} : \mathbb{R} \to [0, 1/2]$, $x \mapsto \{x\} := \min\limits_{z \in \mathbb{Z}} |x - z|$ ist, liegt in $C(\mathbb{R}, \mathbb{R})$, ist aber nirgends differenzierbar.*

Beweis: Die Reihe ist gleichmäßig und absolut konvergent, da
$$\sum_{n=0}^{\infty} |\frac{\{10^n x\}}{10^n}| \leq \frac{1}{2} \cdot \frac{1}{1-1/10} = \frac{5}{9}$$
und somit ist die Funktion f stetig.
Sei $x \in [0, 1)$ eindeutig als Dezimalzahl geschrieben: $x = 0, x_1, x_2 \ldots$
Dann ist
$$\{10^n x\} = \begin{cases} 0, x_{n+1} x_{n+2} \cdots & \text{für } 0, x_{n+1} x_{n+2} \cdots \leq \frac{1}{2}, \\ 1 - 0, x_{n+1} x_{n+2} \cdots & \text{für } 0, x_{n+1} x_{n+2} \cdots \geq \frac{1}{2}. \end{cases}$$

Seien
$$\varepsilon_m := \begin{cases} -1 & \text{falls } x_m = 4 \text{ oder } x_m = 9 \\ 1 & \text{sonst} \end{cases}$$
und $h_m := \frac{\varepsilon_m}{10^m}$. Dann ist

$$s_m := \frac{f(x + h_m) - f(x)}{h_m} = \frac{10^m}{\varepsilon_m} \cdot \sum_{n=0}^{\infty} \left[\frac{\{10^n(x + h_m)\}}{10^n} - \frac{\{10^n x\}}{10^n} \right]$$

$$= \frac{10^m}{\varepsilon_m} \cdot \sum_{n=0}^{\infty} \frac{1}{10^n} [\{10^n x + 10^{n-m} \cdot \varepsilon_m\} - \{10^n x\}]$$

$$= \frac{10^m}{\varepsilon_m} \sum_{n=0}^{\infty} \frac{1}{10^n} \begin{cases} 0 & \text{für } n \geq m \\ +10^{n-m} \text{ oder } -10^{n-m} & \text{für } n < m \end{cases}$$

$$= \sum_{n=0}^{m-1} a_n \quad \text{mit } a_n \in \{\pm 1\}.$$

Es ergibt sich:
$s_1 = a_0 \in \{-1, +1\}$, $s_2 = a_0 + a_1 \in \{-2, 0, 2\}$, $s_3 = a_0 + a_1 + a_2 \in \{-3, -1, 1, 3\}$
usw.; es gilt: s_{2m} ist eine gerade Zahl und s_{2m+2} ist eine ungerade Zahl. Hieraus
folgt die Divergenz von s_m, was die Nicht-Existenz von $f'(x)$ bedeutet. $\qquad \square$
Bei Verknüpfung oder Invertierung (falls möglich) überträgt sich die Differenzierbarkeit.

Satz 7.54. *Seien $S, T, U \subset \mathbb{R}$ offen, $f : S \to T$, $g : T \to U$ Abbildungen und
seien f in $x_0 \in S$ und g in $t_0 := f(x_0) \in T$ differenzierbar. Dann ist $g \circ f$ in
x_0 differenzierbar und es gilt:*

$$(g \circ f)'(x_0) = (g' \circ f)(x_0) \cdot f'(x_0).$$

Satz 7.55. *Seien $f : D \to \mathbb{R}$ eine Funktion und $x_0 \in D$, und sei f in einer
Umgebung $U(x_0)$ von x_0 stetig differenzierbar mit $f'(x_0) \neq 0$. Dann existiert
eine Umgebung $V(f(x_0))$ von $f(x_0)$, in der die Umkehrabbildung $g := f^{-1}$:
$V(f(x_0)) \to \mathbb{R}$ existiert und stetig differenzierbar ist. Es gilt dann:*

$$g' = \frac{1}{f' \circ g}.$$

Beweis: Sei o. B. d. A. $f'(x_0) > 0$. Wähle eine Umgebung $U_1(x_0) \subset U(x_0)$ von
x_0 und $p > 0$ so, dass gilt: $f'(x) \geq p > 0$ für alle $x \in U_1(x_0)$. Aus der stetigen
Differenzierbarkeit, d. h.:
$$\forall \varepsilon > 0 \;\exists h_0(\varepsilon) > 0 \;\forall h \in \mathbb{R}, |h| \leq h_0(\varepsilon) : f'(x) - \varepsilon < \frac{f(x+h)-f(x)}{h} < f'(x) + \varepsilon$$
folgt somit für $\varepsilon < p$ und beliebiges $x \in U_1(x_0)$ (da $f'(x) \geq p > 0$) :

$$f(x + h) - f(x) < 0 \text{ für } h < 0 \text{ und } f(x + h) - f(x) > 0 \text{ für } h > 0;$$

also ist f streng monoton wachsend in $U_1(x_0)$.
Nach den Sätzen 7.1, 7.26 und 7.27 existiert also $g = f^{-1}$, ist ebenfalls wieder
streng monoton und stetig.

Wir beweisen nun noch die Differenzierbarkeit von g und die Darstellung der
Ableitung.
Sei $y_0 := f(x_0)$. Dann gilt:

$$1 = \frac{y_0 + h - y_0}{h} = \frac{(f \circ g)(y_0 + h) - (f \circ g)(y_0)}{h}$$

$$= \frac{(f \circ g)(y_0 + h) - (f \circ g)(y_0)}{g(y_0 + h) - g(y_0)} \cdot \frac{g(y_0 + h) - g(y_0)}{h},$$

also für $h \to 0$:

$$\frac{g(y_0 + h) - g(y_0)}{h} = \left(\frac{(f \circ g)(y_0 + h) - (f \circ g)(y_0)}{g(y_0 + h) - g(y_0)} \right)^{-1} \to \frac{1}{f'(g(y_0))}.$$

Aus dieser Darstellung folgt auch sofort die Stetigkeit der Ableitung g', da f' und g stetig sind.   □

Obiger Satz ermöglicht u. a. die problemlose Differentiation der Arcus-Funktionen (in ihrem Existenzbereich):

Beispiel 7.56. *Die Funktion* $f(x) = \sin x$ *ist monoton, stetig und differenzierbar in* $\left(-\frac{\pi}{2}, \frac{\pi}{2}\right)$. *Sei* $g := \arcsin : (-1, 1) \to \left(-\frac{\pi}{2}, \frac{\pi}{2}\right)$ *ihre Umkehrfunktion. Für* $x = g(y)$ *ist dann:*

$$g'(y) = \frac{1}{\cos x} = \frac{1}{\sqrt{1 - \sin^2 x}} = \frac{1}{\sqrt{1 - y^2}}.$$

7.5 Der Mittelwertsatz und Folgerungen

Zu Beginn dieses Kapitel charakterisieren wir lokale Extrema:

Satz 7.57. *Es sei* $f \in \mathcal{F}(I, \mathbb{R})$ *in einer Umgebung* $U(x_0)$ *des Punktes* x_0 *differenzierbar, und es gelte*

$$\exists h_0 > 0 : \forall |h| \leq h_0 : f(x_0 + h) \geq f(x_0).$$

Dann ist $f'(x_0) = 0$.

Beweis: Wähle $p > 0 \Rightarrow \frac{f(x_0+p)-f(x_0)}{p} \geq 0 \Rightarrow f'(x_0) \geq 0$

bzw. $p < 0 \Rightarrow \frac{f(x_0+p)-f(x_0)}{p} \leq 0 \Rightarrow f'(x_0) \leq 0$

$\Rightarrow f'(x_0) = 0$ □

Bemerkung 7.58. *Der letzte Satz zeigt, dass die Forderung „$f'(x_0) = 0$"* *notwendig ist für die Existenz eines lokalen Minimums. Analog zeigt man die Notwendigkeit dieser Forderung für die Existenz eines lokalen Maximums. Die Forderung alleine ist jedoch nicht hinreichend, wie das Beispiel* $f(x) = x^3$ *in* $x_0 = 0$ *zeigt.*

Satz 7.59 (Satz von Rolle[6]). *Es sei* $f \in C([a, b], \mathbb{R})$, *differenzierbar in* (a, b), *und es gelte* $f(a) = f(b)$.
Dann gibt es eine Zwischenstelle $x_0 \in (a, b)$ *mit* $f'(x_0) = 0$

Beweis: O. B. d. A. sei $f(a) = f(b) = 0$ (sonst betrachte man $g(x) = f(x) - f(a)$).
Nach Folgerung 7.18 existiert $M := \max_{[a,b]} f$, und es ist $M \geq 0$, da $f(a) = 0$.
Fallunterscheidung:

1. $M = f(x_0) > 0 \Rightarrow x_0 \in (a, b)$ und $f'(x_0) = 0$ nach Satz 7.57.

2. $M = 0$: Betrachte $m = \min_{[a,b]} f = f(x_1) \leq 0$ mit $x_1 \in [a, b]$:
   $m < 0 \Rightarrow x_1 \in (a, b)$ mit $f'(x_1) = 0$ (wiederum nach Satz 7.57).
   $m = 0 \Rightarrow f = 0 \Rightarrow f' = 0$.   □

---

[6]Michel Rolle, 21.4.1652 – 8.11.1719

Der gerade gezeigte Satz von Rolle ist eine Vorstufe vom

Satz 7.60 (Mittelwertsatz der Differentialrechnung). *Es sei $f \in C([a,b], \mathbb{R})$ differenzierbar in (a,b). Dann gibt es ein $x_0 \in (a,b)$ so, dass*

$$\frac{f(b) - f(a)}{b - a} = f'(x_0),$$

d. h. es gibt einen Punkt, in dem die Tangente an die Funktion f dieselbe Steigung hat wie die Gerade, die durch die Punkte $(a, f(a))$ und $(b, f(b))$ geht.

Beweis: Definiere $F(x) := f(x) - f(a) - (x - a) \frac{f(b) - f(a)}{b - a}$.
$\Rightarrow F(a) = F(b) = 0$ und mit dem Satz von Rolle (Satz 7.59) folgert man:
$\exists x_0 \in (a,b)$ mit $F'(x_0) = 0 \Leftrightarrow f'(x_0) = \frac{f(b) - f(a)}{b - a}$. □
In den Anwendungen tritt der Satz auch in den folgenden äquivalenten Formulierungen auf (Voraussetzungen seien wie in Satz 7.60):

(i) $\exists x_0 \in (a,b) : f(b) = f(a) + (b - a) f'(x_0)$

(ii) $\exists \vartheta \in (0,1) : f(b) = f(a) + (b - a) f'(a + \vartheta(b - a))$

(iii) $\forall x \in [a, b], \forall h, |h| \leq h_0 < \min(|x - a|, |b - x|) \; \exists \vartheta \in (0,1) :$
$f(x + h) = f(x) + h f'(x + \vartheta h)$.

Zum Beweis des Mittelwertsatzes musste die Funktion f' nicht stetig sein, doch erfüllt sie die folgende Zwischenwerteigenschaft:

Satz 7.61. *Sei $f \in C([a,b], \mathbb{R})$ differenzierbar in $[a,b]$ mit $f'(a) \neq f'(b)$. Dann nimmt f' in (a,b) jeden Wert zwischen $f'(a)$ und $f'(b)$ an.*

Beweis: O. B. d. A. sei $f'(a) > z > f'(b)$ und $g(x) := f(x) - zx$.
Zu zeigen ist nun: $\exists x_0 \in (a,b) : g'(x_0) = 0$.
Es ist $g'(a) > 0 > g'(b)$. Da g stetig ist, hat g ein Maximum in einem Punkt $x_0 \in [a,b]$. $x_0 \neq a$, sonst wäre $g(a) \geq g(x)$ für $a \leq x \leq b \Rightarrow g'(a) \leq 0$. Widerspruch zu Obigem. $x_0 \neq b$ mit analoger Argumentation. Mit Satz 7.57 über lokale Extrema folgt nun

$$g'(x_0) = 0 \text{ und } x_0 \in (a,b).$$ □

Man beachte, dass auch die stetigen Funktionen nach dem Zwischenwertsatz die Zwischenwerteigenschaft besitzen, dadurch aber wie gesehen nicht charakterisiert werden.

Folgerung 7.62. *Es sei $I \subset \mathbb{R}$ ein (offenes) Intervall:*

(i) $f' = 0$ *in* $I \Leftrightarrow f$ *konstant in* I.
  Beweis: „$\Leftarrow$" klar.
  „$\Rightarrow$": $x_1 \neq x_2 \in I$, dann gilt mit dem Mittelwertsatz:
  $\frac{f(x_2) - f(x_1)}{x_2 - x_1} = f'(x_0(x_1, x_2)) = 0 \Rightarrow f(x_2) = f(x_1)$.

(ii) Ein differenzierbares $F \in \mathcal{F}(I, \mathbb{R})$ heißt Stammfunktion zu $f \in \mathcal{F}(I, \mathbb{R})$:⇔ $F' = f$ (vgl. Kapitel 8). Sind also F_1 und F_2 Stammfunktionen zu f, so gilt $(F_1 - F_2)' = 0$ und mit (i): $F_1 - F_2$ konstant.

(iii) Ist f differenzierbar, dann gilt:
f monoton wachsend ⇔ $\forall x \in I : f'(x) \geq 0$.
Beweis: „⇒ “: $h > 0 : \frac{f(x+h)-f(x)}{h} \geq 0 \Rightarrow f'(x) \geq 0$.
„⇐ “: $\exists \vartheta \in (0,1) : f(x+h) - f(x) = hf'(x + \vartheta h) \geq 0$ für $h \geq 0 \Rightarrow f$ monoton wachsend.

(iv) Die Funktion $f(x) = x^3 - 3x + c$, $c \in \mathbb{R}$ beliebig, hat im Intervall $[0, 1]$ höchstens eine Nullstelle, denn falls: $f(x_1) = f(x_2) = 0$ für $x_1 < x_2$, so gibt es ein $x_0 \in (x_1, x_2)$ mit $f'(x_0) = 0$. Es ist $f'(x) = 3x^2 - 3$. Also muss $x_0^2 = 1$ sein, d. h. $x_0 = 1 \notin (x_1, x_2)$, Widerspruch.

(v) Lösung einer Differentialgleichung:
Die Gleichung laute $f' = f$ mit $f(0) = c \neq 0$.
Behauptung: $f(x) = ce^x$ ist die einzige Lösung.
Beweis: $x \mapsto ce^x$ löst das Problem. Sei g eine weitere Lösung, d. h. $g' = g$ und $g(0) = c$. Da f stetig und $f(0) = c$, gilt $f \neq 0$ in $U(0)$. Also gilt in $U(0)$:
$(\frac{g}{f})' = \frac{g'}{f} - \frac{gf'}{f^2} = \frac{g}{f} - \frac{gf}{f^2} = 0$
Nach (i): $\exists k \in \mathbb{R} : \frac{g(x)}{f(x)} = k \Leftrightarrow g(x) = kf(x)$. Andererseits ist $g(0) = f(0) = c \neq 0 \Rightarrow k = 1$ und somit $g = f$.

(vi) Erweiterter Mittelwertsatz:
Es seien $f, g \in C([a, b], \mathbb{R})$ differenzierbar in (a, b) und $g(a) \neq g(b)$. Dann existiert ein $x_0 \in (a, b)$ mit $\frac{f(b)-f(a)}{g(b)-g(a)} g'(x_0) = f'(x_0)$
Beweis: Man geht wie beim Beweis des Mittelwertsatzes vor:
$F(x) := f(x) - f(a) - (g(x) - g(a)) \frac{f(b)-f(a)}{g(b)-g(a)}$
$\Rightarrow F(a) = F(b) = 0 \Rightarrow \exists x_0 \in (a, b) : F'(x_0) = 0$.

(vii) Ist die Funktion f mehrfach (hier mindestens zweimal) differenzierbar, so können wir f „entwickeln“ (später bilden wir in dieser Art die „Taylorreihe[7]“).
Sei also $f \in C^1([a, b], \mathbb{R})$ und f' differenzierbar in (a, b).
Definiere $F(x) := f(b) - f(x) - (b - x)f'(x) - m\frac{(b-x)^2}{2}$ mit einem noch zu bestimmenden $m \in \mathbb{R}$. Es ist $F(b) = 0$. Um auch $F(a) = 0$ zu erreichen, muss m wie folgt gewählt werden:

$$m := \left(f(b) - f(a) - (b - a)f'(a) \right) \frac{2}{(b - a)^2}.$$

Mit dem Mittelwertsatz folgt nun:

$$\exists x_0 \in (a, b) : \quad 0 = F'(x_0) = -f'(x_0) + f'(x_0) - (b - x_0)f''(x_0) + m(b - x_0)$$

---
[7]Brook Taylor, 18.8.1685 – 29.12.1731

$$= (b - x_0)(m - f''(x_0))$$
$$\Rightarrow m = f''(x_0)$$

und wegen $F(a) = 0$ folgt weiter:

$$f(b) = f(a) + (b - a)f'(a) + \frac{(b - a)^2}{2}f''(x_0)$$

oder allgemein für ein x mit $\vartheta \in (0, 1)$:

$$f(x + h) = f(x) + hf'(x) + \frac{h^2}{2}f''(x + \vartheta h).$$

(viii) Hinreichende Bedingung für (lokale) Extrema:
Es sei $U(x_0)$ eine Umgebung von x_0, $f \in C^2(U(x_0), \mathbb{R})$ eine zweimal stetig differenzierbare Funktion mit $f'(x_0) = 0$ und $f''(x_0) > 0$ (< 0).
Dann besitzt f in x_0 ein (lokales) Minimum (Maximum).
Beweis: *Mit (vii) folgt:*

$$f(x_0 + h) = f(x_0) + \frac{h^2}{2}f''(x_0 + \vartheta h) > f(x_0)\,(< f(x_0))\text{ für } h \neq 0,$$

wobei für geeignetes $U(x_0)$ wegen der Stetigkeit von f'' gilt $f''(y) > 0\,(<$ $0)$, falls $y \in U(x_0)$.

(ix) Mit den in (viii) gezeigten hinreichenden Bedingungen für Extrema lassen sich sogenannte „Extremwertaufgaben" lösen wie zum Beispiel:
Unter allen Rechtecken gegebenen Umfangs hat das Quadrat den größten Flächeninhalt.
Beweis: *Sind a, b die Längen der Seiten, so berechnet sich der Flächeninhalt bzw. der Umfang wie folgt*

$$F = a \cdot b \text{ bzw. } U = 2(a + b).$$

Aus $b = \frac{U}{2} - a$ ergibt sich:

$$F(a) = a(\frac{U}{2} - a) = \frac{U}{2}a - a^2$$

und die notwendige Bedingung

$$F'(a) = \frac{U}{2} - 2a = 0$$

für ein Extremum wird durch $a_0 = \frac{U}{4}$ erfüllt, was in der hinreichenden Bedingung

$$F''(a_0) = -2 < 0$$

die Existenz eines Maximums in a_0 beweist. Es folgt weiter: $b_0 = \frac{U}{4} = a_0$, also die Behauptung, denn Maxima am Rande treten nicht auf.

Zur Berechnung von Grenzwerten, sofern sie existieren, behandeln wir zum Schluss dieses Kapitels die *Regel von de L'Hospital*[8].

(i) Seien f, g differenzierbar mit $f(x_0) = g(x_0) = 0$. Ziel: Berechne $\lim\limits_{x \to x_0} \frac{f(x)}{g(x)}$, falls der Grenzwert existiert.

O. B. d. A. sei $x > x_0$, $g(x) \neq 0$, dann ist:

$$\frac{f(x)}{g(x)} = \frac{f(x) - f(x_0)}{g(x) - g(x_0)} = \frac{f'(t)}{g'(t)}$$

mit $x_0 < t < x$ nach dem erweiterten Mittelwertsatz (siehe (vi) in Folgerung 7.62). D. h.: Existiert der Grenzwert $\lim\limits_{t \to x_0} \frac{f'(t)}{g'(t)}$, so gilt:

$$\exists \lim\limits_{x \to x_0} \frac{f(x)}{g(x)} = \lim\limits_{x \to x_0} \frac{f'(x)}{g'(x)}.$$

Beispiele:

(1) $\lim\limits_{x \to 0} \frac{\sin x}{x} = \lim\limits_{x \to 0} \frac{\cos x}{1} = 1.$

(2) $\lim\limits_{x \to 0} \frac{e^x + e^{-x} - 2}{1 - \cos x} = \lim\limits_{x \to 0} \frac{e^x - e^{-x}}{\sin x} = \lim\limits_{x \to 0} \frac{e^x + e^{-x}}{\cos x} = 2.$

(ii) Grenzwerte im Unendlichen: $x_0 = \infty$ (oder $-\infty$)

$$\lim\limits_{x \to \infty} \frac{f(x)}{g(x)} = \lim\limits_{t \to 0} \frac{f(\frac{1}{t})}{g(\frac{1}{t})} = \lim\limits_{t \to 0} \frac{f'(\frac{1}{t})(-\frac{1}{t^2})}{g'(\frac{1}{t})(-\frac{1}{t^2})} = \lim\limits_{x \to \infty} \frac{f'(x)}{g'(x)}.$$

(iii) Seien nun $f(x_0) = g(x_0) = \infty$ (oder $-\infty$) und $x_1 < x < x_0$, $g(x) \neq g(x_1)$, dann gilt wie in (i)

$$\frac{f(x) - f(x_1)}{g(x) - g(x_1)} = \frac{f'(t)}{g'(t)}$$

mit $x_1 < t < x < x_0$ und es folgt:

$$\frac{f(x)}{g(x)} = \frac{f(x)}{f(x) - f(x_1)} \cdot \frac{g(x) - g(x_1)}{g(x)} \cdot \frac{f'(t)}{g'(t)}$$

$$= \frac{1 - \frac{g(x_1)}{g(x)}}{1 - \frac{f(x_1)}{f(x)}} \cdot \frac{f'(t)}{g'(t)}.$$

Es existiere $\gamma := \lim\limits_{t \to x_0} \frac{f'(t)}{g'(t)}$.

Zu $\varepsilon > 0$ wähle $|x_1 - x_0|$ so klein, dass $\left| \frac{f'(t)}{g'(t)} - \gamma \right| < \frac{\varepsilon}{2}$.
Hiermit ist x_1 festgelegt. Weiter ist

$$\left| \frac{f(x)}{g(x)} - \gamma \right| \leq \left| \frac{1 - \frac{g(x_1)}{g(x)}}{1 - \frac{f(x_1)}{f(x)}} - 1 \right| \left| \frac{f'(t)}{g'(t)} \right| + 1 \cdot \left| \frac{f'(t)}{g'(t)} - \gamma \right| < \varepsilon$$

---

[8]Guillaume François Antoine de L'Hospital, 1661 – 3.2.1704

für $|x - x_0| < \delta(x_1, \varepsilon) = \delta(\varepsilon)$ d. h.: $\lim\limits_{x \to x_0} \frac{f(x)}{g(x)} = \lim\limits_{x \to x_0} \frac{f'(x)}{g'(x)}$.

(iv) Analoge Regel für den Fall: $\lim\limits_{x \to \infty} f(x) = \lim\limits_{x \to \infty} g(x) = \infty$.

Beispiele:

(1) $\lim\limits_{x \to 0} x \ln x = \lim\limits_{x \to 0} \frac{\ln x}{\frac{1}{x}} = \lim\limits_{x \to 0} \frac{\frac{1}{x}}{-\frac{1}{x^2}} = 0,$

(2) $\lim\limits_{x \to \infty} \frac{x}{e^x} = \lim\limits_{x \to \infty} \frac{1}{e^x} = 0,$

(3) $\lim\limits_{x \to \infty} x(\frac{\pi}{2} - \arctan x) = \lim\limits_{x \to \infty} \frac{\frac{\pi}{2} - \arctan x}{\frac{1}{x}} = \lim\limits_{x \to \infty} \frac{x^2}{1+x^2} = 1,$ wobei man

die Ableitung des arctan entsprechend zu Beispiel 7.56 mit Hilfe der Ableitung der Umkehrfunktion (vgl. Satz 7.55) berechnet.

(4) $\lim\limits_{x \to 0} (1 + x)^{1/x} = \lim\limits_{x \to 0} e^{\frac{\ln(1+x)}{x}} = e$, denn $\lim\limits_{x \to 0} \frac{\ln(1+x)}{x} = \lim\limits_{x \to 0} \frac{\frac{1}{1+x}}{1} = 1.$

Kapitel 8

Integration im $\mathbb{R}^1$

Worum geht's? *Ziel dieses Kapitels ist die elementare Integration der Klasse der Regelfunktionen. Dabei gibt es zwei Zugänge zur Integration: zum einen als Umkehrung der Differentiation, zum anderen über die Berechnung von Flächen. Der Hauptsatz der Differential- und Integralrechnung besagt, dass beide Zugänge zum gleichen Integralbegriff führen. Zur elementaren Integrationstheorie gehören auch die Vertauschung von Grenzprozessen, parameterabhängige Integrale und eine erste Version des Satzes von Fubini.*

8.1 Stammfunktionen

Schon in Korollar 7.62 wurde der Begriff der Stammfunktion eingeführt, doch der Vollständigkeit halber hier die folgende

Definition 8.1. *Sei $I \subset \mathbb{R}$ ein Intervall und $F \in \mathcal{F}(I, \mathbb{R})$. Dann heißt F Stammfunktion zu $f \in \mathcal{F}(I, \mathbb{R}) :\Leftrightarrow F$ differenzierbar mit $F' = f$.*

Aus Korollar 7.62 wissen wir bereits, dass sich Stammfunktionen zu derselben Funktion f höchstens durch eine (additive) Konstante unterscheiden. Schreibweise: $F =: \int f =: \int f(x)dx$, unbestimmtes Integral von f. Formal wird also die Differentiation umgekehrt. Da es für das Integrieren kein so einfaches Kalkül wie für das Differenzieren gibt, soll im Folgenden etwas geklärt werden, welche Funktionen (-klassen) Stammfunktionen besitzen.

Im Allgemeinen sind Stammfunktionen elementarer Funktionen keine elementaren Funktionen mehr. Beispiele bekannter Stammfunktionen sind:

f	F
1	x
$x^n, n \neq -1$	$\frac{x^{n+1}}{n+1}$
$\frac{1}{x}$	$\ln|x|$
e^x	e^x
$\cos x$	$\sin x$
$\sin x$	$-\cos x$
$\frac{1}{\cos^2 x}$	$\tan x$,

während es z. B. zu e^{x^2}, $\frac{e^x}{x}$, $\frac{\sin x}{x}$, $\frac{1}{\ln x}$ keine elementaren Stammfunktionen gibt.

Aus den Differentiationsregeln lassen sich die folgenden Rechenregeln für das über Stammfunktionen definierte unbestimmte Integral ableiten:

Rechenregeln

(i) $\int cf = c \int f$ für $c \in \mathbb{R}$,   denn $(cF)' = cF'$,

(ii) $\int (f + g) = \int f + \int g$,   denn $(F + G)' = F' + G'$,

(iii) $\int f'g + \int fg' = fg$,   denn $(fg)' = f'g + fg'$.
Dies ist die „Regel von der partiellen Integration". Beispiele hierzu:

(1) $\int \ln x \; dx = \int 1 \cdot \ln x \; dx = x \ln x - \int x \frac{1}{x} \; dx = x \ln x - x$

(2)

$$\int \sin^2 x \; dx = -\cos x \sin x + \int \cos^2 x \; dx$$

$$= -\cos x \sin x + x - \int \sin^2 x \; dx$$

$\Rightarrow \int \sin^2 x \; dx = -\frac{1}{2}(\cos x \sin x + x)$,

(3) $\int xe^x dx = xe^x - \int e^x dx = xe^x - e^x$,

(iv) $\int ff' = \frac{1}{2}f^2$,   denn $(f^2)' = ff'$,

(v) $\int \frac{f'}{f} = \ln|f|$ für $f \neq 0$,   denn $(\ln|f|)' = \frac{f'}{f}$,

(vi) $\int (f \circ g)g' = F \circ g$,   denn $(F \circ g)' = (F' \circ g)g' = (f \circ g)g'$
Dies ist die „Substitutionsregel". Beispiele hierzu:

(1) $\int xe^{x^2} dx = \frac{1}{2} \int (x^2)'e^{x^2} dx = \frac{1}{2}e^{x^2}$,

(2) $\int \sin^3 x \cos x dx = \int \sin^3 x (\sin x)' dx = \frac{1}{4}\sin^4 x$,

(vii) $\int a^x dx = \frac{a^x}{\ln a}$, denn es ist $(a^x)' = \ln a \cdot a^x$,

(viii) $\int \frac{1}{ax+b} dx = \frac{1}{a}\ln|ax + b|$, denn es ist $(\ln|ax + b|)' = \frac{a}{ax+b}$,

(ix) Beispiel:

Gesucht: $\qquad I := \int \dfrac{1}{ax^2 + 2bx + c}\, dx \qquad$ für $\quad a \neq 0.$

Es ist $ax^2 + 2bx + c = a(x - x_1)(x - x_2)$, mit $x_{1,2} = -\dfrac{b}{a} \pm \dfrac{\sqrt{b^2 - ac}}{a}$.
Wir definieren $w := \sqrt{b^2 - ac}$ und betrachten die Fälle:

(1) $w = 0$:

$$I = \frac{1}{a} \int \frac{1}{(x - \frac{b}{a})^2}\, dx = -\frac{1}{a} \frac{1}{(x - \frac{b}{a})} = \frac{-1}{ax - b} \qquad (x \neq \tfrac{b}{a}),$$

(2) $w \in \mathbb{R} \setminus \{0\}$, dh. $b^2 > ac \Rightarrow x_1 \neq x_2$ reell, und es ist:

$$\frac{1}{(x - x_1)(x - x_2)} = \frac{1}{x_1 - x_2} \left(\frac{1}{x - x_1} - \frac{1}{x - x_2} \right) = \frac{a}{2w} \left(\frac{1}{x - x_1} - \frac{1}{x - x_2} \right)$$

$\Rightarrow \qquad I = \dfrac{a}{2w} (\ln |x - x_1| - \ln |x - x_2|) = \dfrac{a}{2w} \ln \dfrac{|x - x_1|}{|x - x_2|}$

$$= \frac{a}{2\sqrt{b^2 - ac}} \ln \left| \frac{ax + b - \sqrt{b^2 - ac}}{ax + b + \sqrt{b^2 - ac}} \right| \qquad (x \neq x_1,\ x \neq x_2),$$

(3) $w \in i\mathbb{R}$, d. h. $b^2 < ac$ und w rein imaginär. Das Resultat aus (2) lässt sich verwenden, wenn man ins Reelle zurückrechnet: $w = ip$ mit $p = \sqrt{ac - b^2} > 0$. Interpretieren wir den Logarithmus von komplexen Zahlen formal als Umkehrfunktion der komplexen Exponentialfunktion, so berechnen wir mit $\alpha := \dfrac{ax + b}{p}$

$$I = \frac{1}{2ip} \ln \left(\frac{ax + b - w}{ax + b + w} \right) = \frac{1}{2ip} \ln \left(-\frac{1 + i\alpha}{1 - i\alpha} \right)$$

$$= \frac{1}{2ip} \ln \left(\frac{\alpha^2 - 2\alpha i - 1}{\alpha^2 + 1} \right)$$

Weiter folgt mit $z = x + iy = \sqrt{x^2 + y^2}\, e^{i \arctan \frac{y}{x}}$

$$I = \frac{1}{2ip} \ln \left(\frac{\sqrt{(\alpha^2 - 1)^2 + 4\alpha^2}}{1 + \alpha^2}\, e^{i \arctan \frac{-2\alpha}{\alpha^2 - 1}} \right)$$

$$= \frac{1}{2ip} i \arctan \frac{2\alpha}{\alpha^2 - 1} \qquad \left(\text{weil}\ \frac{\sqrt{(\alpha^2 - 1)^2 + 4\alpha^2}}{1 + \alpha^2} = 1 \right)$$

$$= \frac{1}{p} \arctan \alpha,$$

da für $z = \arctan \alpha$ gilt: $\tan 2z = \dfrac{\sin 2z}{\cos 2z} = \dfrac{2 \sin z \cos z}{\cos^2 z - \sin^2 z} = 2 \dfrac{\tan z}{1 - \tan^2 z} \Rightarrow$
$2z = \arctan \dfrac{2 \tan z}{1 - \tan^2 z}$.

$$\Rightarrow \qquad I = \frac{1}{\sqrt{ac - b^2}} \arctan\left(\frac{ax + b}{\sqrt{ac - b^2}}\right),$$

was sich durch Differenzieren sofort nachprüfen lässt.

(x) Das Beispiel (ix) führt uns zu der allgemeinen Methode der „Partialbruchzerlegung":
Es seien P und Q Polynome vom Grad $\deg P =: m$, $\deg Q =: n \in \mathbb{N}_0$. Gesucht ist

$$I := \int \frac{P(x)}{Q(x)} dx.$$

Falls $m < n$, so teilt man mit Hilfe der Partialbruchzerlegung (Umkehrung der Addition von Brüchen) den Integranden in Summanden auf, die im Nenner Polynome niedrigeren Grades ($< n$) haben und sich dann einzeln integrieren lassen. Gilt $m \geq n$, so dividiert man erst durch das Polynom im Nenner und behandelt auftretende Summanden der obigen Form wiederum mit Hilfe der Partialbruchzerlegung.

Beispiele:

(1)

$$\frac{x+1}{(x+3)(x+2)} = \frac{a}{x+3} + \frac{b}{x+2} \qquad \Rightarrow \qquad ax + 2a + bx + 3b \overset{!}{=} x + 1$$

Aus Koeffizientenvergleich für Potenzen von x erhält man die Gleichungen:
$a + b = 1$ und $2a + 3b = 1$ $\Rightarrow a = 2$, $b = -1$.
(Die Berechnung $a = L.S. \cdot (x+3)|_{x=-3}$, $b = L.S. \cdot (x+2)|_{x=-2}$, wobei L.S. für die linke Seite der Gleichung steht, führt zum selben Ergebnis.)

(2)

$$\frac{x^3 - 2}{x(x-1)^2} = 1 + \frac{2x^2 - x - 2}{x^3 - 2x^2 + x} = 1 + \frac{2x^2 - x - 2}{x(x-1)^2}$$
$$\overset{!}{=} 1 + \frac{A}{x} + \frac{B}{x-1} + \frac{C}{(x-1)^2}$$

$A = L.S. \cdot x\,\big|_{x=0} = -2$, $C = L.S.(x-1)^2\big|_{x=1} = -1$ und es muss

dann notwendigerweise $B = 4$ gelten. (Koeffizientenvergleich führt hier zu den Gleichungen $A + B = 2$, $-2A - B + C = -1$ und $A = -2$ und somit zu den selben Ergebnissen.)
Bei diesem Beispiel bietet sich auch eine direkte Berechnung durch die aus Folgerung 7.62 bekannte Reihenentwicklung: $f(x) = f(1) + (x-1)f'(1) + \frac{(x-1)^2}{2} f''(1 + \delta(x-1))$ an.

Hierbei sei also $f(x) := \frac{2x^2 - x - 2}{x} \stackrel{!}{=} A(x-1)^2 + B(x-1) + C$,

dann ist $C = f(1) = -1$, $B = f'(1) = \left(\frac{4x-1}{x} - \frac{2x^2-x-2}{x^2}\right)|_{x=1} = 4$.
Die Berechnungen führen nun zu:

$$\int \frac{x^3 - 2}{x(x-1)^2} dx = \int \left(1 + \frac{-2}{x} + \frac{4}{x-1} + \frac{-1}{(x-1)^2}\right) dx$$

$$= x - 2\ln|x| + 4\ln|x-1| + \frac{1}{x-1}.$$

Zusammenfassung

Folgende Funktionen sind (bis jetzt) integrierbar, d. h. wir können eine Stammfunktion berechnen: Sei $R = \frac{P}{Q}$ eine rationale Funktion, $\exp : x \to e^x$, und $id : x \to x$. Dann ist bekannt:

(i) $\int R$,

(ii) $\int R \circ \exp = \int R(e^x)dx = \int \frac{R(e^x)}{e^x}e^x dx = \int \frac{R(t)}{t}dt \circ \exp$ mit Substitution
und $\left(\int \frac{R}{id}\right)$ wird mit (i) gelöst,

(iii) $\int R(\sinh, \cosh)$: geht analog zu (ii),

(iv) $\int R(\sin, \cos)$: geht analog zu (ii) über e^{ix}, oder Substitution mit $t = g(x) = \tan\frac{x}{2}$,
$x = 2\arctan t$, dann ist $\sin x = \frac{2g}{1+g^2}, \cos = \frac{1-g^2}{1+g^2}$ und $g' = \frac{1}{2}(1 + g^2)$
$\Rightarrow \int R(\sin x, \cos x)(x)dx = \int R\left(\frac{2t}{1+t^2}, \frac{1-t^2}{1+t^2}\right)\frac{2}{1+t^2}dt \circ g$, was sich wiederum mit 1) weiter ausrechnen lässt.
Beispiel: $\int \frac{1}{\sin x}dx = \int \frac{1+t^2}{2t} \cdot \frac{2}{1+t^2}dt \circ g = \ln|t| \circ g = \ln|\tan\frac{x}{2}|$,

(v) $\int R(id, \sqrt{1 - id^2})(x)dx = \int R(\sin, \cos)\cos\varphi d\varphi$ mit der Substitution $x = \sin\varphi$, dann weiter mit (iv),

(vi) $\int R(id, \sqrt{1 + id^2})(x)dx = \int R(\sinh, \cosh)\cosh\varphi d\varphi$ mit der Substitution $x = \sinh\varphi$, dann weiter mit (iii),

(vii) $\int R(id, f)$ mit $f = \sqrt{ax^2 + 2bx + c}$ wird durch $ax^2 + 2bx + c = a(x + \frac{b}{a})^2 + \frac{ac-b^2}{a}$ auf (v) bzw. (vi) zurückgeführt.

8.2 Treppenfunktionen und ihre Integrale

Im letzten Kapitel wurde die Integration als Umkehroperation der Differentiation eingeführt. Unklar ist aber noch, bis auf die behandelten Beispiele, für welche Funktionenklassen Stammfunktionen existieren. Wir wollen nun die

Integration von einer anderen Seite her angehen, nämlich über den Zusammenhang mit der Berechnung von Flächeninhalten unterhalb einer Kurve. Ziel ist
der folgende Sachverhalt:

Für $f \in \mathcal{F}(\mathbb{R}, \mathbb{R})$, $f > 0$, $G := \{(x, y) \in \mathbb{R}^2 \mid a < x < b, \; 0 < y < f(x)\}$

und F Stammfunktion zu f sei $|G| := F(b) - F(a) =: \int\limits_{(a,b)} f =: \int\limits_a^b f(x)dx$,

wobei $|G|$ der „Flächeninhalt" oder das „Maß" von G sei. Diese Definition ist
unabhängig von der speziellen Stammfunktion, da die mögliche additive Konstante wegen der Differenz wegfällt. Um das Ziel zu erreichen, beginnen wir
mit möglichst einfachen Funktionen. Da sich der Flächeninhalt eines Rechtecks
aus dem Produkt der Seitenlängen berechnet, erhalten wir für die konstante
Funktion $f : x \mapsto c \in \mathbb{R}^+$, daß für den Flächeninhalt gelten soll: $|G| \overset{!}{=} c(b-a)$.
Tatsächlich ist die Stammfunktion zu f gerade

$$F(x) = cx + \text{const} \quad \Rightarrow \quad |G| = \int\limits_{(a,b)} f = F(b) - F(a) = cb - ca = c(b-a).$$

D. h., in diesem Falle, also für konstante Funktionen f, stimmen der elemen-
targeometrische Flächeninhalt mit dem gerade definierten überein. Die nächst
einfachen Funktionen nach den konstanten Funktionen sind die sogenannten
Treppenfunktionen:

Definition 8.2.   *(i) Für ein $n \in \mathbb{N}$ heißt $Z_n = \{x_0, x_1, \ldots, x_n\}$ „Partition
des Intervalls $I := (a, b)$ " $:\Leftrightarrow$
$a = x_0 < x_1 < \cdots < x_n = b$.*

*(ii) Ist $Z_n = \{x_0, x_1, \ldots, x_n\}$ eine Partitition des Intervalls I, so heißt $f \in
\mathcal{F}(I, \mathbb{R})$ „Treppenfunktion", falls f konstant auf den Intervallen (x_{i-1}, x_i)
ist, d. h.:*

$$f\big|_{(x_{i-1}, x_i)} = c_i \in \mathbb{R}.$$

Bemerkung 8.3.   *(i) Über die Werte $f(x_i)$ wird keine Aussage gemacht.
Man könnte z. B. von rechts stetig auf x_i fortsetzen, doch ist dies für das
Folgende ohne Belang.*

*(ii) Verschiedene Partitionen können dieselbe Funktion f liefern. (Bilde z. B.
neue Partition durch Hinzunahme von zusätzlichen Punkten x_j.)*

*(iii) Mit f und g sind auch $f + g$ und $f \cdot g$ Treppenfunktion. Man wähle hierfür
eine Partition, die alle Punkte der Partitionen von f und von g enthält.*

Durch die letzte Bemerkung kommt man auf die folgende

Definition 8.4. *Es bezeichne $\mathcal{T}(I, \mathbb{R}) \subset \mathcal{F}(I, \mathbb{R})$ den Vektorraum der Trep-
penfunktionen auf I, der mit der Supremumsnorm $\|f\|_\infty = \sup\limits_{x \in I} |f(x)|$ zum
normierten Vektorraum wird. Mit $\tilde{\mathcal{T}}(I, \mathbb{R})$ bezeichnen wir die Vervollständigung
von $\mathcal{T}(I, \mathbb{R})$ bezüglich dieser Norm.*

Bemerkung 8.5. *Aus Kapitel 7.2 wissen wir, dass die Vektorräume $B(I, \mathbb{R})$, $C(\overline{I}, \mathbb{R})$ und $C^*(I, \mathbb{R}) :=$ Menge der gleichmäßig stetigen Funktionen aus $\mathcal{F}(I, \mathbb{R})$ vollständig bezüglich der Supremumsnorm sind, doch $\mathcal{T}(I, \mathbb{R})$ ist es nicht, deswegen die Vervollständigung (vgl. Satz 5.14).*

Nach der abstrakten Vervollständigung des Vektorraums $\mathcal{T}(I, \mathbb{R})$ gilt es nun, die Elemente des Banachraums $\tilde{\mathcal{T}}(I, \mathbb{R})$ genauer zu charakterisieren. Zunächst wollen wir aber die Integration für Treppenfunktionen definieren:

Definition 8.6. *Sei $P := Z_n = \{x_0, \ldots, x_n\}$ eine Partition von $I := (a, b)$ und $f \in \mathcal{T}(I, \mathbb{R})$ mit $f\big|_{(x_{i-1}, x_i)} = c_i \in \mathbb{R}$, dann bezeichnet*

$$\mathbb{I}(f) := \int\limits_{(a,b)} f := \int\limits_a^b f(x)dx := \sum_{i=1}^n c_i(x_i - x_{i-1})$$

„das (bestimmte) Integral von f über I ".

Bemerkung 8.7. *(i) Das eben definierte Integral hängt nicht von der speziellen Partition P ab. Sind P_1 und P_2 Partitionen von I und P_3 deren Vereinigung (d. h. P_3 enthält alle Punkte aus P_1 und P_2), dann gilt, falls $\mathbb{I}_j(f)$ das zu $P_j (j = 1, 2, 3)$ gehörige Integral bezeichne, und da das Hinzufügen von Punkten die Summe $\mathbb{I}_j(f)$ $(j = 1, 2)$ nicht ändert:*

$$\mathbb{I}_1(f) = \mathbb{I}_2(f) = \mathbb{I}_3(f).$$

(ii) Für alle $a < c < b$ gilt: $\int\limits_a^b f(x)dx = \int\limits_a^c f(x)dx + \int\limits_c^b f(x)dx$.

Betrachten wir die Integration als eine Abbildung zwischen Vektorräumen, so lässt sich die folgende Aussage beweisen:

Hilfssatz 8.8. *Das Integral $\mathbb{I} : \mathcal{T}(I, \mathbb{R}) \to \mathbb{R}$ ist eine stetige lineare Abbildung in normierten Räumen.*

Bemerkung 8.9. *Der Raum $L(\mathcal{T}(I, \mathbb{R}), \mathbb{R})$ der stetigen, linearen Abbildung wird mit der Norm $\|A\| := \sup\limits_{\|f\|_\infty \leq 1} |A(f)|$ für $A \in L(\mathcal{T}(I, \mathbb{R}), \mathbb{R})$ selbst wieder zu einem normierten Raum. Dies gilt auch allgemein für den Raum der stetigen linearen Abbildungen $L(X, \mathbb{R})$ auf einem beliebigen normierten Raum $(X, \|\cdot\|)$.*

Es sei $f \in \tilde{\mathcal{T}}(I, \mathbb{R})$, dann können wir das Integral $\tilde{\mathbb{I}}(f)$ in folgender Weise eindeutig (unabhängig von der approximierenden Folge) erklären:

$$\tilde{\mathbb{I}}(f) = \lim_{n \to \infty} \mathbb{I}(f_n) \quad \text{falls } f_n \to f \text{ in der Supremumsnorm } \|\cdot\|_\infty.$$

Wir schreiben dann wieder: $\mathbb{I}(f) =: \int\limits_I f =: \int\limits_a^b f(x)dx$.

Außerdem gilt wie für Treppenfunktionen: $|\mathbb{I}(f)| \leq (b - a)\|f\|_\infty$

Bemerkung 8.10. *Die zunächst abstrakten Elemente vonn $\tilde{T}(I, \mathbb{R})$ lassen sich mit Funktionen aus $\mathcal{F}(I, \mathbb{R})$ identifizieren, da für eine Cauchy-Folge $(f_n)_n$ aus $\tilde{T}(I, \mathbb{R})$ punktweise Konvergenz folgt. Andererseits ist $T(I, \mathbb{R}) \subset B(I, \mathbb{R})$ und da $B(I, \mathbb{R})$ bzgl. der Supremumsnorm $\| \cdot \|_\infty$ vollständig ist, gilt: $\tilde{T}(I, \mathbb{R}) \subset B(I, \mathbb{R})$(wieder über die übliche Identifizierung).*

Nachdem wir die Integration für Elemente aus $\tilde{T}(I, \mathbb{R})$ erklärt haben, wollen wir diesen Raum nun genauer charakterisieren:

Satz 8.11. *Es gilt $C^*(I, \mathbb{R}) \subset \tilde{T}(I, \mathbb{R})$, wobei $C^*(I, \mathbb{R})$ die Menge der gleichmäßig stetigen Funktionen aus $\mathcal{F}(I, \mathbb{R})$ bezeichne. Also lassen sich gleichmäßig stetige Funktionen gleichmäßig durch Treppenfunktionen approximieren.*

Beweis: Sei $f \in C^*(I, \mathbb{R})$, dann gilt
$\forall \varepsilon > 0 \, \exists \delta > 0 \quad \forall x, y, |x - y| < \delta : \quad |f(x) - f(y)| < \varepsilon.$
Zu $\varepsilon > 0$ und $\delta = \delta(\varepsilon)$ wähle Zerlegung $a = x_0 < x_1 < \cdots < x_a = b$ mit $\max\limits_{i=1,\ldots,n} |x_i - x_{i-1}| < \delta$ und definiere

$$g(x) := f(x_i) \text{ für } x \in [x_{i-1}, x_i), \; i = 1, \ldots, n.$$

Dann ist $g \in T(I, \mathbb{R})$ und

$$\|g - f\|_\infty = \sup_{x \in I} |g(x) - f(x)| < \varepsilon.$$

$\square$

Aus dem letzten Satz folgt also, dass wir über die Definition des Integrals für Treppenfunktionen und die Vervollständigung nun auch das Integral für gleichmäßig stetige Funktionen kennen.

Beispiel 8.12. *Es sei $I := (0, a)$ und $f_n \in T(I, \mathbb{R})$ mit $f_n(x) := \frac{[nx]}{n}$ für $x \in I$ (Gaußklammer). Aus der grafischen Darstellung der Funktionen f_n vermuten wir die Konvergenz gegen $f(x) = x$:*

$$0 \leq x - f_n(x) = x - \frac{[nx]}{n} \leq \frac{1}{n} \to 0$$

$\Rightarrow f_n \to f$ gleichmäßig mit $f(x) := x$. Somit ist f integrierbar, und der Wert von $\mathbb{I}(f)$ berechnet sich wie folgt:
Wähle Partition: $0 = x_0 < x_1 \cdots < x_k \leq x_{k+1} \leq a$ *mit* $x_j := \frac{j}{n}, \; 0 < j \leq k = [n \cdot a]$, *dann ist:* $x_j - x_{j-1} = \frac{1}{n}$ *und* $f_n\big|_{(x_{j-1}, x_j)} = \frac{j-1}{n}, 0 < j \leq k.$

$$\Rightarrow \qquad \mathbb{I}(f_n) = \sum_{j=1}^k \frac{j-1}{n} \cdot \frac{1}{n} + \frac{k}{n}\left(a - \frac{[na]}{n}\right)$$

$$= \frac{1}{n^2} \frac{k(k-1)}{2} + \frac{k}{n^2} q_n, \qquad \text{mit } q_n := na - [na] \quad 0 \leq q_n < 1$$

$$= \frac{1}{2n^2}(na - q_n)(na - q_n - 1 + 2q_n)$$

$$= \frac{a^2}{2} + b_n,$$

$$mit\ b_n := -\frac{a}{2n} + \frac{q_n - q_n^2}{2n^2} \quad \Rightarrow \quad |b_n| \le \frac{a+2}{2n} \to 0\ f\ddot{u}r\ n \to \infty$$

$$\Rightarrow \qquad \mathbb{I}(f) = \lim_n \mathbb{I}(f_n) = \frac{a^2}{2}, \qquad d.\,h.\ \int_0^a x\,dx = \frac{a^2}{2}.$$

8.3 Regelfunktionen

Da auf einem abgeschlossenen Intervall $\overline{I} = [a, b]$ definierte stetige Funktionen nach Satz 7.25 gleichmäßig stetig sind, können wir sie mit dem Ergebnis aus Kapitel 8.2 integrieren:

$$f \in C(\overline{I}, \mathbb{R}) \Rightarrow f \in C^*(I, \mathbb{R}) \subset \tilde{\mathcal{T}}(I, \mathbb{R}),$$

wie wir es in Beispiel 8.12 explizit für die Funktion $f(x) = x$ durch Approximation getan haben.

Definition 8.13. *Es sei*
$$\mathcal{R}(I, \mathbb{R}) := \tilde{\mathcal{T}}(I, \mathbb{R})$$

und $\|\cdot\|_\infty$ *die Supremumsnorm. Dann nennen wir* $(\mathcal{R}(I, \mathbb{R}), \|\cdot\|_\infty)$ *den normierten „Raum der Regelfunktionen (auf I)".*

Es gelten die Inklusionen:

$$C^*(I, \mathbb{R}) \subset \mathcal{R}(I, \mathbb{R}) \subset B(I, \mathbb{R})$$

und für $f \in \mathcal{R}(I, \mathbb{R})$ ist das Integral $\int_I f = \int_a^b f(x)\,dx$ definiert.

Wir wollen nun unser Ziel aus Kapitel 8.2 weiterverfolgen und die Elemente aus $\mathcal{R}(I, \mathbb{R})$ genauer charakterisieren.

Satz 8.14. $f \in B(I, \mathbb{R})$ *monoton* $\Rightarrow f \in \mathcal{R}(I, \mathbb{R})$.

Beweis: O. B. d. A. sei f monoton wachsend und $f(a) < f(b)$.
Wir zeigen: $\forall \varepsilon > 0\ \exists g \in \mathcal{T}(I, \mathbb{R}) : \|f - g\|_\infty < \varepsilon$.
Sei also $\varepsilon > 0$ gegeben und dazu $P = \{y_0, \ldots, y_n\}$ mit $f(a) = y_0 < y_1 < \cdots < y_n = f(b)$ eine Partition von $[f(a), f(b)]$ mit $|y_i - y_{i-1}| < \varepsilon$. Definiere $Y_n := [y_{n-1}, y_n]$, $Y_i := [y_{i-1}, y_i)$, $1 \le i \le n - 1$ und $X_i := f^{-1}(Y_i)$, $1 \le i \le n$. Dabei können auch Mengen X_j auftreten, die nur einen Punkt enthalten (f konstant) oder sogar leer sind (f hat einen Sprung über das Intervall Y_j). Die

Randpunkte der nichtleeren $X_i (= [\alpha_i, \beta_i]$ mit $\alpha_i < \beta_i$ oder $\alpha_i = \beta_i$) bilden eine Partition von $[a, b]$:

$$[a, b] = \bigcup_{i=1}^{n} \overline{X}_i$$

und jedes $x \in [a, b]$ liegt in genau einem der X_i.
Definiere $g(x) := y_{i-1}$ für $x \in X_i$, dann ist $g \in \mathcal{T}(I, \mathbb{R})$ und $\|g - f\|_\infty < \varepsilon$. $\square$

Satz 8.15 (Charakterisierung von $\mathcal{R}(I, \mathbb{R})$). *$f \in \mathcal{R}(I, \mathbb{R}) \Leftrightarrow f$ besitzt überall einen rechts- bzw. linksseitigen Grenzwert, d. h.:*

$$\exists \lim_{x \searrow x_0} f(x) \; bzw. \; \lim_{x \nearrow x_0} f(x) \quad für \quad x_0 \in \overline{I} = [a, b].$$

(In $x_0 \in \{a, b\}$ jeweils nur einer der beiden Grenzwerte.)

Beweis: „$\Rightarrow$"
Sei $x_0 \in [a, b)$. Wir zeigen die Existenz des rechtsseitigen Grenzwertes:
Seien $x, y > x_0$ und $f_n \in \mathcal{T}(I, \mathbb{R})$ mit $f_n \to f$ bzgl. $\| \cdot \|_\infty$.
Dann gilt mit der Dreiecksungleichung:
$|f(x) - f(y)| \le |f(x) - f_n(x)| + |f_n(x) - f_n(y)| + |f_n(y) - f(y)|$.
Wegen der Konvergenz von f_n gegen f findet man zu gegebenem $\varepsilon > 0$ ein $n_0(\varepsilon)$, so dass für alle $n \ge n_0(\varepsilon)$ der erste und der dritte Term auf der rechten Seite kleiner als $\frac{\varepsilon}{3}$ sind. Bei festem $n = n_0(\varepsilon)$ gilt für den mittleren Term

$$|f_n(y) - f_n(x)| = 0$$

für $|x - x_0|$, $|y - x_0| < \delta(n, x_0) = \delta(\varepsilon, x_0)$, unabhängig davon, ob x_0 Sprungstelle der Treppenfunktion f_n ist oder nicht, da nach Voraussetzung $x, y > x_0$.
$\Rightarrow \forall \varepsilon > 0 \quad \exists \delta > 0 \quad \forall x, y \in (x_0, x_0 + \delta) : |f(x) - f(y)| < \varepsilon$,
d. h. $(f(x))$ ist bzgl. $x \searrow x_0$ eine Cauchy-Folge, die wegen der Vollständigkeit von $\mathbb{R}$ gegen einen Grenzwert konvergiert, was zu zeigen war.
In analoger Weise zeigt man die Existenz des linksseitigen Grenzwertes für $x_0 \in (a, b]$.
„$\Leftarrow$":
Sei $f \in \mathcal{F}(I, \mathbb{R})$ und besitze überall, auch für die Randpunkte von I, einen rechts- bzw. linksseitigen Grenzwert. Dann gilt: $\forall \varepsilon > 0 \quad \forall z_0 \in \overline{I} \quad \exists \delta > 0$:
$(x, y \in B(z_0, \delta) \wedge (x, y > z_0 \vee x, y < z_0)) \Rightarrow |f(y) - f(x)| < \varepsilon$
Da $\overline{I} = [a, b]$ kompakt ist (Satz 5.41), gibt es eine endliche Teilüberdeckung der Art:

$$[a, b] \subset \bigcup_{j=1}^{k} B(z_0^j, \delta_j) \qquad , z_0^j \in \overline{I}, \; \delta_j \; das \; zu \; z_0 = z_0^j \; gehörige \; \delta \; und \; k \in \mathbb{N}.$$

Wir ordnen nun die z_0^j und die Endpunkte der Intervalle $B(z_0^j, \delta_j)$ der Größe nach und erhalten so eine Partition $a = x_0 < \cdots < x_n = b$ von $[a, b]$. Wir definieren nun $g \in \mathcal{T}(I, \mathbb{R})$ durch:

$$g(x) := \begin{cases} f(x_j), & x = x_j, \quad j = 0, \ldots, n, \\ f(w_j), & x_j < x < x_{j+1} \;, \; j = 0, \ldots, n-1, \end{cases}$$

wobei $w_j \in (x_j, x_{j+1})$ beliebig gewählt wird.

Es gilt dann für $x = x_j : g(x) - f(x) = 0$ und für $x \neq x_j$, also etwa $x \in (x_j, x_{j+1})$, liegen w_j und x entweder rechts oder links von einem z_0^l in $B(z_0^l, \delta_l)$, und es gilt in jedem Fall:

$$|g(x) - f(x)| = |f(w_j) - f(x)| < \varepsilon,$$

nach der Definition der z_0^j bzw. δ_j,

$$\Rightarrow \|g - f\|_\infty < \varepsilon \qquad \Rightarrow \quad f \in \mathcal{R}(I, \mathbb{R}).$$

$\square$

Folgerung 8.16. *Sei $f \in \mathcal{R}(I, \mathbb{R})$, dann hat f höchstens abzählbar viele Sprungstellen.*

Beweis: Sei A_n die Anzahl der Sprungstellen, in denen f um mehr als $\frac{1}{n}$ springt. Dann ist $A_n < \infty$, denn sonst gäbe es eine monotone Folge $(x_j)_j$ solcher Sprungstellen und benachbarter Punkte mit $|f(x_j) - f(x_{j-1})| > \frac{1}{n}$. $(x_j)_j$ konvergiert gegen ein $x_0 \in [a, b]$, aber $\lim\limits_{x \nearrow x_0} f(x)$ oder $\lim\limits_{x \searrow x_0} f(x)$ existiert nicht, also Widerspruch zu Satz 8.15, woraus die Endlichkeit von A_n folgt.

Hieraus folgt nun, da die abzählbare Vereinigung endlicher Mengen wieder abzählbar ist (vgl. Satz 5.4), dass die Menge der Sprungstellen $= \bigcup\limits_{n=1}^{\infty} \{$ Sprungstelle mit Sprung $> \frac{1}{n}\}$ abzählbar ist.

$\square$

Folgerung 8.17. $C(\bar{I}, \mathbb{R}) = \{f \in \mathcal{R}(I, \mathbb{R}) |\ \forall x_0 \in \bar{I} : \lim\limits_{x \searrow x_0} f(x) = \lim\limits_{x \nearrow x_0} f(x) = f(x_0)\}$.

Das folgende Beispiel einer Funktion mit abzählbar vielen Sprüngen soll zeigen, dass es Regelfunktionen gibt, die weder stetig noch stückweise stetig, d. h. stetig mit Ausnahme endlich vieler Sprünge, sind.

Beispiel 8.18. *Sei $I = [0, 1]$ und*

$$f(x) := \begin{cases} 1 & , \ x = 1 \\ (\frac{1}{2})^k, & (\frac{1}{2})^k \le x < (\frac{1}{2})^{k-1} \ , \quad k = 1, 2, \ldots \\ 0 & , \ x = 0. \end{cases}$$

$f \in B(\mathcal{T}, \mathbb{R})$ monoton $\Rightarrow f \in \mathcal{R}(I, \mathbb{R})$, aber f hat unendlich viele Sprungstellen $(x = (\frac{1}{2})^k, k = 1, 2, \ldots)$ und ist deswegen nicht (stückweise) stetig.

Bemerkung 8.19. *Für die Integrale von Regelfunktionen gelten die gleichen Rechenregeln wie für Treppenfunktionen, was sich im Einzelfall mit Approximationen überprüfen lässt (die Tilde für die fortgesetzte Abbildung wird jetzt weggelassen):*

$$\mathbb{I}(f + g) = \mathbb{I}(f) + \mathbb{I}(g)$$

$$\mathbb{I}(cf) = c\mathbb{I}(f)$$
$$f \geq 0 \Rightarrow \mathbb{I}(f) \geq 0$$

$$\int_a^c f(x)dx + \int_c^b f(x)dx = \int_a^b f(x)dx \qquad a < c < b$$
$$(b-a)\inf_I f \quad \leq \mathbb{I}(f) \leq \quad (b-a)\sup_I f$$

Zum Schluss dieses Kapitels wollen wir noch den folgenden Satz beweisen, der in geeigneter Weise dem Mittelwertsatz der Differentialrechnung (vgl. Satz 7.60) entspricht.

Satz 8.20 (Mittelwertsatz der Integralrechnung). *Sei $f \in C([a,b], \mathbb{R})$, dann gibt es ein $x_0 \in (a,b)$, so dass gilt:*

$$\int_a^b f(x)dx = f(x_0)(b-a),$$

d. h. man findet einen Punkt x_0 in dem Intervall $[a,b]$, so dass der Flächeninhalt des Rechtecks, gebildet aus der x-Achse, der Parallelen zur x-Achse durch den Punkt $f(x_0)$ und den Parallelen zur y-Achse durch die Punkte a und b dem Flächeninhalt unter der Funktion f über dem Intervall $[a,b]$ entspricht.

Beweis: Definiere $m := \min_{[a,b]} f$ und $M := \max_{[a,b]} f$, was wegen der Stetigkeit von f wohldefiniert ist.

$$\Rightarrow \int_a^b m\,dx \leq \int_a^b f(x)dx \leq \int_a^b M\,dx$$

nach den Rechenregeln für die Integrale von Regelfunktionen.

$$\Rightarrow \quad m \leq \frac{1}{b-a}\int_a^b f(x)dx \leq M.$$

Nach dem Zwischenwertsatz (Satz 7.19) gilt nun wegen der Definition von m und M:

$$\exists x_0 \in (a,b) \quad : \quad f(x_0) = \frac{1}{b-a}\int_a^b f(x)dx.$$

$\square$

8.4 Der Hauptsatz der Differential- und Integralgralrechnung

In diesem Kapitel wollen wir den Zusammenhang zwischen dem Integral über Regelfunktionen aus Kapitel 8.3 und den Stammfunktionen aus Kapitel 8.1, also eine Verknüpfung der Differentiation und der Integration herstellen. Für Treppenfunktionen hatten wir die Beziehung $\int_a^b f(x)dx = F(b) - F(a)$ für $f \in \mathcal{T}(I, \mathbb{R})$ und F Stammfunktion zu stetigem f bereits in Kapitel 8.1 eingesehen.

Hilfssatz 8.21. *Sei $I := (a, b), f \in \mathcal{R}(I, \mathbb{R})$ und $F(x) := \int_a^x f(t)dt$ für $x \in [a, b]$. Dann ist $F : [a, b] \to \mathbb{R}$ wohldefiniert und Lipschitz-stetig, und es gilt $F(a) = 0$.*

Beweis: Mit den Eigenschaften des Integrals für Regelfunktionen (vergleiche Ende Kapitel 8.3) folgern wir:

$$|F(x_1) - F(x_2)| = \left| \int_a^{x_1} f(t)dt - \int_a^{x_2} f(t)dt \right|$$

$$= \left| \int_{x_1}^{x_2} f(t)dt \right| \qquad (\text{o. B. d. A. } x_1 < x_2)$$

$$\leq |x_1 - x_2| \sup_{x \in [x_1, x_2]} |f(x)|$$

$$\leq |x_1 - x_2| \|f\|_\infty \ ,$$

also ist F Lipschitz-stetig. Die restlichen Behauptungen des Lemmas sind klar.
□

Im Allgemeinen ist die Funktion F nicht differenzierbar, doch es existieren die rechts- bzw. linksseitigen Grenzwerte des Differenzenquotienten, wie wir im folgenden Satz beweisen wollen.

Satz 8.22. *Seien $I = [a, b], f \in \mathcal{R}(I, \mathbb{R})$ und $F(x) := \int_a^x f(t)dt$. Dann gilt für $x \in I$:*

$$\exists \lim_{h \searrow 0} \frac{\pm F(x \pm h) \mp F(x)}{h} = f(x \pm 0) =: F'_\pm(x),$$

wobei $f(x \pm 0) := \lim_{h \searrow 0} f(x \pm h)$.

Beweis: O. B. d. A. zeigen wir die Behauptung für die rechtsseitige Ableitung:
Es ist $F(x + h) - F(x) = \int_x^{x+h} f(t)dt$ und $f(x+0)h = f(x+0) \int_x^{x+h} 1 dt$

$$\Rightarrow \left| \frac{F(x+h)-F(x)}{h} - f(x+0) \right| = \left| \frac{1}{h} \int\limits_{x}^{x+h} (f(t) - f(x+0)) dt \right|.$$

Da f nach Voraussetzung eine Regelfunktion ist, gilt nach Satz 8.15:

$$\forall \varepsilon > 0 \quad \exists \delta > 0 \quad \forall t > x, \quad |t - x| < \delta: \qquad |f(t) - f(x+0)| < \varepsilon,$$

d. h. für $0 < h < \delta = \delta(\varepsilon)$ folgt:

$$\left| \frac{F(x+h)-F(x)}{h} - f(x+0) \right| \leq \frac{1}{h} \cdot \varepsilon \int\limits_{x}^{x+h} dt = \varepsilon$$

$$\Rightarrow \qquad \exists F'_+(x) = f(x+0).$$

$\square$

Hieraus folgt nun sofort der

Satz 8.23 (Hauptsatz der Differential- und Integralrechnung). *Es seien $f \in C([a,b], \mathbb{R}), x \in [a,b]$ und*

$$F(x) := \int\limits_{a}^{x} f(t) dt.$$

Dann ist $F \in C^1([a,b], \mathbb{R})$ und $F' = f$.

Dieser Satz besagt also, dass jede stetige Funktion eine Stammfunktion F besitzt, welche durch $F(a)$ (Vorgabe hier: $F(a) = 0$) eindeutig bestimmt ist:

Folgerung 8.24. *Sei $f \in C([a,b], \mathbb{R})$ und F eine Stammfunktion zu f. Dann ist*

$$\int\limits_{a}^{b} f(t) dt = F(b) - F(a) =: F \Big|_{a}^{b}.$$

Beweis: Die Stammfunktionen unterscheiden sich höchstens um eine Konstante, also gilt:

$$\int\limits_{a}^{x} f(t) dt = F(x) + c.$$

Für $x = a$ folgt hieraus $0 = F(a) + c \Rightarrow c = -F(a)$, und somit $F(x) = F(a) + \int\limits_{a}^{x} f(t) dt$. Setze nun $x = b$, so folgt die Behauptung $\square$

Bemerkung 8.25. *Da wir nun nach Korollar 8.24 das bestimmte Integral durch die Stammfunktion in der angegebenen Weise beschreiben können, sind* *nun die Regeln der partiellen Integration bzw. der Substitution aus Kapitel 8.1 somit auch auf bestimmte Integrale anwendbar:*

$$\int_a^b f(x)g'(x)dx = fg\Big|_a^b - \int_a^b f'(x)g(x)dx.$$

$$bzw. \int_a^b f(g(x))g'(x)dx = \int_{g(a)}^{g(b)} f(t)dt.$$

Zur letzten Bemerkung rechnen wir am Ende dieses Kapitels noch ein

Beispiel 8.26. *Es soll die Fläche des halben Einheitskreises, beschrieben als Bogen über der t-Achse ($f(t) = \sqrt{1 - t^2}$ für $t \in [-1, 1]$) berechnet werden:*

$$\int_{-1}^1 \sqrt{1 - t^2}dt = \int_{-\pi}^0 \sqrt{\sin^2 x}(-\sin x)dx = \int_{-\pi}^0 \sin^2 xdx$$

$$= \frac{1}{2}\left(x - \frac{1}{2}\sin 2x\right)\Big|_{-\pi}^0 = \frac{\pi}{2}.$$

Dabei benutzen wir im ersten Schritt die Substitution $g(x) = \cos x$ in $[-\pi, 0]$ und rein formal: $t = g(x) \Rightarrow \frac{dt}{dx} = g'(x) \Rightarrow dt = g'(x)dx$. Im zweiten Schritt beachte man, dass $\sin$ auf $[-\pi, 0]$ negativ ist.

8.5 Vertauschung von Grenzprozessen

In vielen Anwendungen tritt das Problem auf, dass Grenzprozesse vertauscht werden sollen, wie zum Beispiel die Konvergenz von Funktionenfolgen oder Differentiation mit der Integration. Eine zufriedenstellende Antwort, wann dies möglich ist, wird später (Lebesguesche[1] Integration) gegeben, doch wollen wir in diesem Kapitel einige hinreichende Bedingungen für die Vertauschbarkeit von Grenzprozessen bei Regelfunktionen beweisen.

Vertauschung von Integration und „$n \to \infty$":

Seien f_n und f aus $C(I, \mathbb{R})$ oder $\mathcal{R}(I, \mathbb{R})$ mit $I = [a, b]$ und es gelte $\lim_{n \to \infty} f_n(x) = f(x)$, d. h., die Funktionenfolge f_n konvergiert punktweise gegen die Funktion f. Die Frage ist nun, ob die folgende Beziehung gültig ist:

$$\lim_{n \to \infty} \int_a^b f_n(x)dx = \int_a^b f(x)dx.$$

Die Antwort ist im Allgemeinen nein, wie folgendes Beispiel zeigt.

---

[1]Henri Lebesgue, 28.6.1875 – 26.7.1941

Beispiel 8.27. *Es sei* $I = [0,1];$

$$f_n(x) := n^2 x e^{-nx} \qquad und \qquad f(x) := 0.$$

Dann gilt für $x \neq 0$:

$$f_n(x) = \frac{(nx)^2 e^{-nx}}{x} = \frac{(nx)^2}{xe^{nx}} \leq \frac{6}{(nx)^3} \frac{(nx)^2}{x} = \frac{6}{nx^2} \stackrel{n\to\infty}{\longrightarrow} 0 = f(x),$$

denn $e^z \geq \frac{z^3}{3!}$ *für* $z \geq 0$, *aber:*

$$\int_0^1 f_n(x)dx = -nxe^{-nx}\Big|_0^1 + n\int_0^1 e^{-nx}dx = -ne^{-n} - e^{-n} + 1 \stackrel{n\to\infty}{\longrightarrow} 1$$

$$\neq 0 = \int_0^1 f(x)dx.$$

Ein hinreichendes Kriterium für die Vertauschbarkeit von Grenzwertbildung bei Funktionenfolgen und Integration, wie im Beispiel beschrieben, ist die gleichmäßige Konvergenz.

Satz 8.28. *Seien* $f_n, f \in \mathcal{R}(I,\mathbb{R})$ *und* $\|f_n - f\|_\infty \to 0$ *für* $n \to \infty$ *(gleichmäßige Konvergenz). Dann gilt:*

$$\lim_{n\to\infty} \int_a^b f_n(x)dx = \int_a^b \lim_{n\to\infty} f_n(x)dx = \int_a^b f(x)dx.$$

Beweis: Einerseits klar aus der Definition von $\mathcal{R}(I,\mathbb{R})$ als Abschluss der Menge der Treppenfunktionen $\mathcal{T}(I,\mathbb{R})$ bezüglich der Supremumsnorm und des Integrals. Andererseits kann man folgendes betrachten:

$$\left| \int_a^b f_n(x)dx - \int_a^b f(x)dx \right| \leq (b-a)\|f_n - f\|_\infty \stackrel{n\to\infty}{\longrightarrow} 0.$$

$\square$

Die gleichmäßige Konvergenz ist zwar eine hinreichende Bedingung für die Vertauschbarkeit in diesem Falle, jedoch keineswegs notwendig, wie das nächste Beispiel zeigt:

Beispiel 8.29. *Es sei* $I = (0,1)$, *und wir definieren in* $\overline{I}$:

$$f_n(x) = x^n, \quad x \in \overline{I},$$

dann gilt: $\quad \forall x \in I: \quad f_n(x) \to 0$, *also* $f(x) := \begin{cases} 0, & 0 \le x < 1, \\ 1, & x = 1. \end{cases}$

Die Konvergenz ist nach Beispiel (i) in 7.32 nicht gleichmäßig, doch es gilt:

$$\int_0^1 x^n dx = \frac{x^{n+1}}{n+1}\Big|_0^1 = \frac{1}{n+1} \overset{n \to \infty}{\longrightarrow} 0 = \int_0^1 f(x)dx.$$

Vertauschung von Differentiation und „$n \to \infty$"

Ein hinreichendes Kriterium liefert der folgende

Satz 8.30. *Es seien* $f_n \in C^1([a,b], \mathbb{R})$, *für ein* $x_0 \in [a,b]$ *konvergiere* $(f_n(x_0))_n$, *und* $(f_n')_n$ *konvergiere gleichmäßig. Dann gilt:*

$$\exists f \in C^1([a,b], \mathbb{R}): \quad \|f_n - f\|_\infty \overset{n \to \infty}{\longrightarrow} 0 \quad und \quad \|f_n' - f'\|_\infty \overset{n \to \infty}{\longrightarrow} 0,$$

$$d. \, h. \qquad \lim_{n \to \infty} f_n' = (\lim_{n \to \infty} f_n)'.$$

Beweis: Nach dem Hauptsatz der Differential- und Integralrechnung (Satz 8.23) gilt:

$$f_n(x) = f_n(x_0) + \int_{x_0}^x f_n'(t)dt,$$

(o. B. d. A. sei $x > x_0$, sonst betrachte $\int_x^{x_0} \cdots =: -\int_{x_0}^x \cdots$).

$$\Rightarrow |f_n(x) - f_m(x)| \le |f_n(x_0) - f_m(x_0)| + \Big| \int_{x_0}^x f_n'(t) - f_m'(t)dt \Big|$$

$$\le |f_n(x_0) - f_m(x_0)| + |b - a| \|f_n' - f_m'\|_\infty$$

$$< \varepsilon \qquad \text{für } n, m \ge n_0(x_0, \varepsilon).$$

Da die Abschätzung unabhängig von x ist, konvergiert auch die Folge $(f_n)_n$ gleichmäßig. Sei also f ihr Grenzwert in $C([a,b], \mathbb{R})$ (vollständig bzgl. der Supremumsnorm nach Korollar 7.37) und g der Grenzwert von $(f_n')_n$ in $C([a,b], \mathbb{R})$. Lassen wir nun in der ersten Gleichung des Beweises $n \to \infty$ gehen, so folgt wegen der Konvergenz von $(f_n)_n$ gegen f und der gleichmäßigen Konvergenz von $(f_n')_n$ gegen g mit Satz 8.28:

$$f(x) = f(x_0) + \int_{x_0}^x g(t)dt,$$

woraus $f' = g$ folgt. $\qquad\qquad\qquad\qquad\qquad\qquad\qquad\qquad\qquad \square$

8.6 Parameterabhängige Integrale

Seien $I := (a, b)$, $J := (c, d)$ Intervalle in $\mathbb{R}$ und $f : \overline{I} \times \overline{J} \to \mathbb{R}$, $(x, t) \mapsto$ $f(x, t)$. Für alle $t \in J$ sei $f(\cdot, t) \in \mathcal{R}(I, \mathbb{R})$. Dann ist $F(t) := \int\limits_a^b f(x, t) dx$ wohldefiniert. Man nennt dann t den Parameter, und t ist das kontinuierliche Gegenstück zu den vorher behandelten diskreten $n \in \mathbb{N}$. Der folgende Satz liefert entsprechend zu Satz 8.28 ein hinreichendes Kriterium für die Vertauschung von Grenzprozessen.

Definition 8.31. *Eine Funktion* $f : \overline{I} \times \overline{J} \to \mathbb{R}, (x, t) \mapsto f(x, t)$ *heißt gleichmäßig bezüglich* x *stetig in* t*, falls*

$$\forall t_0 \in \overline{J} \quad \forall \varepsilon > 0 \quad \exists \delta > 0 \quad \forall t, |t - t_0| < \delta \quad \forall x \in I : \quad |f(x, t) - f(x, t_0)| < \varepsilon.$$

Satz 8.32. *Sei* f *gleichmäßig bezüglich* x *stetig in* t*. Dann gilt:*

$$F \in C(\overline{J}, \mathbb{R}), \quad dh. \quad \lim_{t \to t_0} \int\limits_a^b f(x, t) dx = \int\limits_a^b \lim_{t \to t_0} f(x, t) dx.$$

Beweis: Es gilt für $|t - t_0| < \delta(t_0, \varepsilon)$:

$$|F(t) - F(t_0)| \le \int\limits_a^b |f(x, t) - f(x, t_0)| dx \le (b - a)\varepsilon.$$

$\square$

In Analogie zu Satz 8.30 beweisen wir den folgenden

Satz 8.33. *Für alle* $x \in I, t \in \overline{J}$ *existiere*

$$g(x, t) := \frac{\partial}{\partial t} f(x, t) := \lim_{h \to 0} \frac{f(x, t + h) - f(x, t)}{h}$$

(„partielle Ableitung") mit (i) $\forall t \in \overline{J} : g(\cdot, t) \in \mathcal{R}(I, \mathbb{R})$*, (ii)* g *ist gleichmäßig bezüglich* $x \in I$ *stetig in* $t \in \overline{J}$*.*
Dann ist $F \in C^1(\overline{J}, \mathbb{R})$ *mit* $F'(t) = \int\limits_a^b g(x, t) dx$*, d. h. also:*

$$\exists \; \frac{d}{dt} \left(\int\limits_a^b f(x, t) dx \right) = \int\limits_a^b \frac{\partial}{\partial t} f(x, t) dx.$$

Beweis:

$$\frac{F(t + h) - F(t)}{h} = \int\limits_a^b \frac{f(x, t + h) - f(x, t)}{h} dx$$

$$= \int_a^b g(x, t + \vartheta h)dx \qquad \text{mit } \vartheta = \vartheta(x,t) \in (0,1)$$

$$= \int_a^b g(x,t)dx + \int_a^b (g(x, t+\vartheta h) - g(x,t))dx.$$

Wegen der Stetigkeitsvoraussetzungen (ii) an g ist der zweite Summand betragsmäßig kleiner oder gleich $(b-a) \cdot \varepsilon$ für $|h| < \delta(t,\varepsilon)$. Also gilt für den Grenzwert $h \to 0$:

$$\exists F'(t) = \int_a^b g(x,t)dt \Rightarrow F' \in C([a,b], \mathbb{R})$$

nach dem vorigen Satz.   □

Der folgende Satz ist ein Spezialfall (für „glatte f") des Satzes von Fubini[2] über die Vertauschung der Integrationsreihenfolge.

Satz 8.34. *Es sei* $f : \overline{I} \times \overline{J} \to \mathbb{R}$ *stetig, d. h.*

$$\forall \xi_0 = (t_0, x_0) \, \forall \varepsilon > 0 \, \exists \delta > 0 \, \forall \xi = (x,t), \, |\xi - \xi_0| := \sqrt{(x-x_0)^2 + (t-t_0)^2} < \delta :$$

$$|f(\xi) - f(\xi_0)| < \varepsilon.$$

Dann gilt $F \in \mathcal{R}(J, \mathbb{R})$, *mit* $F(t) = \int_a^b f(x,t)dx$, *und* $G \in \mathcal{R}(I, \mathbb{R})$, *mit* $G(x) = \int_c^d f(x,t)dt$, *und es gilt:*

$$\int_c^d F(t)dt = \int_c^d \left(\int_a^b f(x,t)dx \right) dt = \int_a^b \left(\int_c^d f(x,t)dt \right) dx = \int_a^b G(x)dx.$$

Beweis:

1. f ist gleichmäßig stetig (Beweis analog zu Satz 7.25) und somit gleichmäßig bezüglich x stetig in t und gleichmäßig bezüglich t stetig in x. Dann ist nach Satz 8.32:

$$F \in C(\overline{J}, \mathbb{R}), \; G \in C(\overline{I}, \mathbb{R}) \Rightarrow F \in \mathcal{R}(J, \mathbb{R}), \; G \in \mathcal{R}(I, \mathbb{R}).$$

2. Definiere: $I_1(y) := \int_a^y \int_c^d f(x,t)dt \, dx$ und $I_2(y) := \int_c^d \int_a^y f(x,t)dx \, dt$.

---

[2]Guido Fubini, 19.1.1879 – 6.6.1943

3. Nach dem Hauptsatz der Differential- und Integralrechnung (Satz 8.23) folgt, da G stetig ist:

$$\exists I_1'(y) = \int\limits_c^d f(y,t)dt \qquad \text{und} \qquad I_1 \in C^1(\overline{I}, \mathbb{R}).$$

4. Für $g(y,t) := \int\limits_a^y f(x,t)dx$ gilt: $\forall y \in \overline{I} : g(y,\cdot) \in C(\overline{J}, \mathbb{R})$ und $\forall t \in \overline{J} :$ $g(\cdot, t) \in C(\overline{I}, \mathbb{R})$

Wiederum mit dem Hauptsatz und Satz 8.32 bzw. 7.25:

$$\exists \frac{\partial}{\partial y}g(t,y) = f(y,t) \text{ und } \exists I_2'(y) = \int\limits_c^d f(y,t)dt,$$

$\Rightarrow I_1'(y) = I_2'(y) \Rightarrow I_1(y) = I_2(y) + c$, c konstant, da I_1 und I_2 stetig sind. Wegen $I_1(a) = I_2(a) = 0$ folgt $I_1(y) = I_2(y)$ und speziell für $y = b$ die Behauptung. $\qquad\qquad\square$

8.7   Uneigentliche Integrale

Bei der bisherigen Behandlung der Integration haben wir zwei wesentliche Voraussetzungen getroffen:

(i) $f \in \mathcal{R}(I, \mathbb{R}) \subset B(I, \mathbb{R})$, d. h. die Funktion f, also der Integrand, ist beschränkt.

(ii) $I = (a,b)$, d. h. das Integrationsgebiet ist beschränkt.

Wir wollen den Integrationsbegriff in diesem Kapitel bezüglich dieser Eigenschaften durch die sogenannten uneigentlichen Integrale erweitern.

Definition 8.35. *Es sei $I = (a,b), c \in [a,b]$, f möglicherweise „singulär" in c, doch es gelte: $\forall \varepsilon > 0 \quad f \in \mathcal{R}((a, c - \varepsilon), \mathbb{R})$ und $f \in \mathcal{R}((c + \varepsilon, b), \mathbb{R})$ (ε kann natürlich nicht beliebig groß werden, und für $c \in \{a, b\}$ gilt nur jeweils eine der Bedingungen).*
O. B. d. A. sei $c \in (a,b)$, dann existieren die Integrale

$$I_1(\varepsilon) := \int\limits_a^{c-\varepsilon} f \quad und \quad I_2(\varepsilon) := \int\limits_{c+\varepsilon}^b f.$$

Falls die beiden Grenzwerte $I_j := \lim\limits_{\varepsilon \searrow 0} I_j(\varepsilon)$ $(j = 1, 2)$ existieren, so nennen wir

$$\int\limits_a^b f := I_1 + I_2$$

„uneigentliches Integral von f über I".

Beispiele 8.36. *(i) Sei $I = (-1, 1)$ und $f(x) := \frac{1}{\sqrt{|x|}}$, $x \neq 0$ und $f(0)$ beliebig definiert. Hier ist also $c = 0$ die „Singularität", gemäß der vorigen Definition, und es gilt:*

$$\int\limits_{\varepsilon}^{1} f(x)dx = 2\sqrt{x}\Big|_{\varepsilon}^{1} = 2 - 2\sqrt{\varepsilon} \to 2 \quad \text{und} \quad \int\limits_{-1}^{-\varepsilon} f(x)dx = -2\sqrt{-x}\Big|_{-1}^{-\varepsilon} = -2\sqrt{\varepsilon} + 2 \to 2$$

Also existiert das uneigentliche Integral $\int\limits_{-1}^{1} f(x)dx = 4$.

(ii) Sei $I = (-1, 1)$, $f(x) := \frac{1}{x^3}$ für $x \neq 0$ und $f(0) = 17$. Es ist $\int\limits_{\varepsilon}^{1} f = -\frac{1}{2x^2}\Big|_{\varepsilon}^{1} = -\frac{1}{2} + \frac{1}{2\varepsilon^2} \nearrow \infty$ für $\varepsilon \searrow 0$, d. h. das uneigentliche Integral existiert nicht.

Zur Erweiterung auf unbeschränkte Integrationsgebiete machen wir die folgende

Definition 8.37. *Es sei $D := (a, \infty)$ und $f \in \mathcal{R}((a, \alpha), \mathbb{R})$ für alle $\alpha > a$, d. h. $\forall \alpha > a : \exists I(\alpha) := \int\limits_{a}^{\alpha} f$.*

Existiert nun $I := \lim\limits_{\alpha \to \infty} I(\alpha)$, so nennen wir $I =: \int\limits_{a}^{\infty} f$ „uneigentliches Integral über D".

Entsprechend dieser Definition wird auch das Integral $\int\limits_{-\infty}^{\infty} f$ definiert, wobei die Integrale $\int\limits_{0}^{\infty} f$ und $\int\limits_{-\infty}^{0} f$ getrennt existieren müssen.

Beispiel 8.38. *Es soll das uneigentliche Integral*

$$\int\limits_{0}^{\infty} \frac{\sin x}{x} dx = \frac{\pi}{2}$$

berechnet werden.

1. *In $x = 0$ liegt keine Singularität vor, da die Abbildung $x \mapsto \frac{\sin x}{x}$ stetig ergänzt werden kann (Regel von de L'Hospital).*

2.

$$\int\limits_{1}^{\alpha} \frac{\sin x}{x} dx = -\frac{\cos x}{x}\Big|_{1}^{\alpha} - \int\limits_{1}^{\alpha} \frac{\cos x}{x^2} = \cos 1 - \frac{\cos \alpha}{\alpha} - \int\limits_{1}^{\alpha} \frac{\cos x}{x^2} dx$$

Die rechte Seite konvergiert für $\alpha \to \infty$, denn es gilt:

$$\left| \int\limits_\alpha^\beta \frac{\cos x}{x^2} dx \right| \le \int\limits_\alpha^\beta \frac{1}{x^2} dx = \frac{1}{\alpha} - \frac{1}{\beta} \to 0 \text{ für } \alpha, \beta \to \infty$$

$\Rightarrow$ *Das uneigentliche Integral $\int\limits_0^\infty \frac{\sin x}{x} dx$ existiert.*

3. *Für $\alpha > 0$ sei*

$$f(\alpha) := \int\limits_0^\infty \frac{e^{-x} \sin \alpha x}{x} dx.$$

Mit einer ähnlichen Argumentation wie eben zeigt man, dass das Integral existiert, ebenso das Integral $\int\limits_0^\infty e^{-x} \cos \alpha \; x \; dx$, das wir für die folgende Berechnung von $f'(\alpha)$ brauchen:

$$\frac{f(\alpha+h)-f(\alpha)}{h} - \int\limits_0^\infty e^{-x} \cos \alpha \; x \; dx = \int\limits_0^\infty \frac{e^{-x}}{x} \left(\frac{\sin(\alpha+h)x - \sin \alpha x}{h} - x \cos \alpha x \right) dx$$

$$= \int\limits_0^\infty e^{-x} (\cos(\alpha x + \vartheta h x) - \cos \alpha x) dx,$$

wobei im letzten Schritt der Mittelwertsatz der Differentialrechnung (Satz 7.60) benutzt wurde, wie auch für die folgende Abschätzung:

$$\left| \frac{f(\alpha+h) - f(\alpha)}{h} - \int\limits_0^\infty e^{-x} \cos \alpha x \, dx \right| \le |h| \int\limits_0^\infty x \, e^{-x} \, dx.$$

Da das Integral auf der rechten Seite existiert und positiv ist, konvergiert die rechte Seite gegen Null, falls $h \to 0$, d. h.

$$\exists f'(\alpha) = \int\limits_0^\infty e^{-x} \cos \alpha x \, dx.$$

Mit Hilfe mehrfacher partieller Integration zeigt man $f'(\alpha) = 1 - \alpha^2 f'(\alpha) \quad \Rightarrow$ $f'(\alpha) = \frac{1}{1+\alpha^2}$, und wegen $\arctan' \alpha = \frac{1}{1+\alpha^2}$ folgt (man wähle den Hauptzweig des $\arctan$):

$$f(\alpha) = \int\limits_0^\infty e^{-x} \frac{\sin \alpha x}{x} dx = \arctan \alpha,$$

und mit der Substitution $t = \alpha x$ ergibt sich:

$$f(\alpha) = \int\limits_0^\infty \frac{e^{-t/\alpha} \sin t}{t} dt.$$

4. Wir zeigen

$$\lim_{\alpha \to \infty} \int_0^\infty \frac{e^{-t/\alpha} \sin t}{t}\, dt = \int_0^\infty \frac{\sin t}{t}\, dt,$$

woraus dann die Behauptung

$$\int_0^\infty \frac{\sin t}{t}\, dt = \lim_{\alpha \to \infty} \arctan(\alpha) = \frac{\pi}{2}$$

folgt. Es ist:

$$\left| \int_0^\infty \frac{e^{-t/\alpha} \sin t}{t}\, dt - \int_0^\infty \frac{\sin t}{t}\, dt \right| \leq \int_0^A \left| \frac{e^{-t/\alpha} \sin t}{t} - \frac{\sin t}{t} \right| dt +$$

$$\left| \int_A^\infty \frac{e^{-t/\alpha} \sin t}{t}\, dt \right| + \left| \int_A^\infty \frac{\sin t}{t}\, dt \right|$$

$$=: I + II + III.$$

Wegen $\left| \frac{e^{-y}-1}{y} \right| = \left| \frac{1-e^y}{ye^y} \right| \leq 1$ *für* $y > 0$ *gilt:* $I \leq \int_0^A \frac{1}{\alpha} |\sin t| dt \leq \frac{A}{\alpha} < \frac{\varepsilon}{3}$

für $\alpha \geq \alpha_0(A, \varepsilon)$.

Weiterhin ist $III < \frac{\varepsilon}{3}$ *für* $A \geq A_0(\varepsilon)$ *nach Schritt 2.*
Um Term II abzuschätzen, benutzen wir partielle Integration. Dazu sei

$$g(t, \alpha) := \frac{-\alpha^2}{1+\alpha^2} e^{-t/\alpha} \left(\cos t + \frac{\sin t}{\alpha} \right) \quad \Rightarrow \quad \frac{\partial}{\partial t} g(t, \alpha) = e^{-t/\alpha} \sin t,$$

wobei die Funktion g von mehreren Variablen abhängt und $\frac{\partial}{\partial t}$ *wieder die partielle Ableitung nach t bezeichnet. Es ist für alle* $\alpha \geq 1$ *und für alle* $t > 0$: $|g(t, \alpha)| \leq 2$,

$$\Rightarrow \quad \forall \alpha \geq 1 \ : \ \int_A^B \frac{1}{t} \cdot e^{-t/\alpha} \sin t\, dt = \left. \frac{g(t,\alpha)}{t} \right|_{t=A}^{t=B} + \int_A^B \frac{g(t,\alpha)}{t^2}\, dt$$

$$\leq \frac{2}{B} + \frac{2}{A} + 2 \int_A^B \frac{1}{t^2}\, dt = \frac{2}{B} + \frac{2}{A} - \left. \frac{2}{t} \right|_A^B$$

$$\leq \frac{4}{B} + \frac{4}{A},$$

was für $A, B \to \infty$ *konvergiert. Also:*

$$II < \frac{\varepsilon}{3} \quad \text{für} \quad A \geq A_1(\varepsilon).$$

Wählt man nun $A := \max(A_0(\varepsilon), A_1(\varepsilon)) = A(\varepsilon)$, *dann* $\alpha \geq \alpha_0(A, \varepsilon) = \alpha_0(\varepsilon)$, *so ist*

$$I + II + III < \varepsilon,$$

und der Grenzwert existiert und konvergiert gegen das Gewünschte.

8.8   Das Riemannsche Integral

Bisher haben wir die Integrale für Treppenfunktion und dann allgemeiner für Regelfunktionen behandelt, doch reicht dies im Allgemeinen für die Anwendungen, etwa in der Physik, nicht aus. Deshalb werden wir später Lebesgueintegrierbare Funktionen einführen. Wegen seiner Anschaulichkeit interessant ist das historisch ältere Riemannsche Integral. Es steht im gewissen Sinn zwischen dem Integral für Regelfunktionen und dem Lebesgueschen Integral. Wir wollen uns in diesem Kapitel auf eine kurze Andeutung beschränken: Es sei $I := (a, b)$ ein Intervall und $Z_n := \{x_0, \ldots, x_n\}$ eine Partition von $\overline{I}$. Für $f \in B(\overline{I}, \mathbb{R})$ sei zu $n \in \mathbb{N}$:

$$f^n(x) := \sup_{t \in [x_{i-1}, x_i)} f(t) \quad \text{und} \quad f_n(x) := \inf_{t \in [x_{i-1}, x_i)} f(t) \quad \text{jeweils für } x \in [x_{i-1}, x_i),$$

d. h. $f_n, f^n \in \mathcal{T}(I, \mathbb{R})$. Bezeichnen nun

$$I^n(f) := \int_a^b f^n \quad \text{und} \quad I_n(f) := \int_a^b f_n$$

die Integrale dieser Treppenfunktionen, so sind die $(I_n)_n$ bzw. $(I^n)_n$ monoton wachsend bzw. monoton fallend bei Verfeinerung der Partition. Wegen $f \in B(I, \mathbb{R})$ sind beide Folgen beschränkt, so dass für $\Delta_n = \max_{i=1,\ldots,n} |x_i - x_{i-1}|$ mit $\Delta_n \to 0$ für $n \to \infty$, die folgenden Definitionen Sinn machen.

Definition 8.39.   *(i) Mit den obigen Bezeichnungen nennen wir*

$$I^*(f) := \inf_n I^n(f) \quad bzw. \quad I_*(f) := \sup_n I_n(f)$$

„oberes bzw. unteres Riemannsches[3] Integral".

(ii) Eine Funktion $f \in B(\overline{I}, \mathbb{R})$ heißt „im Riemannschen Sinne integrierbar" :⇔

$$I^*(f) = I_*(f).$$

Man schreibt dann wieder, falls f Riemann-integrierbar ist:

$$I(f) := I_*(f) =: \int_a^b f$$

für das Riemannsche Integral von f, was insbesondere dadurch gerechtfertigt wird, dass $f \in \mathcal{R}(I, \mathbb{R})$ Riemann-integrierbar ist und das Riemann-Integral mit dem Integral für die Regelfunktion übereinstimmt (für Treppenfunktionen klar, für Regelfunktionen durch Approximation).

---

[3]Bernhard Riemann, 17.9.1826 – 20.7.1866

Es gelten auch für das Riemann-Integral die üblichen Rechenregeln (vgl. Ende von Kapitel 8.3) wie z. B.: $\int_I (f+g) = \int_I f + \int_I g$ oder $|\int_a^b f| \le (b-a)\|f\|_\infty$.

Wie eben bemerkt, sind Regelfunktionen Riemann-integrierbar, doch gibt es auch Riemann-integrierbare Funktionen, welche keine Regelfunktionen sind:

Beispiel 8.40. *Sei* $I := (0,1)$

$$f(x) := \begin{cases} 1 + \sin\frac{1}{x}, & 0 < x \le 1, \\ 0, & x = 0. \end{cases}$$

Später werden wir die größere Klasse der sog. Lebesgue-integrierbaren Funktionen einführen.

Beispiel 8.41. *Sei* $I := (0,1)$ *und*

$$f(x) := \begin{cases} 1, & x \in \mathbb{Q} \cap I, \\ 0, & sonst. \end{cases}$$

Dann ist f ist nicht Riemann-integrierbar, wird aber Lebesgue-integrierbar mit Integralwert Null sein.

Kapitel 9

Reihen von Funktionen

Worum geht's? *In Kapitel 4 hatten wir bereits Reihen von reellen oder komplexen Zahlen behandelt. Sie hatten die Form $\sum\limits_{j=1}^{\infty} a_j$ mit $a_j \in \mathbb{R}$ (oder $\mathbb{C}$) und $s_n = \sum\limits_{j=1}^{n} a_j$ wurde (die n-te) Partialsumme genannt. Wir hatten gezeigt: Falls die Folge $(s_n)_n$ konvergent ist, d. h. falls die Reihe $\sum\limits_{j=1}^{\infty} a_j$ konvergiert, so ist die Folge $(a_n)_n$ eine Nullfolge.*

Außerdem haben wir absolute Konvergenz definiert und gezeigt, dass absolut konvergente Reihen konvergieren. Weiterhin bewiesen wir das Leibniz-, das Majoranten-, das Quotienten- und das Wurzelkriterium für Reihen.

Wie am Ende von Kapitel 7.2 über Funktionenfolgen angekündigt, wollen wir nun Reihen betrachten, deren Glieder a_j selbst wieder Abbildungen sind. Dies führt uns insbesondere zu Fourierreihen.

9.1 Differentiation und Integration

Es sei $I \subset \mathbb{R}$, $a_j \in \mathcal{F}(I, \mathbb{R})$ $(j = 1, 2 \ldots)$ und $s_n(x) = \sum\limits_{j=1}^{n} a_j(x)$. Dann ist $(s_n)_n$ eine Funktionenfolge, für die wir in Kapitel 7.2 verschiedene Konvergenzbegriffe kennengelernt haben:

(i) Konvergenz für festes $x_0 \in I$: $s_n(x_0) \to s(x_0)$ für $n \to \infty$,

(ii) punktweise Konvergenz in I: $\forall x \in I : s_n(x) \to s(x)$ für $n \to \infty$,
d.h: $\forall x \in I$ $\forall \varepsilon > 0$ $\exists n_0$ $\forall n \geq n_0 :$ $|s_n(x) - s(x)| < \varepsilon$,

(iii) gleichmäßige Konvergenz in I: $\|s_n - s\|_\infty \to 0$ für $n \to \infty$,
d. h. $\forall \varepsilon > 0$ $\exists n_0$ $\forall n \geq n_0$ $\forall x \in I$: $|s_n(x) - s(x)| < \varepsilon$.

Entsprechend formuliert man auch für die absolut konvergenten Reihen, d. h.
$(\sum\limits_{j=1}^{n} |a_j|)_n$ konvergiert, die verschiedenen Konvergenzbegriffe.

Ein Analogon zum Kriterium der absoluten Konvergenz bei Zahlenreihen ist
der folgende

Satz 9.1. *Es seien $a_n \in BC(I, \mathbb{R})$ und $c_n \in \mathbb{R}_0^+$ für alle $n \in \mathbb{N}$, $\sum\limits_{n} c_n$ konvergent, und für alle $x \in I$ gelte:*

$$|a_n(x)| \leq c_n.$$

Dann konvergiert die Reihe $\sum\limits_{n} a_n$ absolut und gleichmäßig gegen eine stetige Grenzfunktion.

Beweis: Die Konvergenz der Reihe folgt aus Satz 7.39 und die Stetigkeit der
Grenzfunktion wegen der gleichmäßigen Konvergenz mit Satz 7.35.   □
Schon im Hilfssatz 7.41 haben wir die absolute und gleichmäßige Konvergenz
der Exponentialreihe gezeigt:

Beispiel 9.2. *Für $x \in (-R, R)$ und $n \in \mathbb{N}$ sei $a_n(x) = \frac{x^n}{n!}$. Dann ist $|a_n(x)| \leq \frac{R^n}{n!} =: c_n$, und die Reihe $\sum\limits_{n} c_n$ konvergiert (Quotientenkriterium, Satz 4.9), denn es gilt:*

$$|\frac{c_{n+1}}{c_n}| \leq \frac{R}{n+1} \leq q < 1 \qquad \text{für } n \geq n_0 = [R] \ (Gau\beta klammer).$$

Also konvergiert die Funktionenfolge $(s_n)_n$ mit $s_n = \sum\limits_{j=0}^{n} \frac{x^j}{j!}$ nach Satz 9.1 in $(-R, R)$ absolut und gleichmäßig gegen eine stetige Grenzfunktion $s(x)$.

Aus Satz 9.1 wissen wir, dass die Grenzfunktion, gegen die eine Funktionenreihe
unter den angegebenen Bedingungen konvergiert, stetig ist. Uns interessiert
aber auch, wann (und wie) man integrieren bzw. differenzieren kann.

Satz 9.3. *Seien $a_j \in \mathcal{R}(I, \mathbb{R})$ für alle $j \in \mathbb{N}$ und $(s_n)_n$ konvergiere gleichmäßig in I gegen die Grenzfunktion s. Dann ist $s \in \mathcal{R}(I, \mathbb{R})$ und $\forall \alpha, \beta \in \overline{I}$ gilt:*

$$\int\limits_{\alpha}^{\beta} s(x)dx = \sum\limits_{j=1}^{\infty} \int\limits_{\alpha}^{\beta} a_j(x)dx.$$

(Die Vertauschung von Integration und Grenzübergang ist also erlaubt.)

Beweis: Da $\mathcal{R}(I, \mathbb{R})$ vollständig bzgl. der Supremumsnorm ist, gilt $s \in \mathcal{R}(I, \mathbb{R})$.
Die Vertauschung der Grenzprozesse ist nach Satz 8.28 gerechtfertigt.   □
Nach dem letzten Satz ist also bei Regelfunktionen und gleichmäßiger Konvergenz die gliedweise Integration möglich. Für das Differenzieren gilt der folgende
Satz.

Satz 9.4. *Seien* $I = (a, b), a_j \in C^1(\overline{I}, \mathbb{R}),\ s_n := \sum_{j=1}^{n} a_j,\ t_n := \sum_{j=1}^{n} a_j',\ t :=$
$\sum_{j=1}^{\infty} a_j',$ *und es gelte:*

(i) $\exists x_0 \in \overline{I} : (s_n(x_0))_n$ *konvergiert gegen ein* $s(x_0)$,

(ii) $\|t_n - t\|_\infty \to 0$ *für* $n \to \infty$.

Dann folgt:

(1) $\|s_n - s\|_\infty \to 0 \quad (d.\ h.:\ \exists s = \sum_{j=1}^{\infty} a_j).$

(2) s *ist differenzierbar in* $\overline{I}$ *mit* $s' = t$.

Beweis: Satz 8.30. $\qquad\qquad\qquad\qquad\qquad\qquad\qquad\qquad\qquad\qquad\qquad$ □

9.2 Potenzreihen

Eine spezielle Klasse von Reihen von Funktionen sind die sogenannten Potenz-reihen, die die Gestalt

$$s(x) = \sum_{j=0}^{\infty} a_j (x - x_0)^j$$

für $a_j \in \mathbb{R}$ (oder auch $\mathbb{C}$) haben. Wir behandeln sie in diesem Kapitel der Einfachheit halber für $x_0 = 0$. Mit

$$s_n(x) = \sum_{j=0}^{n} a_j x^j$$

bezeichnen wir wie üblich die n-te Partialsumme.

Satz 9.5. $(s_n)_n$ *konvergiere für ein festes* $z_0 \in \mathbb{R} \setminus \{0\}$. *Dann gilt:*

(i) *Für alle* $x \in B(0, |z_0|)$ *konvergiert* $(s_n(x))_n$, *und zwar absolut und gleich-mäßig in jedem* $\overline{B(0, \alpha)}(= [-\alpha, \alpha]$ *im Reellen) für* $\alpha < |z_0|$.

(ii) *Es ist* $s \in C^\infty(B(0, |z_0|))$ *(unendlich oft differenzierbar), und die Ablei-tungen* $s_n^{(k)} \to s^{(k)}$ *konvergieren für alle* $k \in \mathbb{N}$ *gleichmäßig und absolut in* $\overline{B(0, \alpha)}$.

(iii) *Es gilt*

$$\int_{\overline{B(0,\alpha)}} s_n \longrightarrow \int_{\overline{B(0,\alpha)}} s \qquad \textit{für } n \to \infty.$$

Bemerkung: Es gilt: s ist in z_0 von innen stetig:

$$\lim_{\substack{\mathbb{R} \ni x \to z_0 \\ |x| < |z_0|}} s(x) = s(z_0),$$

(Abelscher Grenzwertsatz).

Beweis:

(i) Da die Folge $(s_n(z_0))_n$ konvergiert, muss notwendigerweise $a_n z_0^n \to 0$ für $n \to \infty$ gelten.

$\Rightarrow \exists n_0, \ \forall n \geq n_0 \ : \ |a_n z_0^n| \leq 1.$

$\Rightarrow \forall n \geq n_0 \ : \ \sqrt[n]{|a_n x^n|} = \sqrt[n]{\left|a_n z_0^n \left(\frac{x}{z_0}\right)^n\right|} \leq \frac{\alpha}{|z_0|} < 1,$

also folgt mit dem Wurzelkriterium die erste Behauptung.

(ii) Die Ableitungen der Partialsummen berechnen sich zu:

$$s_n'(x) = \sum_{j=1}^{n} j a_j z^{j-1} = \sum_{j=0}^{n-1} (j+1) a_{j+1} z^j.$$

Diese konvergieren gleichmäßig und absolut wegen

$$\sqrt[j]{|(j+1) a_{j+1} x^j|} \leq \sqrt[j]{(j+1)/|z_0|} \frac{\alpha}{|z_0|} \leq q < 1$$

für $j \geq j_0(\frac{\alpha}{|z_0|}, n_0)$ (wobei n_0 wie in (i)).
Also folgt mit Satz 9.4:

$$s \in C^1(\overline{B(0, \alpha)}, \mathbb{R}).$$

Die Argumentation lässt sich wiederholen, so dass man $s \in C^k(\overline{B(0, \alpha)}, \mathbb{R})$ auch für alle $k \ (\geq 2)$ zeigen kann, woraus sich dann $s \in C^\infty(\overline{B(0, \alpha)}, \mathbb{R})$ ergibt.

(iii) Diese Aussage ist klar wegen (i). $\square$

Bemerkung 9.6. *Die Aussage (ii) aus Satz 9.5 wird für $x = z_0$ im Allgemeinen falsch.*
Beispiel:
Für $z_0 = 1$ konvergiert $s_n(x) = \sum_{j=1}^{n} \frac{x^j}{j^2}$, *doch* $s'(x) = \sum_{j=1}^{n} \frac{x^{j-1}}{j}$ *divergiert in $z_0 = 1$.*

Hilfssatz 9.7. *Die Potenzreihe $\sum_n a_n x^n$ konvergiere für ein $z_0 \in \mathbb{R} \setminus \{0\}$, dann existiert*

$$a := \overline{\lim_n} \sqrt[n]{|a_n|}.$$

Beweis: Aus der Konvergenz der Reihe folgt notwendigerweise $|a_n z_0^n| \to 0$ für $n \to \infty$. Damit muss aber die Folge $|z_0| \sqrt[n]{|a_n|}$ beschränkt sein. $\qquad \Box$

Dieser Zusammenhang zwischen der Konvergenz der Reihe und des angegebenen Limes Superior bringt uns zur folgenden

Definition 9.8. *Wir nennen*

$$
r := \begin{cases}
0 & , \quad \textit{falls } \overline{\lim_{n}} \sqrt[n]{|a_n|} \textit{ nicht existiert,} \\
\frac{1}{a} & , \quad \textit{falls } a := \overline{\lim_{n}} \sqrt[n]{|a_n|} \textit{ existiert mit } a \neq 0, \\
\infty & , \quad \textit{falls } a := \overline{\lim_{n}} \sqrt[n]{|a_n|} \textit{ existiert mit } a = 0,
\end{cases}
$$

den Konvergenzradius der Potenzreihe $\sum_j a_j x^j$.

Diese Definition wird insbesondere gerechtfertigt durch:

Satz 9.9. *Sei r der Konvergenzradius der Potenzreihe $\sum_j a_j x^j$. Dann gilt:*

(i) $(s_n(x))_n$ konvergiert absolut für $|x| < r$.

(ii) $(s_n(x))_n$ divergiert für $|x| > r$.

(iii) $(s_n(x))_n$ kann für $|x| = r$ konvergieren oder divergieren $(r < \infty)$.

Beweis: Zunächst zu (i).

1. $r = 0 \Rightarrow$ Die Reihe konvergiert für kein $z_0 \neq 0$ nach Hilfssatz 9.7.

2. $r = \infty \Rightarrow$ Die Reihe konvergiert für alle $x \in \mathbb{R}$, denn:

$$
\sqrt[n]{|a_n x^n|} = |x| \sqrt[n]{|a_n|} \to 0 \text{ für } n \to \infty,
$$

   also ist das Wurzelkriterium erfüllt.

3. Sei $0 < r < \infty$: Sei $x_1 \in \mathbb{R}$ mit $|x_1| < r$. Wähle ρ mit $|x_1| < \rho < r$, dann ist

$$
\sqrt[n]{|a_n x_1^n|} = |x_1| \sqrt[n]{|a_n|} < \frac{|x_1|}{\rho} < 1 \qquad \text{für } n \geq n_0,
$$

   da $\sqrt[n]{|a_n|} < \frac{1}{\rho}$ für $n \geq n_0$.
   Also konvergiert $(s_n(x_1))_n$ absolut.

Zu (ii): Es konvergiere die Reihe in x_0 mit $|x_0| > r$. Dann konvergiert sie absolut in x_2 mit $r < |x_2| < |x_0|$ nach Satz 9.5. Dies führen wir zum Widerspruch:
Sei ρ so gewählt, dass $r < \rho < |x_2|$ $\left(\Rightarrow \frac{1}{\rho} < \frac{1}{r} \right)$.
Dann gibt es eine Teilfolge $(a'_n)_n$ mit

$$
\frac{1}{\rho} < \sqrt[n]{|a'_n|} \to \frac{1}{r}, \qquad \text{d. h. also } |a'_n| > \frac{1}{\rho^n},
$$

$$\Rightarrow \quad \sum_{j=1}^{n} |a'_j x_2^j| > \sum_{j=1}^{n} \left(\frac{|x_2|}{\rho}\right)^j > \sum_{j=1}^{n} 1 = n \to \infty, \quad \text{Widerspruch!}$$

Zu (iii): Für diese Aussage hier entsprechende Beispiele:

(1) Es sei

$$s(x) = \sum_{j=0}^{\infty} x^j = \frac{1}{1-x}$$

die geometrische Reihe. Für $|x| = 1$ divergiert die Reihe wegen $|x^j| \not\to 0$.

(2) Für $|x| < 1$ sei:

$$\sum_{j=1}^{\infty} \frac{x^j}{j} = -\ln(1-x),$$

denn für $s_n(x) = \sum_{j=1}^{n} \frac{x^j}{j}$ gilt: $|s_n(x)| \le \sum_{j=1}^{n} |x|^j$ also konvergent.

Weiterhin konvergiert $s'_n(x) = \sum_{j=0}^{n-1} x^j$ gegen $\frac{1}{1-x}$.

Also folgt: $s(x) = -\ln(1-x)$.
Die obige Reihe konvergiert für $x = -1$ und divergiert für $x = 1$.

(3) Für $|x| < 1$ analog:

$$\sum_{j=1}^{\infty} \frac{(-1)^{j-1} x^{2j}}{j} = \ln(1 + x^2),$$

die Reihe konvergiert für $x = -1$ und $x = 1$. $\square$

Beispiele 9.10. *(i) Die Potenzreihe*

$$s(x) = \sum_{j=0}^{\infty} (-1)^j x^{2j}$$

konvergiert für $|x| < 1$ (Leibniz-Kriterium Satz 4.6),

$$s(x) = \frac{1}{1 + x^2},$$

formal: $s(x) = \sum_{j=0}^{\infty} ((ix)^2)^j = \frac{1}{1-(ix)^2} = \frac{1}{1+x^2}$.

Die Konvergenzbeschränkung $r = 1$ ist im Reellen nur schwer zu verstehen, aber im Komplexen hat die Funktion $s(z) = \frac{1}{1+z^2} = \frac{1}{(1-iz)(1+iz)}$ Singularitäten für $z \in \{-i, i\}$, d. h. für $|z| = 1$.

(ii) Die „Binomialreihe".
Behauptung: $\forall \alpha \in \mathbb{R} \quad \forall x \in (-1, 1)$:

$$(1 + x)^\alpha = \sum_{n=0}^{\infty} \binom{\alpha}{n} x^n,$$

wobei $\quad \binom{\alpha}{n} := \frac{\alpha(\alpha-1)\ldots(\alpha-(n-1))}{1\cdot 2\cdots n}, \quad \binom{\alpha}{0} := 1.$
Beweis: *Für $\alpha \in \mathbb{N}_0$ ist wegen $\binom{\alpha}{n} = 0$ für $n > \alpha$ nichts mehr zu zeigen, denn dann ist dies die Binomische Formel (vgl. Hilfssatz 2.12).*

1. Sei $0 < \alpha \notin \mathbb{N}_0, \quad n > \alpha > 0$:

$$\Rightarrow \left| \binom{\alpha}{n} \right| = \left| \frac{\alpha}{n} \cdot \frac{\alpha-1}{1} \cdot \frac{\alpha-2}{2} \cdot \ldots \cdot \frac{\alpha-(n-1)}{n-1} \right| = \frac{\alpha}{n} \prod_{j=1}^{n-1} \left(\frac{\alpha}{j} - 1 \right)$$

$$\leq \frac{\alpha}{n} \prod_{j=1}^{[\alpha]} \left| \frac{\alpha}{j} - 1 \right| = \frac{\alpha}{n} \cdot c_\alpha,$$

wobei die letzte Ungleichung wegen $j > [\alpha] \Rightarrow 0 < \frac{\alpha}{j} \leq 1$ richtig ist und die letzte Gleichung mit $c_\alpha := \prod_{j=1}^{[\alpha]} |\frac{\alpha}{j} - 1|$ gilt.

$$\Rightarrow \quad \overline{\lim_n} \sqrt[n]{\left| \binom{\alpha}{n} \right|} \leq 1.$$

Also gilt $r \geq 1$ für den Konvergenzradius r von $g(x) := \sum_{n=0}^{\infty} \binom{\alpha}{n} x^n$.

2. $\alpha < 0 : \beta := -\alpha > 0$. Dann gilt für $n > [\beta]$:

$$\binom{\alpha}{n} = (-1)^n \frac{\beta(\beta+1) \cdot \ldots \cdot (\beta + n - 1)}{1 \cdot \ldots \cdot n}$$

$$= (-1)^n \frac{\beta(\beta+1) \cdot \ldots \cdot (\beta + n - 1)}{1 \cdot 2 \cdot \ldots \cdot [\beta] \cdot ([\beta] + 1) \cdot \ldots \cdot n}$$

$$= (-1)^n \frac{1}{[\beta]!} \cdot \frac{\beta}{[\beta] + 1} \cdot \frac{\beta+1}{[\beta] + 2} \cdot \ldots$$

$$\ldots \cdot \frac{\beta + n - 1 - [\beta]}{n} (\beta + n - [\beta]) \cdot \ldots \cdot (\beta + n - 1)$$

$$\Rightarrow$$
$$\left| \binom{\alpha}{n} \right| \leq \frac{1}{[\beta]!} (\beta - [\beta] + n) \cdot \ldots \cdot (\beta + n - 1) \leq \frac{1}{[\beta]!} (\beta + n - 1)^{[\beta]}$$

$$\leq \quad c_\beta \, n^{[\beta]}$$

$$\Rightarrow \quad \sqrt[n]{\left|\binom{\alpha}{n}\right|} \leq \sqrt[n]{c_\beta}\, n^{\frac{[\beta]}{n}} \to 1 \quad \textit{für} \quad n \to \infty$$

(vgl. Beispiele 3.12).
Also konvergiert auch hier g(x) (absolut) für $|x| < 1$.

Für $|x| < 1$ ist g (unendlich oft) differenzierbar mit

$$g'(x) = \sum_{n=1}^{\infty} n \binom{\alpha}{n} x^{n-1}$$

$$\Rightarrow (1+x)g'(x) = \sum_{n=1}^{\infty} n \binom{\alpha}{n} x^{n-1} + \sum_{n=1}^{\infty} n \binom{\alpha}{n} x^{n}$$

$$= \sum_{n=0}^{\infty} x^{n} \left((n+1)\binom{\alpha}{n+1} + n\binom{\alpha}{n} \right)$$

$$= \alpha \sum_{n=0}^{\infty} x^{n} \left(\binom{\alpha-1}{n} + \binom{\alpha-1}{n-1} \right)$$

$$= \alpha \sum_{n=0}^{\infty} x^{n} \binom{\alpha}{n} = \alpha\, g(x).$$

Die Funktion g erfüllt also die Differentialgleichung

$$g'(x) = \frac{\alpha}{1+x} g(x) \quad \textit{mit} \quad g(0) = 1.$$

Da g in einer Umgebung $U(0)$ des Nullpunktes stetig ist, gilt dort wegen des positiven Anfangswertes $g > 0$.

$$\Rightarrow \quad \int_0^x \frac{g'(t)}{g(t)} dt = \alpha \int_0^x \frac{1}{1+t} dt \Rightarrow \ln g(t)\Big|_{t=0}^{t=x} = \alpha \ln(1+t)\Big|_{t=0}^{t=x}$$

$$\Rightarrow \quad \ln g(x) = \alpha \ln(1+x) \Rightarrow g(x) = (1+x)^\alpha \quad \textit{in } U(0).$$

Sei x_0 die dem Betrage nach kleinste Nullstelle von g, sofern sie existiert, also $g(x_0) = 0$ mit $x_0 \in (-1,1) \Rightarrow 0 = g(x_0) = (1+x_0)^\alpha$. Wegen der Stetigkeit von g und der Funktion $x \mapsto (1+x)^\alpha$ muss $x_0 = -1$ sein. Da $x_0 \notin (-1,1)$, folgt $U(0) = (-1,1)$ und die Behauptung ist gezeigt. □

Zum Abschluss dieses Kapitels wollen wir noch zeigen, wann zwei Potenzreihen gleich sind.

Satz 9.11 (Identitätssatz für Potenzreihen). *Die Potenzreihen* $A(x) = \sum\limits_{n=0}^{\infty} a_n x^n$

und $B(x) = \sum\limits_{n=0}^{\infty} b_n x^n$ *seien in einer Umgebung* $U(0)$ *des Nullpunktes konvergent und* $(x_k)_k$ *eine Nullfolge, wobei für alle* $k \in \mathbb{N}$ *gelte:*

$$x_k \neq 0 \quad und \quad A(x_k) = B(x_k).$$

Dann gilt:

$$\forall n \in \mathbb{N}: \quad a_n = b_n, \quad d.\,h.\ insbesondere \quad A(x) = B(x) \quad in\ U(0).$$

Beweis: Es gilt:

$$A(0) = \lim_{k\to\infty} A(x_k) = \lim_{k\to\infty} B(x_k) = B(0) \quad \Rightarrow \quad a_0 = b_0.$$

Seien $A_1(x) := \sum\limits_{j=1}^{n} a_j x^{j-1}$ und $B_1(x) := \sum\limits_{j=1}^{n} b_j x^{j-1}$, dann konvergieren diese Reihen in $U(0)$ mit

$$A_1(x_k) = \frac{A(x_k) - a_0}{x_k} = \frac{B(x_k) - b_0}{x_k} = B_1(x_k) \quad \text{für } x_k \neq 0$$
$$\Rightarrow a_1 = A_1(0) = B_1(0) = b_1.$$

Diese Argumentation kann man nun immer wieder anwenden und erhält so die Behauptung des Satzes. □

9.3 Taylorreihen

In diesem Kapitel soll eine vorgegebene Funktion durch eine Potenzreihe approximiert werden. Im einfachsten Fall haben wir schon mit dem Mittelwertsatz eine Approximation gefunden (vgl. Satz 7.60 bzw. Folgerung 7.62):

$$f(x + h) = f(x) + h f'(x + \vartheta h),$$
$$f(x + h) = f(x) + h f'(x) + \frac{h^2}{2} f''(x + \vartheta h),$$

für ein- bzw. zweimal differenzierbare Funktionen mit $\vartheta = \vartheta(x, h) \in (0, 1)$. Dies soll für n-mal differenzierbare Funktionen fortgesetzt werden und führt dann zur Taylorformel und schließlich zur Taylorreihe:

Satz 9.12 (Satz von Taylor). *Es seien* $f \in C^n([a,b], \mathbb{R})$ *(n-mal stetig differenzierbar) und* $f^{(n)}$ *(n-te Ableitung) differenzierbar in* (a, b). *Dann gibt es ein* $c \in (a, b)$ *mit*

$$f(b) = \sum_{j=0}^{n} \frac{f^{(j)}(a)}{j!} (b-a)^j + \frac{f^{(n+1)}(c)}{(n+1)!} (b-a)^{n+1}.$$

Beweis: Zu einem noch zu bestimmenden $m \in \mathbb{R}$ sei

$$g(x) := f(b) - f(a) - f'(x)(b-x) - \cdots - \frac{f^{(n)}(x)}{n!}(b-x)^n - m\frac{(b-x)^{n+1}}{(n+1)!}.$$

Dann ist $g(b) = 0$. Wähle nun m so, dass auch $g(a) = 0$ gilt. Es ist g stetig in $[a,b]$ und differenzierbar in (a,b) mit der Ableitung (Teleskopsumme):

$$g'(x) = -\frac{f^{(n+1)}(x)}{n!}(b-x)^n + m\frac{(b-x)^n}{n!}.$$

Nach dem Satz von Rolle (Satz 7.59) existiert ein $c \in (a,b)$ mit $g'(c) = 0 \quad \Rightarrow$ $m = f^{(n+1)}(c)$ und

$$0 = g(a) = f(b) - \sum_{j=0}^{n}\frac{f^{(j)}(a)(b-a)^j}{j!} - \frac{f^{(n+1)}(c)}{(n+1)!}(b-a)^{n+1},$$

woraus die behauptete Formel folgt. $\square$
Der Term

$$\sum_{j=0}^{n}\frac{f^{(j)}(a)}{j!}(x-a)^j$$

heißt auch „Taylorpolynom" der Ordnung n von f an der Stelle a. Die Taylorformel schreibt sich mit $x := a, h := b - a$ und $c \equiv x + \vartheta h, \ 0 < \vartheta < 1$ auch in der folgenden Weise:

$$f(x+h) = \sum_{j=0}^{n}\frac{f^{(j)}(x)}{j!}h^j + \frac{f^{(n+1)}(x+\vartheta h)}{(n+1)!}h^{n+1}$$

mit dem „Restglied":

$$R_n(x,h) := \frac{f^{(n+1)}(x+\vartheta h)}{(n+1)!}h^{n+1}.$$

Dies ist die *Lagrangesche*[1] *Form des Restglieds.*
Soll $f(x+h)$ durch das Taylorpolynom approximiert werden, so muss das Restglied abgeschätzt werden. Dazu sind oft verschiedene Darstellungen des Restglieds nützlich. Für $f \in C^{n+1}([a,b],\mathbb{R})$ ergibt sich eine zweite Darstellung direkt aus dem Hauptsatz der Differential- und Integralrechnung (Satz 8.23):

$$f(x+h) = f(x) + \int_{x}^{x+h} 1 \cdot f'(t)dt = f(x) + \Big[-(x+h-t)f'(t)\Big]_{x}^{x+h} +$$

$$\int_{x}^{x+h}(x+h-t)f''(t)dt$$

---

[1]Joseph Louis Lagrange, 25.1.1736 – 10.4.1813

$$= f(x) + h f'(x) + \left[- \frac{(x+h-t)^2}{2} f''(t) \right]_x^{x+h} +$$

$$\int\limits_x^{x+h} \frac{(x+h-t)^2}{2} f'''(t) dt$$

$$= \cdots = \sum_{j=0}^{n} \frac{f^{(j)}(x)}{j!} h^j + \int\limits_x^{x+h} \frac{(x+h-t)^n f^{(n+1)}(t)}{n!} dt$$

$$\Rightarrow \quad R_n(x,h) = \frac{1}{n!} \int\limits_x^{x+h} (x+h-t)^n f^{(n+1)}(t) dt.$$

Bereits in Folgerung 7.62 hatten wir hinreichende Kriterien für die Existenz von lokalen Extrema abgeleitet. Diese lassen sich nun mit Hilfe der Taylorformel erweitern:

Satz 9.13. *Die Funktion f sei in einer Umgebung $U(x_0)$ von x_0 $(k+1)$-mal stetig differenzierbar mit*

$$\forall j, \quad 1 \le j \le k: \quad f^{(j)}(x_0) = 0 \quad und \quad f^{(k+1)}(x_0) \ne 0 .$$

Dann gilt:

(i) *k ungerade $\Rightarrow f$ besitzt in x_0 ein lokales Maximum, wenn $f^{(k+1)}(x_0) < 0$, und ein lokales Minimum, wenn $f^{(k+1)}(x_0) > 0$ gilt.*

(ii) *k gerade $\Rightarrow f$ besitzt in x_0 einen* Wendepunkt *($:\Leftrightarrow f'$ besitzt lokales Extremum in x_0).*

Beweis: Es ist

$$f(x_0 + h) = f(x_0) + \frac{h^{k+1}}{(k+1)!} f^{(k+1)}(x_0 + \vartheta h),$$

wobei bei ungeradem k das Vorzeichen von h keine Rolle spielt, sondern nur das von $f^{(k+1)}(x_0 + \vartheta h)$ in $U(x_0)$ für $f \in C^{k+1}$ ausschlaggebend ist (vgl. Folgerung 7.62), während man bei geradem k mit der Gleichung

$$f'(x_0 + h) = f'(x_0) + \frac{h^k}{k!} f^{(k+1)}(x_0 + \vartheta' h)$$

argumentiert. □

Nun wollen wir uns mit der Approximation von f durch das zugehörige Taylorpolynom beschäftigen, also die Frage klären: Wann gilt

$$R_n(x,h) \to 0 \quad \text{für} \quad n \to \infty \; ?$$

Nach der Definition des Restglieds muss eine Voraussetzung sicher $f \in C^\infty$ sein, doch reicht diese im Allgemeinen nicht aus, wie das folgende Beispiel zeigt:

Beispiel 9.14. *Sei* $f \in \mathcal{F}(\mathbb{R}, \mathbb{R})$ *definiert durch:*

$$f(x) := \begin{cases} e^{-1/x^2} & \text{für } x \neq 0, \\ 0 & \text{für } x = 0. \end{cases}$$

Es ist $f \in C^\infty(\mathbb{R} \setminus \{0\}, \mathbb{R})$*, und wegen*

$$f(x) = \frac{1}{1 + \frac{1}{x^2} + \frac{1}{2x^4} + \dots} \leq x^2$$

ist f *stetig in 0. Für* $x \neq 0$ *folgt*

$$f'(x) = \frac{2}{x^3} e^{-1/x^2} = \frac{2}{x^3(1 + \frac{1}{x^2} + \frac{1}{2x^4} + \dots)} \leq 4|x|,$$

und es folgt $f'(0) = 0$*. Aus*

$$\left| \frac{f'(h)}{h} \right| = \frac{1}{h^4} \frac{2}{(1 + \frac{1}{h^2} + \frac{1}{2h^4} + \frac{1}{6h^6} + \dots)} \leq 12h^2 \to 0 \quad \text{für} \quad h \to 0$$

folgt $f''(0) = 0$ *usw.*

$$\Rightarrow \quad f^{(n)}(0) = 0 \quad \forall n \in \mathbb{N}.$$

Also gilt für alle $n \in \mathbb{N}$*:*

$$e^{-\frac{1}{h^2}} = f(h) = R_n(0, h) \qquad (h \neq 0)$$

d. h. keine Approximation durch Taylorpolynome.

Eine hinreichende Bedingung für die Approximation durch Taylorpolynome liefert der folgende

Satz 9.15. *Sei* $f \in C^\infty([a, b], \mathbb{R})$ *mit* $\quad \exists c > 0 \quad \forall n \in \mathbb{N} \quad \forall x \in [a, b]$: $|f^{(n)}(x)| \leq c^n$ *. Dann gilt:*

$$\sup_{\substack{x \in [a,b) \\ }} \sup_{\substack{|h| \leq h_0 \\ x \pm h \in [a,b]}} |R_n(x, h)| \to 0 \quad \text{für} \quad n \to \infty.$$

Beweis: Mit der Lagrangeschen Form des Restglieds folgert man:

$$|R_n(x, h)| \leq \frac{c^{n+1} h_0^{n+1}}{(n+1)!} \to 0 \quad \text{für} \quad n \to \infty,$$

was man wie die Konvergenz der Exponentialreihe zeigen kann. $\qquad \square$
Beispiele für Funktionen, die die Voraussetzungen des letzten Satzes erfüllen, sind $x \mapsto e^x, x \mapsto \sin x$ oder $x \mapsto \cos x$.

Definition 9.16. *Sei* $f \in C^\infty(U(x), \mathbb{R})$ *für ein* $x \in \mathbb{R}$. *Dann heißt*

$$\sum_{j=0}^{\infty} \frac{f^{(j)}(x)}{j!} h^j$$

die Taylorreihe von f *an der Stelle* x, *sofern die Reihe konvergiert (h hinreichend klein).*

Bemerkung 9.17. *Aus Beispiel 9.14 wissen wir, dass aus der Konvergenz der Taylorreihe im Allgemeinen noch nicht folgt, dass* f *durch sie dargestellt wird. (Im angegebenen Beispiel ist die Taylorreihe identisch Null.)*

Diese Bemerkung führt nun zur

Definition 9.18. *Funktionen* $f \in C^\infty(U(x), \mathbb{R})$, *die durch ihre Taylorreihe in* $U(x)$ $(x \in \mathbb{R})$ *dargestellt werden, heißen (reell) analytisch (in* $U(x)$).

Bemerkung 9.19. *Warum die glatte Funktion* $x \mapsto e^{-\frac{1}{x^2}}$ *nicht in einer Taylorreihe um* $x = 0$ *entwickelt werden kann, versteht man erst im Komplexen. Betrachte:*

$$z \mapsto e^{-\frac{1}{z^2}} \quad \text{für} \quad z \in \mathbb{C} \setminus \{0\}$$

Falls $z = iy$ *mit* $y \in \mathbb{R}$, *so folgt*

$$e^{-\frac{1}{z^2}} = e^{\frac{1}{y^2}} \to \infty \quad \text{für} \quad y \to 0,$$

also hat die Funktion eine Singularität für $z \to 0$.

Beispiele 9.20. *(1) Entwickle* $f(x) = \ln(1 + x)$ *für* $x \in (-1, 1]$ *im Nullpunkt. Es ist:*

$$f^{(n)}(x) = (-1)^{n-1}(n-1)! \frac{1}{(1+x)^n} \quad \Rightarrow \quad f^{(n)}(0) = (-1)^{n-1}(n-1)!.$$

Also folgt für die Taylorreihe:

$$x - \frac{x^2}{2} + \frac{x^3}{3} - \frac{x^4}{4} + \dots$$

Sie hat Konvergenzradius 1, denn für das Restglied in Lagrangescher Form folgt für $x \geq 0$:

$$|R_n(0, x)| = \frac{x^{n+1}}{(n+1)(1+\vartheta x)^{n+1}} \leq \frac{1}{n+1} \to 0 \quad \text{für} \quad n \to \infty.$$

Für $-1 < x < 0$ *folgt:*

$$|R_n(0, x)| \leq |x|^{n+1} \to 0.$$

Also haben wir die Taylorentwicklung

$$\ln(1 + x) = x - \frac{x^2}{2} + \frac{x^3}{3} \dots \text{ in } (-1, 1).$$

(2) Sei $f(x) = \arctan x$

$$\Rightarrow \quad f'(x) = \frac{1}{1+x^2} = 1 - x^2 + x^4 \mp \cdots + (-1)^n x^{2n} + \frac{(-1)^{n+1} x^{2(n+1)}}{1+x^2}$$

$\left(geometrische Reihe : \frac{1}{1-q} = 1 + q + \cdots + q^n + \frac{q^{n+1}}{1-q}\right).$

$$\Rightarrow \quad \arctan x = \int_0^x f'(t) dt = x - \frac{x^3}{3} + \frac{x^5}{5} + \cdots + (-1)^n \frac{x^{2n-1}}{2n-1} + R_n(0, x)$$

mit $\quad R_n(0, x) = (-1)^{n+1} \int_0^x \frac{t^{2(n+1)}}{1+t^2} \, dt.$

Für $|x| \leq 1$ gilt:

$$|R_n(0, x)| \leq \int_0^x t^{2(n+1)} dt \leq \frac{|x|^{2n+3}}{2n+3} \leq \frac{1}{2n+3} \to 0 \quad \text{für} \quad n \to \infty.$$

Also lässt sich $\arctan x$ in eine Taylorreihe entwickeln, und speziell für $x = 1$ gilt:

$$\frac{\pi}{4} = \arctan 1 = 1 - \frac{1}{3} + \frac{1}{5} - \frac{1}{7} \pm \cdots \qquad (= 0{,}785 \ldots).$$

9.4 Der Weierstraßsche Approximationssatz

Auch wenn die Taylorreihe nicht konvergiert oder gar nicht definiert ist, kann man Funktionen nach Weierstraß durch Polynome approximieren:

Satz 9.21 (Weierstraßscher Approximationssatz).
Sei $f \in C([a, b], \mathbb{R})$. Dann gilt:

$$\forall \varepsilon > 0 \quad \exists n \in \mathbb{N}_0 \quad \exists P_n, \quad \forall x \in [a, b]: \quad |f(x) - P_n(x)| < \varepsilon,$$

wobei P_n für $n \in \mathbb{N}_0$ ein Polynom n-ten Grades ist:

$$P_n(x) = \sum_{j=0}^{n} a_j^{(n)} x^j \quad \text{mit} \quad a_j^{(n)} \in \mathbb{R}.$$

Anders als bei der Taylorreihe hängen die Koeffizienten $a_j^{(n)}$ von n ab, so dass für jedes $\varepsilon > 0$ die Zahlen n und $a_j^{(n)}$ im Allgemeinen neu bestimmt werden müssen.
Satz 9.21 wird in etwas allgemeinerer Form bewiesen. Dazu seien $J := [a, b]$

und H eine monotone, lineare Abbildung von $C(J, \mathbb{R})$ in sich, d. h.:

$$H : C(J, \mathbb{R}) \to C(J, \mathbb{R}) \quad \text{linear}$$

und $\quad (\forall x \in J : f(x) \le g(x)) \quad \Rightarrow \quad (\forall x \in J : (Hf)(x) \le (Hg)(x))$.

Mit diesen Bezeichnungen gilt die folgende Verallgemeinerung des Weierstraßschen Approximationssatzes:

Satz 9.22. *Ist* $(H_n)_n$ *eine Folge solcher monotoner linearer Abbildungen mit* $\|H_n g - g\|_\infty \to 0$ *für* $n \to \infty$ *und* $g \in \{x \mapsto 1, \ x \mapsto x, \ x \mapsto x^2\} \equiv \{1, id, q\}$, *so gilt:*

$$\forall f \in C(J, \mathbb{R}) : \quad \|H_n f - f\|_\infty \to 0 \quad \text{für} \quad n \to \infty.$$

Beweis:

1. Es gilt

$$\forall \varepsilon > 0 \quad \exists \delta > 0 \quad \forall t, x \in J : \quad |f(t) - f(x)| < \varepsilon + \frac{2\|f\|_\infty}{\delta^2}(t - x)^2,$$

denn: f ist als stetige Funktion auf der kompakten Menge J gleichmäßig stetig, also folgt:

$$\forall \varepsilon > 0 \quad \exists \delta > 0 \quad \forall t, x \in J, \ |t - x| < \delta : \quad |f(t) - f(x)| < \varepsilon.$$

Falls $|t - x| \ge \delta$, so folgt:

$$|f(x) - f(t)| \le 2\|f\|_\infty \le \frac{2\|f\|_\infty (t - x)^2}{\delta^2} \quad,$$

also die behauptete Ungleichung.

2. Sei nun $x \in J$ fest, H_n operiere „bezüglich t". Dann gilt wegen der Linearität der H_n:

$$(H_n f)(t) - f(x)(H_n 1)(t) = \{H_n(f - f(x))(t)\}$$

und mit (1) bzw. wegen der Monotonie der H_n folgt:

$$\{\ldots\} \le H_n\left(\varepsilon + \frac{2\|f\|_\infty}{\delta^2}(\cdot - x)^2\right)(t)$$

bzw. $\quad -\{\ldots\} = H_n(-f + f(x))(t) \quad \le \quad H_n\left(\varepsilon + \frac{2\|f\|_\infty}{\delta^2}(\cdot - x)^2\right)(t)$

$$\Rightarrow \quad |\{\ldots\}| \le H_n(\varepsilon + \frac{2\|f\|_\infty}{\delta^2}(\cdot - x)^2)(t)$$

$$= \varepsilon(H_n 1)(t) + \frac{2\|f\|_\infty}{\delta^2}(H_n q - 2x H_n id + x^2 H_n 1)(t).$$

Für $t = x$ folgt:

$$|(H_n f)(x) - f(x)(H_n 1)(x)| \le \varepsilon + \varepsilon|(H_n 1)(x) - 1| + \frac{2\|f\|_\infty}{\delta^2}\big[|(H_n q)(x) - x^2|$$

$$+2|x||(H_n id)(x) - x| + x^2|(H_n 1)(x) - 1|]$$

$$\Rightarrow \|H_n f - f H_n 1\|_\infty \leq \varepsilon + \varepsilon \|H_n 1 - 1\|_\infty$$

$$+ \frac{2\|f\|_\infty}{\delta^2}[\|H_n q - q\|_\infty + 2c\|H_n id - id\|_\infty$$

$$+ c^2\|H_n 1 - 1\|_\infty]$$

mit $c = \max\{|a|, |b|\}$.

$$\Rightarrow \|H_n f - f\|_\infty \leq \|H_n f - f H_n 1\|_\infty + \|f\|_\infty \|H_n 1 - 1\|_\infty$$

$$\leq \varepsilon + (\varepsilon + \|f\|_\infty)\|H_n 1 - 1\|_\infty + \frac{2\|f\|_\infty}{\delta^2}[\ldots]$$

$$\to 0 \quad \text{für } n \to \infty.$$

$\square$

Aus Satz 9.22 werden wir als Spezialfall den Weierstraßschen Approximationssatz (Satz 9.21) beweisen. Dazu zunächst noch folgende

Definition 9.23. *Für $x \in [0,1]$ und $n \geq 1$ ist P_n definiert durch*

$$(P_n f)(x) := \sum_{j=0}^{n} \binom{n}{j} x^j (1-x)^{n-j} f\left(\frac{j}{n}\right)$$

für $f \in C([0,1], \mathbb{R})$ ein Polynom n-ten Grades, das Bernstein[2]-Polynom.

Beweis von Satz 9.21: O. B. d. A. sei $J = [0,1]$. (Ist $J = [a,b]$, so betrachte $g(t) = f(a + t(b-a))$, $0 \leq t \leq 1$).
Bezeichnet P_n das Bernstein-Polynom n-ten Grades, so ist klar:

$$(\forall x \in J : f(x) \leq g(x)) \Rightarrow (\forall x \in J : (P_n f)(x) \leq (P_n g)(x)),$$

also ist $P_n : C(J, \mathbb{R}) \to C(J, \mathbb{R})$ linear und monoton. Weiterhin gilt:

$$(P_n 1)(x) = \sum_{j=0}^{n} \binom{n}{j} x^j (1-x)^{n-j} = (x + (1-x))^n = 1,$$

$$(P_n id)(x) = \sum_{j=0}^{n} \binom{n}{j} x^j (1-x)^{n-j} \frac{j}{n} = \sum_{j=1}^{n} \binom{n-1}{j-1} x^j (1-x)^{n-j}$$

$$= \sum_{j=0}^{n-1} \binom{n-1}{j} x^{j+1} (1-x)^{n-1-j} = x(x + (1-x))^{n-1} = x,$$

$$(P_n q)(x) = \frac{1}{n^2} \sum_{j=0}^{n} j^2 \binom{n}{j} x^j (1-x)^{n-j}.$$

---

[2]Sergej Natanowitsch Bernstein, 5.3.1880 – 26.10.1968

Wegen

$$\frac{d^2}{da^2}(a+b)^n = n(n-1)(a+b)^{n-2}$$

und

$$\frac{d^2}{da^2}\sum_{j=0}^{n}\binom{n}{j}a^j b^{n-j} = \sum_{j=2}^{n}j(j-1)\binom{n}{j}a^{j-2}b^{n-j}$$

folgt für $a = x \neq 0$ und $b = 1 - x$:

$$n(n-1) = \frac{1}{x^2}\sum_{j=0}^{n}\binom{n}{j}j^2 x^j(1-x)^{n-j} - \frac{1}{x^2}\sum_{j=0}^{n}j\binom{n}{j}x^j(1-x)^{n-j}$$

$$= \frac{1}{x^2}\sum_{j=0}^{n}j^2\binom{n}{j}x^j(1-x)^{n-j} - \frac{1}{x^2}x \cdot \frac{d}{da}(a+b)^n\Big|_{\substack{a=x \\ b=(1-x)}}$$

$$= \frac{1}{x^2}\sum_{j=0}^{n}j^2\binom{n}{j}x^j(1-x)^{n-j} - \frac{n}{x}.$$

Für $x = 0$ ist $(P_n q)(x) = 0 = q(x)$.

$\Rightarrow \forall x: \quad (P_n q)(x) = \frac{1}{n^2}(n(n-1)\cdot x^2 + nx) = x^2\left(1 - \frac{1}{n}\right) + \frac{x}{n}$

$\Rightarrow \qquad \|P_n q - q\|_\infty \leq \frac{1}{n}\|q\|_\infty + \frac{1}{n}\|id\|_\infty \leq \frac{2}{n} \to 0 \quad$ für $\quad n \to \infty.$

Mit Satz 9.22 folgt nun die Behauptung des Satzes 9.21. $\qquad\qquad\square$
Aus dem Weierstraßschen Approximationssatz können wir also schließen, dass das System der Polynome in $C(J, \mathbb{R})$ (bzgl. $\|\cdot\|_\infty$) dicht liegt. Eine weitere Anwendung des Satzes ist

Satz 9.24. *Das System der trigonometrischen Summen*

$$T_n(x) = a_0 + \sum_{j=1}^{n}(a_j \cos jx + b_j \sin jx)$$

ist dicht im Raum der stetigen Funktionen der Periode 2π.

Beweis: Zurückführung auf Satz 9.21:
O. B. d. A. sei $J = [-\pi, \pi]$, f stetig und periodisch. Definiere

$$f_1(x) := \frac{f(x) + f(-x)}{2} \quad \text{und} \quad f_2(x) := \frac{f(x) - f(-x)}{2},$$

dann ist $f = f_1 + f_2$, $f_1(-x) = f_1(x)$ eine gerade und $f_2(-x) = -f_2(x)$ eine ungerade Funktion.

1. Wir betrachten zunächst f_1 in $[0, \pi]$ und wollen dies durch Cosinusterme approximieren.

Durch $t = \cos x$, $x = \arccos t$ wird $[0, \pi]$ bijektiv und stetig auf $[-1, 1]$ abgebildet. Dann ist also $g_1(t) := f_1(\arccos t) = f_1(x)$ stetig in $[-1, 1]$ und kann nach Satz 9.21 durch Polynome $P_n(t)$ approximiert werden. Somit wird aber auch $f_1(x)$ durch Polynome $P_n(\cos x)$ approximiert. Mit den de Moivreschen Formeln (vgl. Kapitel 7.3) folgt:

$$\cos^n x = \sum_{j=1}^{n} \alpha_j \cos jx,$$

also z. B. $\cos^2 x = \frac{1}{2}(\cos 2x + 1)$ oder $\cos^3 x = \frac{1}{4}(\cos 3x + 3 \cos x)$.

$\Rightarrow f_1$ wird durch eine Summe der Form $a_0 + \sum_{j=1}^{n} a_j \cos jx$ in $[0, \pi]$ und damit als gerade Funktion auch in $[-\pi, \pi]$ approximiert.

2. Es soll f_2 in $[0, \pi]$ durch Sinusterme approximiert werden, doch da die Abbildung $x \mapsto \sin x$ in $(0, \pi)$ nicht invertierbar ist, machen wir folgenden Umweg:
   Definiere
   $$f_3(x) := f_2(x) \sin x,$$
   dann ist f_3 eine gerade Funktion und lässt sich nach Schritt 1 durch eine Cosinus-Summe in $[-\pi, \pi]$ approximieren. Also wird $f_2(x) \sin^2 x = f_3(x) \sin x$ durch

$$\sum_{j=0}^{n} a_j \cos jx \sin x = a_0 \sin x + \sum_{j=1}^{n} \frac{1}{2} \left(\sin((j+1)x) - \sin((j-1)x) \right)$$

approximiert, d. h.

$$f_2(x) \sin^2 x \sim \text{Sinus-Summe in } [-\pi, \pi].$$

3. Mit den Ergebnissen aus den Schritten 1 und 2 folgern wir, dass sich $f(x) \sin^2 x$ durch trigonometrische Summen approximieren lässt. Dann lässt sich aber auch

$$f(x) \cos^2 x = f(x) \sin^2 \left(\frac{\pi}{2} - x \right) = f\left(\frac{\pi}{2} - y \right) \sin^2 y \quad \left(\text{mit } y = \frac{\pi}{2} - x \right)$$

durch trigonometrische Summen approximieren (in $y \in [-\pi, \pi]$, d. h. $x \in \left[-\frac{\pi}{2}, \frac{3\pi}{2} \right]$, doch f ist 2π-periodisch, so auch Approximation in $x \in [-\pi, \pi]$), also schließlich auch

$$f(x) = f(x)(\sin^2 x + \cos^2 x).$$

$\square$

9.5 Orthonormalsysteme

Die Frage nach der Approximation einer gegebenen Funktion durch eine Klasse von Funktionen soll noch etwas vertieft werden, zunächst anknüpfend an das letzte Kapitel. Sei also wieder $I := (-\pi, \pi)$ und

$$v_n(x) := \frac{1}{\sqrt{\pi}} \begin{cases} 1/\sqrt{2} & \text{für } n = 0, \\ \cos kx & \text{für } n = 2k \quad\quad \text{mit } k \in \mathbb{N}, \\ \sin kx & \text{für } n = 2k - 1 \text{ mit } k \in \mathbb{N}. \end{cases}$$

Wie in Satz 9.24 gezeigt, folgt aus dem Weierstraßschen Approximationssatz, dass $f \in C(\mathbb{R}, \mathbb{R})$, f 2π-periodisch, durch Linearkombinationen der v_n approximiert werden kann. Die v_n haben nun die folgende Eigenschaft:

$$\int\limits_{-\pi}^{\pi} v_n(x) v_m(x) dx = \delta_{mn} := \begin{cases} 1, & \text{falls } n = m, \\ 0, & \text{falls } n \neq m, \end{cases}$$

(δ_{nm} : Kroneckersymbol[3]), denn es ist zum Beispiel:

$$\int\limits_{-\pi}^{\pi} \cos kx \sin kx \; dx = \frac{1}{k} \sin^2 kx \Big|_{-\pi}^{\pi} - \int\limits_{-\pi}^{\pi} \sin kx \cos kx \; dx$$

$$\Rightarrow \int\limits_{-\pi}^{\pi} \cos kx \sin kx \; dx = 0.$$

Mit

$$\langle f, g \rangle := \int\limits_{-\pi}^{\pi} f(x) \overline{g(x)} \; dx \qquad (\overline{g(x)} \text{ für } \mathbb{K} = \mathbb{C})$$

folgt $\langle v_n, v_m \rangle = \delta_{nm}$ für $n, m \in \mathbb{N}_0$ bzw. für $u_n := v_{n-1}$ gilt $\langle u_n, u_m \rangle = \delta_{nm}$ für $n, m \in \mathbb{N}$. Die u_n stehen also „senkrecht" zueinander bzgl. des Skalarproduktes $\langle \cdot, \cdot \rangle$.

Definition 9.25. *Sei $\langle \cdot, \cdot \rangle$ ein Skalarprodukt auf einem Vektorraum X (hier: $C(\overline{I}, \mathbb{R})$), dann nennt man die Menge („Familie") von Vektoren $\{u_n \in X | \; n \in \mathbb{N}\}$ ein Orthogonalsystem, falls $\langle u_n, u_m \rangle = c_n \delta_{nm}$ (Kroneckersymbol δ_{nm}), und Orthonormalsystem, falls $c_n = 1$ für $n \in \mathbb{N}$, also falls die Vektoren mit $\|u_n\|_2 := \sqrt{\langle u_n, u_n \rangle} = 1$ zu eins normiert sind.*

Da $\| \cdot \|_2$ mit obigem Skalarprodukt eine (induzierte) Norm auf $C(\overline{I}, \mathbb{R})$ ist, bilden die angegebenen $u_n(:= v_{n-1})$ ein Orthonormalsystem. Der Raum $C(\overline{I}, \mathbb{R})$ ist jedoch nicht vollständig bezüglich $\| \cdot \|_2$. Wir werden später genauer den folgenden Raum studieren:

$$L^2 \equiv L^2(I, \mathbb{R}) := \{C(\overline{I}, \mathbb{R}), \| \cdot \|_2\} \text{ vervollständigt.}$$

---

[3]Leopold Kronecker, 7.12.1823 – 29.12.1891

Elemente aus L^2 können mit Funktionen identifiziert werden (s. später), wir formulieren deshalb das Nachstehende für $f \in L^2$ statt $f \in C(\overline{I}, \mathbb{R})$.

Definition 9.26. *Sei $\{u_n\}_{n \in \mathbb{N}}$ ein beliebiges Orthonormalsystem in L^2, $f \in L^2(bzw.\, C(\overline{I}, \mathbb{R}))$. Dann heißt*

$$f_n := \langle f, u_n \rangle, n \in \mathbb{N},$$

„der n-te Fourier[4]koeffizient von f" und

$$s_n(x) := s_n[f](x) := \sum_{j=1}^{n} f_j u_j(x)$$

„die n-te Partialsumme der Fourierreihe"

$$\sum_{j=1}^{\infty} f_j u_j(x).$$

Es stellt sich nun die Frage, ob, wogegen und in welchem Sinne die Fourierreihe konvergiert:

$$\text{„}s_n \to f\text{"} \ ?$$

(Im Vergleich zur Approximation nach Weierstraß haben wir (i) leichtere Bestimmung der Koeffizienten, (ii) eine größere Klasse zugehöriger f und (iii) schwächere Konvergenz.)
Wir haben ($\mathbb{K} = \mathbb{C}$):

$$\langle s_n, f \rangle = \sum_{j=1}^{n} f_j \langle u_j, f \rangle = \sum_{j=1}^{n} |f_j|^2 \quad \text{und} \quad \langle s_n, s_n \rangle = \sum_{i,j=1}^{n} f_i \overline{f}_j \langle u_i, u_j \rangle = \sum_{j=1}^{n} |f_j|^2$$

$$\Rightarrow \quad \|f - s_n\|_2^2 \ = \ \|f\|_2^2 - 2 \operatorname{Re} \langle f, s_n \rangle + \|s_n\|_2^2 = \|f\|_2^2 - \sum_{j=1}^{n} |f_j|^2,$$

die *Besselsche*[5] *Identität*, d. h.

$$s_n \to f \ \text{bzgl.} \ \|\cdot\|_2 \quad \Leftrightarrow \quad \sum_{j=1}^{n} |f_j|^2 \to \|f\|_2^2 \quad \text{jeweils für } n \to \infty.$$

Aus der Besselschen Identität folgt die *Besselsche Ungleichung*:

$$\sum_{j=1}^{n} |f_j|^2 \le \|f\|_2^2$$

---

[4] Jean-Baptiste-Joseph Fourier, 21.3.1768 – 16.5.1830
[5] Friedrich Wilhelm Bessel, 22.7.1784 – 17.3.1846

und somit die Konvergenz von $\sum\limits_{j=1}^{\infty} |f_j|^2$. Ist

$$\sum_{j=1}^{\infty} |f_j|^2 = \|f\|_2^2,$$

so heißt dies die *Parsevalsche*[6] *Gleichung* für f. Zusammenfassend haben wir den folgenden

Satz 9.27. *Sei $f \in L^2(I, \mathbb{R})$. Dann gilt:*

(i) $\sum\limits_{j=1}^{n} |f_j|^2 \le \|f\|_2^2,$

(ii) $\|s_n[f]\|_2 \le \|f\|_2,$

(iii) $\sum\limits_{j=1}^{\infty} |f_j|^2 = \|f\|^2 \Leftrightarrow \|f - s_n\|_2 \to 0$

(iv) $(s_n)_n$ *konvergiert in L^2, d. h. bzgl. $\|\cdot\|_2$.*

Beweis: Die Punkte (i) – (iii) hatten wir bereits gezeigt, und (iv) folgt aus

$$\|s_n - s_m\|_2^2 = \sum_{j=m+1}^{n} |f_j|^2 \qquad (m < n).$$

$\square$

Der letzte Satz und die Parsevalsche Gleichung führen uns zur

Definition 9.28. *Ein Orthonormalsystem (ONS) $\{u_n\}_{n \in \mathbb{N}}$ heißt vollständig in $L^2(I, \mathbb{C})$ (VONS) :$\Leftrightarrow$*

$$\forall f \in L^2(I, \mathbb{C}): \quad \sum_{j=1}^{\infty} |f_j|^2 = \|f\|_2^2$$

Das gerade bewiesene Kriterium für die Vollständigkeit des Orthonormalsystems $\{u_n\}_n$ lässt sich in den Voraussetzungen noch etwas abschwächen:

Satz 9.29. *A sei in $L^2(I, \mathbb{C})$ dicht. Die Parsevalsche Gleichung gelte für alle $g \in A$. Dann ist das ONS $\{u_n\}_n$ vollständig.*

Beweis: Sei $f \in L^2(I, \mathbb{C})$ beliebig und $\varepsilon > 0$. Dann gibt es, weil $A \subset L^2(I, \mathbb{C})$ dicht ist, ein $g \in A$ mit

$$\|f - g\|_2 < \frac{\varepsilon}{3}.$$

---

[6]Marc-Antoine Parseval des Chénes, 27.4.1755 – 16.8.1836

Aus $\|f - s_n[f]\|_2 \leq \|f - g\|_2 + \|g - s_n[g]\|_2 + \|s_n[g] - s_n[f]\|_2$ folgt dann mit
der Besselschen Ungleichung $\|s_n[g] - s_n[f]\|_2 = \|s_n[g - f]\|_2 \leq \|g - f\|_2$, also

$$\|f - s_n[f]\|_2 \leq 2\|f - g\|_2 + \|g - s_n[g]\|_2 < 2\frac{\varepsilon}{3} + \frac{\varepsilon}{3} = \varepsilon$$

für $n \geq n_0(\varepsilon, g) = n_0(\varepsilon)$. $\qquad\qquad\qquad\qquad\qquad\qquad\qquad\qquad\qquad\square$

Als dichte Teilmenge kann man beispielsweise $A = C(\overline{I}, \mathbb{C})$ wählen. Eine weitere
wichtige Charakterisierung von vollständigen Orthonormalsystemen liefert

Satz 9.30. *Das ONS $\{u_n\}_n$ ist vollständig in $L^2(I, \mathbb{C})$ $\Leftrightarrow$ $\forall f \in L^2(I, \mathbb{C})$:
$(\forall n \in \mathbb{N} : f_n = 0) \Rightarrow f = 0$.*

Beweis: „$\Rightarrow$ ": Da $\{u_n\}_n$ vollständig ist, gilt, falls $f_n = 0$ $\quad \forall n \in \mathbb{N}$:

$$\|f\|_2^2 = \sum_{n=1}^{\infty} |f_n|^2 = 0 \quad \Rightarrow \quad f = 0 \quad (\text{ in } L^2(I, \mathbb{C}) \,)$$

„$\Leftarrow$ " : Sei $f \in L^2(I, \mathbb{C})$. Dann ist $f^* := \sum_{j=1}^{\infty} f_j u_j \in L^2(I, \mathbb{C})$ sinnvoll definiert,

da $(s_n[f])_n$ Cauchy-Folge in $L^2(I, \mathbb{C})$ und es sei $g := f - f^*$. Dann gilt:

$$\langle f^*, u_n \rangle = f_n \quad \Rightarrow \forall n : g_n = 0 \Rightarrow g = 0 \Leftrightarrow f = f^*.$$

$\qquad\qquad\qquad\qquad\qquad\qquad\qquad\qquad\qquad\qquad\qquad\qquad\qquad\qquad\square$

Nun noch einige Beispiele für vollständige Orthonormalsysteme.

Beispiele 9.31. *(i) Klassische Fourierreihe in $I = (-\pi, \pi)$:*
*Für alle $n \in \mathbb{N}$ sei $u_n = v_{n-1}$ (wobei die v_n wie zu Beginn dieses
Kapitels durch $\frac{1}{\sqrt{2\pi}}$, $\frac{\cos x}{\sqrt{\pi}}$, $\frac{\sin x}{\sqrt{\pi}}, \ldots$ definiert). Dann ist das ONS $\{u_n\}_n$
vollständig, denn:*
Sei $A := \{g \in C(\overline{I}, \mathbb{R}) \mid g \text{ ist } 2\pi\text{-periodisch } \}$, dann ist $A \subset L^2(I, \mathbb{R})$ dicht.
Weiter sei $h \in L^2(I, \mathbb{R})$ mit $h_j = 0$ für alle $j \in \mathbb{N}$ und $\varepsilon > 0$ gegeben.
Dann gibt es ein $g \in A$ mit

$$\|h - g\|_2 < \frac{\varepsilon}{2}.$$

*Nach dem Weierstraßschen Approximationssatz (Satz 9.21 bzw. Satz 9.22)
gibt es ein $N = N(\varepsilon)$ und $\alpha_1(\varepsilon), \ldots \alpha_{N(\varepsilon)}(\varepsilon)$ so, dass*

$$\Big\| g - \sum_{j=1}^{N} \alpha_j u_j \Big\|_\infty < \frac{\varepsilon}{2\sqrt{2\pi}}$$

$$\Rightarrow \Big\| h - \sum_{j=1}^{N} \alpha_j u_j \Big\|_2 \leq \|h - g\|_2 + \Big\| g - \sum_{j=1}^{N} \alpha_j u_j \Big\|_2$$

$$< \frac{\varepsilon}{2} + \sqrt{2\pi} \Big\| g - \sum_{j=1}^{N} \alpha_j u_j \Big\|_\infty < \varepsilon.$$

Mit der Voraussetzung $h_j = 0$ für alle $j \in \mathbb{N}$ folgt jetzt

$$\|h\|^2 + \sum_{j=1}^{N} |\alpha_j|^2 = \|h - \sum_{j=1}^{N} \alpha_j u_j\|_2^2 < \varepsilon^2.$$

Da $\varepsilon > 0$ beliebig war, folgt: $\|h\| = 0 \Rightarrow h = 0$ und somit nach Satz 9.30 die Vollständigkeit des ONS, auf das wir im nächsten Kapitel noch etwas näher eingehen werden.

(ii) Sei $I := (a,b)$ und $v_j(x) := x^{j-1}$ für $j \in \mathbb{N}$. Da die v_j weder senkrecht (bzgl. des L^2-Skalarproduktes $\langle f, g \rangle = \int_a^b f(x)\overline{g(x)}\, dx$) zueinander stehen noch auf eins normiert sind, benutzen wir das Schmidtsche[7] Orthonormalisierungsverfahren. Allgemein sieht dies wie folgt aus:
Sei $\{v_1, v_2, \dots\}$ eine Menge linear unabhängiger Vektoren (wie die obigen Monome). Man definiert

$$u_1 := \frac{v_1}{\|v_1\|_2}.$$

Aus dem Ansatz

$$w_2 \overset{!}{=} c_{21} u_1 + v_2$$

und der Orthogonalitätsforderung $0 \overset{!}{=} \langle w_2, u_1 \rangle = c_{21} + \langle v_2, u_1 \rangle$ folgt $c_{21} = -\langle v_2, u_1 \rangle$.
Nun setzt man für die Normierung $u_2 := \frac{w_2}{\|w_2\|_2}$, wobei $w_2 \neq 0$ wegen der linearen Unabhängigkeit der v_j. Jetzt erfolgt der Ansatz

$$w_3 \overset{!}{=} c_{31} u_1 + c_{32} u_2 + v_3$$

und man fordert $\langle w_3, u_1 \rangle = \langle w_3, u_2 \rangle = 0$ und bestimmt hieraus $u_3 = \frac{w_3}{\|w_3\|_2}$. Man geht also sukzessiv vor. Für $n \geq 2$ erfolgt der Ansatz

$$w_n \overset{!}{=} \sum_{j=1}^{n-1} c_{nj} u_j + v_n,$$

wobei man $\langle w_n, u_j \rangle = 0$ für $j = 1, \dots, n-1$ fordert und die u_j bereits bekannt sind, woraus

$$c_{nj} = -\langle v_n, u_j \rangle \quad \text{für } j = 1, \dots, n-1$$

und somit $\quad w_n = -\sum_{j=1}^{n-1} \langle v_n u_j \rangle u_j + v_n \quad$ *folgt.*

Hieraus erhält man nun das nächste

$$u_n := \frac{w_n}{\|w_n\|_2}.$$

---

[7]Erhard Schmidt, 13.1.1876 – 6.12.1959

Nach Konstruktion stehen die u_n senkrecht aufeinander und sind auf eins normiert, bilden also ein ONS mit span $\{v_1, \ldots, v_n\} = $ span $\{u_1, \ldots, u_n\}$ (lineare Hülle).

Für $I = (-1, 1)$ erhält man die Legendre[8]*-Polynome: ($u_n = P_{n-1}$):*

$$P_0(x) = \frac{1}{\sqrt{2}}, \quad P_1(x) = \sqrt{\frac{3}{2}}x, \quad P_2(x) = \frac{1}{2}\sqrt{\frac{5}{2}}(3x^2 - 1),$$

$$P_3 = \frac{1}{2}\sqrt{\frac{7}{2}}(5x^3 - 3x), \quad P_4(x) = \frac{1}{8}\sqrt{\frac{9}{2}}(35x^4 - 30x^2 + 3) \quad usw.,$$

allgemein gilt:

$$P_n(x) = \sqrt{\frac{2n+1}{2}} \frac{1}{2^n n!} \left(\frac{d}{dx}\right)^n (x^2 - 1)^n.$$

Zum Abschluss dieses Kapitels wollen wir noch eine Aussage über die Approximation durch Fourierreihen beweisen:

Satz 9.32. *Die Fourierreihe liefert die beste Approximation in L^2 („im quadratischen Mittel") bezüglich eines gegebenen ONS $\{u_n\}_n$.*

Beweis: Seien $a_j \in \mathbb{C}$ für $j \in \mathbb{N}$, $f \in L^2(I, \mathbb{R})$ und für festes n sei $D := \|f - \sum\limits_{j=1}^{n} a_j u_j\|_2^2$, dann folgt:

$$D = \|f\|_2^2 - 2\mathrm{Re}\left(\sum_{j=1}^{n} f_j \overline{a_j}\right) + \sum_{j=1}^{n} |a_j|^2 = \|f\|_2^2 - \sum_{j=1}^{n} |f_j|^2 + \sum_{j=1}^{n} |a_j - f_j|^2.$$

Da mit der Besselschen Ungleichung ($\|f\|_2^2 - \sum\limits_{j=1}^{n} |f_j|^2) \geq 0$ ist, wird D minimal für $a_j = f_j$. $\square$

Die natürliche Frage, wann bzgl. L^2 konvergente Fourierreihen auch punktweise konvergieren, wird uns in dem nun folgenden Kapitel beschäftigen.

9.6   Konvergenz von Fourierreihen

Sei wie zu Beginn von Kapitel 9.5

$$v_n(x) := \frac{1}{\sqrt{\pi}} \begin{cases} \frac{1}{\sqrt{2}} & \text{für } n = 0, \\ \cos kx & \text{für } n = 2k, \\ \sin kx & \text{für } n = 2k - 1 \end{cases}$$

---

[8]Adrien-Marie Legendre, 18.9.1752 – 10.1.1833

für $x \in I := (-\pi, \pi)$.
Unser Ziel ist es also nun, f in der Form

$$f(x) = a_0 + \sum_{j=1}^{\infty} (a_j \cos jx + b_j \sin jx)$$

darzustellen, wobei

$$a_0 = \frac{1}{2\pi} \int_{-\pi}^{\pi} f(x)dx, \quad a_j = \frac{1}{\pi} \int_{-\pi}^{\pi} f(x) \cos jx \; dx \quad \text{und}$$

$$b_j = \frac{1}{\pi} \int_{-\pi}^{\pi} f(x) \sin jx \; dx.$$

Für die komplexe Schreibweise sei $\{u_n(x)\}_{n \in \mathbb{Z}}$ definiert durch:

$$u_n(x) := \frac{1}{\sqrt{2\pi}} e^{inx} = \frac{1}{\sqrt{2\pi}} \cos nx + i\frac{1}{\sqrt{2\pi}} \sin nx$$

$\Rightarrow \{u_n\}$ ist ein ONS in $L^2(I, \mathbb{C})$ und vollständig. Für $n \in \mathbb{N}$ ist dann

$$v_0 = u_0, \quad v_{2n} = \frac{1}{\sqrt{2}}(u_n + u_{-n}) \quad \text{und} \quad v_{2n-1} = \frac{-i}{\sqrt{2}}(u_n - u_{-n}).$$

Also gilt

$$a_0 = \frac{1}{\sqrt{2\pi}} f_0, \quad a_n = \frac{1}{\sqrt{2\pi}}(f_n + f_{-n}) \quad \text{und} \quad b_n = \frac{-i}{\sqrt{2\pi}}(f_n - f_{-n})$$

mit

$$f_n := \langle f, u_n \rangle = \frac{1}{\sqrt{2\pi}} \int_{-\pi}^{\pi} f(x)e^{-inx}dx \text{ für } n \in \mathbb{Z}.$$

Zur Konvergenz der Fourierreihe beweisen wir nun folgenden

Satz 9.33. *Die Funktion f sei in $[-\pi, \pi]$ stetig und stückweise stetig differenzierbar mit $f(-\pi) = f(\pi)$. Dann gilt:*

(i) Die Fourierreihe zu f konvergiert absolut und gleichmäßig.

(ii) $\|f - \sum\limits_{j=-n}^{n} f_j u_j\|_\infty \leq \frac{1}{\sqrt{\pi n}}\|f'\|_2$ (Fehlerabschätzung).

Beweis: Da f' nach Voraussetzung stückweise stetig ist, ist f' eine Regelfunktion, woraus $f' \in L^2(I, \mathbb{C})$ folgt. Seien f_n bzw. f_n' die Fourierkoeffizienten von f bzw. f', dann gilt:

$$f_n = \frac{1}{\sqrt{2\pi}} \int_{-\pi}^{\pi} f(x)e^{-inx}dx = \frac{1}{\sqrt{2\pi}} \frac{1}{(-in)} f(x)e^{-inx}\Big|_{-\pi}^{\pi} +$$

$$\frac{1}{\sqrt{2\pi}}\frac{1}{in}\int\limits_{-\pi}^{\pi} f'(x)e^{-inx}dx = \frac{1}{in}f'_n.$$

Die Regel der partiellen Integration ist hier anwendbar, da f stetig und stückweise stetig differenzierbar ist. Die Randterme heben sich wegen der Periodizität von f weg. Somit folgt:

$$\sum_{|j|>n}|f_j u_j(x)| \le \frac{1}{\sqrt{2\pi}}\sum_{|j|>n}|f_j| = \frac{1}{\sqrt{2\pi}}\sum_{|j|>n}\left|\frac{f'_j}{j}\right|$$

$$\le \frac{1}{\sqrt{2\pi}}\sqrt{\sum_{|j|>n}\frac{1}{j^2}}\sqrt{\sum_{|j|>n}|f'_j|^2} \quad \text{(Cauchy \& Schwarz)}$$

$$\le \frac{1}{\sqrt{2\pi}}\|f'\|_2\sqrt{\sum_{|j|>n}\frac{1}{j^2}} \to 0 \quad \text{für } n\to\infty,$$

d. h. absolute und gleichmäßige Konvergenz liegt vor. Der obige Wurzelterm konvergiert gegen Null, da für $m > 1$ gilt:

$$\sum_{j=m}^{n}\frac{1}{j^2} \le \sum_{j=m}^{\infty}\frac{1}{j^2} \le \int\limits_{m}^{\infty}\frac{1}{(x-1)^2}dx = \frac{-1}{x-1}\Big|_m^\infty = \frac{1}{m-1} \to 0 \quad \text{für } m\to\infty$$

(vgl. auch Beispiel 4.11). Es folgt also insbesondere:

$$\sum_{j=n+1}^{\infty}\frac{1}{j^2} \le \frac{1}{n} \quad \text{für } n>0.$$

Aus der absoluten und gleichmäßigen Konvergenz der Reihe $\sum_j f_j u_j(x)$ folgt, dass die Folge der Partialsummen bezüglich der Supremumsnorm gegen eine stetige Funktion konvergiert:

$$\exists f^* : s_n[f] \xrightarrow{\|\cdot\|_\infty} f^* \in C([-\pi,\pi],\mathbb{C}) \quad \Rightarrow \quad s_n[f] \xrightarrow{\|\cdot\|_2} f^* \quad \|\cdot\|_2 \le \sqrt{2\pi}\|\cdot\|_\infty)$$

$$\Rightarrow f = f^* \ , \quad \text{da } s_n[f] \xrightarrow{\|\cdot\|_2} f \quad \text{wegen der Vollständigkeit von } \{u_n\},$$

also ist die erste Behauptung bewiesen.
Ferner gilt:

$$\left\|f - \sum_{j=-n}^{n}f_j u_j\right\|_\infty = \sum_{\substack{|j|>n \\ j\in\mathbb{Z}}}\|f_j u_j\|_\infty \le \frac{1}{\sqrt{2\pi}}\|f'\|_2\sqrt{2\sum_{j=n+1}^{\infty}\frac{1}{j^2}}$$

$$\le \frac{1}{\sqrt{2\pi}}\sqrt{\frac{2}{n}}\|f'\|_2 = \frac{1}{\sqrt{\pi n}}\|f'\|_2,$$

also folgt (ii). $\square$

Beispiel 9.34. *Betrachte die Funktion* $f(x) = |x|$ *auf dem Intervall* $[-\pi, \pi]$, *die durch periodische Fortsetzung (mit der Periode* 2π*) auf ganz* $\mathbb{R}$ *zur „Sägezahn- funktion" wird. Diese Funktion ist stetig und stückweise stetig differenzierbar in* $[-\pi, \pi]$, *erfüllt also die Voraussetzungen von Satz 9.33. Es ist:*

$$\int_{-\pi}^{\pi} f(x)e^{-inx}dx = -\int_{-\pi}^{0} xe^{-inx}dx + \int_{0}^{\pi} xe^{-inx}dx$$

$$= \int_{0}^{\pi} t(e^{int} + e^{-int})dt = 2\int_{0}^{\pi} t\cos nt \; dt$$

$$\Rightarrow f_0 = \frac{\pi^2}{\sqrt{2\pi}} \quad und$$

$$f_n = \frac{2}{\sqrt{2\pi}}\frac{\cos(n\pi) - 1}{n^2} = \begin{cases} -\frac{4}{\sqrt{2\pi}n^2}, & n = 2k - 1, \;\; k \in \mathbb{Z}, \\ 0, & sonst \end{cases}$$

$$\Rightarrow f(x) = \frac{1}{\sqrt{2\pi}}\sum_{n=-\infty}^{\infty} f_n e^{inx} = \frac{\pi}{2} - \frac{4}{\pi}\sum_{k=1}^{\infty}\frac{\cos((2k-1)x)}{(2k-1)^2}$$

$$= \frac{\pi}{2} - \frac{4}{\pi}(\cos x + \frac{\cos 3x}{3^2} + \frac{\cos 5x}{5^2} + \dots).$$

Speziell in $x = 0$ *gilt:*

$$f(0) = \frac{\pi}{2} - \frac{4}{\pi}(1 + \frac{1}{3^2} + \frac{1}{5^2} + \dots).$$

Weiterhin ist

$$f'(x) = \begin{cases} 1 & für \;\; 0 < x < \pi, \\ -1 & für \;\; -\pi < x < 0 \end{cases}$$

$$\Rightarrow \|f'\|_2 = \sqrt{2\pi} \quad \Rightarrow \quad \|f - \sum_{j=-n}^{n} f_j u_j\|_\infty \le \sqrt{\frac{2}{n}}.$$

Schon gegen Ende von Kapitel 7.3 haben wir zur Berechnung von $\frac{\pi}{2}$ eine Itera- tion angegeben, die dagegen konvergiert. Eine andere Art, der Zahl „π" näher zu kommen, liefert die

Folgerung 9.35. *Es ist*

$$\sum_{n=1}^{\infty}\frac{1}{n^2} = \frac{\pi^2}{6}.$$

Beweis: Definiere $s := \sum\limits_{n=1}^{\infty} \frac{1}{n^2}$.

$$\Rightarrow s = 1 + \frac{1}{2^2} + \frac{1}{3^2} + \frac{1}{4^2} + \dots$$

$$= \left(1 + \frac{1}{3^2} + \frac{1}{5^2} + \dots\right) + \frac{1}{4}\left(1 + \frac{1}{2^2} + \frac{1}{3^2} + \dots\right)$$

$$\Rightarrow \frac{3}{4}s = \left(1 + \frac{1}{3^2} + \frac{1}{5^2} + \dots\right) = \frac{\pi}{4}\left(\frac{\pi}{2} - f(0)\right) = \frac{\pi^2}{8}$$

$$\Rightarrow s = \frac{\pi^2}{6}.$$

$\square$

Für die Fourierreihen haben wir bisher erkannt: Punktweise, sogar gleichmäßige Konvergenz liegt vor, wenn f stetig und f' stückweise stetig ist. Die Stetigkeit von f alleine reicht im Allgemeinen nicht aus (Gegenbeispiele). Andererseits muss f nicht stetig sein, denn Sprungstellen lassen sich behandeln, wenn man auf die Konvergenz in diesen Punkten verzichtet bzw. f geeignet abändert. Ein Beispiel soll dies veranschaulichen:

Beispiel 9.36. *Sei*

$$f(x) := \begin{cases} x & \text{für} \ -\pi < x < \pi, \\ \alpha & \text{für} \ \ \ x = -\pi, \\ \beta & \text{für} \ \ \ x = \pi, \end{cases}$$

mit $\alpha, \beta \in \mathbb{R}$. *Dann folgt* $f_0 = 0$, *und für* $n \neq 0$:

$$\sqrt{2\pi}f_n = \int_{-\pi}^{\pi} f(x)e^{-inx}dx = \lim_{\varepsilon \searrow 0} \int_{-\pi+\varepsilon}^{\pi-\varepsilon} f(x)e^{-inx}dx = \frac{xe^{-inx}}{-in}\bigg|_{-\pi}^{\pi} +$$

$$\frac{1}{in}\int_{-\pi}^{\pi} e^{-inx}dx = \frac{2\pi i}{n}(-1)^n \qquad (da \ \cos(n\pi) = (-1)^n)$$

$$\Rightarrow \sum_{n \in \mathbb{R}} |f_n|^2 \quad \text{konvergiert.}$$

Sei $f^* := \sum\limits_{n \in \mathbb{Z}} f_n u_n$ *in* $L^2(I, \mathbb{C})$. *Formal berechnet man:*

$$f^*(x) = i \sum_{n \neq 0} \frac{(-1)^n e^{inx}}{n} = -2 \sum_{n=1}^{\infty} \frac{(-1)^n}{n} \sin nx$$

$$= 2\left(\sin x - \frac{\sin 2x}{2} + \frac{\sin 3x}{3} \mp \dots\right).$$

Es ist $f^* = f$, *da das ONS* $\{u_n\}$ *vollständig ist* ($\Rightarrow f = \sum\limits_{n \in \mathbb{Z}} f_n u_n$ *in* L^2). *Wir stellen nun die Frage nach punktweiser Konvergenz, d. h. gilt für* $F_n(x) :=$

$\sum\limits_{j=-n}^{n} f_j u_j(x)$, dass $F_n(x) \to f(x)$ konvergiert? Dazu sei

$$g(x) := f(x)(1 + e^{ix}),$$

dann hat g keine Sprungstelle mehr (da $e^{i\pi} = e^{-i\pi} = -1$, also $g(\pm\pi) = 0$). Die Funktion g ist stetig und stückweise stetig differenzierbar, also lässt sich g nach Satz 9.33 in eine gleichmäßig konvergente Reihe entwickeln. Aus

$$\int\limits_{-\pi}^{\pi} g(x)e^{-inx}dx = \int\limits_{-\pi}^{\pi} f(x)e^{-inx}dx + \int\limits_{-\pi}^{\pi} f(x)e^{-i(n-1)x}dx$$

folgt:

$$g_n = f_n + f_{n-1}.$$

Sei $G_n(x) := \sum\limits_{j=-n}^{n} g_j u_j(x)$ dann gilt:

$$(1 + e^{ix})F_n(x) = \frac{1}{\sqrt{2\pi}} \left(\sum_{j=-n}^{n} f_j e^{ijx} + \sum_{j=-n}^{n} f_j e^{i(j+1)x} \right)$$

$$= \frac{1}{\sqrt{2\pi}} \left(\sum_{j=-n}^{n} (f_j + f_{j-1})e^{ijx} + f_n e^{i(n+1)x} - f_{-n-1}e^{-inx} \right)$$

$$= G_n(x) + \frac{1}{\sqrt{2\pi}}(f_n e^{i(n+1)x} - f_{-n-1}e^{-inx}).$$

Wegen $f_n \to 0$ und $\|G_n - g\|_\infty \to 0$ für $n \to \infty$ folgt:

$$\|(1 + e^{i\cdot})F_n - g\|_\infty \to 0 \text{ für } n \to \infty$$
$$\Rightarrow \|(1 + e^{i\cdot})(F_n - f)\|_\infty \to 0 \text{ für } n \to \infty$$

$\Rightarrow F_n \to f$ für $n \to \infty$ gleichmäßig in jedem abgeschlossenen Intervall, das die Punkte $x = -\pi$ und $x = \pi$ nicht enthält (damit $|1 + e^{iy}| \geq c > 0$ ist). Es gilt auch $F_n(\pm\pi) = 0$, d. h. in $x \in \{-\pi, \pi\}$ liegt punktweise Konvergenz vor, falls $\alpha = \beta = 0$ gilt, d. h. falls

$$f(\pi) = \frac{1}{2}(f(\pi + 0) + f(\pi - 0)) \qquad (\text{analog für } -\pi)$$

(typische Situation).

Kapitel 10

Die Topologie des $\mathbb{R}^n$

Worum geht's? *In den nächsten Kapiteln werden wir vor allem Funktionen von $\mathbb{R}^n$ nach $\mathbb{R}^m$ betrachten. Dafür müssen die bereits bekannten Begriffe wie etwa Stetigkeit, Konvergenz und Normen vom $\mathbb{R}^1$ auf den $\mathbb{R}^n$ übertragen werden. In diesem ersten kurzen Kapitel werden einige topologische Begriffe und Ergebnisse zusammengefasst, welche zum Teil auch allgemein in normierten oder metrischen Räumen gelten.*

10.1 $\mathbb{R}^n$ als normierter Vektorraum

Sei $n \in \mathbb{N}$ fest. Wir schreiben Vektoren des $\mathbb{R}^n$ in der Form

$$x = \begin{pmatrix} x_1 \\ \vdots \\ x_n \end{pmatrix}$$

(*Spaltenvektor*), der transponierte Vektor ist definiert durch $x^T := (x_1, \ldots, x_n)$ (*Zeilenvektor*). Das Standard-Skalarprodukt ist $\langle x, y \rangle := \sum_{i=1}^n x_i y_i$, die zugehörige Norm ist $|x| := \langle x, x \rangle^{1/2}$. Damit wird $\mathbb{R}^n$ zu einem normierten Raum mit Skalarprodukt, sogar zu einem Hilbertraum und damit einem Banachraum. Wir geben einige weitere Beispiele für normierte Räume an:

Beispiele 10.1.   *(i) Der Raum $(\mathbb{R}^n, \|\cdot\|_p)$ mit*

$$\|\cdot\|_p : \mathbb{R}^n \to [0, \infty), \quad x = (\xi_1, \ldots, \xi_n)^T \mapsto \begin{cases} \left(\sum_{i=1}^n |\xi_i|^p \right)^{1/p} & \text{für } 1 \leq p < \infty, \\ \max_{i=1,\ldots,n} |\xi_i| & \text{für } p = \infty, \end{cases}$$

ist ein normierter Raum (siehe unten).

(ii) *Die Folgenräume $(\ell_p, \|\cdot\|_p)$ sind für $1 \leq p \leq \infty$ normierte Räume (siehe unten), wobei*

$$\ell_p := \{x = (\xi_1, \xi_2, \dots) = (\xi_n)_{n \in \mathbb{N}} \mid \forall j \in \mathbb{N} \; \xi_j \in \mathbb{C}, \; \sum_{j=1}^{\infty} |\xi_j|^p < \infty\} \; und$$

$$\|\cdot\|_p : \ell_p \to [0, \infty), \quad x \mapsto \left(\sum_{j=1}^{\infty} |\xi_j|^p \right)^{1/p} \quad für \; 1 \leq p < \infty, \; und$$

$$\ell_\infty := \{x = (\xi_n)_{n \in \mathbb{N}} \mid \forall j \in \mathbb{N} \; \xi_j \in \mathbb{C}, \; \sup_{j \in \mathbb{N}} |\xi_j| < \infty\} \; und$$

$$\|\cdot\|_\infty : \ell_\infty \to [0, \infty), \quad x \mapsto \sup_{j \in \mathbb{N}} |\xi_j|$$

sind.

(iii) *Für $I = (a, b) \subset \mathbb{R}$ wird $C(\overline{I}, \mathbb{R})$ mit*

$$\|\cdot\|_\infty : C(\overline{I}, \mathbb{R}) \to [0, \infty), \quad f \mapsto \sup_{x \in \overline{I}} |f(x)|$$

zu einem normierten Raum.

(iv) *$C(\overline{I}, \mathbb{R})$ mit $\|f\|_p := (\int_I |f|^p)^{1/p}$, $1 \leq p < \infty$.*

Im folgenden Satz weisen wir nach, dass die Beispiele die Dreiecksungleichung erfüllen.

Satz 10.2. *Seien $1 \leq p \leq \infty$, $\quad q := \begin{cases} \frac{p}{p-1} & \text{für } p \neq 1, \\ \infty & \text{für } p = 1, \end{cases}$*

(d. h. $\frac{1}{p} + \frac{1}{q} = 1$), $x = (\xi_1, \dots) \in \ell_p$, $y = (\eta_1, \dots) \in \ell_q$ und $f, g : \overline{I} \to \mathbb{R}$ stetig für $I = (a, b) \subset \mathbb{R}$.
Dann gelten

(i) *die* Höldersche Ungleichung

$$\sum_{i=1}^{\infty} |\xi_i \cdot \eta_i| \leq \|x\|_p \cdot \|y\|_q \quad bzw.$$

$$\int_I |f(x) g(x)| dx \leq \|f\|_p \cdot \|g\|_q \, ,$$

(ii) *die* Minkowskische Ungleichung[1]*, für $x, y \in \ell_p$,*

$$\|x + y\|_p \leq \|x\|_p + \|y\|_p \quad bzw.$$
$$\|f + g\|_p \leq \|f\|_p + \|g\|_p \quad und$$

---

[1]Hermann Minkowski, 22.6.1864 – 12.1.1909

(iii) die Youngsche Ungleichung[2]

$$\forall \xi, \eta \geq 0 \ : \ \xi \cdot \eta \leq \frac{\xi^p}{p} + \frac{\eta^q}{q} \qquad \textit{für } 1 < p < \infty;$$

die Gleichheit gilt in dieser Ungleichung nur für $\eta = \xi^{p-1}$.

Beweis: (iii): Sei $a > 0$ und definiere $\tau : \mathbb{R}^+ \to \mathbb{R}^+$, $t \mapsto \tau(t) := t^a$. Dann ist $\frac{d}{dt}\tau(t) = a \cdot t^{a-1} > 0$, also ist τ eine injektive und somit invertierbare Funktion und $t = \tau^{1/a}$ ist definiert.

Seien
$$S_1 := \{(x,y) \in \mathbb{R}^2 \,|\, x \in [0, \xi] \,, 0 \leq y \leq x^a\} \text{ und}$$
$$S_2 := \{(x,y) \in \mathbb{R}^2 \,|\, x \in [0, \eta^{1/a}] \,, x^a \leq y \leq \eta\}.$$

Dann sind ($|S_1|$ bezeichne das anschauliche Flächenmaß der Menge S_1)

$$|S_1| = \int\limits_0^\xi t^a dt = \frac{1}{a+1}\xi^{a+1} \qquad \text{und}$$

$$|S_2| = \eta\eta^{1/a} - \int\limits_0^{\eta^{1/a}} t^a dt = \eta\eta^{1/a} - \frac{1}{a+1}(\eta^{1/a})^{1+a} = \frac{a}{a+1}\eta^{1+1/a}.$$

Wie man sich leicht anschaulich klarmacht, ist $|S_1| + |S_2| \geq \xi\eta$, wobei die Gleichheit nur für $\eta = \xi^a$ gilt. Für $a = p - 1$, d. h. $q = \frac{a+1}{a}$, ergibt sich

$$\xi \cdot \eta \leq \frac{1}{p}\xi^p + \frac{1}{q}\eta^q \,,$$

wobei Gleichheit nur für $\eta = \xi^{p-1}$ gilt.

(i): Für $p = 1$ oder $p = \infty$ oder $x = 0$ oder $y = 0$ ist die Behauptung klar. Seien also
$1 < p < \infty$, $x \neq 0 \neq y$.
Setze für $i \in \mathbb{N} : \xi := \frac{|\xi_i|}{\|x\|_p}$ und $\eta := \frac{|\eta_i|}{\|y\|_q}$.
Aus der Youngschen Ungleichung folgt:

$$\frac{|\xi_i| \cdot |\eta_i|}{\|x\|_p\|y\|_q} \leq \frac{|\xi_i|^p}{p \cdot \|x\|_p^p} + \frac{|\eta_i|^q}{q \cdot \|y\|_q^q} \,.$$

Summation über i und Multiplikation mit $\|x\|_p \cdot \|y\|_q$ liefert die Behauptung. Die zweite Behauptung zeigt man ebenso, wobei dann

$$\xi := \frac{|f(x)|}{\|f\|_p} \text{ und } \eta := \frac{|g(x)|}{\|g\|_q} \text{ gewählt werden.}$$

(ii): Die Behauptung ist wiederum klar für $p = 1$ oder $p = \infty$. Sei also $1 < p < \infty$. Dann ist

$$\|x + y\|_p^p = \sum_{i=1}^\infty |\xi_i + \eta_i|^p \leq \sum_{i=1}^\infty |\xi_i + \eta_i|^{p-1}|\xi_i| + \sum_{i=1}^\infty |\xi_i + \eta_i|^{p-1}|\eta_i|$$

---

[2]William Henry Young, 20.10.1862 – 7.7.1942

$$\leq \left(\sum_{i=1}^{\infty} |\xi_i + \eta_i|^{(p-1)q} \right)^{1/q} \left(\|x\|_p + \|y\|_p \right)$$

$$= \|x + y\|_p^{p/q} \left(\|x\|_p + \|y\|_p \right).$$

Da $p - \frac{p}{q} = p - (p-1) = 1$ ist, folgt hieraus die Behauptung. Analog beweist man die zweite Behauptung. $\qquad\square$

10.2   Stetigkeit und Kompaktheit

Wir kommen noch einmal auf die Charakterisierung kompakter Mengen im $\mathbb{R}^n$ zurück, siehe Bemerkung 5.43. Die Ergebnisse, die wir aus Kapitel 5 bereits für den Fall $n = 1$ kennen, lassen sich auf den allgemeinen Fall übertragen.

Satz 10.3 (von Bolzano-Weierstraß im $\mathbb{R}^n$). *Sei* $(x_k)_{k \in \mathbb{N}} \subset \mathbb{R}^n$ *beschränkt. Dann existiert eine konvergente Teilfolge* $(x_{k_j})_{j \in \mathbb{N}}$.

Beweis: Im Beweis verwenden wir die Bezeichnung $P_j x := \xi_j$ für Vektoren $x = (\xi_1, \dots, \xi_n)^T \in \mathbb{R}^n$, d. h. $P_j x$ ist die j-te Komponente des Vektors x. Sei $(x_k)_{k \in \mathbb{N}} \subset \mathbb{R}^n$ mit $|x_k| = \|x_k\|_2 \leq M$. Dann gilt $|P_j x_k| \leq M$ für $j = 1, \dots, n, k \in \mathbb{N}$. Nach dem Satz von Bolzano & Weierstraß (Satz 5.29) in $\mathbb{R}$ existiert eine Teilfolge $(x_\ell^{(1)})_{\ell \in \mathbb{N}}$ von $(x_k)_{k \in \mathbb{N}} \subset \mathbb{R}^n$, für die $(P_1 x_\ell^{(1)})_{\ell \in \mathbb{N}} \subset \mathbb{R}$ konvergiert.

Davon existiert wieder eine Teilfolge $(x_\ell^{(2)})_{\ell \in \mathbb{N}}$, für welche $(P_2 x_\ell^{(2)})_{\ell \in \mathbb{N}} \subset \mathbb{R}$ konvergiert, usw. Insgesamt erhalten wir eine Teilfolge $(x_\ell^{(n)})_{\ell \in \mathbb{N}}$, für die alle Komponenten $(P_j x_\ell^{(j)})_{\ell \in \mathbb{N}} \subset \mathbb{R}$, $j = 1, \dots, n$, konvergent sind, d. h. $(x_\ell^{(n)})_{\ell \in \mathbb{N}} \subset \mathbb{R}^n$ konvergiert. $\qquad\square$

Der folgende Satz verallgemeinert die Aussage von Satz 5.41, wobei sich der Beweis direkt übertragen lässt. Dabei betrachten wir im $\mathbb{R}^n$ „abgeschlossene Intervalle" J, die wie folgt definiert sind:

$$J = \left\{ x = (\xi_1, \dots \xi_n) \in \mathbb{R}^n \,|\, \alpha_i \leq \xi_i \leq \beta_i, i = 1, \dots, n \right\}$$

für gegebene α_j, β_j mit $-\infty < \alpha_j < \beta_j < \infty$.

Satz 10.4. *Sei* J *ein abgeschlossenes Intervall in* $\mathbb{R}^n$. *Dann ist* J *kompakt.*

Beweis: Seien $J = \left\{ x = (\xi_1, \dots \xi_n) \in \mathbb{R}^n \,|\, \alpha_i \leq \xi_i \leq \beta_i, i = 1, \dots, n \right\}$ und

$$\delta := \sqrt{ \sum_{j=1}^{n} (\beta_j - \alpha_j)^2 } \ \text{(d. h. } \forall x, y \in J : |x - y| \leq \delta \text{)}.$$

Annahme: Es gebe eine offene Überdeckung $\{M_\lambda\}_{\lambda \in \Lambda}$ von J, die *keine* endliche Teilüberdeckung besitzt.

Wir teilen J nun in 2^n abgeschlossene Intervalle Q_i, die alle die halbe Kantenlänge von J haben. Mindestens eine dieser Mengen Q_i kann nach unserer Annahme nicht endlich überdeckt werden; wir nennen diese J_1.

Nun unterteilen wir J_1 wiederum in 2^n Intervalle Q_i mit halber Kantenlänge, wählen ein nicht endlich überdeckbares abgeschlossenes Intervall J_2 mit halber Kantenlänge von J_1 und fahren analog fort. Wir erhalten eine Folge $(J_i)_{i \in \mathbb{N}}$ von abgeschlossenen Intervallen mit folgenden Eigenschaften:

(i) $J_i \supset J_{i+1}$,

(ii) $\forall x, y \in J_i : |x - y| \leq \frac{\delta}{2^i}$,

(iii) J_i ist nicht endlich überdeckbar.

Nach Satz 5.40 (für $\mathbb{R}^n$) existiert ein $z \in \bigcap_{i=1}^{\infty} J_i$. Ferner existiert ein $\lambda_0 \in \Lambda :$ $z \in M_{\lambda_0}$; da M_{λ_0} offen ist, gibt es ein $r > 0$ mit $B(z, r) \subset M_{\lambda_0}$. Ist i_0 so groß, dass $\frac{\delta}{2^{i_0}} < r$ ist, so ist $J_{i_0} \subset M_{\lambda_0}$, was im Widerspruch zur nicht endlichen Überdeckbarkeit von J_{i_0} steht. $\qquad \square$

Wir erhalten die gewünschte Charakterisierung kompakter Mengen im $\mathbb{R}^n$:

Satz 10.5. *Für $K \subset \mathbb{R}^n$ sind äquivalent:*

(i) K ist abgeschlossen und beschränkt,

(ii) K ist kompakt,

(iii) jede Folge $(x_k)_{k \in \mathbb{N}} \subset K$ besitzt eine konvergente Teilfolge $(x_{k_j})_{j \in \mathbb{N}}$ mit $x := \lim_{j \to \infty} x_{k_j} \in K$.

Beweis: Der Beweis lässt sich wörtlich aus dem eindimensionalen Fall übertragen (vgl. Satz 5.42). $\qquad \square$

Das Prinzip der Intervallschachtelung (Satz 5.40) gilt allgemeiner für beschränkte und abgeschlossene Mengen im $\mathbb{R}^n$:

Satz 10.6 (Intervallschachtelung). *Seien $A_k \subset \mathbb{R}^n$, $A_k \neq \emptyset$, A_k abgeschlossen, mit $A_k \supset A_{k+1}$ $(k \in \mathbb{N})$. Falls ein A_k beschränkt ist, so ist $\bigcap_{k \in \mathbb{N}} A_k \neq \emptyset$.*

Beweis: O.E. sei A_1 beschränkt und damit kompakt. Angenommen $\bigcap_{k \in \mathbb{N}} A_k = \emptyset$. Dann ist $A_1 \subset \bigcup_{k \in \mathbb{N}} (\mathbb{R}^n \setminus A_k) = \mathbb{R}^n$ eine offene Überdeckung. Da A_1 kompakt ist, existiert eine endliche Teilüberdeckung $A_1 \subset \bigcup_{k=1}^{K} (\mathbb{R}^n \setminus A_k) = \mathbb{R}^n \setminus A_K$, d. h. $A_K = A_1 \cap A_K = \emptyset$; Widerspruch. $\qquad \square$

Im Folgenden werden wir Abbildungen

$$f : X \supset D(f) \to Y$$

behandeln. Dabei sind $D(f)$ der Definitionsbereich von f und (X, d_X), (Y, d_Y) metrische Räume. Insbesondere interessieren die Fälle $X = \mathbb{R}^n$ und $Y = \mathbb{R}^m$. Man beachte, dass durch die Einschränkung der Metrik d_X bzw. d_Y auch $D(f)$ und der Wertebereich $R(f)$ wieder metrische Räume sind.

Wir wissen bereits, dass für eine Funktion $f : X \to Y$ zwischen zwei metrischen Räumen X, Y folgende Aussagen äquivalent sind:

(i) f ist stetig.

(ii) $\forall V \subset Y, V$ offen $: f^{-1}(V) \subset X$ offen .

(iii) $\forall V \subset Y, V$ abgeschlossen $: f^{-1}(V) \subset X$ abgeschlossen.

(iv) $\forall (x_k)_{k \in \mathbb{N}} \subset X,\ x_k \to x : f(x_k) \to f(x)$.

Beispiel 10.7. *Seien $X = \mathbb{R}^2$ und $Y = \mathbb{R}$; beide Räume seien mit der euklidischen Metrik versehen. Definiere $f \colon X \to Y,\ (x,y) \mapsto f(x,y)$ durch*

$$f(x,y) := \begin{cases} \frac{x \cdot y}{x^2 + y^2} & \text{für } x^2 + y^2 > 0, \\ 0 & \text{für } x = y = 0. \end{cases}$$

Die Funktion f ist in $(x_0, y_0) \neq (0,0)$ stetig. In $(0,0)$ ist sie partiell stetig, d. h.

$$\lim_{x \to 0} f(x,0) = \lim_{y \to 0} f(0,y) = 0,$$

aber sie ist nicht stetig, da für $a \neq 0$

$$f(x, ax) = \begin{cases} \frac{a}{1 + a^2} & \text{für } x \neq 0, \\ 0 & \text{für } x = 0, \end{cases}$$

ist; die Funktion springt also längs der Geraden $x \mapsto ax$.

Satz 10.8. *Seien $f \colon X \to Y$ eine stetige Funktion und $K \subset X$ kompakt. Dann gilt:*

(i) $f(K)$ ist kompakt.

(ii) $f|_K$ ist gleichmäßig stetig.

Beweis:

(i) Sei $\mathscr{V}$ eine offene Überdeckung von $f(K)$. Dann ist $\mathscr{U} := \{U = f^{-1}(V) \,|\, V \in \mathscr{V}\}$ eine offene Überdeckung von K.

Da K kompakt ist, genügen endlich viele Mengen $U_1, \ldots, U_n \in \mathscr{U}$, $n \in \mathbb{N}$, zur Überdeckung von K. Die Menge $f(K)$ wird dann von $f(U_1), \ldots, f(U_n)$ überdeckt.

(ii) wird wie im eindimensionalen Fall bewiesen. $\square$

Folgerung 10.9. *Seien $f \in C(\mathbb{R}^n, \mathbb{R}^m)$ und $K \subset \mathbb{R}^n$ kompakt. Dann gilt:*

(i) $f(K)$ ist beschränkt und abgeschlossen.

(ii) Die Extremwerte von $|f|$ werden angenommen, d. h. es ist
$$\sup_{x \in K} |f(x)| = \max_{x \in K} |f(x)| \quad \text{und} \quad \inf_{x \in K} |f(x)| = \min_{x \in K} |f(x)|.$$

Es soll nun ein Ausblick auf ein Analogon zum Zwischenwertsatz gegeben werden. Dazu benötigen wir den Begriff des „Zusammenhangs".

Definition 10.10. *(i) Ein metrischer Raum X heißt „nichtzusammenhängend" :$\Leftrightarrow \exists A$, $\emptyset \subsetneq A \subsetneq X$: A ist offen und abgeschlossen.*

(ii) Ein metrischer Raum X heißt „zusammenhängend" :$\Leftrightarrow X$ ist nicht nichtzusammenhängend.

Bemerkung 10.11. *Die Definition in (i) ist äquivalent zu*
$$\exists A, B \neq \emptyset, \quad A \cap B = \emptyset : \quad X = A \cup B, \quad A \text{ und } B \text{ abgeschlossen (oder } A \text{ und } B \text{ offen).}$$

Satz 10.12 (Zwischenwertsatz). *Seien X ein zusammenhängender metrischer Raum, Y ein metrischer Raum und $f : X \to Y$ eine stetige Abbildung. Dann ist $R(f)$ zusammenhängend.*

Beweis: Annahme: $\exists A \neq \emptyset$, $A \subsetneq R(f)$, A offen und abgeschlossen (im metrischen Raum $R(f)$).
Das heißt: $R(f) = A \cup B$ mit $B := R(f) \setminus A$ offen in $R(f)$.
Aus der Stetigkeit von f und den Eigenschaften von A und B folgt somit:

$$f^{-1}(A) \text{ und } f^{-1}(B) \text{ sind offen in } X,$$
$$f^{-1}(A) \neq \emptyset \neq f^{-1}(B) \text{ und } f^{-1}(A) \cap f^{-1}(B) = \emptyset.$$

Damit wäre aber auch X nichtzusammenhängend. Widerspruch! $\square$

Beispiele 10.13. *(i) Der mit der diskreten Metrik versehene Raum $X = \{0,1\}$ ist nichtzusammenhängend. Wähle $A = \{0\} = B(0,1/2)$.*
(ii) Der mit der euklidischen Metrik versehene Raum $X = \mathbb{R}^n$ ist zusammenhängend.

Mit Hilfe des Begriffs „Wegzusammenhang" kann der Bezug zum Zwischenwertsatz 7.19 leichter eingesehen werden.

Definition 10.14. *(i) Eine stetige Abbildung $\gamma : [a,b] \to \mathbb{R}^n$, $a < b$ aus $\mathbb{R}$, heißt „Weg". Die Punkte $\gamma(a)$ und $\gamma(b)$ heißen „durch den Weg γ stetig verbunden".*

(ii) $M \subset \mathbb{R}^n$ heißt „wegzusammenhängend", falls je zwei Elemente $m_1, m_2 \in M$ durch einen in M verlaufenden Weg stetig miteinander verbunden werden können.
Das heißt: $\exists a, b \in \mathbb{R}$, $\exists \gamma : [a,b] \to M$ stetig mit $\gamma(a) = m_1$, $\gamma(b) = m_2$.

Satz 10.15. *Wegzusammenhängende Mengen sind zusammenhängend.*

(Ohne Beweis:)
Die Umkehrung dieses Satzes gilt im Allgemeinen nicht. Die Menge

$$X := \left\{ (x,y) \in \mathbb{R}^2 \mid 0 < x \leq 1, \ y = \sin \tfrac{1}{x} \right\} \cup \left\{ (0,y) \in \mathbb{R}^2 \mid -1 \leq y \leq 1 \right\},$$

die mit der euklidischen Metrik des $\mathbb{R}^2$ zu einem metrischen Raum wird, ist ein Beispiel für einen zusammenhängenden, aber nicht wegzusammenhängenden Raum.

Seien X und Y normierte Räume über dem Körper $\mathbb{K}$, wobei wieder $\mathbb{K} = \mathbb{R}$ oder $\mathbb{K} = \mathbb{C}$. Wir betrachten nun lineare Abbildungen $A\colon X \to Y$, wobei wir statt $A(x)$ meist Ax schreiben. Im Fall $Y = \mathbb{K}$ heißt eine lineare Abbildung $A\colon X \to \mathbb{K}$ auch ein lineares Funktional.

Eine lineare Abbildung $A\colon X \to Y$ ist genau dann stetig, wenn sie beschränkt ist, d. h. falls ein $c > 0$ existiert mit

$$\forall\, x \in X : \|Ax\|_Y \leq c\|x\|_X.$$

Definition 10.16. *Seien X und Y normierte Räume.*

(i) *Dann sei $L(X,Y) := \{A\colon X \to Y\,|\, A \text{ linear}, \sup_{\|x\|=1} \|Ax\| < \infty\}$ der Raum der „beschränkten linearen Abbildungen von X nach Y" („stetigen linearen Operatoren von X nach Y").*

(ii) *Die Abbildung*

$$\|\cdot\| : L(X,Y) \to \mathbb{R}_0^+,\, A \mapsto \|A\| := \sup_{\|x\|=1} \|Ax\| = \sup_{x \neq 0} \frac{\|Ax\|}{\|x\|} = \sup_{\|x\| \leq 1} \|Ax\|$$

heißt „Operatornorm".

Kapitel 11

Funktionen mehrerer Veränderlicher

Worum geht's? *In diesem Kapitel werden Funktionen mehrerer reeller Veränderlicher diskutiert; der zentrale Begriff ist hierbei der der „Differenzierbarkeit". Viele Aussagen aus dem eindimensionalen Fall lassen sich übertragen. Allerdings ist der Begriff der Ableitung selbst jetzt komplizierter. So kann die Ableitung einer Funktion $f \colon \mathbb{R}^n \to \mathbb{R}^m$ an einer Stelle $x \in \mathbb{R}^n$ als Matrix interpretiert werden. Behandelt werden hier unter anderem der Mittelwertsatz, die Taylorreihe und die Existenz von Extrema.*

11.1 Differenzierbare Abbildungen

Wir betrachten Funktionen $f \colon \mathbb{R}^n \supset D \to \mathbb{R}^m$. Definiere

$$B(D, \mathbb{R}^m) := \{ f \colon D \to \mathbb{R}^m \mid \sup_{x \in D} |f(x)| < \infty \}.$$

$B(D, \mathbb{R}^m)$ wird mit der Supremumsnorm $\|f\|_\infty := \sup\limits_{x \in D} |f(x)|$ zu einem normierten Raum.

Genau wie im $\mathbb{R}^1$ definieren wir

Definition 11.1. *Seien $D \subset \mathbb{R}^n$, $f_k \colon D \to \mathbb{R}^m$ Funktionen für $k \in \mathbb{N}$. Dann heißt die Funktionenfolge $(f_k)_k$ „gleichmäßig konvergent gegen $f \colon D \to \mathbb{R}^m$" genau dann, wenn $\lim\limits_{k \to \infty} \|f_k - f\|_\infty = 0$ ist.*

Komponentenweise zeigt man:

Satz 11.2. *Ist $(f_k)_k \subset C(D, \mathbb{R}^m)$ gleichmäßig konvergent gegen $f \colon D \to \mathbb{R}^m$, so ist $f \in C(D, \mathbb{R}^m)$.*

Speziell ergibt sich (wie auch in $\mathbb{R}^1$) die Vollständigkeit der Räume $B(D, \mathbb{R}^m)$ und $BC(D, \mathbb{R}^m) := C(D, \mathbb{R}^m) \cap B(D, \mathbb{R}^m)$ und $C(K, \mathbb{R}^m)$ für $K \subset \mathbb{R}^n$ kompakt. Wir werden in diesem Kapitel die Differentiation von Funktionen

$$f : \mathbb{R}^n \supset U \to \mathbb{R}^m, \quad U \text{ offen},$$

definieren und diskutieren. Eine direkte Übertragung der Definition für in $U \subset \mathbb{R}^1$ erklärte Funktionen ist nicht möglich, da der Differenzenquotient

$$\frac{f(x+h) - f(x)}{h}$$

für $h \in \mathbb{R}^n$ und $n \geq 2$ nicht erklärt ist.

Einen Hinweis auf eine mögliche Übertragung gibt jedoch die Taylorsche Formel (für $n = m = 1$):

$$f(x+h) = f(x) + f'(x) \cdot h + r(x,h)|h|$$

mit $\lim\limits_{h \to 0} r(x,h) = 0$.

Mit dieser Darstellung kann man auch die Ableitung f' definieren, und diese Definition werden wir für

$$f \colon \mathbb{R}^n \supset U \to \mathbb{R}^m$$

übertragen.

Definition 11.3. *(i) Seien $U \subset \mathbb{R}^n$ offen und $V_x := \{h \in \mathbb{R}^n \,|\, x + h \in U\}$ für $x \in U$.*

Dann heißt $f : U \to \mathbb{R}^m$ „an der Stelle $x \in U$ differenzierbar" genau dann, wenn gilt:

Es gibt $A(x) \in L(\mathbb{R}^n, \mathbb{R}^m)$ und eine im Nullpunkt stetige Abbildung $r(x, \cdot) : V_x \to \mathbb{R}^m$ mit $r(x, 0) = 0$ so, dass gilt:

$$f(x+h) = f(x) + A(x)h + r(x,h)|h| \quad \text{für } h \in V_x.$$

(ii) $f : U \to \mathbb{R}^m$ heißt „in U differenzierbar", falls f in allen $x \in U$ differenzierbar ist.

(iii) Falls $f : U \to \mathbb{R}^m$ an der Stelle $x \in U$ differenzierbar ist, heißt $f'(x) := A(x)$ „(erste) Ableitung von f an der Stelle x".

Im Falle einer differenzierbaren Funktion heißt die Abbildung

$$f' : U \to L(\mathbb{R}^n, \mathbb{R}^m), \quad x \mapsto f'(x)$$

„erste Ableitung von f ".

Bemerkung 11.4. *Die Ableitung $f'(x) = A(x)$ einer Funktion ist nur dann wohldefiniert, wenn sie eindeutig definiert ist. Wir weisen nach, dass dies der*

Fall ist: Es mögen $A_1(x)$ und $A_2(x)$ die Eigenschaften von $A(x)$ aus der Definition 11.3 (i) haben. Dann ist

$$(A_1(x) - A_2(x))h + (r_1(x,h) - r_2(x,h))|h| = 0.$$

Hieraus folgt für $y \in \mathbb{R}^n$, $y \neq 0$, und $t \in \mathbb{R} \setminus \{0\}$:

$$\left| (A_1(x) - A_2(x)) \frac{y}{|y|} \right| = \lim_{t \to 0} \frac{|(A_1(x) - A_2(x))ty|}{|ty|}$$
$$= \lim_{t \to 0} |r_1(x,ty) - r_2(x,ty)| = 0.$$

Also ist $A_1(x) = A_2(x)$.

Aus der Definition der Ableitung folgt sofort:

Satz 11.5. *Ist f in x differenzierbar, so ist f in x stetig.*

Wir hatten schon bei der Definition der Stetigkeit bemerkt, dass es wesentlich für die Definition ist, dass die Stetigkeit in allen Richtungen gemeint ist. Für die Stetigkeit in nur einer Richtung hatten wir den Begriff „partielle Stetigkeit" gebraucht.

Ebenso kann man von „partieller Differenzierbarkeit" sprechen. Besonders häufig benutzen wir partielle Ableitungen in Richtung der Koordinatenachsen.

Definition 11.6. *Sei $f \colon \mathbb{R}^n \supset U \to \mathbb{R}$ eine Funktion und sei $x \in U$. Bezeichne e_i den i-ten Einheitsvektor.*

(i) Existiert der Grenzwert

$$\lim_{h \to 0} \frac{f(x + he_i) - f(x)}{h}, \quad h \in \mathbb{R},$$

so heißt f „an der Stelle x in Richtung des i-ten Einheitsvektors partiell differenzierbar". Wir bezeichnen diese partielle Ableitung mit

$$\frac{\partial f(x)}{\partial x_i} := \lim_{h \to 0} \frac{f(x + he_i) - f(x)}{h}.$$

„Partielle Differenzierbarkeit in Richtung des i-ten Einheitsvektors" wird wie üblich definiert.

(ii) Ist f für $x \in U$ in Richtung aller Einheitsvektoren partiell differenzierbar, so heißt f „an der Stelle x partiell differenzierbar".

(iii) Der „Gradient von f an der Stelle x" wird für in x partiell differenzierbares f wie folgt definiert:

$$\operatorname{grad} f(x) := \nabla f(x) := \begin{pmatrix} \frac{\partial f(x)}{\partial x_1} \\ \vdots \\ \frac{\partial f(x)}{\partial x_n} \end{pmatrix} =: \begin{pmatrix} \frac{\partial}{\partial x_1} f(x) \\ \vdots \\ \frac{\partial}{\partial x_n} f(x) \end{pmatrix} =: \begin{pmatrix} \partial_1 f(x) \\ \vdots \\ \partial_n f(x) \end{pmatrix}.$$

Das Symbol „∇" heißt „Nabla" (von lat. „nablium", was ein antikes Saiteninstrument bezeichnet).

Bemerkung 11.7.   *(i) Die partielle Ableitung der Funktion f in Richtung des i-ten Einheitsvektors e_i an der Stelle $x \in U$ entspricht der bereits bekannten eindimensionalen Ableitung der Funktion*

$$g\colon \mathbb{R} \supset \tilde{U} \to \mathbb{R}, \quad t \mapsto f(x_1, \ldots, x_{i-1}, t, x_{i+1}, \ldots, x_n)$$

an der Stelle $t = x_i$. Hierbei ist $\tilde{U}$ das Bild der Projektion der Menge U auf die i-te Komponente. Also ist

$$\frac{\partial f(x)}{\partial x_i} = \frac{d}{dt} g(t)|_{t=x_i} \,.$$

(ii) Für in x differenzierbares $f : \mathbb{R}^n \to \mathbb{R}$ ist $f'(x) \in L(\mathbb{R}^n, \mathbb{R})$. Es folgt:

$$\exists f = (f^1(x), \ldots, f^n(x))^T \in \mathbb{R}^n \ \forall h \in \mathbb{R}^n : \ f'(x)h = \langle f, h \rangle = \sum_{i=1}^{n} f^i(x) \cdot h_i \,.$$

Setzen wir $h = e_i$, so erhalten wir insbesondere

$$f'(x)e_i = f^i(x) \,.$$

Andererseits ist

$$f'(x)e_i = \frac{f(x + h_i e_i) - f(x)}{h_i} - r(x, h_i e_i) \frac{|h_i e_i|}{h_i} \xrightarrow[h_i \to 0]{} \frac{\partial f(x)}{\partial x_i} \,.$$

Hieraus folgt

$$f'(x) = (\nabla f(x))^T \,.$$

Für Funktionen, die in den $\mathbb{R}^m$ abbilden, definiert man analog:

Definition 11.8. *Seien $f\colon \mathbb{R}^n \supset U \to \mathbb{R}^m$ eine Funktion, $x \in U$ und $e_i \in \mathbb{R}^n$ für $i \in \{1, \ldots, n\}$ der i-te Einheitsvektor.*
Existieren für $i \in \{1, \ldots, n\}$ und $j \in \{1, \ldots, m\}$ die Grenzwerte

$$\lim_{h \to 0} \frac{f_j(x + he_i) - f_j(x)}{h}, \quad h \in \mathbb{R},$$

wobei $f := (f_1, \ldots, f_m)^T$ sei, so heißt die Funktion f „an der Stelle x partiell differenzierbar".
Die Matrix

$$J_f(x) := \begin{pmatrix} \partial_1 f_1(x) & \ldots & \partial_n f_1(x) \\ \vdots & & \vdots \\ \partial_1 f_m(x) & \ldots & \partial_n f_m(x) \end{pmatrix} =: (\partial_1 f, \ldots, \partial_n f)(x) =: \frac{\partial f(x)}{\partial x}$$

heißt „Jacobi-Matrix[1] von f".

---

[1]Carl Gustav Jacob Jacobi, 10.12.1804 - 18.2.1851

Bemerkung 11.9. *Ebenso wie bei der Interpretation des Gradienten erhalten wir (bei Betrachtung der i-ten Zeile):*

$$f'(x) =: \left(\left(f_{ij}(x)\right)_{i=1}^m\right)_{j=1}^n \ mit \ f_{ij}(x) = \frac{\partial f_i(x)}{\partial x_j} \, .$$

Insgesamt ergibt sich für in x differenzierbare Funktionen der Zusammenhang

$$\forall h \in \mathbb{R}^n : f'(x)h = J_f(x)h = (h \cdot \nabla)f(x) = (h^T \nabla)f(x) = \sum_{j=1}^n h_j \frac{\partial f(x)}{\partial x_j},$$

wobei $(h^T \nabla)$ die Matrixmultiplikation meint. Wir schreiben nun auch ∇f statt J_f.

Beispiele 11.10. *(i) Definiere*

$$f : \mathbb{R}^2 \to \mathbb{R}^2, \ x \mapsto f(x) := \begin{pmatrix} x_1^2 - x_2^2 \\ x_1 x_2 \end{pmatrix} \, .$$

Wenn f differenzierbar ist, so ist nach obiger Bemerkung

$$f' : \mathbb{R}^2 \to L(\mathbb{R}^2, \mathbb{R}^2), \ x \mapsto f'(x) := \begin{pmatrix} 2x_1 & -2x_2 \\ x_2 & x_1 \end{pmatrix} \, .$$

Es bleibt nachzuweisen, dass diese lineare Abbildung die Eigenschaften der Abbildung $A(x)$ aus Definition 11.3 (ii) erfüllt.

(ii) Sei nun

$$f : \mathbb{R}^2 \to \mathbb{R}, \ x \mapsto f(x) := \begin{cases} \frac{x_1 x_2^2}{x_1^2 + x_2^2} & \text{für } x \neq 0, \\ 0 & \text{für } x = 0. \end{cases}$$

Für $x \neq 0$ kann man zeigen: f ist in x differenzierbar, und es gilt:

$$f'(x) = J_f(x) = \frac{1}{|x|^4} \left(x_2^2(-x_1^2 + x_2^2), 2x_1^3 x_2\right) \, .$$

Im Nullpunkt ist f jedoch nicht differenzierbar, denn für die partiellen Ableitungen in Richtung der Koordinatenachsen erhält man $\partial_1 f(0) = \partial_2 f(0) = 0$, d. h. es müsste $f'(0) = 0$ sein, aber die Ableitung in Richtung des Vektors $(1,1)$ ergibt:

$$\lim_{t \to 0} \frac{f(t(e_1 + e_2))}{t} = \lim_{t \to 0} \frac{f(t,t)}{t} = \frac{1}{2} \neq 0 \, .$$

Es gibt noch eine weitere mögliche Interpretation der Ableitung f' einer differenzierbaren Funktion. Für

$$f \colon \mathbb{R}^n \supset U \to \mathbb{R}^m, \qquad x \mapsto f(x)$$

hatten wir bisher gesagt:

$$f' : U \to L(\mathbb{R}^n, \mathbb{R}^m), \quad x \mapsto f'(x).$$

Ebenso kann man sagen:

$$f' : U \times \mathbb{R}^n \to \mathbb{R}^m, \quad (x, h) \mapsto f'(x, h) := f'(x)h,$$

wobei f' linear in der zweiten Komponente ist.

Die Menge der differenzierbaren Abbildungen bildet einen Vektorraum. Mit $C^1(U, \mathbb{R}^m)$ bezeichnen wir den Raum der differenzierbaren Abbildungen $f : U \subset \mathbb{R}^n \to \mathbb{R}^m$, deren Ableitung f' wieder stetig ist.

Es gelten die folgenden Rechenregeln

Satz 11.11. *(i) Seien $f, g : \mathbb{R}^n \supset U \to \mathbb{R}$ differenzierbare Funktionen. Dann ist auch $f \cdot g : U \to \mathbb{R}$ eine differenzierbare Funktion, und es gilt die „Produktregel":*

$$\forall x \in U : (fg)'(x) = g(x)f'(x) + f(x)g'(x).$$

(ii) Seien $f : \mathbb{R}^n \supset U \to \mathbb{R}^m$ und $g : \mathbb{R}^m \supset V \to \mathbb{R}^p$ differenzierbare Funktionen mit $f(U) \subset V$. Dann ist auch die Verkettung $g \circ f : U \subset \mathbb{R}^n \to \mathbb{R}^p$ eine differenzierbare Funktion, und es gilt die „Kettenregel":

$$\forall x \in U : (g \circ f)'(x) = (g' \circ f)(x) \cdot f'(x) \in L(\mathbb{R}^n, \mathbb{R}^p).$$

Beweis: Die erste Behauptung ist klar.

(ii): Sei für $x \in U$ und $h \in \mathbb{R}^n$ (mit $x + h \in U$)

$$H := H(x, h) := f(x + h) - f(x) = f'(x)h + r_f(x, h)|h|.$$

Dann ist

$$\begin{aligned}
g(f(x + h)) - g(f(x)) &= g'(f(x))H + r_g(f(x), H)|H| \\
&= g'(f(x))f'(x)h + g'(f(x))r_f(x, h)|h| \\
&\quad + r_g(f(x), H)|H| \\
&=: g'(f(x))f'(x)h + r_{g \circ f}(x, h) \cdot |h|
\end{aligned}$$

mit

$$r_{g \circ f}(x, h) := g'(f(x))r_f(x, h) + r_g(f(x), H)\frac{|H|}{|h|}$$

$$\to 0 \text{ für } h \to 0.$$

$\square$

Wir wollen nun eine anschauliche Interpretation des Gradienten geben. Hierzu benötigen wir den Begriff der „Richtungsableitung".

Definition 11.12. *Seien $f : \mathbb{R}^n \to \mathbb{R}$ eine differenzierbare Funktion, $x_0, h_0 \in \mathbb{R}^n$ mit $|h_0| = 1$ und*

$$F : \mathbb{R} \to \mathbb{R}, \ t \mapsto F(t) := f(x_0 + t h_0) \,.$$

Dann ist F eine differenzierbare Funktion und

$$F'(0) = \lim_{t \to 0} \frac{f(x_0 + t h_0) - f(x_0)}{t} = f'(x_0) h_0 = \nabla f(x_0) \cdot h_0$$

heißt „Richtungsableitung von f in Richtung h_0 an der Stelle x_0".

In einem Punkt x_0 ist die Richtungsableitung betragsmäßig maximal, falls $\nabla f(x_0)$ in Richtung von h_0 zeigt. Das bedeutet, dass die Richtung des Gradienten die Richtung der stärksten Änderung der Funktion f angibt. Der Betrag der Richtungsableitung in Richtung des Gradienten entspricht dem Betrag des Gradienten.

Wir betrachten nun speziell Funktionen $f : \mathbb{R}^2 \supset U \to \mathbb{R}$. In diesem Fall kann man sich den Graphen von f als Fläche im dreidimensionalen Raum vorstellen. Die Mengen der Punkte im $\mathbb{R}^2$, in denen f einen konstanten Wert $c \in \mathbb{R}$ annimmt,

$$N_f(c) := \{x \in U : f(x) = c\}$$

heißen „Höhenlinien". Nun definiere für $c \in \mathbb{R}$ eine Abbildung

$$x : \mathbb{R} \to N_f(c), \ t \mapsto x(t) = (x_1(t), x_2(t)) \,.$$

Da $f(x(t))$ konstant ist für alle $t \in \mathbb{R}$, gilt:

$$\begin{aligned} 0 = \frac{d}{dt} f(x(t)) &= \partial_1 f(x(t)) \cdot x_1'(t) + \partial_2 f(x(t)) \cdot x_2'(t) \\ &= \nabla f(x(t)) \cdot x'(t) \,. \end{aligned}$$

Das bedeutet, dass entweder $\nabla f(x(t)) = 0$ oder $x'(t) = 0$ sind oder aber dass die beiden Vektoren senkrecht aufeinander stehen.
Abbildungen

$$\beta : \mathbb{R} \to \mathbb{R}^2 \,, \ t \mapsto \beta(t)$$

heißen „Falllinien", wenn gilt: $\frac{d}{dt} \beta(t) = \nabla f(\beta(t))$. Wir haben gerade gezeigt, dass Höhenlinien und Falllinien senkrecht aufeinander stehen.

Beispiel 11.13. *Sei $f : \mathbb{R}^2 \to \mathbb{R}$, $x \mapsto f(x) := |x|^2 = x_1^2 + x_2^2$.*
Die Funktion f ist differenzierbar, und es gilt für $x_0 \in \mathbb{R}^2$, $x_0 \neq 0$:

$$\nabla f(x_0) = 2 x_0 = 2|x_0| \cdot \tilde{x}_0 \quad \text{mit } \tilde{x}_0 = \frac{x_0}{|x_0|} \,.$$

Somit ändert sich f in radialer Richtung am meisten; die Falllinien sind Ursprungsgeraden, die Höhenlinien konzentrische Kreise.

Einige Ableitungen haben aufgrund ihrer Bedeutung eine besondere Bezeichnung erhalten.

Definition 11.14. *(i) Sei* $f : \mathbb{R}^n \to \mathbb{R}^n$ *eine differenzierbare Funktion. Dann heißt die Abbildung*

$$\operatorname{div} f : \mathbb{R}^n \to \mathbb{R}, \quad x \mapsto \operatorname{div} f(x) := \sum_{i=1}^{n} \partial_i f_i(x)$$

„Divergenz von f ".

(ii) Sei $f : \mathbb{R}^3 \to \mathbb{R}^3$ *eine differenzierbare Funktion. Dann heißt die Abbildung*

$$\operatorname{rot} f : \mathbb{R}^3 \to \mathbb{R}^3, \quad x \mapsto \operatorname{rot} f(x) := \begin{pmatrix} \partial_2 f_3(x) - \partial_3 f_2(x) \\ \partial_3 f_1(x) - \partial_1 f_3(x) \\ \partial_1 f_2(x) - \partial_2 f_1(x) \end{pmatrix}$$

„Rotation von f ".

(iii) Der Operator Δ *auf dem Raum der zweimal stetig differenzierbaren Funktionen,*

$$\Delta : C^2(\mathbb{R}^n; \mathbb{R}) \to C(\mathbb{R}^n; \mathbb{R})$$

$$f \mapsto \Delta f := \sum_{i=1}^{n} \partial_i^2 f,$$

also $\Delta = \operatorname{div} \operatorname{grad}$, *heißt „Laplace-Operator*[2] *". Für beliebiges* $m \in \mathbb{N}$ *definiert man*

$$\Delta : C^2(\mathbb{R}^n, \mathbb{R}^m) \to C(\mathbb{R}^n, \mathbb{R}^m)$$

$$f = (f_1, \dots, f_m)^T \mapsto (\Delta f_1, \dots, \Delta f_m)^T.$$

Beispiel 11.15. *Für* $f : \mathbb{R}^3 \backslash \{0\} \to \mathbb{R}^3$, $x \mapsto f(x) := \frac{x}{|x|^3}$, *und* $g : \mathbb{R}^3 \backslash \{0\} \to \mathbb{R}$, $x \mapsto g(x) := -\frac{1}{|x|}$, *gilt* $f = \nabla g$, $\Delta g = \operatorname{div} f = 0$, $\operatorname{rot} f = \operatorname{rot} \nabla g = 0$.

Zum Abschluss dieses Kapitels untersuchen wir (im Vorgriff auf Kapitel 16), wann die Umkehrabbildung einer differenzierbaren Funktion, wenn sie existiert, auch wieder differenzierbar ist.

Satz 11.16. *Seien* $U \subset \mathbb{R}^n$ *offen,* $a \in U$ *und* $f : U \to \mathbb{R}^n$ *eine injektive Abbildung, die in* a *differenzierbar ist mit* $\det f'(a) \neq 0$. *Seien* $b := f(a)$ *ein innerer Punkt von* $f(U)$ *und*

$$g := f^{-1} : f(U) \to \mathbb{R}^n$$

stetig in b.
Dann ist g *an der Stelle* b *differenzierbar, und für die Ableitung gilt:*

$$g'(b) = (f'(a))^{-1}.$$

---

[2]Pierre Simon Laplace, 28.3.1749 – 5.3.1827

Bemerkung 11.17. *Die Bedingungen „$b = f(a)$ ist innerer Punkt von $f(U)$"* *und „g ist stetig in b" folgen aus den sonstigen Voraussetzungen, wie wir später beweisen werden. Auch die Injektivität von f folgt aus der Bedingung* *$\det f'(a) \neq 0$, wobei die Umgebung U eventuell verkleinert werden muss.*

Beweis von Satz 11.16: Für $x \in \mathbb{R}^n$, $|x|$ genügend klein, ist

$$f(a + x) = f(a) + f'(a)x + r(a, x)|x|$$
$$= f(a) + F(a, x)x$$

$$\text{mit } F(a, x) := \begin{cases} f'(a) + r(a, x)x_0^T & \text{für } x \neq 0, \\ f'(a) & \text{für } x = 0, \end{cases}$$

wobei $x_0 := \frac{x}{|x|}$. Beachte $|x| = \langle \frac{x}{|x|}, x \rangle = x_0^T \cdot x$.

Die Abbildung $F(a, \cdot)$ hat die folgenden Eigenschaften:

(i) $F(a, \cdot) : \mathbb{R}^n \to L(\mathbb{R}^n, \mathbb{R}^n)$ ist stetig in $x = 0$.

Beweis: Es gilt

$$\|F(a, x) - F(a, 0)\| = \|r(a, x)x_0^T\| = \sup_{|h|=1} |r(a, x)||x_0^T h|$$

$$\leq |r(a, x)| \to 0 \text{ für } |x| \to 0.$$

(ii) $F(a, \cdot)$ ist in einer Umgebung $U(0)$ des Nullpunktes invertierbar und es gilt $\lim_{x \to 0} (F(a, x))^{-1} = (f'(a))^{-1}$.

Beweis: Die Invertierbarkeit von $F(a, x)$ für $x \in U(0)$, wobei $U(0)$ eine geeignete Umgebung des Nullpunktes bezeichnet, ist klar, da wegen $\det f'(a) \neq 0$ für $x \in U(0)$ gilt: $\det F(a, x) \neq 0$. Somit existiert die Abbildung $F(a, \cdot)^{-1}$ in $U(0)$; die Stetigkeit dieser Abbildung folgt aus der Identität

$$F(a, x + h)^{-1} - F(a, x)^{-1} = F(a, x + h)^{-1} \big(F(a, x) - F(a, x + h) \big) F(a, x)^{-1}.$$

Wähle nun für $x \in \mathbb{R}^n, |x|$ genügend klein, y so, dass

$$f(a + x) = b + y, \text{ also } a + x = g(b + y).$$

Bezeichnet $G(y) := (F(a, x))^{-1}$, so ist

$$G(y)y = G(y)(f(a + x) - f(a)) = G(y)(F(a, x)x) = x,$$

und somit ist

$$g(b + y) = g(b) + G(y)y.$$

Aus der Stetigkeit von g folgt:

$$\lim_{y \to 0} G(y) = \lim_{y \to 0} (F(a, g(b + y) - g(b)))^{-1} = (F(a, 0))^{-1} = (f'(a))^{-1}.$$

Aus den beiden letzten Gleichungen folgt die Existenz der Ableitung von g in b sowie die Identität

$$g'(b) = (f'(a))^{-1}.$$

$\square$

Eine wichtige Anwendung obigen Satzes sind Koordinatentransformationen.

Beispiel 11.18 (Polarkoordinaten). *Definiere die Koordinatentransformation*

$$f : \mathbb{R}^+ \times (0, 2\pi) \to \mathbb{R}^2, \quad (r, \varphi) \mapsto f(r, \varphi) = \begin{pmatrix} x \\ y \end{pmatrix} = \begin{pmatrix} r \cdot \cos \varphi \\ r \cdot \sin \varphi \end{pmatrix}.$$

Die Abbildung f ist injektiv und für die Umkehrabbildung $f^{-1} = g$ erhalten wir

$$g : \mathbb{R}^2 \setminus (\mathbb{R}_0^+ \times \{0\}) \to \mathbb{R}^2, \quad (x, y) \mapsto g(x, y) = \begin{pmatrix} r \\ \varphi \end{pmatrix}$$

$$\text{mit } r := \sqrt{x^2 + y^2} \text{ und } \varphi := \begin{cases} \arctan(y/x) & \text{für } x > 0, y > 0, \\ \pi/2 & \text{für } x = 0, y > 0, \\ \pi + \arctan(y/x) & \text{für } x < 0, \\ 3\pi/2 & \text{für } x = 0, y < 0, \\ 2\pi + \arctan(y/x) & \text{für } x > 0, y < 0. \end{cases}$$

Nun ist f im ganzen Definitionsbereich differenzierbar mit

$$\det f'(r, \varphi) = \det \begin{pmatrix} \cos \varphi & -r \sin \varphi \\ \sin \varphi & r \cos \varphi \end{pmatrix} = r > 0 \quad \left((r, \varphi) \in \mathbb{R}^+ \times (0, 2\pi) \right).$$

Auch g ist überall differenzierbar, und wir erhalten:

$$g'(x, y) = \begin{pmatrix} \frac{x}{\sqrt{x^2+y^2}} & \frac{y}{\sqrt{x^2+y^2}} \\ \frac{-y}{x^2+y2} & \frac{x}{x^2+y^2} \end{pmatrix} = \begin{pmatrix} \cos \varphi & \sin \varphi \\ -\frac{\sin \varphi}{r} & \frac{\cos \varphi}{r} \end{pmatrix}$$

$$= (f'(r, \varphi))^{-1}.$$

Differenzierbare und injektive Funktionen $f : \mathbb{R}^n \to \mathbb{R}^n$ mit invertierbarer Ableitung spielen z. B. für Koordinatentransformationen eine wichtige Rolle und erhalten einen eigenen Namen.

Definition 11.19. *Seien $U \subset \mathbb{R}^n$ offen und $f \in C^1(U, \mathbb{R}^n)$ eine invertierbare Funktion mit offenem Wertebereich $f(U)$ und stetig differenzierbarer Umkehrabbildung. Dann heißt f „Diffeomorphismus von U auf $f(U)$".*

Die Voraussetzung „$f(U)$ offen" ist entbehrlich in dieser Definition, wie wir später sehen werden.

11.2 Der Mittelwertsatz

Die Übertragung des Mittelwertsatzes (Satz 7.60) auf reellwertige Funktionen im $\mathbb{R}^n$ ist möglich, wenn die lineare Verbindung der beiden betrachteten Punkte a und b, also die Menge $\Gamma_{ab} := \{x \in \mathbb{R}^n \mid \exists t \in (0, 1) : x = \gamma_{ab}(t) := a + t(b - a)\}$, in der Definitionsmenge liegt.

Satz 11.20 (Mittelwertsatz). *Seien $U \subset \mathbb{R}^n$ offen, $f : U \to \mathbb{R}$ eine differenzierbare Funktion, $a, b \in U$ und $\Gamma_{ab} \subset U$ (Γ_{ab} wie oben definiert). Dann gibt es ein $c \in \Gamma_{ab}$ mit*

$$f(b) = f(a) + f'(c)(b - a).$$

Beweis: Erkläre die Abbildung $F : [0,1] \to \mathbb{R}$, $t \mapsto F(t)$ durch $F(t) := f(\gamma_{ab}(t))$.

Aus dem Mittelwertsatz für in $\mathbb{R}$ erklärte Funktionen folgt:

$$\exists \theta \in (0,1) : F(1) = F(0) + F'(\theta) \text{ und}$$

$$F'(\theta) = f'(\gamma_{ab}(\theta)) \cdot \gamma'_{ab}(\theta) = f'(\gamma_{ab}(\theta))(b - a) \,.$$

Mit $c := \gamma_{ab}(\theta)$ folgt die Behauptung. $\qquad\square$

Bemerkungen 11.21. *(i) Wie der Beweis zeigt, kann die lineare Verbindung der Punkte durch einen beliebigen differenzierbaren in U verlaufenden Weg ersetzt werden, d. h. durch eine differenzierbare Abbildung*

$$\gamma : [0,1] \to U \text{ mit } \gamma(0) = a \text{ und } \gamma(1) = b.$$

Dann gilt: $f(b) = f(a) + f'(\gamma(\theta))\gamma'(\theta)$ mit einem $\theta \in (0,1)$.

(ii) Eine andere Formulierung des Satzes lautet: Für $x \in U$ und $h \in \mathbb{R}^n$ mit $|h|$ so klein, dass $x + th \in U$ für $t \in [0,1]$ ist, gilt:

$$\exists \theta \in (0,1) : f(x + h) = f(x) + f'(x + \theta h)h \,.$$

(iii) Für vektorwertige Funktionen $f : U \subset \mathbb{R}^n \to \mathbb{R}^m$ kann der Mittelwertsatz komponentenweise angewandt werden; dann erhält man aber in jeder Komponente einen anderen „Mittelwert" θ_j.

Wie schon für in $\mathbb{R}$ erklärte Funktionen gilt:

Satz 11.22. *Seien $U \subset \mathbb{R}^n$ offen und wegzusammenhängend und $f : U \to \mathbb{R}$ differenzierbar. Dann gilt:*

$$f' = 0 \quad \Leftrightarrow \quad f = \text{const} \,.$$

Beweis: Zu zeigen ist nur „ $\Rightarrow$ ". Seien $a, b \in U$; da U wegzusammenhängend und offen ist, gibt es $k \in \mathbb{N}$ und $k + 1$ Punkte $a_j \in U$, $a_0 = a$, $a_k = b$, so, dass für $j \in \{0, \dots, k - 1\}$ die lineare Verbindung von a_j und a_{j+1} in U liegt. Der Mittelwertsatz zwischen a_j und a_{j+1} liefert: $f(a_j) = f(a_{j+1})$. Also ist $f(a) = f(b)$. $\qquad\square$

Wir haben bereits an einem Beispiel gesehen, dass die Existenz der partiellen Ableitungen allein noch nicht die Differenzierbarkeit impliziert. Es gilt jedoch:

Satz 11.23. *Seien $U \subset \mathbb{R}^n$ offen, $a \in U$ und $f : U \to \mathbb{R}^m$. Wenn die partiellen Ableitungen $\partial_1 f, \dots, \partial_n f$ in einer Umgebung $U(a)$ von a existieren und in a stetig sind, dann ist die Funktion f in a differenzierbar.*

Beweis: Der Beweis kann komponentenweise geführt werden, daher können wir o.E. $m = 1$ annehmen.

Seien $a, h = (h_1, \dots, h_n) \in \mathbb{R}^n$, $a \in U$ und $|h|$ so klein, dass die „Zwischenpunkte"

$$a_0 := a,$$

$$a_1 := a_0 + h_1 \cdot e_1,$$
$$a_2 := a_1 + h_2 \cdot e_2,$$
$$\vdots$$
$$a_n := a_{n-1} + h_n \cdot e_n = a + h$$

und deren lineare Verbindungen in U liegen; hierbei bezeichnet e_i den i-ten kanonischen Einheitsvektor.

Dann erhalten wir mit dem Mittelwertsatz:

$$f(a+h) - f(a) = (f(a_n) - f(a_{n-1})) + (f(a_{n-1}) - f(a_{n-2})) + \ldots$$
$$+(f(a_1) - f(a_0))$$
$$= \sum_{j=1}^{n} \partial_j f(c_j) \cdot h_j \quad \text{mit } c_j \in B(a, |h|).$$

Insbesondere erhalten wir

$$|f(a+h) - f(a) - \sum_{j=1}^{n} (\partial_j f)(a) h_j|$$
$$= \left| \sum_{j=1}^{n} (\partial_j f(c_j) - \partial_j f(a)) h_j \right| \leq |h| \cdot \sum_{j=1}^{n} |\partial_j f(c_j) - \partial_j f(a)| \, ;$$

für $h \to 0$ gilt $c_j \to a$, also $\sum_{j=1}^{n} |\partial_j f(c_j) - \partial_j f(a)| \to 0$.

Somit existiert $f'(a)$, und es ist

$$f'(a)h = \sum_{j=1}^{n} (\partial_j f)(a) h_j \, .$$

$\square$

Bemerkung 11.24. *Aus obigem Beweis folgt insbesondere: Sind die partiellen Ableitungen $\partial_j f$ in einer Umgebung $U(a)$ von a stetig, so existiert f' in $U(a)$ und ist dort stetig.*

11.3 Höhere Ableitungen

Seien $U \subset \mathbb{R}^n$ offen und $f : U \to \mathbb{R}^m$ eine differenzierbare Abbildung. Dann gibt es zwei Interpretationsmöglichkeiten der Ableitung von f:

$$f' : U \to L(\mathbb{R}^n, \mathbb{R}^m) \, , \quad x \mapsto f'(x) \, , \text{ oder}$$

$$f' : U \times \mathbb{R}^n \to \mathbb{R}^m \, , (x, h) \mapsto f'(x, h) := f'(x)h,$$

und f' ist linear in der zweiten Variablen.

Der $(n \cdot m)$-dimensionale Vektorraum $L(\mathbb{R}^n, \mathbb{R}^m)$ entspricht, bezogen auf Standardbasen, dem Raum der $(n \times m)$-Matrizen und ist isomorph zum $\mathbb{R}^{n \cdot m}$. Wir können nun analog der obigen Interpretationen höhere Ableitungen definieren (sei $f'' := (f')'$):

$$f'' : U \to L(\mathbb{R}^n, L(\mathbb{R}^n, \mathbb{R}^m)),$$
$$f''' : U \to L(\mathbb{R}^n, L(\mathbb{R}^n, L(\mathbb{R}^n, \mathbb{R}^m)))$$

usw., oder eben

$$f'' : U \times \mathbb{R}^n \times \mathbb{R}^n \to \mathbb{R}^m, \quad (x, h, k) \mapsto f''(x, h, k) = (f''(x)k)h,$$

wobei die Abbildung linear in den letzten beiden Variablen ist usw.
Für die p-ten Ableitungen $f^{(p)}$ (einer p-mal differenzierbaren Funktion f) ergibt sich analog:

$$f^{(p)} : U \times (\mathbb{R}^n)^p \to \mathbb{R}^m, \quad (x, h^1, \ldots, h^p) \mapsto f^{(p)}(x, h^1, \ldots, h^p),$$

und diese Abbildung ist linear in den letzten p Variablen. Mit $C^p(U, \mathbb{R}^m)$ bezeichnen wir für $U \subset \mathbb{R}^n$ den Raum der p-mal stetig differenzierbaren Funktionen von U nach $\mathbb{R}^m$.
Für die erste Ableitung einer Funktion f hatten wir in Bezug auf die Standardbasis gezeigt:

$$f'(x, h) = \sum_{i=1}^{n} (\partial_i f)(x) h_i = (h^T \nabla) f(x).$$

Für die zweite Ableitung erhalten wir entsprechend:

$$f''(x, h, k) = \sum_{j=1}^{n} \partial_j f'(x, h) k_j = \sum_{i,j=1}^{n} \partial_i \partial_j f(x) h_i k_j$$
$$= (k^T \nabla)(h^T \nabla) f(x).$$

Induktiv ergibt sich (für $h = (h^1, \ldots, h^p) \in (\mathbb{R}^n)^p$) :

$$f^{(p)}(x, h) = ((h^1)^T \nabla) \cdot \cdots \cdot ((h^p)^T \nabla) f(x).$$

Mit der zweiten Ableitung f'' existieren also auch die zweiten partiellen Ableitungen, die definiert sind durch

$$\partial_j \partial_i f(x) = f''(x, e_i, e_j)$$

(e_i bezeichne den i-ten Einheitsvektor der Standardbasis).
f'' ist symmetrisch in (h, k):

Satz 11.25 (Satz von Schwarz). *Seien $U \subset \mathbb{R}^n$ offen und $f : U \to \mathbb{R}^m$ zweimal differenzierbar. Dann gilt für alle $x \in U$:*

(i) $\forall h, k \in \mathbb{R}^n : f''(x, h, k) = f''(x, k, h)$.

(ii) $\forall i, j \in \{1, \ldots, n\} : \partial_i \partial_j f(x) = \partial_j \partial_i f(x)$.

Beweis: Es genügt, die erste Behauptung zu beweisen; die zweite Aussage folgt mit $h := e_i$ und $k := e_j$ sofort aus dieser.
Wir zeigen:

$$(*) \quad \lim_{s \searrow 0} \frac{1}{s^2} \{f(x + sh + sk) - f(x + sh) - f(x + sk) + f(x)\} = f''(x, h, k).$$

Die linke Seite der Gleichung $(*)$ ist in h und k symmetrisch, so dass die Aussage (i) sofort aus $(*)$ folgt.
Beweis von $(*)$:
Sei o. B. d. A. $m = 1$ (es genügt, die Gleichung komponentenweise zu beweisen).
Definiere

$$F : [0, 1] \to \mathbb{R}, \quad t \mapsto F(t) := f(x + th + k) - f(x + th).$$

F ist in $(0, 1)$ differenzierbar mit

$$F'(t) = f'(x + th + k, h) - f'(x + th, h).$$

Für

$$A(x, h, k) := F(1) - F(0) = f(x + h + k) - f(x + h) - f(x + k) + f(x)$$

ergibt sich mit dem Mittelwertsatz:

$$\exists \theta \in (0, 1) : A(x, h, k) = F'(\theta), \quad \text{also}$$

$A(x, h, k)$
$= (f'(x + \theta h + k, h) - f'(x, h)) - (f'(x + \theta h, h) - f'(x, h))$
$= f''(x, h, \theta h + k) + R(x, h, \theta h + k)|\theta h + k| - f''(x, h, \theta h) - R(x, h, \theta h)|\theta h|$
$= f''(x, h, k) + R(x, h, \theta h + k)|\theta h + k| - R(x, h, \theta h)|\theta h|$.

Ersetze nun für $s > 0$ h bzw. k durch $s \cdot h$ bzw. $s \cdot k$.
Dann folgt (wiederum aus der Linearität der zweiten Ableitung in den letzten beiden Argumenten):

$$A(x, sh, sk) = s^2 \{f''(x, h, k) + R(x, h, s(\theta h + k))|\theta h + k| - R(x, h, s\theta h)|\theta h|\}.$$

$(*)$ folgt nun aus

$$\lim_{s \searrow 0} \frac{A(x, sh, sk)}{s^2} = f''(x, h, k).$$

$\square$

Bemerkungen 11.26. *(i) Die Symmetrie von $f''(x, \cdot, \cdot)$ an einer festen Stelle $x \in U$ in den beiden letzten Argumenten gilt auch dann, wenn f in einer Umgebung von x einmal differenzierbar ist und die zweite Ableitung nur an der Stelle x existiert; dies folgt sofort aus dem Beweis des Satzes.*

(ii) Wiederum (vgl. Bemerkung 11.24) folgt aus der Stetigkeit aller zweiten partiellen Ableitungen die Existenz von f'', und f'' ist wieder stetig in x, falls die partiellen Ableitungen in einer Umgebung von x existieren und stetig sind.

Wie schon im $\mathbb{R}^1$ gilt auch für $U \subset \mathbb{R}^n$ die Taylorsche Formel:

Satz 11.27 (von Taylor). *Seien $U \subset \mathbb{R}^n$ offen, $x \in U, h \in \mathbb{R}^n$ mit $|h|$ so klein, dass die Verbindungsstrecke von x nach $x + h$ in U liegt, und $f \in C^p(U, \mathbb{R})$, wobei $f^{(p)}$ differenzierbar sei. Dann gilt:*

$$f(x+h) = f(x) + f'(x,h) + \cdots + \frac{1}{p!}f^{(p)}(x,\underbrace{h,\ldots,h}_{p-mal}) + R_p(x,h)$$

$$mit \quad R_p(x,h) = \frac{1}{(p+1)!}f^{(p+1)}(x+\theta h, \underbrace{h,\ldots,h}_{(p+1)-mal}) \quad \textit{für ein } \theta \in (0,1).$$

Beweis: Seien

$$\gamma: [0,1] \to \mathbb{R}^n, \quad t \mapsto \gamma(t) := x + th \quad \text{und}$$
$$F: [0,1] \to \mathbb{R}, \quad t \mapsto F(t) := f(\gamma(t)).$$

Nach dem Satz von Taylor im $\mathbb{R}^1$ (Satz 9.12) folgt

$$F(1) = F(0) + F'(0) + \cdots + \frac{1}{p!}F^{(p)}(0) + \frac{1}{(p+1)!}F^{(p+1)}(\theta)$$

für ein $\theta \in (0,1)$. Aus

$$F'(t) = f'(\gamma(t), \gamma'(t)) = f'(\gamma(t), h),$$
$$F''(t) = f''(\gamma(t), h, \gamma'(t)) = f''(\gamma(t), h, h),$$
$$\vdots$$
$$F^{(p)}(t) = f^{(p)}(\gamma(t), \underbrace{h,\ldots,h}_{p-\text{mal}}) \quad \text{und}$$
$$F(1) = f(x+h) \quad \text{und} \quad F(0) = f(x)$$

folgt die Behauptung.   □

Für stetiges $f^{(p+1)}$ erhalten wir (mit demselben Argument) für das Restglied die Darstellung

$$R_p(x,h) = \frac{1}{p!}\int_0^1 (1-t)^p F^{(p+1)}(t)dt = \frac{1}{p!}\int_0^1 (1-t)^p f^{(p+1)}(x+th, \underbrace{h,\ldots,h}_{(p+1)-\text{mal}}) \, dt.$$

Vektorwertige Funktionen f können wir komponentenweise mit der Taylor-Entwicklung darstellen; die Zwischenstelle in der Restglieddarstellung ist dann jedoch von Komponente zu Komponente verschieden ($\theta = \theta_j$, $j = 1, \ldots, m$). Der Begriff der „Taylorreihe" überträgt sich für beliebig oft differenzierbare Funktionen analog.

Wir führen nun noch eine bequeme Schreibweise für die Ableitung ein. Es ist

$$f^{(k)}(x, \underbrace{h, \ldots, h}_{k-\text{mal}}) = \sum_{i_1, \ldots, i_k = 1}^{n} \partial_{i_1} \ldots \partial_{i_k} f(x) h_{i_1} \cdot \cdots \cdot h_{i_k}.$$

Wegen der Vertauschbarkeit der partiellen Ableitungen kann man von den n^k Summanden einige zusammenfassen; die „Multiindizes" ermöglichen eine elegante Schreibweise, die an den $\mathbb{R}^1$ erinnert.

Für $\alpha = (\alpha_1, \ldots, \alpha_n) \in (\mathbb{N}_0)^n$ und $h \in \mathbb{R}^n$ sei

$$\partial^\alpha := \partial_1^{\alpha_1} \cdot \cdots \cdot \partial_n^{\alpha_n},$$
$$h^\alpha := h_1^{\alpha_1} \cdot \cdots \cdot h_n^{\alpha_n},$$
$$\alpha! := (\alpha_1!) \cdot \cdots \cdot (\alpha_n!) \text{ und}$$
$$|\alpha| := \alpha_1 + \cdots + \alpha_n.$$

Bei vorgegebenem α, $k := |\alpha|$, gibt es insgesamt $\frac{k!}{(\alpha_1!) \cdot \cdots \cdot (\alpha_n!)} = \frac{k!}{\alpha!}$ Summanden, die den Faktor

$$\partial_1^{\alpha_1} \cdot \cdots \cdot \partial_n^{\alpha_n} f(x) h_1^{\alpha_1} \cdot \cdots \cdot h_n^{\alpha_n} = \partial^\alpha f(x) h^\alpha$$

enthalten. In dieser Schreibweise ist also

$$\frac{1}{k!} f^{(k)}(x, \underbrace{h, \ldots, h}_{k-\text{mal}}) = \sum_{|\alpha| = k} \frac{1}{\alpha!} \partial^\alpha f(x) h^\alpha,$$

und die Taylorformel wird zu

$$f(x + h) = \sum_{k=0}^{p} \sum_{|\alpha| = k} \frac{1}{\alpha!} \partial^\alpha f(x) h^\alpha + R_p(x, h)$$

$$= \sum_{\substack{|\alpha| = 0 \\ \alpha \in \mathbb{N}_0^n}}^{p} \frac{1}{\alpha!} \partial^\alpha f(x) h^\alpha + R_p(x, h).$$

Wie im Falle einer Veränderlichen lassen sich nun Kriterien für die Existenz lokaler Extrema angeben.

Definition 11.28. *Seien $U \subset \mathbb{R}^n$ offen und $f : U \to \mathbb{R}$ differenzierbar. Dann heißt $a \in U$ „kritische Stelle von f"*
$:\Leftrightarrow \quad \forall h \in \mathbb{R}^n : f'(a, h) = 0 \quad \Leftrightarrow \nabla f(a) = 0.$

Satz 11.29. *Sei $f : U \subset \mathbb{R}^n \to \mathbb{R}$ differenzierbar, U offen. Sei a eine lokale Extremalstelle von f. Dann ist a kritische Stelle von f.*

Beweis: Sei o. B. d. A. a eine lokale Maximalstelle, d. h.: $\forall x \in V : f(x) \leq f(a)$, wobei $V = V(a)$ eine Umgebung des Punktes a bezeichnet. Sei $\varepsilon > 0$ so klein, dass $B(a, \varepsilon) \subset V$.
Für $h \in B(0, \varepsilon) \subset \mathbb{R}^n$ definiere

$$F : [-1, 1] \to \mathbb{R}, \quad t \mapsto F(t) := f(a + th).$$

Dann ist für alle $t \in [-1, 1] : F(t) \leq f(a) = F(0)$, also $0 = F'(0) = f'(a, h)$.
Aus der Linearität der Ableitung in der zweiten Komponente folgt hieraus die Behauptung. $\qquad\square$

Beispiel 11.30. *Für $U := (\mathbb{R}^+)^n$ definiere*

$$f : \overline{U} \to \mathbb{R}, \quad x = (x_1, \dots, x_n)^T \mapsto f(x) := \frac{\sqrt[n+1]{x_1 \cdot \dots \cdot x_n}}{1 + x_1 + \dots + x_n} =: \frac{Z}{N}.$$

f ist stetig in $\overline{U}$ und in U differenzierbar.
Wir untersuchen f auf kritische Stellen in U. Es ist

$$\partial_i f(x) = \frac{1}{N^2} \left\{ \frac{1}{n+1} \Big(\prod_{j=1}^n x_j \Big)^{\frac{1}{n+1} - 1} \Big(\prod_{\substack{j=1 \\ j \neq i}}^n x_j \Big) N - Z \right\}$$

$$= \frac{1}{N^2} \left\{ \frac{Z \cdot N}{(n+1) x_i} - Z \right\}.$$

Für $a \in U$ gilt somit:

$$\partial_i f(a) = 0 \Rightarrow (n+1) a_i = 1 + \sum_{j=1}^n a_j.$$

Es ist $a \in U$ kritische Stelle, falls

$$a_1 = \dots = a_n = \tfrac{1}{n+1} \Big(1 + \sum_{j=1}^n a_j \Big) =: \alpha, \quad d. \, h.$$

$\frac{1}{n+1}(1 + n \cdot \alpha) = \alpha$, also für $a = (1, \dots, 1)$.
Dann ist $f(a) = \frac{1}{n+1}$.
Wir zeigen indirekt, dass f an dieser Stelle ein absolutes Maximum annimmt.
Betrachte dazu f auf dem Kompaktum

$$K := \{ x \in \overline{U} \mid 0 \leq x_1 + \dots + x_n \leq c \}$$

mit genügend großem (s.u.) $c > 0$. Auf dem Rand ∂K gilt:

(1) $f(x) = 0$, falls für ein $i \in \{1, \dots, n\} : x_i = 0$

(2) $f(x) \leq \frac{c^{\frac{n}{n+1}}}{1+c}$, falls $x_1 + \cdots + x_n = c > 0$.

Da $\lim\limits_{c \to \infty} \frac{c^{\frac{n}{n+1}}}{1+c} = 0$ ist, kann c so groß gewählt werden (und damit K), dass gilt:
$\forall x \in \partial K : f(x) < \frac{1}{n+1}$. Folglich liegt in $a = (1, \ldots, 1)$ ein absolutes Maximum von f vor.

Für gegebenes $y = (y_1, \ldots, y_n) \in \overline{U}$ und $y_{n+1} > 0$ ergibt sich mit $x_i := \frac{y_i}{y_{n+1}}$, $i = 1, \ldots, n$, also

$$1 + \sum_{i=1}^{n} x_i = \frac{1}{y_{n+1}} \sum_{i=1}^{n+1} y_i, \text{ hieraus:}$$

$$\sqrt[n+1]{y_1 \cdot \ldots \cdot y_{n+1}} \leq \frac{y_1 + \cdots + y_{n+1}}{n+1}.$$

Dies beweist die Aussage:
„geometrisches Mittel $\leq$ arithmetisches Mittel".

Im Folgenden wollen wir die Entscheidung, ob ein Extremum vorliegt, mit Hilfe der zweiten Ableitungen treffen. Dazu folgende Definition:

Definition 11.31. *Sei $U \subset \mathbb{R}^n$ offen und $f : U \to \mathbb{R}$ zweimal differenzierbar. Dann heißt*

$$Hess_f(x) := \left(\partial_i \partial_j f(x) \right)_{i,j=1,\ldots,n}$$

die „Hesse-Matrix"[3] von f an der Stelle $x \in U$.

Nach dem Satz von Schwarz 11.25 ist diese Matrix symmetrisch. Für eine skalarwertige Funktion $f : U \to \mathbb{R}$ erhalten wir damit folgende Darstellung der Taylorformel:

$$f(x+h) = f(x) + \langle \nabla f(x), h \rangle + \frac{1}{2} \langle Hess_f(x)h, h \rangle + R_3(x, h).$$

Die Rolle der zweiten Ableitungen spielen nun „quadratische Formen"

$$Q(h, h) := \sum_{i=1}^{n} \sum_{j=1}^{n} q_{ij} h_i h_j,$$

mit $h = (h_1, \ldots, h_n)^T \in \mathbb{R}^n$, $q_{ij} \in \mathbb{R}$.
Die quadratische Form $Q(\cdot, \cdot)$ heißt

„positiv (semi)definit", falls gilt: $\forall h \neq 0 : Q(h, h) \underset{(=)}{>} 0$,

„negativ (semi)definit", falls gilt: $\forall h \neq 0 : Q(h, h) \underset{(=)}{<} 0$ und

„indefinit"   , falls gilt: $\exists h^1, h^2 : Q(h^1, h^1) < 0 \wedge Q(h^2, h^2) > 0$.

---

[3]Ludwig Otto Hesse, 22.4.1811 – 4.8.1874

Ist $(q_{ij})_{ij}$ symmetrisch – was für $q_{ij} = \partial_i \partial_j f$ der Fall ist – so ist die Matrix diagonalisierbar; es gibt also eine Basis des $\mathbb{R}^n$ aus Eigenvektoren von (q_{ij}) zu reellen Eigenwerten. Q ist positiv definit, falls alle Eigenwerte positiv sind usw. Die uns interessierende quadratische Form ist gegeben durch $f''(x, h, h) = \langle \mathrm{Hess}_f(x)h, h \rangle$.

Satz 11.32. *Seien $f : U \subset \mathbb{R}^n \to \mathbb{R}$ eine zweimal stetig differenzierbare Funktion und $a \in U$ kritische Stelle von f. Dann gilt:*
Ist $\mathrm{Hess}_f(a)$ positiv/negativ definit, so ist a Minimal-/Maximalstelle von f. Falls $\mathrm{Hess}_f(a)$ indefinit ist, ist a keine Extremalstelle von f.

Beweis: Aus der Taylorschen Formel und der zweimaligen stetigen Differenzierbarkeit von f ergibt sich für $h \in \mathbb{R}^n$, $|h|$ genügend klein, und $\theta \in (0,1)$:

$$f(a+h) = f(a) + f'(a,h) + \frac{1}{2}f''(a+\theta h, h, h)$$
$$= f(a) + \frac{1}{2}f''(a, h, h) + r(a, \theta h)|h|^2$$

mit $|r(a, \theta h)| \to 0$ für $|h| \to 0$.
Die positive Definitheit von $f''(a, \cdot, \cdot)$ bedeutet:

$$\exists p > 0 : f''(a, h, h) \geq p|h|^2 \quad \forall h \in \mathbb{R}^n \setminus \{0\}.$$

Wähle $\varepsilon > 0$ so klein, dass für alle $h \in \mathbb{R}^n$ mit $|h| < \varepsilon$ gilt: $|r(a, h)| < p/4$.
Dann folgt:

$$\forall h \in \mathbb{R}^n \setminus \{0\}, \ |h| < \varepsilon : f(a+h) - f(a) \geq \frac{p}{4}|h|^2 > 0;$$

also liegt ein lokales Minimum in a vor.
Im Falle der negativen Definitheit von $f''(a, \cdot, \cdot)$ geht man analog vor.
Sei nun $f''(a, \cdot, \cdot)$ indefinit, d. h.:

$$\exists h_0, k_0 \in \mathbb{R}^n, |h_0| = |k_0| = 1 : f''(a, h_0, h_0) =: p_0 > 0, \quad f''(a, k_0, k_0) =: n_0 < 0.$$

Mit derselben Argumentation wie oben zeigt man:

$$\exists \varepsilon > 0 \quad \forall t \in \mathbb{R} \setminus \{0\}, \quad |t| < \varepsilon : f(a + th_0) > f(a) \wedge f(a + tk_0) < f(a).$$

In a kann somit kein lokales Extremum der Funktion f vorliegen. $\qquad \square$

Beispiel 11.33. *Es seien α, β, γ die drei mit einem Fehler gemessenen Winkel eines Dreiecks. Die „wahren Werte" seien $\alpha+x, \beta+y$ und $\gamma+z = \gamma+(\delta-x-y)$, wobei $\delta := \pi - (\alpha + \beta + \gamma)$ der gegebene Gesamtfehler sei. Die Fehler x und y sollen so bestimmt werden, dass die Summe über die Fehlerquadrate minimal wird. Gesucht ist also ein Minimum der Funktion*

$$f : \mathbb{R}^2 \to \mathbb{R}, \quad (x, y) \mapsto x^2 + y^2 + (\delta - x - y)^2.$$

Die Ableitung

$$\nabla f(x,y) = \begin{pmatrix} 4x + 2y - 2\delta \\ 2x + 4y - 2\delta \end{pmatrix}$$

verschwindet für $\begin{pmatrix} x \\ y \end{pmatrix} = \frac{\delta}{3}\begin{pmatrix} 1 \\ 1 \end{pmatrix} =: a.$
Die Hesse-Matrix

$$Hess_f(x,y) = \begin{pmatrix} 4 & 2 \\ 2 & 4 \end{pmatrix}$$

hat die Eigenwerte $\lambda_1 = 2$ *und* $\lambda_2 = 6$ *und ist somit positiv definit. Folglich liegt in a ein Minimum vor, d. h.: Die Summe über die Fehlerquadrate wird minimiert bei Drittelung des Gesamtfehlers.*

Beispiel 11.34 (Methode der kleinsten Fehlerquadrate). *Im* $\mathbb{R}^2$ *seien* $n \geq 2$ *Punkte* $(x_i, y_i), i = 1, \ldots, n$, *gegeben, wobei mindestens zwei der* x_i *sich unterscheiden mögen. Gesucht ist eine „Ausgleichsgerade g",*

$$g : \mathbb{R} \to \mathbb{R}, \quad x \mapsto g(x) := \alpha x + \beta,$$

mit der Eigenschaft, dass

$$\sum_{i=1}^{n} (y_i - g(x_i))^2 =: \sum_{i=1}^{n} r_i^2 =: |r|^2 \ mit \ r := (r_1, ..., r_n)$$

minimal wird (kleinste Fehlerquadrate). *Seien* $z := (\alpha, \beta)^T$, $y := (y_1, \ldots, y_n)^T$ *und*

$$f : \mathbb{R}^2 \to \mathbb{R}, \quad z \mapsto f(z) := |r|^2 = \sum_{i=1}^{n} (y_i - \alpha x_i - \beta)^2.$$

Da $|r|^2 = (-Az+y)^T(-Az+y) = z^T A^T A z - 2z^T A^T y + y^T y$ *für* $A := \begin{pmatrix} x_1 & 1 \\ \vdots & \vdots \\ x_n & 1 \end{pmatrix}$

ist, ergibt sich für die Ableitungen:

$$\nabla f(z) = 2A^T A z - 2A^T y \ und \ f''(z) = 2A^T A.$$

Für eine kritische Stelle a muss gelten:

$$A^T A a = A^T y \quad (\text{„Normalgleichung"}).$$

Man sieht sofort aus $\langle A^T A h, h \rangle = |Ah|^2$, *dass die Matrix* $A^T A$ *positiv definit ist, falls* $\ker A = \{0\}$, *d. h. falls der Rang von A maximal ist. Dies ist hier der Fall, da sich zwei der* x_i *voneinander unterscheiden.*

Als letztes Beispiel besprechen wir die konvexen Funktionen.

Definition 11.35. *Eine Menge* $M \subset \mathbb{R}^n$ *heißt „konvex", wenn mit* $x_1, x_2 \in M$ *auch die Verbindungsstrecke* $x_1 + t(x_2 - x_1), \ t \in [0, 1]$, *zu M gehört.*

Beliebige Durchschnitte konvexer Mengen sind offenbar konvex.

Definition 11.36. *Sei $U \subset \mathbb{R}^n$ offen und konvex.*

(i) Dann heißt $f : U \to \mathbb{R}$ „konvex" : $\Leftrightarrow$
$\forall x_1, x_2 \in U, \ x_1 \neq x_2, \forall t \in (0,1)$:

$$f(x_1 + t(x_2 - x_1)) \leq f(x_1) + t(f(x_2) - f(x_1)).$$

Gilt sogar „<", so heißt f „streng konvex".

(ii) f heißt „(streng) konkav" :$\Leftrightarrow -f$ ist (streng) konvex.

Bemerkung 11.37. *Man kann zeigen, dass konvexe Funktionen stetig sind.*

Satz 11.38. *Seien $U \subset \mathbb{R}^n$ offen und konvex und $f : U \to \mathbb{R}$ differenzierbar. Dann gilt:*

f streng konvex $\Leftrightarrow \forall x \in U \ \forall h \in \mathbb{R}^n \backslash \{0\}, x+h \in U : f(x+h) > f(x) + f'(x,h).$

Beweis: „ $\Rightarrow$ "
Für $x \in U, h \in \mathbb{R}^n$ mit $x + h \in U$ und $t \in (0,1)$ gilt:

$$f(x + th) = f(x + t((x + h) - x))$$
$$< f(x) + t(f(x + h) - f(x)), \quad \text{also}$$
$$\frac{f(x + th) - f(x)}{t} < f(x + h) - f(x).$$

Hieraus folgt (Grenzwertbildung $t \searrow 0$):

$$f'(x, h) \leq f(x + h) - f(x).$$

Ersetzen wir in dieser Ungleichung h durch $t \cdot h$, so erhalten wir

$$f'(x, h) \leq \frac{f(x + th) - f(x)}{t} < f(x + h) - f(x).$$

„ $\Leftarrow$ "
Seien $x, x_1, x_2 \in U$ und $t \in (0,1)$. Dann gilt:

$$f(x) + f'(x, x_1 - x) < f(x_1) \text{ und}$$
$$f(x) + f'(x, x_2 - x) < f(x_2).$$

Multiplikation der ersten Zeile mit $(1-t)$, der zweiten Zeile mit t und Addition der beiden Ungleichungen liefert:

$$f(x) + f'(x, x_1 + t(x_2 - x_1) - x) < f(x_1) + t(f(x_2) - f(x_1)).$$

Für $x = x_1 + t(x_2 - x_1)$ ergibt sich die Behauptung. $\qquad\square$

Bemerkung 11.39. *Völlig analog zeigt man für offenes und konvexes $U \subset \mathbb{R}^n$ und differenzierbares $f : U \to \mathbb{R}$:*
f konvex $\Leftrightarrow \forall x \in U \ \forall h \in \mathbb{R}^n, x + h \in U : f(x + h) \geq f(x) + f'(x,h).$

Ist f eine zweimal in U differenzierbare Funktion, dann gilt für ein $\theta \in (0,1)$:

$$f(x+h) = f(x) + f'(x,h) + \frac{1}{2}f''(x+\theta h, h, h).$$

Hiermit beweist man:

Satz 11.40. *Seien $U \subset \mathbb{R}^n$ offen und konvex und $f : U \to \mathbb{R}$ zweimal differenzierbar. Dann gilt:*
Wenn f'' in U positiv definit ist, so ist f in U streng konvex. Wenn f'' in U positiv semidefinit ist, dann ist f in U konvex.

11.4   Extrema unter Nebenbedingungen

Ebenfalls häufig in der Praxis auftretende Probleme sind die „Extremwertaufgaben unter Nebenbedingungen":
Es soll das Extremum $x_0 \in \mathbb{R}^n$ der Funktion $f : \mathbb{R}^n \to \mathbb{R}$ unter den m $(m < n)$ „Nebenbedingungen"

$$g_1(x_0) = \cdots = g_m(x_0) = 0$$

gefunden werden. Hierbei sind die $g_j : \mathbb{R}^n \to \mathbb{R}$ Funktionen.
Eine erste Idee zum Lösen dieser Aufgabe ist, aus den Nebenbedingungen durch Auflösen Gleichungen für die letzten m Komponenten x_{0j} $(x_0 =: (x_{0i})_{i=1}^n)$ zu erhalten, diese Ausdrücke in die Funktion f einzusetzen und dann die Extremstellen zu berechnen.

Beispiel 11.41. *Seien $f : \mathbb{R}^2 \to \mathbb{R}$, $(x,y) \mapsto f(x,y) := x^2 + y^2$ und $g : \mathbb{R}^2 \to \mathbb{R}$, $(x,y) \mapsto g(x,y) := x + y - 1$.*
Die Funktion f hat nur im Punkt $(0,0)$ eine Extremalstelle (ein Minimum), aber die Nebenbedingung ist nicht erfüllt, da $g(0,0) = -1 \neq 0$ ist. Nun gilt:

$$g(x,y) = 0 \Leftrightarrow y = 1 - x.$$

Definiere $h : \mathbb{R} \to \mathbb{R}$, $x \mapsto h(x) := f(x, 1-x)$. Die Funktion h hat ein Minimum in $x = 1/2$, d. h. $(1/2, 1/2)$ ist die Lösung unserer Extremwertaufgabe.

Im Allgemeinen ist eine Elimination – wie im obigen Beispiel vorgenommen – jedoch zu aufwändig. Neuer Ansatz (für $n = 2, m = 1$):
Falls aus $g(x,y) = 0$ folgte, dass es Funktionen $\varphi, \psi : [a,b] \to \mathbb{R}$ gibt mit: $x = \varphi(t)$, $y = \psi(t)$ und $(\varphi', \psi') \neq 0$, so definiert man $h(t) := f(\varphi(t), \psi(t))$ und sucht $t_0 \in [a,b]$ mit:
$0 = h'(t_0) = (\partial_1 f)(\varphi(t_0), \psi(t_0))\varphi'(t_0) + (\partial_2 f)(\varphi(t_0), \psi(t_0))\psi'(t_0)$.
Aus $g(\varphi(t), \psi(t)) = 0$ folgt aber auch:

$$0 = \frac{d}{dt}g(\varphi(t), \psi(t))|_{t=t_0} = ((\partial_1 g)(\varphi, \psi)\varphi' + (\partial_2 g)(\varphi, \psi)\psi')(t_0) = 0, \text{ also}$$

$$\begin{pmatrix} \partial_1 f(\varphi, \psi) & \partial_2 f(\varphi, \psi) \\ \partial_1 g(\varphi, \psi) & \partial_2 g(\varphi, \psi) \end{pmatrix} \begin{pmatrix} \varphi' \\ \psi' \end{pmatrix} \Bigg|_{t=t_0} = 0, \text{ wobei } (\varphi', \psi') \neq 0 \text{ ist.}$$

Also sind $(\nabla f)(\varphi(t_0), \psi(t_0))$ und $(\nabla g)(\varphi(t_0), \psi(t_0))$ an der kritischen Stelle t_0 linear abhängig, d. h.:

$$\exists \lambda_0 \in \mathbb{R} : (\nabla f + \lambda_0 \nabla g)\big|_{(\varphi, \psi)(t_0)} = 0.$$

Sei der Rang von ∇g gleich eins. Aus den Gleichungen $(x_0 := \varphi(t_0), y_0 := \psi(t_0))$

$$(\nabla f)(x_0, y_0) + \lambda_0 \nabla g(x_0, y_0) = 0,$$
$$g(x_0, y_0) = 0 \tag{11.1}$$

lassen sich x_0 und y_0 direkt bestimmen, ohne dass nach t aufgelöst werden muss.

Allgemein: Definiere $F : \mathbb{R}^n \times \mathbb{R}^m \to \mathbb{R}$, $(x, \lambda) \mapsto F(x, \lambda) := f(x) + \sum_{i=1}^{m} \lambda_i g_i(x)$.

Dann entsprechen die Gleichungen (11.1) der Bedingung: $\nabla F(x_0, \lambda_0) = 0$, da

$$\nabla F(x, \lambda) = \begin{pmatrix} \nabla f(x) + \sum_{i=1}^{m} \lambda_i \nabla g_i(x) \\ g_1(x) \\ \vdots \\ g_m(x) \end{pmatrix}.$$

Beispiel 11.42. *Wir wollen mit obigem Ansatz die Extremwertaufgabe unter Nebenbedingung lösen, die im Beispiel 11.41 bereits behandelt wurde. Es ist*

$$F : \mathbb{R}^2 \times \mathbb{R} \to \mathbb{R}, \quad (x, y, \lambda) \mapsto F(x, y, \lambda) := x^2 + y^2 + \lambda(x + y - 1),$$

also

$$\nabla F(x, y, \lambda) = \begin{pmatrix} 2x + \lambda \\ 2y + \lambda \\ x + y - 1 \end{pmatrix}.$$

$\nabla F(x_0, y_0, \lambda_0) = 0$ *liefert:* $x_0 = y_0 = 1/2$, $\lambda_0 = -1$.

Der Vektor $\lambda \in \mathbb{R}^m$ heißt „Lagrangescher Multiplikator".

Satz 11.43. *Seien* $f : U \subset \mathbb{R}^n \to \mathbb{R}$ *und* $g_j : U \subset \mathbb{R}^n \to \mathbb{R}$ *für* $j = 1, \ldots, m$, $m < n$, *stetig differenzierbare Funktionen, und sei der Rang von* $\nabla g(x)$ *gleich* m *für alle* $x \in U$. *Sei* $M := \{x \in U \,|\, g_j(x) = 0 \;\forall j \in \{1, \ldots, m\}\}$. *Hat* $f|_M$ *in* $x_0 \in M$ *ein lokales Extremum, so gibt es* $\lambda_0 = (\lambda_{0,1}, \ldots, \lambda_{0,m})^T$ *aus* $\mathbb{R}^m$ *mit folgenden Eigenschaften:*
(i) $\nabla f(x_0) + \sum_{j=1}^{m} \lambda_{0,j} \nabla g_j(x_0) = 0$.
(ii) Die Funktion

$$F : U \times \mathbb{R}^m \subset \mathbb{R}^{n+m} \to \mathbb{R}, \quad (x, \lambda) \mapsto F(x, \lambda) := f(x) + \sum_{j=1}^{m} \lambda_j g_j(x)$$

besitzt in (x_0, λ_0) *eine kritische Stelle, d. h.* $\nabla F(x_0, \lambda_0) = 0$.

Wir verwenden im Beweis eine Aussage über die Auflösbarkeit der Gleichung $g(x) = 0$, welche später bewiesen werden wird (Satz über implizite Funktionen, Satz 14.3 in Kapitel 14).

Beweis: ∇g hat Rang m, d. h. es gibt m Indizes $i_1, \ldots, i_m$ derart, dass die $m \times m$-Matrix $\dfrac{\partial g(x_0)}{\partial(x_{i_1}, \ldots, x_{i_m})}$ invertierbar ist.

Ohne Einschränkung gilt $i_1 = 1, \ldots,\ i_m = m$. Nach dem Satz über implizite Funktionen kann $g = 0$ aufgelöst werden in einer Umgebung von $x_0 = (x_1^0, \ldots, x_m^0, \underbrace{u_1^0, \ldots, u_p^0}_{=:u_0})$. Dabei sei allgemein

$$x = (\underbrace{x_1, \ldots, x_m}_{=:\overline{x}}, u_1, \ldots, u_p); \quad \overline{x} = \varphi(u), \quad \varphi : \mathbb{R}^p \to \mathbb{R}^m, \quad p = n - m.$$

$G(u) := f(\varphi(u), u)$ hat ein Extremum in u_0. Daraus folgt in u_0:

$$0 = \frac{\partial G}{\partial u_i} = \sum_{j=1}^{m} \frac{\partial f}{\partial x_j} \cdot \frac{\partial \varphi_j}{\partial u_i} + \frac{\partial f}{\partial u_i}, \qquad i = 1, \ldots, p$$

bzw.

$$0 = \frac{\partial G}{\partial u} = \frac{\partial f}{\partial \overline{x}} \cdot \frac{\partial \varphi}{\partial u} + \frac{\partial f}{\partial u}.$$

Durch Ableiten von $g(\varphi(u), u) \equiv 0$ erhalten wir $0 = \frac{\partial g}{\partial \overline{x}} \frac{\partial \varphi}{\partial u} + \frac{\partial g}{\partial u}$ und damit

$$\frac{\partial \varphi}{\partial u} = - \left(\frac{\partial g}{\partial \overline{x}} \right)^{-1} \frac{\partial g}{\partial u}$$

d. h.

$$\frac{\partial f}{\partial u} - \frac{\partial f}{\partial \overline{x}} \left(\frac{\partial g}{\partial \overline{x}} \right)^{-1} \frac{\partial g}{\partial u} = 0.$$

Setze $\lambda_0 \equiv (\lambda_1^0, \ldots, \lambda_m^0) := -\dfrac{\partial f}{\partial \overline{x}}(x_0) \left(\dfrac{\partial g}{\partial \overline{x}}(x_0) \right)^{-1}$, so folgt also in (x_0, λ_0):

$$\frac{\partial f}{\partial u} + \lambda_0 \frac{\partial g}{\partial u} = 0$$

und (aus Def. von λ_0)

$$\frac{\partial f}{\partial \overline{x}} + \lambda_0 \frac{\partial g}{\partial \overline{x}} = 0,$$

d. h. Aussage (i). Ferner gilt sowieso $g(x_0) = 0$ und damit $\nabla_{(x,\lambda)} F(x_0, \lambda_0) = 0$, also (ii). $\qquad \square$

Bemerkung 11.44. *Eine hinreichende Bedingung dafür, dass $x_0 \in \mathbb{R}^n$ eine Extremalstelle von $f|_M$ ist, ist die Definitheit der Hesse-Matrix $\mathrm{Hess}_F(x_0, \lambda_0)$,* *hierbei seien F und λ_0 wie in der Formulierung des Satzes definiert. Bei positiver Definitheit gilt z. B.*

$$F(x_0, \lambda_0) \leq F(x, \lambda_0) \qquad \forall x \in U;$$

das bedeutet aber insbesondere:

$$f(x_0) \leq f(x) \qquad \forall x \in M.$$

An dieser Argumentation sieht man, dass bereits die Definitheit der „linken oberen Ecke", d. h. der Matrix $\left(\partial_i \partial_j F(x_0, \lambda_0)\right)_{i,j=1}^n$ genügt.

Abschließend wollen wir mit Hilfe des Satzes 11.43 quadratische Formen untersuchen.

Beispiel 11.45. *Sei $A = \left(a_{ij}\right)_{i,j=1}^n$ eine symmetrische Matrix. Definiere*

$$f : \mathbb{R}^n \to \mathbb{R}, \quad x \mapsto f(x) := \langle x, Ax \rangle = \sum_{i,j=1}^n x_i a_{ij} x_j.$$

Auf der Sphäre $S^{n-1} := \{x \in \mathbb{R}^n : |x| = 1\} \subset \mathbb{R}^n$ suchen wir die Extremalstellen von f. Unsere Nebenbedingung wird somit bestimmt durch

$$g : \mathbb{R}^n \to \mathbb{R}, \quad x \mapsto g(x) := 1 - |x|^2.$$

Da $S^{n-1} \subset \mathbb{R}^n$ abgeschlossen und beschränkt, also kompakt ist, nimmt die stetige Funktion f das Maximum auf S^{n-1} an, d. h. es gibt ein $x_0 \in S^{n-1}$ mit $f(x_0) = \max_{x \in S^{n-1}} f(x)$. Nach Satz 11.43 existiert ein $\lambda_0 \in \mathbb{R}$ mit $\nabla f(x_0) + \lambda_0 \nabla g(x_0) = 0$. Wegen $\nabla f(x) = 2Ax$ und $\nabla g(x) = -2x$ folgt

$$Ax_0 - \lambda_0 x_0 = 0,$$

d. h. x_0 ist ein Eigenwert von A. Da A symmetrisch ist, existieren n reelle Eigenwerte $\lambda_1, \ldots, \lambda_n$ und eine zugehörige Orthonormalbasis $\{u_1, \ldots, u_n\}$ aus Eigenvektoren. Für jeden Eigenvektor $u \in S^{n-1}$ zum Eigenwert λ_j gilt $f(u) = \langle Au, u \rangle = \langle \lambda_j u, u \rangle = \lambda_j$. Sei o.E. $\lambda_1 \geq \cdots \geq \lambda_n$. Dann ist $\lambda_1 = \max_{x \in S^{n-1}} f(x)$, und das Maximum wird an einem Eigenvektor zum Eigenwert λ_1 angenommen. Falls $\lambda_1 > \lambda_2$, so wird das Maximum genau an der Stelle $x_0 = u_1$ angenommen.

Beispiel 11.46 (Portfolio-Optimierung). *Ein Anleger habe die Wahl, sein Kapital in einer festverzinslichen Anleihe mit 2% Zinssatz oder in Aktien zu investieren. Für die Aktie seien nach einem Jahr zwei Zustände möglich: Boom mit 10% Ertrag und Rezession mit 5% Verlust. Beide Zustände seien gleichwahrscheinlich. Das heutige Vermögen sei 10 (Rechnungseinheiten), der Besitz eines Kapitals der Größe z bringe dem Anleger einen Nutzen von $\ln z$ (Nutzenfunktion, Modell!).*
Wie viel Kapital soll der Anleger in Aktien investieren? Ansatz:

$$x_1 := \textit{in festverzinsliche Anleihe investiert,}$$

$$x_2 := \text{in Aktien investiert,}$$
$$x := (x_1, x_2).$$

Nutzen:

$$\text{Boom: } \ln((1+r)x_1 + ux_2),$$
$$\text{Rezession: } \ln((1+r)x_1 + dx_2)$$

mit

$$r := 0,02, \quad u := 1,1, \quad d := 0,95.$$

Durchschnittlich zu erwartender Nutzen:

$$f(x) := \frac{1}{2}\ln((1+r)x_1 + ux_2) + \frac{1}{2}\ln((1+r)x_1 + dx_2).$$

Nebenbedingung, mit $K := 10$:

$$g(x) := x_1 + x_2 - K = 0.$$

Mit

$$\nabla f(x) = \frac{1}{2}\left(\frac{1+r}{(1+r)x_1 + ux_2} + \frac{1+r}{(1+r)x_1 + dx_2},\right.$$
$$\left.\frac{u}{(1+r)x_1 + ux_2} + \frac{d}{(1+r)x_1 + dx_2}\right),$$
$$\nabla g(x) = (1,1)$$

liefert der Lagrange-Ansatz

$$\frac{1+r}{(1+r)x_1 + ux_2} + \frac{1+r}{(1+r)x_1 + dx_2} = \frac{u}{(1+r)x_1 + ux_2} + \frac{d}{(1+r)x_1 + dx_2}$$

und daraus

$$\alpha_1 x_1 + \alpha_2 x_2 = 0$$

mit

$$\alpha_1 := \frac{1+r}{1+r-u} + \frac{1+r}{1+r-d}, \quad \alpha_2 := \frac{u}{1+r-u} + \frac{d}{1+r-d}.$$

Die Nebenbedingung liefert

$$x_1 = \frac{\alpha_2}{\alpha_2 - \alpha_1}K, \quad x_2 = \frac{\alpha_1}{\alpha_1 - \alpha_2}K,$$

und damit

$$x_1 = -\frac{1}{2}\left(\frac{u}{1+r-u} + \frac{d}{1+r-d}\right).$$

Mit eingesetzten Zahlen, auf zwei Stellen gerundet: $x_1 = 0,89$, $x_2 = 9,11$. (Für eine Maximaleigenschaft wäre natürlich noch die zweite Ableitung zu untersuchen.)

Kapitel 12

Kurven und Flächen

Worum geht's? *In diesem Kapitel wenden wir uns elementaren differential-geometrischen Aspekten zu: dem Studium von Kurven und Flächen. Zentrale Begriffe bei Kurven sind die Weglänge, die Krümmung und (bei Kurven im Raum) die Torsion.*

12.1 Weglängen

Wir haben schon Wege, d. h. stetige Abbildungen $\gamma : [a, b] \to \mathbb{R}^n$ in einigen Beispielen kennengelernt. Wege können einen recht willkürlichen Verlauf nehmen, z. B. können sie im $\mathbb{R}^2$ eine Dreiecksfläche ganz ausfüllen (Peanokurven u. a.). Wir betrachten nun „glattere" als stetige Wege.

Definition 12.1. *(i) Ein „Weg" ist eine stetige Abbildung $\gamma : [a, b] \to \mathbb{R}^n$. Ist γ an der Stelle $s_0 \in [a, b]$ (stetig) differenzierbar, so heißt der Weg „an der Stelle s_0 (stetig) differenzierbar".*
(ii) Ist γ überall stetig differenzierbar und ist $\gamma'(s) \neq 0$ für alle $s \in (a, b)$, so heißt γ „glatt".
(iii) Der Weg γ heißt „stückweise glatt", falls er aus endlich vielen glatten Wegen zusammengesetzt ist.
(iv) Für glatte Wege (oder die glatten Teilstücke eines stückweise glatten Weges) definieren wir den „Tangenteneinheitsvektor" durch

$$t : (a, b) \to \mathbb{R}^n, \quad s \mapsto t(s) = \gamma'(s)/|\gamma'(s)| .$$

Beispiel 12.2. *Sei $\gamma : [-1, 1] \to \mathbb{R}^2$, $t \mapsto \gamma(t)$ definiert durch*

$$\gamma(t) := \begin{cases} (-t^2, 0) & \text{für } -1 \leq t \leq 0, \\ (0, t^2) & \text{für } \quad 0 \leq t \leq 1. \end{cases}$$

Dann ist γ stetig differenzierbar mit

$$\gamma'(t) = \begin{cases} (-2t, 0) & \text{für } -1 \le t \le 0, \\ (0, 2t) & \text{für } 0 \le t \le 1, \end{cases}$$

aber γ ist nicht glatt, da $\gamma'(0) = 0$ ist; γ ist jedoch stückweise glatt, da $\gamma|_{[-1,0]}$ und $\gamma|_{[0,1]}$ glatt sind.

Für stückweise glatte Wege lässt sich die euklidische Länge erklären:

Definition 12.3. *Für einen stückweise glatten Weg $\gamma : [a, b] \to \mathbb{R}^n$ sei „die Länge $L(\gamma)$ des Weges γ" erklärt durch*

$$L(\gamma) := \int\limits_a^b |\gamma'(s)| \ ds \, .$$

Beispiele 12.4. *(i) Sei $\gamma : [0, 1] \to \mathbb{R}^n$, $s \mapsto \gamma(s) := a + s(b - a)$ die Strecke von $a \in \mathbb{R}^n$ nach $b \in \mathbb{R}^n$. Dann ist*

$$L(\gamma) = \int\limits_0^1 |\gamma'(s)| \ ds = \int\limits_0^1 |b - a| \ ds = |b - a|.$$

Dies entspricht dem euklidischen Abstand der Punkte a und b.
(ii) Sei $\gamma : [0, 2\pi] \to \mathbb{R}^2$, $s \mapsto \gamma(s) := \binom{\cos s}{\sin s}$ die Kreislinie. Dann ist

$$L(\gamma) = \int\limits_0^{2\pi} |\gamma'(s)| \ ds = \int\limits_0^{2\pi} \left| \binom{-\sin s}{\cos s} \right| \ ds = \int\limits_0^{2\pi} 1 \ ds = 2\pi \, ,$$

also die „übliche" Länge.

Die Definition der Länge eines Weges motiviert sich aus den folgenden Eigenschaften:

(1) Für Strecken erhält man den euklidischen Abstand.

(2) L ist additiv, d. h. für $a < b < c$ und stückweise glatte Wege
$\gamma_1 : [a, b] \to \mathbb{R}^n$, $\gamma_2 : [b, c] \to \mathbb{R}^n$ und $\gamma : [a, c] \to \mathbb{R}^n$ mit $\gamma|_{[a,b)} = \gamma_1$, $\gamma|_{[b,c]} = \gamma_2$
gilt: $L(\gamma) = L(\gamma_1) + L(\gamma_2)$.

(3) Die Länge $L(\gamma)$ eines Weges $\gamma : [a, b] \to \mathbb{R}^n$ hängt in dem folgenden Sinne stetig von γ ab:
Sei $(\gamma_n)_n$ eine Folge stückweise glatter Wege, $\gamma_n, \gamma : [a, b] \to \mathbb{R}^n$, mit $\lim\limits_{n\to\infty} \|\gamma_n - \gamma\|_{C^1} = \lim\limits_{n\to\infty} \Big(\sup\limits_{s\in[a,b]} (|\gamma_n(s) - \gamma(s)|) + \sup\limits_{s\in[a,b]} (|\gamma_n'(s) - \gamma'(s)|) \Big) = 0$, dann gilt: $\lim\limits_{n\to\infty} L(\gamma_n) = L(\gamma)$.

Man kann zeigen (durch Approximation von γ' durch Treppenfunktionen), dass die oben genannten Eigenschaften die Abbildung L, die einem stückweise glatten Weg eine Länge zuordnet, eindeutig bestimmen. Hierbei ist von großer Bedeutung, dass die Approximation in C^1, d. h. im Raum der stetig differenzierbaren Funktionen, und nicht etwa nur in C^0, vorgenommen wird. Siehe hierzu das folgende

Beispiel 12.5. *Der Weg* $\gamma : [0,1] \to \mathbb{R}^2$, $s \mapsto \gamma(s) := \binom{s}{0}$ *wird in* C^0, *d. h. bezüglich der Supremumsnorm, approximiert durch die „Sägezähne"* $\gamma_n : [0,1] \to \mathbb{R}^2$, $s \mapsto \gamma_n(s) := \binom{s}{a_n(s)}$ *mit*

$$a_n(s) := \begin{cases} s & \text{für } 0 \le s \le \frac{1}{2^n} \\ 2 \cdot \frac{1}{2^n} - s & \text{für } \frac{1}{2^n} \le s \le 2\frac{1}{2^n} \\ \vdots & \vdots \\ (2^n - 1) \cdot \frac{1}{2^n} - s & \text{für } \frac{2^n - 1}{2^n} \le s \le 1. \end{cases}$$

Dann ist $L(\gamma) = 1$ *und* $L(\gamma_n) = \sqrt{2}$.

Die Länge L hat ferner die folgenden Eigenschaften:

(4) Seien $a \in \mathbb{R}^n$ und $A : \mathbb{R}^n \to \mathbb{R}^n$ eine lineare Abbildung mit $\langle Ax, Ax \rangle = \langle x, x \rangle$ für alle $x \in \mathbb{R}^n$ (d. h., A ist eine Isometrie). Dann gilt für alle stückweise glatten Wege γ:

$$L(A\gamma + a) = L(\gamma).$$

(5) Die Länge eines stückweise glatten Weges γ ist unabhängig von der Parametrisierung des Weges in folgendem Sinne:
Sei $\varphi : [c,d] \to [a,b]$ eine stetig differenzierbare Bijektion mit $\varphi'(\tilde{s}) > 0$ ($\tilde{s} \in [c,d]$). Dann gilt für $\gamma : [a,b] \to \mathbb{R}^n$, $s \mapsto \gamma(s)$ und $\tilde{\gamma} : [c,d] \to \mathbb{R}^n$, $\tilde{s} \mapsto \tilde{\gamma}(\tilde{s}) := \gamma(\varphi(\tilde{s}))$ die Gleichheit $L(\tilde{\gamma}) = L(\gamma)$, denn

$$L(\tilde{\gamma}) = \int_c^d |\tilde{\gamma}'(\tilde{s})| \; d\tilde{s} = \int_c^d |\gamma'(\varphi(\tilde{s}))| \cdot |\varphi'(\tilde{s})| \; d\tilde{s}$$

$$= \int_c^d |\gamma'(\varphi(\tilde{s}))| \cdot \varphi'(\tilde{s}) \; d\tilde{s} = \int_{\varphi(c)}^{\varphi(d)} |\gamma'(s)| \; ds = L(\gamma).$$

Die Möglichkeit, verschiedene Wege durch Umparametrisierung ineinander zu überführen, motiviert die folgende Definition von Äquivalenzklassen:

Definition 12.6. *Zwei stückweise glatte Wege* $\gamma : [a,b] \to \mathbb{R}^n$ *und* $\tilde{\gamma} : [c,d] \to \mathbb{R}^n$ *heißen „äquivalent", wenn eine Parametertransformation* $\varphi : [c,d] \to [a,b]$ *existiert, d. h. eine stetig differenzierbare Bijektion mit* $\varphi'(\tilde{s}) > 0$ *für alle* $\tilde{s} \in [c,d]$ *mit :* $\tilde{\gamma}(\tilde{s}) = \gamma(\varphi(\tilde{s}))$ *($\tilde{s} \in [c,d]$).*
Jede solche Äquivalenzklasse heißt „orientierte stückweise glatte Kurve" (die Orientierung wird festgelegt durch das Vorzeichen der Ableitung der Parametertransformation).

Wir sind insbesondere an einer ausgezeichneten Parameterdarstellung interessiert, nämlich an dem „nach Bogenlänge parametrisierten Repräsentanten
γ" einer Kurve, für den gilt: $|\gamma'(s)| = 1$. Gesucht ist also eine Funktion $\varphi \in$
$C^1([c,d],[a,b])$ mit $\varphi'(\sigma) > 0$ für $\sigma \in [c,d]$, so dass bei gegebenem stückweise
differenzierbaren Weg $\gamma : [a,b] \to \mathbb{R}^n$ für

$$\tilde{\gamma} : [c,d] \to \mathbb{R}^n, \quad \sigma \mapsto \tilde{\gamma}(\sigma) := \gamma(\varphi(\sigma))$$

gilt: $|\tilde{\gamma}'(\sigma)| = 1 \quad (\sigma \in (c,d))$.

Sei $\psi : [a,b] \to [0,L]$, $\quad \psi(s) := \int_a^s |\gamma'(r)|\,dr$ und $\varphi(s) := \psi^{-1}(s)$ die Umkehr-
funktion von ψ. Dann gilt $|\tilde{\gamma}'(\sigma)| = 1$. $\psi(s) = \sigma$ heißt „Bogenlänge" von γ.

Beispiel 12.7. *Für $a,b \in \mathbb{R}^+$ definiere*

$$\gamma : [0,2\pi] \to \mathbb{R}^2, \quad s \mapsto \gamma(s) := \begin{pmatrix} a\cos s \\ b\sin s \end{pmatrix} = \begin{pmatrix} x \\ y \end{pmatrix};$$

(γ beschreibt eine Ellipse); dann ist

$$|\gamma'(s)| = \left| \begin{pmatrix} -a\sin s \\ b\cos s \end{pmatrix} \right| = \sqrt{a^2\sin^2 s + b^2\cos^2 s}\,,$$

d. h. die Bogenlänge ist

$$\sigma = \psi(s) = \int_0^s \sqrt{a^2\sin^2 t + b^2\cos^2 t}\ dt\,.$$

*Dies ist ein elliptisches Integral und im Allgemeinen nicht elementar berechen-
bar. Für den Spezialfall des Kreises, d. h. $a = b =: r$, ergibt sich: $\sigma = r \cdot s$ bzw.
$\varphi(\sigma) = \frac{\sigma}{r}$.
Für*

$$\tilde{\gamma} : [0,2\pi r] \to \mathbb{R}^2, \quad \sigma \mapsto \tilde{\gamma}(\sigma) := \gamma(\sigma/r) = r \cdot \begin{pmatrix} \cos\sigma/r \\ \sin\sigma/r \end{pmatrix}$$

gilt: $|\tilde{\gamma}'(\sigma)| = 1$; das ist die gesuchte ausgezeichnete Darstellung.

Sei im Folgenden $\gamma : [a,b] \to \mathbb{R}^n$ ein differenzierbarer Weg mit $|\gamma'(s)| = 1$
für $s \in [a,b]$. Dann ist der Tangenteneinheitsvektor $t(s)$ gegeben durch $t(s) =$
$\gamma'(s) \quad \forall s \in [a,b]$. ($\gamma'(s)$ ist der „Geschwindigkeitsvektor".) Ist γ zweimal differenzierbar, so heißt $\gamma''(s)$ „Krümmungsvektor" oder „Beschleunigungsvek-
tor" zu γ im Punkt $\gamma(s)$. Tangenten- und Krümmungsvektor stehen senkrecht aufeinander, wie die Differentiation des Ausdrucks $\langle \gamma'(s), \gamma'(s) \rangle = 1$ beweist. Ist $\gamma''(s) \neq 0$, so sind $\gamma'(s)$ und $\gamma''(s)$ linear unabhängig. Die von $\gamma'(s)$
und $\gamma''(s)$ aufgespannte Ebene heißt „Schmiegebene" in $\gamma(s)$. Der Ausdruck
$\kappa(s) := |\gamma''(s)|$ heißt „Krümmung" von γ in $\gamma(s)$.

Beispiele 12.8. *(i) Für $a, b \in \mathbb{R}^n$ mit $|b| = 1$ und $\gamma : [\alpha, \beta] \to \mathbb{R}^n$, $s \mapsto \gamma(s) := a + sb$ gilt: $\forall s : \kappa(s) := |\gamma''(s)| = 0$.*
(ii) Seien $a, b \in \mathbb{R}^n$ orthonormiert, $r > 0$ und $m \in \mathbb{R}^n$. Definiere $\gamma : [0, 2\pi r] \to \mathbb{R}^n$, $s \mapsto \gamma(s) := m + r(a \cos \frac{s}{r} + b \sin \frac{s}{r})$ (γ beschreibt einen Kreis mit Mittelpunkt m und Radius r). Dann sind

$$|\gamma'(s)| = \sqrt{|a|^2 \cdot \sin^2(s/r) + |b|^2 \cos^2(s/r)} = 1 \text{ und}$$

$$\gamma''(s) = -\frac{1}{r}(a \cos \frac{s}{r} + b \sin \frac{s}{r}), \text{ also ist}$$

$$\kappa(s) = \frac{1}{r}.$$

(iii) Beliebigen zweimal differenzierbaren Kurven γ kann man einen „Krümmungskreis" zuordnen, der die Kurven von zweiter Ordnung berührt.

12.2   Kurven in der Ebene und im Raum

Wir behandeln zunächst ebene Kurven: Sei $\gamma : [a, b] \to \mathbb{R}^2$, $s \mapsto \gamma(s) := \begin{pmatrix} x(s) \\ y(s) \end{pmatrix}$ eine ebene Kurve mit $|\gamma'(s)| = 1$ für $s \in [a, b]$. Dann ist

$$t(s) = \begin{pmatrix} x'(s) \\ y'(s) \end{pmatrix}$$

die Tangente, und es sei

$$n(s) := \begin{pmatrix} -y'(s) \\ x'(s) \end{pmatrix}$$

die „Normale".
Tangente und Normale stehen senkrecht aufeinander für alle $s \in [a, b]$ und sind ungleich 0. Es existieren somit Abbildungen $\alpha, \beta, \delta, \varepsilon : [a, b] \to \mathbb{R}$ mit

$$t'(s) = \alpha(s)t(s) + \beta(s)n(s)$$

$$\text{und} \quad n'(s) = \delta(s)t(s) + \varepsilon(s)n(s).$$

Diese Funktionen lassen sich leicht bestimmen:

$\alpha(s) = \langle t(s), t'(s) \rangle = 0$, da $|t(s)| = 1$,
$\beta(s) = \langle t'(s), n(s) \rangle = -\langle n'(s), t(s) \rangle = -\delta(s)$, da $\langle n(s), t(s) \rangle = 0$ und
$\varepsilon(s) = \langle n'(s), n(s) \rangle = 0$, da $|n(s)| = 1$.

Also lauten unsere Gleichungen:

$$\begin{pmatrix} t' \\ n' \end{pmatrix} = \begin{pmatrix} 0 & \beta \\ -\beta & 0 \end{pmatrix} \begin{pmatrix} t \\ n \end{pmatrix}$$

und $|\beta(s)| = \kappa(s)$ ($\kappa(s) := |t'(s)|$ bezeichnet wieder die Krümmung).

Diese Gleichungen heißen „Frenetsche Gleichungen[1] im $\mathbb{R}^2$".
Schreiben wir

$$t(s) = \begin{pmatrix} \cos\varphi(s) \\ \sin\varphi(s) \end{pmatrix},$$

wobei $\varphi(s)$ den „Kontingenzwinkel" bezeichnet (also den Winkel, den die Tangente mit dem Vektor $(1,0)$ einschließt), so ist

$$t'(s) = \varphi'(s) \begin{pmatrix} -\sin\varphi(s) \\ \cos\varphi(s) \end{pmatrix} = \varphi'(s) \cdot n(s).$$

Folglich ist $\beta(s) = \varphi'(s)$.
Wir betrachten nun Raumkurven

$$\gamma : [a,b] \to \mathbb{R}^3, \quad s \mapsto \gamma(s) := \begin{pmatrix} x(s) \\ y(s) \\ z(s) \end{pmatrix}$$

mit $|\gamma'(s)| = 1$. Wiederum bezeichnen

$$t(s) := \gamma'(s) \text{ die Tangente und}$$

$$n(s) := \frac{t'(s)}{|t'(s)|} \text{ die Normale.}$$

(Es gilt $\langle t(s), n(s) \rangle = 0$, da $|t(s)| = 1$.) Um eine Basis des $\mathbb{R}^3$ zu erhalten, benötigen wir eine dritte vektorwertige Funktion b, die die folgenden Eigenschaften haben soll: $\forall s \in [a,b]$:

1. $\langle t(s), b(s) \rangle = 0 \ \wedge \ \langle n(s), b(s) \rangle = 0$,

2. $\det(t(s), n(s), b(s)) = 1$,

3. $|b(s)| = 1$.

b heißt „Binormale" und ist definiert durch

$$b(s) := t(s) \times n(s).$$

Hierbei ist für zwei Vektoren $a = (a_1, a_2, a_3)^T$, $b = (b_1, b_2, b_3)^T \in \mathbb{R}^3$ das „Kreuzprodukt $a \times b$" erklärt durch:

$$a \times b := \begin{pmatrix} a_2 b_3 - a_3 b_2 \\ a_3 b_1 - a_1 b_3 \\ a_1 b_2 - a_2 b_1 \end{pmatrix}.$$

Wie zuvor kann man nun die Vektoren $t'(s), n'(s)$ und $b'(s)$ bzgl. der Basis $\{t(s), n(s), b(s)\}$ darstellen, und wir erhalten durch ähnliche Überlegungen wie für ebene Kurven die Frenetschen Gleichungen im $\mathbb{R}^3$:

$$\begin{pmatrix} t'(s) \\ n'(s) \\ b'(s) \end{pmatrix} = \begin{pmatrix} 0 & \kappa(s) & 0 \\ -\kappa(s) & 0 & \tau(s) \\ 0 & -\tau(s) & 0 \end{pmatrix} \begin{pmatrix} t(s) \\ n(s) \\ b(s) \end{pmatrix}.$$

---

[1]Jean Frédéric Frenet, 7.2.1816 – 12.6.1900

Hierbei ist

$$\tau(s) := \langle n'(s), b(s) \rangle = \langle -b'(s), n(s) \rangle$$

die „Windung" (oder „Torsion") von γ. Es gilt (zur kürzeren Schreibweise verzichten wir auf das Ausschreiben der Variablen s):

$$\tau = \langle b, n' \rangle = \langle t \times n, n' \rangle = \langle t, n \times n' \rangle$$
$$= \langle t, n \times \left(\frac{t''}{\kappa} + (\frac{1}{\kappa})'t' \right) \rangle = \frac{1}{\kappa^2} \langle t, t' \times t'' \rangle$$
$$= \frac{1}{\kappa^2} \langle \gamma', \gamma'' \times \gamma''' \rangle = \frac{1}{\kappa^2} \det(\gamma', \gamma'', \gamma''').$$

Beispiel 12.9. *Betrachten wir die Spirale*

$$\gamma : (-\infty, \infty) \to \mathbb{R}^3, \quad s \mapsto \begin{pmatrix} r \cdot \cos(ks) \\ r \cdot \sin(ks) \\ c \cdot ks \end{pmatrix}$$

mit $k := \frac{1}{\sqrt{r^2+c^2}}$, $r, c > 0$. *Dann sind*

$$\gamma'(s) = k \begin{pmatrix} -r\sin(ks) \\ r\cos(ks) \\ c \end{pmatrix}, \gamma''(s) = k^2 \begin{pmatrix} -r\cos(ks) \\ -r\sin(ks) \\ 0 \end{pmatrix}, \gamma'''(s) = k^3 \begin{pmatrix} r\sin(ks) \\ -r\cos(ks) \\ 0 \end{pmatrix}.$$

Wir erhalten somit:

$$|\gamma'(s)| = 1,$$
$$\kappa(s) = |\gamma''(s)| = k^2 \cdot r = \frac{r}{r^2 + c^2} \quad und$$
$$\tau(s) = \frac{1}{\kappa^2(s)} \det(\gamma'(s), \ \gamma''(s), \ \gamma'''(s)) = \frac{c}{r^2 + c^2}.$$

12.3 m-dimensionale Flächen im $\mathbb{R}^n$

Definition 12.10. *Sei $U \subset \mathbb{R}^m$ offen, $m < n$. Die Abbildung $\gamma : U \to \mathbb{R}^n$ sei stetig differenzierbar und $\gamma' : U \to L(\mathbb{R}^m, \mathbb{R}^n)$ habe für alle $u \in U$ den Rang m. Dann heißt γ (Parametrisierung oder) „Parameterdarstellung einer m-dimensionalen Fläche" in $\mathbb{R}^n$ („m-Fläche").*

Im Falle $m = 1$, also für eine 1-Fläche, erhält man gerade einen glatten Weg. Aufgrund der Rangbedingung ist für jedes feste $u \in U$

$$\tau(h) := \gamma(u) + \gamma'(u, h), \quad h \in \mathbb{R}^m,$$

ebenfalls Parameterdarstellung einer m-Fläche. Das Bild von τ ist ein affiner Unterraum des $\mathbb{R}^n$, durch den das Bild von γ in der Nähe von $\gamma(u)$ approximiert wird. τ ist „die" Parameterdarstellung des m-dimensionalen Tangentialraums für γ im Punkte $\gamma(u)$.

Beispiel 12.11 (Rotationsflächen im $\mathbb{R}^3$). *Anschaulich ist eine Rotationsfläche die Menge von Punkten, die man erhält, wenn man eine ebene Kurve um eine Achse, die in der Kurvenebene liegt und die Kurve nicht schneidet, dreht. Als 2-Fläche lässt sich eine Rotationsfläche durch*

$$\gamma(u,v) = \begin{pmatrix} f(u)\cos v \\ f(u)\sin v \\ g(u) \end{pmatrix}$$

mit $f(u) > 0$ und $f'(u)^2 + g'(u)^2 > 0$ beschreiben. Nehmen wir also beispielsweise $f(u) = u$ als Radius und v als Winkel im $\mathbb{R}^2$, so variiert $\gamma(u,v)$ für festes u nur mit v und beschreibt eine Rotation. Zur Überprüfung, dass durch $\gamma(u,v)$ tatsächlich eine 2-Fläche beschrieben wird, berechnen wir

$$\gamma'(u,v) = \begin{pmatrix} f'(u)\cos v & -f(u)\sin v \\ f'(u)\sin v & f(u)\cos v \\ g'(u) & 0 \end{pmatrix}$$

und sehen, dass der Rang von γ' gleich zwei ist.

Definition 12.12. *Zwei Parameterdarstellungen $\gamma : U \subset \mathbb{R}^m \to \mathbb{R}^n$, $\tilde{\gamma} : \tilde{U} \subset \mathbb{R}^m \to \mathbb{R}^n$ von m-Flächen heißen „äquivalent" :$\Leftrightarrow$*

$$\exists \Phi : \tilde{U} \to U \quad \textit{Diffeomorphismus mit} \quad \tilde{\gamma} = \gamma \circ \Phi.$$

Man schreibt $\gamma \sim \tilde{\gamma}$. Die durch die Parameterdarstellungen γ und $\tilde{\gamma}$ beschriebenen m-Flächen haben die „gleiche Orientierung", wenn $\det \Phi' > 0$ ist.

Eine spezielle Parameterdarstellung $\gamma = (\gamma_1, \ldots, \gamma_n)$ einer m-Fläche ist durch:

$$\gamma_1(u) = u_1$$
$$\vdots$$
$$\gamma_m(u) = u_m$$
$$\gamma_{m+1}(u) = f_1(u)$$
$$\vdots$$
$$\gamma_n(u) = f_{n-m}(u)$$

mit $u \in U \subset \mathbb{R}^m$ und $f_i \in C^1(U, \mathbb{R})$ $(i = 1, \ldots, n-m)$ gegeben, denn es gilt:

$$\gamma'(u) = \begin{pmatrix} 1 & \cdots & 0 \\ \vdots & & \vdots \\ 0 & \cdots & 1 \\ \partial_1 f_1 & \cdots & \partial_m f_1 \\ \vdots & & \vdots \\ \partial_1 f_{n-m} & \cdots & \partial_m f_{n-m} \end{pmatrix},$$

und damit ist der Rang von $\gamma'(u)$ gleich m. Wir werden nun zeigen, dass jede m-Fläche (bzw. die zugehörige Parameterdarstellung) lokal äquivalent ist zu einem γ dieses speziellen und einfachen Typs. Dabei wenden wir wieder den Satz von der lokalen Umkehrbarkeit an, der später bewiesen wird.

Satz 12.13. *Sei $\gamma : U \subset \mathbb{R}^m \to \mathbb{R}^n$ eine Parameterdarstellung einer m-Fläche. Für ein $u_0 \in U$ gelte*

$$\det \begin{pmatrix} \partial_1 \gamma_1 & \dots & \partial_m \gamma_1 \\ \vdots & & \vdots \\ \partial_1 \gamma_m & \dots & \partial_m \gamma_m \end{pmatrix} (u_0) \neq 0 \,.$$

Dann gibt es eine Umgebung W von u_0 mit

$$\gamma\big|_W \sim \tilde{\gamma} : V \to \mathbb{R}^n \,,$$

wobei $V \subset \mathbb{R}^m$ offen geeignet gewählt werden kann und $\tilde{\gamma}_1(v) = v_1, \dots, \tilde{\gamma}_m(v) = v_m$ sowie $\tilde{\gamma}_{m+1}(v) = f_1(v), \dots, \tilde{\gamma}_n(v) = f_{n-m}(v)$ mit stetig differenzierbaren f_j ist.

Beweis: Man betrachte die Abbildung

$$\Psi : U \subset \mathbb{R}^m \to \mathbb{R}^m \,, \quad \Psi(u) := \begin{pmatrix} \gamma_1(u) \\ \vdots \\ \gamma_m(u) \end{pmatrix} \,.$$

Nach dem Satz von der lokalen Umkehrbarkeit (Satz 14.1), der sich aufgrund der Voraussetzungen des Satzes anwenden lässt, gibt es eine Umgebung W von u_0 und eine offene Menge $V \subset \mathbb{R}^m$, so dass $\Psi|_W : W \to V$ ein Diffeomorphismus ist. Sei $\Phi := \left(\Psi|_W \right)^{-1} : V \to W$ und $\tilde{\gamma} := \gamma \circ \Phi : V \to \mathbb{R}^n$. Dann sind γ und $\tilde{\gamma}$ äquivalent, und es gilt nach Konstruktion:

$$\tilde{\gamma}_j(v) = v_j \,, \quad j = 1, \dots, m \,, \quad v \in V \,.$$

$\square$

Beispiel 12.14 (Stereografische Projektion). *Es sei $\gamma : \mathbb{R}^2 \to S^2 \setminus (0, 0, -1)^T$ gegeben durch*

$$\gamma(u, v) = \frac{1}{1 + u^2 + v^2} \begin{pmatrix} 2u \\ 2v \\ 1 - u^2 - v^2 \end{pmatrix} \,,$$

dann wird der $\mathbb{R}^2$ auf die „gelochte Kugeloberfläche (ohne Südpol)" abgebildet. Es gilt:

$$\gamma(0, 0) = \begin{pmatrix} 0 \\ 0 \\ 1 \end{pmatrix} \quad \text{und} \quad \lim_{\alpha \to \infty} \gamma(\alpha, \alpha) = \begin{pmatrix} 0 \\ 0 \\ -1 \end{pmatrix} \,.$$

Anschaulich ist die stereografische Projektion die Abbildung, die jedem Punkt P der x-y-Ebene den Schnittpunkt der Einheitssphäre (mit Mittelpunkt im Koordinatenursprung) und der Geraden, die durch den Punkt P und den „Südpol" $S = (0, 0, -1)^T$ verläuft, zuordnet. Es gilt:

$$\gamma'(u, v) = \frac{2}{(1 + u^2 + v^2)^2} \begin{pmatrix} 1 - u^2 + v^2 & -2uv \\ -2uv & 1 + u^2 - v^2 \\ -2u & -2v \end{pmatrix},$$

also Rang $(\gamma') = 2$.
Für die Anwendung von Satz 12.13 berechnen wir:

$$\det \begin{pmatrix} \partial_1 \gamma_1 & \partial_2 \gamma_1 \\ \partial_1 \gamma_2 & \partial_2 \gamma_2 \end{pmatrix} = \frac{4}{(1 + u^2 + v^2)^4}(1 - (u^2 + v^2)^2) \neq 0,$$

falls (u, v) nicht auf dem Einheitskreis liegt. In einer Umgebung U von $u_0 :=$ $(0, 0)$, finden wir also eine zu γ äquivalente „einfache" Parameterdarstellung $\tilde{\gamma}$. Es seien

$$x = \frac{2u}{1 + w^2}, \quad y = \frac{2v}{1 + w^2} \quad und \quad z = \frac{1 - w^2}{1 + w^2},$$

mit $w^2 = u^2 + v^2$. Dann gilt

$$x^2 + y^2 = \frac{4w^2}{(1 + w^2)^2} \quad und \quad z^2 = \frac{(1 - w^2)^2}{(1 + w^2)^2} = 1 - x^2 - y^2,$$

d. h. $z = \pm\sqrt{1 - x^2 - y^2},$

wobei die negative Wurzel nicht gewählt werden kann, wenn wir für U eine Umgebung des Nullpunktes betrachten, da der Südpol nicht zum Wertebereich gehört. Es ergibt sich also:

$$\tilde{\gamma}(x, y) = \begin{pmatrix} x \\ y \\ \sqrt{1 - x^2 - y^2} \end{pmatrix}$$

für die „einfache" Parameterdarstellung der Kugeloberfläche, genauer: der oberen Halbkugel
$0 \leq x^2 + y^2 \underset{(\leq)}{\leq} 1.$

Lokal lässt sich also eine m-Fläche in der Form

$$x_{m+1} = f_1(x_1, \ldots, x_m)$$
$$\vdots$$
$$x_n = f_{n-m}(x_1, \ldots, x_m)$$

schreiben oder implizit als Nullstellenmenge der Funktionen $g_1, \ldots, g_{n-m}$, die durch

$$0 = g_1(x) = x_{m+1} - f_1(x_1, \ldots, x_m)$$

$$\vdots$$

$$0 = g_{n-m}(x) = x_n - f_{n-m}(x_1, \ldots, x_m)$$

gegeben ist. Man sieht leicht ein, dass für $g = (g_1, \ldots, g_{n-m})$ der Rang von g' gleich $n - m$ ist.

Kapitel 13

Integration im $\mathbb{R}^n$

Worum geht's? *Für einen Integrationsbegriff im $\mathbb{R}^n$ soll möglichst vielen Mengen ein Maß zugeordnet werden können. Anschließend können wir eine erste Einführung in das Lebesgue-Integral vornehmen, für das eine Reihe von wichtigen Konvergenzsätzen, aber auch Erweiterungen des Satzes von Fubini oder ein Transformationssatz bewiesen werden. Die insbesondere für die Anwendung wichtigen Integralsätze von Gauß und von Stokes schließen das Kapitel ab.*

13.1 Maße und messbare Funktionen

Um mehrdimensionale Integrale definieren zu können, benötigen wir einen mathematischen Begriff, der die Fläche bzw. das Volumen einer Teilmenge des $\mathbb{R}^2$ bzw. $\mathbb{R}^3$ angibt. Anschaulich sieht man (z. B. auch für die Länge im $\mathbb{R}^1$), dass folgende Bedingungen für das n-dimensionale Volumen λ_n sinnvoll sind:

(i) Das Volumen eines n-dimensionalen „Intervalls" $\prod_{j=1}^{n}[a_j, b_j]$ ist das Produkt der Seitenlängen $\prod_{j=1}^{n}(b_j - a_j)$.

(ii) Die leere Menge hat Volumen 0, die Werte von λ_n sind ≥ 0.

(iii) Das Volumen einer disjunkten Vereinigung von zwei Mengen ist die Summe der einzelnen Volumina.

Im Folgenden schreiben wir $A \,\dot\cup\, B := A \cup B$, falls die Mengen A und B disjunkt sind, d. h. falls $A \cap B = \emptyset$. Analog schreiben wir für eine Familie $(A_i)_{i \in I}$ von Mengen $\dot{\bigcup}_{i \in I} A_i := \bigcup_{i \in I} A_i$, falls die Mengen „paarweise disjunkt" sind, d. h. falls gilt $A_i \cap A_j = \emptyset$ $(i \neq j)$.

Betrachtet man z. B. $(0, 1] = \dot{\bigcup}_{n \in \mathbb{N}} ((\frac{1}{2})^n, (\frac{1}{2})^{n-1}]$, so scheint auch folgende „Stetigkeitsbedingung" plausibel:

(iv) Das Volumen einer abzählbaren disjunkten Vereinigung von Mengen ist gleich der abzählbaren Summe der einzelnen Volumina.

Da z. B. $\mathbb{R}^n$ sicher unendliches Volumen besitzt, muss λ_n auch den Wert $+\infty$ annehmen können. Während die Bedingung (i) speziell das n-dimensionale Volumen auszeichnet, wurden die Bedingungen (ii)-(iv) verwendet, um einen allgemeinen Maßbegriff zu definieren. Dies hat den Vorteil, dass z. B. auch die Wahrscheinlichkeit von Zufallsereignissen als Maß gesehen werden kann.
Welchen Mengen kann ein Volumen zugeordnet werden? Neben den Intervallen aus Bedingung (i) sollten wegen (iv) auch alle (disjunkten) Vereinigungen von Intervallen „messbar" sein. Allerdings lässt sich zeigen, dass nicht allen Teilmengen des $\mathbb{R}^n$ in sinnvoller Weise ein Volumen zugeordnet werden kann. Daher wird das n-dimensionale Volumen als eine Abbildung $\lambda_n : \mathcal{A} \to [0, \infty]$ mit $\mathcal{A} \subset \mathcal{P}(X)$ definiert. Dabei ist der Definitionsbereich ein System von Mengen, welches Axiome erfüllt, die zu den Bedingungen (i)–(iv) passen.

Definition 13.1 (σ-Algebra). *Sei X eine Menge, $\mathcal{P}(X) := \{A : A \subset X\}$ die Potenzmenge von X und $\mathcal{A} \subset \mathcal{P}(X)$.*
Dann heißt $\mathcal{A}$ eine „σ-Algebra über X", falls gilt:

(i) $\emptyset \in \mathcal{A}$.

(ii) Für jedes $A \in \mathcal{A}$ gilt $A^c := \{x \in X : x \notin A\} \in \mathcal{A}$.

(iii) Für $A_n \in \mathcal{A}$ ($n \in \mathbb{N}$) gilt $\bigcup_{n \in \mathbb{N}} A_n \in \mathcal{A}$.

In diesem Fall heißt $(X, \mathcal{A})$ „Messraum", und die Mengen $A \in \mathcal{A}$ heißen „($\mathcal{A}$-)messbar".

Bemerkung 13.2. *(i) Die (bezüglich Mengeninklusion) größte σ-Algebra ist $\mathcal{P}(X)$, die kleinste ist $\{\emptyset, X\}$. Falls $\mathcal{A}_i$ eine σ-Algebra ist für $i \in I$, wobei I eine nichtleere Indexmenge ist, dann ist $\bigcap_{i \in I} \mathcal{A}_i$ wieder eine σ-Algebra.*

(ii) Sei $\mathcal{E} \subset \mathcal{P}(X)$ beliebig. Dann ist

$$\sigma(\mathcal{E}) := \bigcap \{\mathcal{A} \supset \mathcal{E} : \mathcal{A} \text{ ist } \sigma\text{-Algebra über } X\}$$

die kleinste σ-Algebra, die $\mathcal{E}$ enthält (von $\mathcal{E}$ erzeugte σ-Algebra). In diesem Fall heißt $\mathcal{E}$ ein „Erzeugendensystem der σ-Algebra $\sigma(\mathcal{E})$".

Definition 13.3 (Maß). *Sei $(X, \mathcal{A})$ ein Messraum.*

(i) Eine Abbildung $\mu : \mathcal{A} \to [0, \infty]$ heißt ein „Maß auf $\mathcal{A}$", falls gilt:

(1) $\mu(\emptyset) = 0$,

(2) σ-Additivität: Für $(A_n)_{n \in \mathbb{N}} \subset \mathcal{A}$ mit $A_n \cap A_m = \emptyset$ ($n \neq m$) gilt

$$\mu\left(\dot{\bigcup_{n \in \mathbb{N}}} A_n\right) = \sum_{n \in \mathbb{N}} \mu(A_n). \tag{13.1}$$

In diesem Fall heißt $(X, \mathcal{A}, \mu)$ ein „Maßraum".

(ii) *Ein Maß μ auf einer σ-Algebra $\mathcal{A}$ heißt*

    (1) *„σ-endlich" (oder „normal"), falls es eine Folge $(A_n)_n \subset \mathcal{A}$ gibt mit $\bigcup_{n \in \mathbb{N}} A_n = X$ und $\mu(A_n) < \infty$ für alle $n \in \mathbb{N}$,*

    (2) *„endlich", falls $\mu(X) < \infty$ (und damit $\mu(A) < \infty$ für alle $A \in \mathcal{A}$).*

    (3) *ein „Wahrscheinlichkeitsmaß", falls $\mu(X) = 1$.*

(iii) *Sei μ ein Maß auf $\mathcal{A}$. Dann heißt eine Menge $A \subset X$ eine „μ-Nullmenge", falls $A \in \mathcal{A}$ und $\mu(A) = 0$ gilt. Falls für eine Aussage $M(x)$ gilt, dass $\{x \in X : M(x)$ gilt nicht $\}$ eine μ-Nullmenge ist, so sagt man, die Aussage $M(x)$ gilt „μ-fast überall".*

Bemerkung 13.4. *In obiger Definition und auch im Folgenden tritt der Wert ∞ auf. Dabei sind folgende Rechenregeln zu beachten:*

- $\infty \cdot 0 = 0 \cdot \infty = 0$,

- $\infty \cdot a = a \cdot \infty = \infty$ $(0 < a \le \infty)$,

- $\infty + a = a + \infty = \infty$ $(-\infty < a \le \infty)$.

- *Der Ausdruck $\infty - \infty$ ist nicht definiert.*

Beispiele 13.5.   (i) *Dirac[1]-Maß: Zu $x \in X$ definiere*

$$\delta_x(A) := \chi_A(x) := \begin{cases} 1, & x \in A, \\ 0, & x \notin A. \end{cases}$$

Dann ist δ_x ein Maß auf $\mathcal{P}(X)$ und damit auf jeder σ-Algebra. Das Maß δ_x wird als Dirac-Maß oder auch Punktmaß bezeichnet.

(ii) *Zählmaß: Definiere*

$$\zeta(A) := \begin{cases} |A|, & \textit{falls } A \textit{ endlich}, \\ \infty, & \textit{falls } A \textit{ unendlich}. \end{cases}$$

Dann ist ζ ein Maß auf $\mathcal{P}(X)$, welches genau dann σ-endlich ist, falls X abzählbar ist.

Bemerkung 13.6.   (i) *Sei $(X, \mathcal{A}, \mu)$ ein Maßraum und $E \in \mathcal{A}$. Dann ist $\mathcal{A} \cap E := \{A \cap E : A \in \mathcal{A}\}$ eine σ-Algebra, und die Einschränkung $\mu|_E := \mu|_{\mathcal{A} \cap E}$ ist wieder ein Maß. Man erhält einen neuen Maßraum $(E, \mathcal{A} \cap E, \mu|_E)$. Man spricht von der „Spur-σ-Algebra" und dem „Spurmaß".*

(ii) *Sei $X \ne \emptyset$ eine Menge, $(Y, \mathcal{B})$ ein Messraum und $f : X \to Y$ eine Funktion. Dann ist $\sigma(f) := f^{-1}(\mathcal{B}) := \{f^{-1}(B) : B \in \mathcal{B}\}$ eine σ-Algebra auf X, „die von f erzeugte σ-Algebra".*

---

[1]Paul Adrien Maurice Dirac, 8.8.1902 – 20.10.1984

Satz 13.7. *Seien $(X, \mathcal{A})$ ein Messraum und $\mu\colon \mathcal{A} \to [0, \infty]$ eine Abbildung mit $\mu(\emptyset) = 0$ und $\mu(A \dot\cup B) = \mu(A) + \mu(B)$ für $A, B \in \mathcal{A}$ disjunkt. Betrachte die folgenden Aussagen:*

(i) μ ist σ-additiv.

(ii) Für alle $A_n \in \mathcal{A}$ mit $A_1 \subset A_2 \subset \ldots$ und $\bigcup_{n \in \mathbb{N}} A_n =: A \in \mathcal{A}$ gilt

$$\lim_{n \to \infty} \mu(A_n) = \mu(A)$$

(d. h. μ ist stetig von unten).

(iii) Für alle $A_n \in \mathcal{A}$ mit $A_1 \supset A_2 \supset \ldots$, $\bigcap_{n \in \mathbb{N}} A_n = \emptyset$ und $\mu(A_1) < \infty$ gilt

$$\lim_{n \to \infty} \mu(A_n) = 0$$

(d. h. μ ist stetig von oben).

Dann gilt (i) $\iff$ (ii) $\implies$ (iii). *Falls μ endlich ist, sind alle drei Aussagen äquivalent.*

Beweis: (i) $\Rightarrow$ (ii): Mit $A_0 := \emptyset$ und $\tilde{A}_n := A_n \backslash A_{n-1}$ ist $A = \dot{\bigcup_{n \in \mathbb{N}}} \tilde{A}_n$ und $A_n = \bigcup_{k=1}^{n} \tilde{A}_k$. Also ist

$$\mu(A) = \sum_{n \in \mathbb{N}} \mu(\tilde{A}_n) = \lim_{n \to \infty} \sum_{k=1}^{n} \mu(\tilde{A}_k) = \lim_{n \to \infty} \mu(A_n).$$

(ii) $\Rightarrow$ (i): Sei $(A_n)_{n \in \mathbb{N}} \subset \mathcal{A}$ paarweise disjunkt, $A := \bigcup_{n \in \mathbb{N}} A_n \in \mathcal{A}$. Setze $\tilde{A}_n := A_1 \dot\cup \ldots \dot\cup A_n$. Dann gilt $\tilde{A}_n \nearrow A$ (d. h. $\tilde{A}_1 \subset \tilde{A}_2 \subset \ldots$ und $\bigcup \tilde{A}_n = A$), und nach (ii) gilt $\mu(\tilde{A}_n) \to \mu(A)$. Wegen $\mu(\tilde{A}_n) = \sum_{k=1}^{n} \mu(A_k)$ gilt also $\sum_{k=1}^{\infty} \mu(A_k) = \mu(A)$.

(ii) $\Rightarrow$ (iii): Wegen $\mu(A_1 \backslash A_n) = \mu(A_1) - \mu(A_n)$ und $A_1 \backslash A_n \nearrow A_1$ gilt nach (ii)

$$\mu(A_1) = \lim_{n \to \infty} \mu(A_1 \backslash A_n) = \mu(A_1) - \lim_{n \to \infty} \mu(A_n)$$

und damit $\mu(A_n) \to 0$.

Sei nun μ endlich.

(iii) $\Rightarrow$ (ii): Falls $A_n \nearrow A$, gilt $A \backslash A_n \searrow \emptyset$ und damit gilt $\mu(A \backslash A_n) \to 0$ nach (iii). Somit folgt $\mu(A_n) \to \mu(A)$.   □

Definition 13.8 (Borel-σ-Algebra).   *(i) Zu $a, b \in \mathbb{R}^n$ schreibe*

$$a < b :\iff \forall\, j = 1, \ldots, n : a_j < b_j,$$

analog $a \leq b$. Für $a, b \in \mathbb{R}^n$ mit $a < b$ sei $(a, b] := \{x \in \mathbb{R}^n : a_j < x_j \leq b_j\, (j = 1, \ldots, n)\} = \prod_{j=1}^{n}(a_j, b_j]$ das n-dimensionale (halboffene) Intervall (Quader). Analog $[a, b], (a, b], (a, b)$.

(ii) Die von allen halboffenen Intervallen erzeugte σ-Algebra

$$\mathcal{B}(\mathbb{R}^n) := \sigma\big(\{(a,b] : a,b \in \mathbb{R}^n, a < b\}\big)$$

heißt die „Borel-σ-Algebra" im $\mathbb{R}^n$. Die Mengen in $\mathcal{B}(\mathbb{R}^n)$ heißen „Borel-messbar".

Es gilt sogar:

Hilfssatz 13.9. *Sei τ das Mengensystem aller offenen Teilmengen des $\mathbb{R}^n$. Dann gilt $\mathcal{B}(\mathbb{R}^n) = \sigma(\tau)$. Insbesondere ist jede offene Teilmenge und damit jede abgeschlossene Teilmenge Borel-messbar.*

Beweis: Um für $\mathcal{E}_1, \mathcal{E}_2 \subset \mathcal{P}(X)$ die Gleichheit $\sigma(\mathcal{E}_1) = \sigma(\mathcal{E}_2)$ zu zeigen, reicht es offensichtlich, die Inklusionen $\mathcal{E}_1 \subset \sigma(\mathcal{E}_2)$ und $\mathcal{E}_2 \subset \sigma(\mathcal{E}_2)$ zu zeigen.
1. Aus $(a,b] = \bigcap_{k\in\mathbb{N}} \prod_{j=1}^n (a_j, b_j + \frac{1}{k})$ sieht man sofort $(a,b] \in \sigma(\tau)$ für alle $a,b \in \mathbb{R}^n$ mit $a < b$.
2. Sei $U \subset \mathbb{R}^n$ offen. Zu jedem Punkt $q \in U \cap \mathbb{Q}^n$ sei ε_q der Abstand von q zum Rand von U, dividiert durch (z. B.) $\sqrt{n}$. Sei $I_q := \{x \in \mathbb{R}^n : q_j - \varepsilon_q < x_j < q_j + \varepsilon_q\} \subset U$. Wie oben sieht man $I_q \in \mathcal{B}(\mathbb{R}^n)$. Da $\mathbb{Q}$ dicht in $\mathbb{R}$ ist, gilt

$$U = \bigcup_{q\in U\cap\mathbb{Q}^n} I_q.$$

Dies ist aber eine abzählbare Vereinigung, und somit ist $U \in \mathcal{B}(\mathbb{R}^n)$. Also ist $\tau \subset \mathcal{B}(\mathbb{R}^n)$. □

Der folgende Satz wird im zweiten Teil des Buches bewiesen.

Definition und Satz 13.10 (Lebesgue-Maß). *Es existiert genau ein Maß $\lambda = \lambda_n \colon \mathcal{B}(\mathbb{R}^n) \to [0,\infty]$ mit der Eigenschaft*

$$\lambda\Big(\prod_{j=1}^n (a_j, b_j]\Big) = \prod_{j=1}^n (b_j - a_j)$$

für alle $a,b \in \mathbb{R}^n$ mit $a < b$. Das Maß λ_n heißt das n-dimensionale Lebesgue-Maß.

Bemerkung 13.11. *Man sieht sofort folgende Eigenschaften des Lebesgue-Maßes:*
(i) Die Menge $\{x\}$ ist für jeden Punkt $x \in \mathbb{R}^n$ eine λ-Nullmenge, denn $\{x\} = \bigcap_{k\in\mathbb{N}} \prod_{j=1}^n (x_j - \frac{1}{k}, x_j]$ und damit nach Satz 13.7: $\lambda(\{x\}) = \lim_{k\to\infty}(\frac{1}{k})^n = 0$.
(ii) Analog ist $\lambda(Q) = 0$ für entartete Quader $Q = \prod_{j=1}^n [a_j, b_j]$ mit mindestens einem $a_j = b_j$. Falls $U \subset \mathbb{R}^n$ ein linearer Unterraum der Form $U = \{x \in \mathbb{R}^n : x_1 = \cdots = x_k = 0\}$ ist, folgt aus $U = \bigcup_{N\in\mathbb{N}}(U \cap [-N,N]^n)$ somit $\lambda(U) = 0$.
(iii) $\lambda((a,b)) = \lambda([a,b)) = \lambda((a,b]) = \lambda([a,b]) = \prod_{j=1}^n (b_j - a_j)$ für alle $a,b \in \mathbb{R}^n$ mit $a \leq b$.
(iv) $\lambda(\mathbb{Q}) = 0$, da $\mathbb{Q}$ abzählbare Vereinigung von Nullmengen ist.
(v) λ ist σ-endlich, da $\mathbb{R}^n = \bigcup_{N\in\mathbb{N}} \prod_{j=1}^n [-N,N]$ gilt.

Beispiel 13.12 (Cantor-Menge). *Definiere iterativ die Mengen* $(C_n)_{n \in \mathbb{N}}$ *durch*

$$C_1 := [0,1],$$

$$C_2 := C_1 \setminus \left(\frac{1}{3}, \frac{2}{3}\right),$$

$$C_3 := C_2 \setminus \left[\left(\frac{1}{9}, \frac{2}{9}\right) \cup \left(\frac{7}{9}, \frac{8}{9}\right)\right],$$

$$\vdots$$

(d. h. man nimmt jeweils in den verbleibenden Intervallen das mittlere Drittel weg). Die Cantor-Menge C ist nun definiert als $C := \bigcap_{n \in \mathbb{N}} C_n$. Als abzählbarer Durchschnitt abgeschlossener Mengen ist $C \in \mathcal{B}(\mathbb{R})$. Andererseits gilt $\lambda(C_1) = 1$, $\lambda(C_2) = 1 - \frac{1}{3}$, $\lambda(C_3) = 1 - \frac{1}{3} - \frac{2}{9}$ usw. Man erhält

$$\lambda(C) = 1 - \frac{1}{3} \cdot \sum_{n=0}^{\infty} \left(\frac{2}{3}\right)^n = 0.$$

Die Elemente in C sind gerade die Zahlen $x \in [0,1]$, welche eine 3-adische Entwicklung der Form

$$x = 0.a_1 a_2 a_3 \ldots$$

mit $a_n \in \{0,2\}$ besitzen.
Die Abbildung $x = 0.a_1 a_2 a_3 \ldots \mapsto \sum_{n=1}^{\infty} a_n 2^{-n}$ ist surjektiv von C nach $[0,1]$. Also besitzt die Menge C die gleiche Mächtigkeit (Kardinalität) wie das Intervall $[0,1]$, nämlich $|[0,1]| = |\mathbb{R}| = \mathfrak{c}$. Insbesondere ist C überabzählbar, d. h. die Cantor-Menge ist eine überabzählbare Lebesgue-Nullmenge.

Um das Integral bezüglich des Lebesgue-Maßes zu definieren, gehen wir ähnlich wie in Kapitel 8 schrittweise vor: Zunächst wird das Integral für Treppenfunktionen definiert (die hier allerdings allgemeiner sind), dann wird die Definition auf allgemeinere Funktionen durch einen Grenzprozess ausgeweitet. Wir beginnen mit dem Begriff der messbaren Funktionen.

Definition 13.13 (messbare Funktionen). *Seien $(X, \mathcal{A})$ und $(S, \mathcal{S})$ Messräume. Für eine Abbildung $f \colon X \to S$ setze $f^{-1}(B) := \{f \in B\} := \{x \in X : f(x) \in B\}$ und $f^{-1}(\mathcal{S}) := \{f^{-1}(B) : B \in \mathcal{S}\} \subset \mathcal{P}(X)$. Dann heißt f „messbar" (genauer „$\mathcal{A}$-$\mathcal{S}$-messbar"), falls $f^{-1}(\mathcal{S}) \subset \mathcal{A}$, d. h. falls für alle $B \in \mathcal{S}$ gilt $f^{-1}(B) \in \mathcal{A}$. Falls $(S, \mathcal{S}) = (\mathbb{R}^n, \mathcal{B}(\mathbb{R}^n))$, so heißt eine $\mathcal{A}$-$\mathcal{S}$-messbare Funktion f auch „$\mathcal{A}$-messbar". Falls auch $(X, \mathcal{A}) = (\mathbb{R}^m, \mathcal{B}(\mathbb{R}^m))$, so heißt f „Borel-messbar".*

Bemerkung 13.14.   *(i) Jede konstante Funktion ist messbar bezüglich jeder σ-Algebra.*

   (ii) Sind $f \colon (X, \mathcal{A}) \to (S_1, \mathcal{S}_1)$ und $g \colon (S_1, \mathcal{S}_1) \to (S_2, \mathcal{S}_2)$ messbar, so auch $g \circ f \colon (X, \mathcal{A}) \to (S_2, \mathcal{S}_2)$. Denn es gilt

$$(g \circ f)^{-1}(\mathcal{S}_2) = f^{-1}(g^{-1}(\mathcal{S}_2)) \subset f^{-1}(\mathcal{S}_1) \subset \mathcal{A}.$$

Hilfssatz 13.15. *Seien $(X, \mathcal{A})$ und $(S, \mathcal{S})$ Messräume und $\mathcal{S} = \sigma(\mathcal{E})$ (d. h. $\mathcal{E}$ ist ein Erzeugendensystem von $\mathcal{S}$). Dann ist $f : X \to S$ genau dann $\mathcal{A}$-$\mathcal{S}$-messbar, wenn $f^{-1}(\mathcal{E}) \subset \mathcal{A}$.*

Beweis: Das Mengensystem $\mathcal{S}' := \{B \in \mathcal{P}(S) : f^{-1}(B) \in \mathcal{A}\}$ ist eine σ-Algebra über S. Nach Definition ist f genau dann $\mathcal{A}$-$\mathcal{S}$-messbar, wenn $\mathcal{S} = \sigma(\mathcal{E}) \subset \mathcal{S}'$. Dies ist aber äquivalent zu $\mathcal{E} \subset \mathcal{S}'$, d. h. zu $f^{-1}(\mathcal{E}) \subset \mathcal{A}$. $\square$

Folgerung 13.16. *Sei $f : \mathbb{R}^n \to \mathbb{R}$ eine Funktion. Dann sind äquivalent:*

(i) *f ist Borel-messbar.*

(ii) *Für jedes $a \in \mathbb{R}$ gilt $\{x \in X : f(x) > a\} \in \mathcal{B}(\mathbb{R}^n)$.*

(iii) *Für jedes $a \in \mathbb{R}$ gilt $\{x \in X : f(x) \geq a\} \in \mathcal{B}(\mathbb{R}^n)$.*

(iv) *Für jedes $a \in \mathbb{R}$ gilt $\{x \in X : f(x) < a\} \in \mathcal{B}(\mathbb{R}^n)$.*

(v) *Für jedes $a \in \mathbb{R}$ gilt $\{x \in X : f(x) \leq a\} \in \mathcal{B}(\mathbb{R}^n)$.*

Beweis: (i)$\Longrightarrow$(ii) ist klar wegen $(a, \infty) \in \mathcal{B}(\mathbb{R})$.
(ii)$\Longrightarrow$(i): Nach Hilfssatz 13.15 ist nur zu zeigen, dass $\mathcal{E} := \{(a, \infty) : a \in \mathbb{R}\}$ ein Erzeugendensystem von $\mathcal{B}(\mathbb{R})$ ist. Dies folgt aber aus $(a, b] = (a, \infty) \setminus (b, \infty)$ für $a < b$, da damit $(a, b] \in \sigma(\mathcal{E})$ gilt.
Die Äquivalenz von (ii)–(v) folgt aus den Darstellungen

$$\{f \geq a\} = \bigcap_{k \in \mathbb{N}} \left\{f > a - \frac{1}{k}\right\},$$

$$\{f < a\} = \{f \geq a\}^c,$$

$$\{f \leq a\} = \bigcap_{k \in \mathbb{N}} \left\{f < a + \frac{1}{k}\right\},$$

$$\{f > a\} = \{f \leq a\}^c.$$

$\square$

Bemerkung 13.17. *Im Folgenden treten auch die Werte $\pm\infty$ als Funktionswerte auf. Dazu setze $\overline{\mathbb{R}} := \mathbb{R} \cup \{-\infty, +\infty\}$ und definiere die Borel-σ-Algebra auf $\overline{\mathbb{R}}$ durch $\mathcal{B}(\overline{\mathbb{R}}) := \sigma(\{(a, \infty] \subset \overline{\mathbb{R}} : a \in \mathbb{R}\})$. Die obigen Aussagen gelten analog auch für messbare Funktionen $f : \mathbb{R}^n \to \overline{\mathbb{R}}$.*

Satz 13.18.   (i) *Alle stetigen Funktionen $f : \mathbb{R}^n \to \mathbb{R}$ sind Borel-messbar.*

(ii) *Sei $(f_k)_{k \in \mathbb{N}}$ eine Folge (Borel-)messbarer Funktionen $f_k : \mathbb{R}^n \to \mathbb{R}$. Dann sind die Funktionen $\inf_{k \in \mathbb{N}} f_k$, $\sup_{k \in \mathbb{N}} f_k$, $\liminf_{k \in \mathbb{N}} f_k$ und $\limsup_{k \in \mathbb{N}} f_k$ ebenfalls messbar.*

(iii) *Der Grenzwert einer punktweise konvergenten Folge $(f_k)_{k \in \mathbb{N}}$ messbarer Funktionen ist messbar.*

(iv) Seien $f, g \colon \mathbb{R}^n \to \mathbb{R}$ messbar und $F \colon \mathbb{R}^2 \to \mathbb{R}$ stetig, so ist auch $h \colon \mathbb{R}^n \to$
$\mathbb{R}$, $h(x) := F(f(x), g(x))$ messbar. Insbesondere sind mit f und g auch
$\max\{f, g\}$, $\min\{f, g\}$, $f \pm g$ und $f \cdot g$ messbar, ebenso $|f|^r$ für $r > 0$ und
f^r für $r \in \mathbb{N}$.

Beweis:

(i) Die Urbilder $\{f > a\} = f^{-1}((a, \infty))$ sind offen, also messbar.

(ii) Es gilt

$$\{\sup_k f_k \le a\} = \bigcap_k \{f_k \le a\} \in \mathcal{B}(\mathbb{R}^n)$$

für alle $a \in \mathbb{R}$. Mit Folgerung 13.16 folgt die Behauptung für das Supremum. Wegen $\inf f_k = -\sup(-f_k)$ und $\limsup f_k = \inf_k \sup_{m \ge k} f_m$ folgt der Rest daraus, da mit f offensichtlich auch $-f$ messbar ist.

(iii) Für eine konvergente Folge gilt $\lim f_k = \limsup f_k$ und damit folgt die Behauptung aus (ii).

(iv) Da F stetig ist, ist zu $a \in \mathbb{R}$ die Menge $G_a := \{(x, y) \in \mathbb{R}^2 : F(x, y) > a\}$ offen. Wie in Beweis von Hilfssatz 13.9 können wir schreiben $G_a = \bigcup_{k \in \mathbb{N}} A_k$ mit $A_k = (a_k, b_k) \times (c_k, d_k)$. Da f und g messbar sind, gilt

$$\{a_k < f < b_k\} = \{f > a_k\} \cap \{f < b_k\} \in \mathcal{B}(\mathbb{R}^n),$$

und ebenso $\{c_k < g < d_k\} \in \mathcal{B}(\mathbb{R}^n)$. Also ist auch

$$\{(f, g) \in A_k\} = \{a_k < f < b_k\} \cap \{c_k < g < d_k\} \in \mathcal{B}(\mathbb{R}^n),$$

und damit liegt

$$\{x \in \mathbb{R}^n : F(f(x), g(x)) > a\} = \{(f, g) \in G_a\} = \bigcup_{k \in \mathbb{N}} \{(f, g) \in A_k\}$$

in $\mathcal{B}(\mathbb{R}^n)$. Die restlichen Aussagen von (iv) folgen aus der Stetigkeit der Abbildungen $(x, y) \mapsto x \pm y$, $(x, y) \mapsto x \cdot y$, $(x, y) \mapsto \max\{x, y\}$, $(x, y) \mapsto \min\{x, y\}$, $(x, y) \mapsto |x|^r$ und $(x, y) \mapsto x^r$.

$\square$

13.2   Das Lebesgue-Integral

Im Folgenden sei $(X, \mathcal{A}, \mu)$ ein Maßraum.

Definition 13.19.   *(i) Eine „Stufenfunktion" (oder „Treppenfunktion" oder*
„einfache Funktion") ist eine Funktion $f \colon X \to \mathbb{R}$ in der Summenform
$f = \sum_{i=1}^k c_i \chi_{A_i}$ mit $c_i \in \mathbb{R}$ und $A_i \in \mathcal{A}$. Dabei ist

$$\chi_A(x) := \begin{cases} 1, & x \in A, \\ 0, & x \notin A, \end{cases}$$

die charakteristische Funktion von $A \subset X$.

(ii) $B(X, \mathcal{A}; \mathbb{R})$ *bezeichne den Raum aller beschränkten $\mathcal{A}$-messbaren Funktionen $f\colon X \to \mathbb{R}$.*

Satz 13.20. *(i) Zu jeder messbaren Funktion $f\colon X \to \overline{\mathbb{R}}$ existiert eine Folge $(s_k)_{k\in\mathbb{N}}$ von Stufenfunktionen mit $s_k(x) \to f(x)$ $(x \in X)$.*

Falls zusätzlich $f \geq 0$ gilt, so kann man eine monoton wachsende Folge $(s_j)_j$ finden.

(ii) Falls $f\colon X \to \mathbb{R}$ beschränkt und messbar ist, so existiert eine Folge von Stufenfunktionen, welche gleichmäßig gegen f konvergiert. (Der Raum der Stufenfunktionen liegt somit dicht in $B(X, \mathcal{A}; \mathbb{R})$ bzgl. $\|\cdot\|_\infty$-Norm.)

Beweis:

(i) Sei zunächst $f\colon X \to \overline{\mathbb{R}}$ messbar mit $f \geq 0$. Für $k, j \in \mathbb{N}$ mit $1 \leq j \leq k\cdot 2^k$ definiere

$$A_{kj} := \left\{ x \in X : \frac{j-1}{2^k} \leq f(x) < \frac{j}{2^k} \right\} = f^{-1}\left(\left[\frac{j-1}{2^k}, \frac{j}{2^k}\right)\right)$$

und $A_k := f^{-1}([k, \infty])$. Da f messbar ist, sind A_{kj} und A_k messbar. Definiere nun

$$s_k := \sum_{j=1}^{k\cdot 2^k} \frac{j-1}{2^k}\, \chi_{A_{kj}} + k \cdot \chi_{A_k}.$$

Dann konvergiert die Folge $(s_k)_{k\in\mathbb{N}}$ monoton wachsend punktweise gegen f.

Im allgemeinen Fall zerlege man $f = f_+ - f_-$ mit $f_+ := \max\{f, 0\}$ und $f_- := -\min\{0, f\}$ und wende obige Konstruktion auf f_+ und f_- an.

(ii) Die obige Konstruktion zeigt, dass die Folge $(s_k)_{k\in\mathbb{N}}$ bei beschränktem messbaren f sogar gleichmäßig konvergiert.

$\square$

Definition 13.21 (Allgemeines Lebesgue-Integral). *(i) Sei $s = \sum_{j=1}^{k} c_j \chi_{A_j}$ eine Stufenfunktion mit $s \geq 0$. Definiere das „Integral von s bzgl. μ" durch*

$$\int s\, d\mu := \sum_{j=1}^{k} c_j \mu(A_j) \in [0, \infty].$$

(ii) Sei nun $f\colon X \to \overline{\mathbb{R}}$ messbar mit $f \geq 0$. Definiere

$$\int f\, d\mu := \sup\left\{ \int s\, d\mu : s \text{ Stufenfunktion mit } 0 \leq s \leq f \right\} \in [0, \infty].$$

(iii) *Falls* $f\colon X \to \overline{\mathbb{R}}$ *messbar ist, so definiert man*

$$\int f d\mu := \int f_+ d\mu - \int f_- d\mu, \qquad (13.2)$$

falls nicht beide Integrale den Wert $+\infty$ *haben.*

(iv) *Eine Funktion* $f\colon X \to \overline{\mathbb{R}}$ *heißt „(Lebesgue-)integrierbar", falls* f *messbar ist und beide Integrale in (13.2) endlich sind. Die Menge aller integrierbaren Funktionen wird mit* $\mathcal{L}^1(\mu) = \mathcal{L}^1(X, \mu) = \mathcal{L}^1(X)$ *bezeichnet. Andere Schreibweisen sind etwa* $\int f(x) d\mu(x) := \int f\mu(dx) := \int f d\mu$. *Der Index „1" wird manchmal unten geschrieben:* $\mathcal{L}_1(\mu)$.

Falls $\mu = \lambda$ *das Lebesgue-Maß im* $\mathbb{R}^n$ *ist, so schreibt man* $\int f(x) dx$.

(v) *Für* $A \in \mathcal{A}$ *definiert man*

$$\int_A f d\mu := \int \chi_A f d\mu.$$

Wir schreiben $\mathcal{L}^1(A) := \mathcal{L}^1(\mu|_A)$.

Satz 13.22 (Elementare Eigenschaften des Lebesgue-Integrals). *Sei* $f\colon X \to \overline{\mathbb{R}}$ *messbar und* $A \in \mathcal{A}$.

(i) *Sei zusätzlich* f *beschränkt und* $\mu(X) < \infty$. *Dann ist* $f \in \mathcal{L}^1(\mu)$.

(ii) *Monotonie: Sind* $f, g \in \mathcal{L}^1(\mu)$ *mit* $f \leq g$, *so ist*

$$\int f d\mu \leq \int g d\mu.$$

Speziell gilt: Ist $a \leq f(x) \leq b \quad (x \in A)$ *und* $\mu(A) < \infty$, *so gilt*

$$a\mu(A) \leq \int_A f d\mu \leq b\mu(A).$$

(iii) *Ist* A *eine* μ-*Nullmenge, so gilt* $\int_A f d\mu = 0$.

(iv) *Sind* $A, B \in \mathcal{A}$ *disjunkt und* $f \in \mathcal{L}^1(X, \mu)$, *so gilt* $\int_{A \dot\cup B} f d\mu = \int_A f d\mu + \int_B f d\mu$.

(v) *Ist* $f \in \mathcal{L}^1(X, \mu)$, *so ist* $f \in \mathcal{L}^1(A, \mu|_A)$.

Beweis:

(i) Zu $f \in B(X, \mathcal{A}; \mathbb{R})$ existiert ein $K > 0$ mit $0 \leq f_\pm \leq K$. Für jede Stufenfunktion s mit $0 \leq s \leq f_+$ gilt somit $\int s d\mu \leq K\mu(X)$. Somit gilt $\int f_+ d\mu \leq K\mu(X) < \infty$. Analog sieht man $\int f_- d\mu < \infty$.

(ii) Ist $f \leq g$, so folgt $f_+ \leq g_+$ und $f_- \geq g_-$. Für jede Stufenfunktion s mit $0 \leq s \leq f_+$ gilt daher auch $s \leq g_+$. Damit folgt $\int f_+ d\mu \leq \int g_+ d\mu$. Genauso folgt $\int f_- d\mu \geq \int g_- d\mu$ und damit die erste Behauptung.

Die zweite Behauptung folgt mit $a\chi_A \leq f\chi_A \leq b\chi_A$.

(iii) Für jede Stufenfunktion $s = \sum_{j=1}^{k} c_j \chi_{A_j}$ mit $0 \leq s \leq f_+$ gilt

$$\int_A s \, d\mu = \sum_{j=1}^{k} c_j \mu(A \cap A_j) = 0$$

wegen $\mu(A \cap A_j) \leq \mu(A) = 0$. Damit ist $\int_A f_+ d\mu = 0$. Analog folgt $\int_A f_- d\mu = 0$.

(iv) Die Gleichheit gilt nach Definition des Integrals für Stufenfunktionen. Für integrierbare Funktionen $f \geq 0$ und Stufenfunktionen $0 \leq s \leq f$ gilt $0 \leq s\chi_A \leq f\chi_A$ und $0 \leq s\chi_B \leq f\chi_B$, andererseits ist für zwei Stufenfunktionen s_1, s_2 mit $s_1 \leq f\chi_A$ und $s_2 \leq f\chi_B$ auch $s := s_1\chi_A + s_2\chi_B$ eine Stufenfunktion mit $s \leq f$. Geht man zum Supremum über, folgt die Behauptung für integrierbares $f \geq 0$ und damit für $f \in \mathcal{L}^1(\mu)$.

(v) Für jede Stufenfunktion $s = \sum_{j=1}^{k} c_j \chi_{A_j}$ mit $0 \leq s \leq f_+$ gilt

$$\int_A s \, d\mu = \sum_{j=1}^{k} c_j \mu(A \cap A_j) \leq \sum_{j=1}^{k} c_j \mu(A_j) = \int s \, d\mu.$$

Damit folgt $\int_A f_+ d\mu \leq \int f_+ d\mu < \infty$, analog für f_-.

$\square$

Hilfssatz 13.23. *Sei $f \colon X \to \overline{\mathbb{R}}$ messbar.*

(i) Ist $f \geq 0$ mit $\int f d\mu = 0$, so ist $f = 0$ μ-f.ü.

(ii) Es gilt $f \in \mathcal{L}^1(\mu)$ genau dann, wenn $|f| \in \mathcal{L}^1(\mu)$ gilt. In diesem Fall ist

$$\left| \int f d\mu \right| \leq \int |f| d\mu.$$

(iii) (Majorantenkriterium) Sei $g \in \mathcal{L}^1(\mu)$ mit $|f| \leq g$ μ-f.ü. Dann ist $f \in \mathcal{L}^1(\mu)$.

Beweis:

(i) Es gilt $\{f \neq 0\} = \overset{\infty}{\underset{j=1}{\dot{\bigcup}}} \{\frac{1}{j+1} \leq f < \frac{1}{j}\} \dot{\cup} \{f \geq 1\}$. Ist $\mu(\{f \neq 0\}) > 0$, so hat wegen der σ-Additivität von μ eine der Mengen auf der rechten Seite positives Maß und damit nach Satz 13.22 (ii) $\int f d\mu > 0$.

(ii) Die Mengen $A := \{f \geq 0\}$ und $B := \{f < 0\}$ sind messbar, ebenso die Funktion $|f|$. Nach Satz 13.22 (iv) gilt

$$\int |f|d\mu = \int_A |f|d\mu + \int_B |f|d\mu = \int f_+ d\mu + \int f_- d\mu < \infty.$$

Die Abschätzung folgt aus $-|f| \leq f \leq |f|$ und der Monotonie des Integrals (Satz 13.22 (ii)).

(iii) Nach Änderung auf einer Nullmenge können wir o.E. $|f| \leq g$ annehmen. Dann ist $f_- \leq g$ und $f_+ \leq g$ und somit $\int f_{\pm}d\mu < \infty$.

□

Der Vorteil des soeben definierten Lebesgue-Integrals liegt zum einen an der großen Allgemeinheit (beliebige Maße), zum anderen an starken Konvergenzaussagen. Die folgenden Aussagen werden hier nur zitiert und im zweiten Teil des Buches bewiesen.

Im Folgenden sei $(X, \mathcal{A}, \mu)$ ein Maßraum.

Satz 13.24 (Linearität des Integrals). *Seien $f_1, f_2 \in \mathcal{L}^1(\mu)$, $\alpha_1, \alpha_2 \in \mathbb{R}$. Dann ist $\alpha_1 f_1 + \alpha_2 f_2 \in \mathcal{L}^1(\mu)$ und*

$$\int (\alpha_1 f_1 + \alpha_2 f_2)d\mu = \alpha_1 \int f_1 d\mu + \alpha_2 \int f_2 d\mu.$$

Satz 13.25 (von Lebesgue über monotone Konvergenz). *Sei $(f_k)_{k \in \mathbb{N}}$ eine Folge messbarer Funktionen mit $0 \leq f_1 \leq f_2 \leq \ldots$, und sei $f: X \to [0, \infty]$ definiert durch $f(x) := \lim_{k \to \infty} f_k(x)$ $(x \in X)$. Dann gilt*

$$\lim_{k \to \infty} \int f_k d\mu = \int f d\mu = \int \lim_{k \to \infty} f_k d\mu.$$

Satz 13.26. *Sei $(f_n)_{n \in \mathbb{N}}$ eine Folge nichtnegativer messbarer Funktionen und $f: X \to [0, \infty]$ definiert durch $f := \sum_{n=1}^{\infty} f_n$. Dann ist f messbar und es gilt*

$$\int f d\mu = \sum_{n=1}^{\infty} \int f_n d\mu.$$

Falls $f_n \in \mathcal{L}^1(\mu)$ $(n \in \mathbb{N})$ und die Summe auf der rechten Seite konvergiert, so gilt $f \in \mathcal{L}^1(\mu)$, und die Reihe $\sum_{n=1}^{\infty} f_n(x)$ konvergiert für μ-fast alle $x \in X$.

Satz 13.27 (Lemma von Fatou[2]). *Sei $(f_n)_{n \in \mathbb{N}}$ eine Folge nichtnegativer messbarer Funktionen und $f: X \to [0, \infty]$ definiert durch $f := \liminf_{n \to \infty} f_n$. Dann gilt*

$$\int f d\mu \leq \liminf_{n \to \infty} \int f_n d\mu.$$

---

[2]Pierre Joseph Louis Fatou, 28.2.1878 – 10. 8. 1929

Der folgende Satz ist einer der wichtigsten Sätze der Integrationstheorie.

Satz 13.28 (von Lebesgue über majorisierte (dominierte) Konvergenz). *Sei $(f_n)_{n \in \mathbb{N}}$ eine Folge messbarer Funktionen, und es existiere der Grenzwert $f(x) := \lim_{n \to \infty} f_n(x) \in \overline{\mathbb{R}}$ μ-fast überall. Weiter existiere eine Funktion $g \in \mathcal{L}^1(\mu)$ mit $|f_n(x)| \leq g(x)$ für μ-fast alle $x \in X$ und alle $n \in \mathbb{N}$. Dann ist $f \in \mathcal{L}^1(\mu)$ und*

$$\lim_{n \to \infty} \int f_n d\mu = \int f d\mu.$$

Im Folgenden werden wir stets den Maßraum $(\mathbb{R}^n, \mathcal{B}(\mathbb{R}^n), \lambda)$ mit $\lambda = \lambda_n$ betrachten. In diesem Fall schreibt man auch

$$\int_A f(x)dx := \int_A f(x)d\lambda(x) := \int_A f d\lambda.$$

Ein weiterer wichtiger Integralbegriff wurde schon in Kapitel 8 erwähnt: Das Riemann-Integral.

Definition 13.29 (Riemann-Integral). *(i) Eine Stufenfunktion $s \colon \mathbb{R}^n \to \mathbb{R}$ mit $s(x) = \sum_{i=1}^{k} c_i \chi_{A_i}$ heißt eine „Riemann-Stufenfunktion", falls A_i n-dimensionale Intervalle sind, d. h. $A_i = (a_i, b_i]$ mit $a_i, b_i \in \mathbb{R}^n$, $a_i < b_i$.*
(ii) Sei $f \colon \mathbb{R}^n \to \mathbb{R}$ eine beschränkte Funktion mit kompaktem Träger

$$\operatorname{supp} f := \overline{\{x \in \mathbb{R}^n : f(x) \neq 0\}}.$$

Dann heißt

$$\overline{\int} f(x)dx := \inf \left\{ \int s(x)dx : s \text{ Riemann-Stufenfunktion, } s \geq f \right\}$$

das „Oberintegral" von f und

$$\underline{\int} f(x)dx := \sup \left\{ \int s(x)dx : s \text{ Riemann-Stufenfunktion, } s \leq f \right\}$$

das „Unterintegral" von f.
f heißt „Riemann-integrierbar", wenn $\overline{\int} f(x)dx = \underline{\int} f(x)dx =: \int f(x)dx$ („Riemann-Integral").

Satz 13.30. *Sei $f \colon \mathbb{R}^n \to \mathbb{R}$ eine beschränkte Funktion mit kompaktem Träger.*

(i) Falls f stetig ist, so ist f Riemann-integrierbar.

(ii) Falls f Riemann-integrierbar ist, so ist f (nach eventueller Abänderung auf einer Nullmenge) Lebesgue-integrierbar, und

$$\int f(x)dx = \int f d\lambda,$$

wobei links das Riemann-Integral und rechts das Lebesgue-Integral steht.

Beweis:

(i) Wir wählen ein Intervall $(-N, N]^n$ mit $\operatorname{supp} f \subset (-N, N]^n$ und dann eine Folge von Partitionen

$$(-N, N]^n = \bigcup_{k=1}^{m_j} I_{kj} \quad (j = 1, 2, \dots)$$

mit Intervallen I_{kj}, deren Feinheit gegen 0 konvergiert. Setze für $j \in \mathbb{N}$

$$s_j := \sum_{k=1}^{m_j} c_{kj} \chi_{I_{kj}}, \quad S_j := \sum_{k=1}^{m_j} C_{kj} \chi_{I_{kj}}$$

mit

$$c_{kj} := \inf_{y \in I_{kj}} f(y), \quad C_{kj} := \sup_{y \in I_{kj}} f(y).$$

Da f gleichmäßig stetig ist, gilt $\int S_j(x) dx - \int s_j(x) dx \to 0 \ (j \to \infty)$. Damit ist f Riemann-integrierbar und $\int f(x) dx = \lim_{j \to \infty} \int S_j(x) dx = \lim_{j \to \infty} \int s_j(x) dx$.

(ii) Sei f Riemann-integrierbar. Definiert man s_j und S_j wie oben, so gilt

$$s_1 \leq s_2 \leq \cdots \leq f \leq \cdots \leq S_2 \leq S_1.$$

$S(x) := \lim_{j \to \infty} S_j(x)$ und $s(x) := \lim_{j \to \infty} s_j(x)$ existieren punktweise als Grenzwerte monotoner Folgen und sind wieder messbar. Es gilt $s \leq f \leq S$.

Nach dem Satz von der monotonen Konvergenz gilt

$$\int s \, d\lambda = \lim_{j \to \infty} \int s_j \, d\lambda = \lim_{j \to \infty} \int s_j(x) dx,$$

Letzteres, da auf Stufenfunktionen Riemann- und Lebesgue-Integral nach Definition übereinstimmen. Genauso gilt

$$\int S \, d\lambda = \lim_{j \to \infty} \int S_j(x) dx.$$

Da f Riemann-integrierbar ist, gilt außerdem

$$\lim_{j \to \infty} \int s_j(x) dx = \lim_{j \to \infty} \int S_j(x) dx$$

und damit $\int (S - s) d\lambda = 0$. Nach Hilfssatz 13.23 folgt $S = s$ λ-fast überall und somit wegen $s \leq f \leq S$ auch $s = S = f$ fast überall. Damit ist f nach eventueller Änderung auf einer Nullmenge messbar mit

$$\int f \, d\lambda = \int s \, d\lambda = \int f(x) dx.$$

Beachte, dass wegen Beschränktheit von f und Kompaktheit des Trägers von f automatisch $f \in \mathcal{L}^1(\lambda)$ gilt.

$\square$

13.3 Iterierte Integrale

Beispiel 13.31. *Sei $M = \{x \in [0,1]^2 : x_2 \leq x_1^2\}$. Dann ist*

$$\int_M |x|^2 dx = \int_M (x_1^2 + x_2^2)dx \overset{(*)}{=} \int_0^1 \int_0^{x_1^2} (x_1^2 + x_2^2)dx_2\, dx_1$$

$$= \int_0^1 (x_1^4 + \tfrac{x_1^6}{3})dx_1 = (\tfrac{x_1^5}{5} + \tfrac{x_1^7}{7 \cdot 3})\big|_0^1 = \tfrac{1}{5} + \tfrac{1}{21} = \tfrac{26}{105}.$$

Frage: Ist $(*)$ erlaubt? Die positive Antwort wird der Satz von Fubini liefern.

Satz 13.32 (von Tonelli[3]). *Sei $f \colon \mathbb{R}^2 \to [0, \infty]$ messbar. Dann sind $y \mapsto f(x,y)$, $\mathbb{R} \to [0, \infty]$ für jedes feste x und $y \mapsto \int_{\mathbb{R}} f(x,y)dx$, $\mathbb{R} \to [0, \infty]$ messbar (analog für vertauschtes x und y), und es gilt*

$$\int_{\mathbb{R}^2} f(x,y)d(x,y) = \int_{\mathbb{R}} \left(\int_{\mathbb{R}} f(x,y)dx \right) dy = \int_{\mathbb{R}} \left(\int_{\mathbb{R}} f(x,y)dy \right) dx \in [0, \infty].$$

Beweis: Wir zeigen den Satz nur für den Spezialfall, dass f Riemann-integrierbar ist. Nach dem Beweis von Satz 13.30 (ii) existiert dann eine Folge $(s_k)_{k \in \mathbb{N}}$ von Riemann-Stufenfunktionen mit $s_k \nearrow f$ punktweise.

Sei $A = (a,b]$, $a, b \in \mathbb{R}^2$, $a < b$. Dann sind folgende Funktionen offensichtlich messbar:

$$y \mapsto \chi_A(x,y), \mathbb{R} \to \mathbb{R}, \quad \text{für festes } x,$$

$$x \mapsto \chi_A(x,y), \mathbb{R} \to \mathbb{R}, \quad \text{für festes } y,$$

$$y \mapsto \int_{\mathbb{R}} \chi_A(x,y)dx, \mathbb{R} \to \mathbb{R},$$

$$x \mapsto \int_{\mathbb{R}} \chi_A(x,y)dy, \mathbb{R} \to \mathbb{R}.$$

Weiter ist

$$\int_{\mathbb{R}^2} \chi_A d(x,y) = \int_{\mathbb{R}} \int_{\mathbb{R}} \chi_A(x,y)dxdy = \int_{\mathbb{R}} \int_{\mathbb{R}} \chi_A(x,y)dydx = (b_1 - a_1)(b_2 - a_2).$$

Wegen der Linearität des Integrals folgen die Behauptungen für alle Riemann-Stufenfunktionen s_k. Als punktweiser Limes messbarer Funktionen sind somit $y \mapsto f(x,y) = \lim_k s_k(x,y)$ und $x \mapsto f(x,y)$ messbar. Mit dem Satz über monotone Konvergenz folgt die Messbarkeit von $y \mapsto \int f(x,y)dx = \lim_k \int s_k(x,y)dx$ und $x \mapsto \int f(x,y)dy$. Wieder mit monotoner Konvergenz folgt

$$\int_{\mathbb{R}^2} f(x,y)d(x,y) = \lim_{k \to \infty} \int_{\mathbb{R}^2} s_k(x,y)d(x,y)$$

$$= \lim_{k \to \infty} \int_{\mathbb{R}} \int_{\mathbb{R}} s_k(x,y)dxdy = \int_{\mathbb{R}} \int_{\mathbb{R}} f(x,y)dxdy. \qquad \square$$

---

[3]Leonida Tonelli, 19.4.1885 – 12.3.1946

Satz 13.33 (von Fubini). *Sei $f : \mathbb{R}^2 \to \mathbb{R}$ (Lebesgue-)integrierbar. Dann sind (eventuell nach Änderung auf einer Nullmenge) die Funktionen $y \mapsto \int_{\mathbb{R}} f(x,y)dy$ für festes x und $x \mapsto \int_{\mathbb{R}} f(x,y)dy$ für festes y integrierbar, und es gilt*

$$\int_{\mathbb{R}^2} f(x,y)d(x,y) = \int_{\mathbb{R}} \left(\int_{\mathbb{R}} f(x,y)dx \right) dy = \int_{\mathbb{R}} \left(\int_{\mathbb{R}} f(x,y)dy \right) dx.$$

Beweis: Der Satz von Tonelli, angewendet auf $|f|$, liefert die Messbarkeit von $x \mapsto \int |f(x,y)|dy$. Damit ist

$$N := \{ x \in \mathbb{R} : \int_{\mathbb{R}} |f(x,y)|dy = \infty \}$$

Borel-messbar, und wegen

$$\int_{\mathbb{R}} \left(\int_{\mathbb{R}} |f(x,y)|dy \right) dx = \int_{\mathbb{R}^2} |f(x,y)|d(x,y) < \infty$$

ist $\lambda_1(N) = 0$. Definiert man

$$\tilde{f}(x,y) := \begin{cases} f(x,y), & \text{falls } x \notin N, \\ 0, & \text{sonst,} \end{cases}$$

und $g(x) := \int_{\mathbb{R}} \tilde{f}(x,y)dy$, so folgt $\tilde{f} = f$ fast überall und $g \in \mathcal{L}^1(\mathbb{R})$. Falls $f \geq 0$ (und damit auch $\tilde{f} \geq 0$, $g \geq 0$), so folgt wieder mit dem Satz von Tonelli

$$\int_{\mathbb{R}} g(x)dx = \int_{\mathbb{R}} \left(\int_{\mathbb{R}} \tilde{f}(x,y)dy \right) dx = \int_{\mathbb{R}^2} \tilde{f}(x,y)d(x,y) = \int_{\mathbb{R}^2} f(x,y)d(x,y).$$

Für beliebiges $f \in \mathcal{L}^1(\mathbb{R}^2)$ folgt die Behauptung durch die Zerlegung $f = f_+ - f_-$. $\square$

Folgerung 13.34. *Sei $f : \mathbb{R}^n \to \mathbb{R}$ integrierbar. Dann gilt*

$$\int_{\mathbb{R}^n} f(x)dx = \int_{\mathbb{R}} \cdots \int_{\mathbb{R}} f(x_1, \ldots, x_n)dx_1 \ldots dx_n,$$

wobei die Integrationsreihenfolge auf der rechten Seite frei wählbar ist.

Beweis: Iteriertes Anwenden des Satzes von Fubini. $\square$

Folgerung 13.35 (Prinzip von Cavalieri[4]). *Für $A \in \mathcal{B}(\mathbb{R}^n)$ und $t \in \mathbb{R}$ sei*

$$A_t := \{ (x_1, \ldots, x_{n-1}) \in \mathbb{R}^{n-1} : (x_1, \ldots, x_{n-1}, t) \in A \}$$

der Schnitt zum Wert t. Dann ist $A_t \in \mathcal{B}(\mathbb{R}^{n-1})$, und

$$\lambda_n(A) = \int_{\mathbb{R}} \lambda_{n-1}(A_t)dt.$$

---

[4]Bonaventura Francescon Cavalieri, 1598 – 30.11.1647

Beweis: Dies folgt durch die Anwendung des Satzes von Tonelli auf χ_A. $\quad\square$

Folgerung 13.36. *Sei $D \in \mathcal{B}(\mathbb{R}^{n-1})$ und $f \colon D \to \mathbb{R}$ Borel-messbar. Dann gilt* graph $f \in \mathcal{B}(\mathbb{R}^n)$ *und $\lambda_n(\mathrm{graph}\, f) = 0$. Insbesondere hat jede Hyperebene im $\mathbb{R}^n$ Lebesgue-Maß 0.*

Beweis: O.E. sei $D = \mathbb{R}^{n-1}$, denn sonst setze f durch 0 zu einer messbaren Funktion $\tilde{f}$ auf $\mathbb{R}^n$ fort. Die Behauptung für f folgt dann aus graph $f = (D \times \mathbb{R}) \cap \mathrm{graph}\, \tilde{f}$.

Die Koordinatenprojektionen $\mathrm{pr}_i \colon x \mapsto x_i$, $i = 1, \ldots, n$, sind stetig und damit Borel-messbar. Also ist auch

$$g \colon \mathbb{R}^n \to \mathbb{R}, \quad x \mapsto f(x_1, \ldots, x_{n-1}) - x_n$$

Borel-messbar. Damit ist graph $f = \{g = 0\} \in \mathcal{B}(\mathbb{R}^n)$. Wegen

$$\chi_{\mathrm{graph}\, f}(x_1, \ldots, x_{n-1}, t) = 0 \quad \text{für} \quad t \neq f(x_1, \ldots, x_{n-1})$$

folgt

$$\int_{\mathbb{R}} \chi_{\mathrm{graph}\, f}(x', t)\, d\lambda(t) = 0$$

für alle $x' := (x_1, \ldots, x_{n-1}) \in \mathbb{R}^{n-1}$. Nach dem Satz von Tonelli folgt

$$\lambda_n(\mathrm{graph}\, f) = \int_{\mathbb{R}^{n-1}} \left(\int_{\mathbb{R}} \chi_{\mathrm{graph}\, f}(x', t)\, d\lambda_1(t) \right) d\lambda_{n-1}(x')$$

$$= \int_{\mathbb{R}^{n-1}} 0 \, d\lambda_{n-1}(x') = 0.$$

$\square$

Beispiel 13.37 (Kreisfläche, Kugelvolumen). *(i) Sei $M := \{(x, y)^T \in \mathbb{R}^2 : |(x, y)^T| \leq r\}$ der Kreis mit Radius r. Nach dem Prinzip von Cavalieri erhält man für die Kreisfläche*

$$\lambda_2(M) = \int_{-r}^{r} \lambda_1([-\sqrt{r^2 - x^2}, \sqrt{r^2 - x^2}])\, dx = 4 \int_0^r \sqrt{r^2 - x^2}\, dx.$$

Mit der Substitution $x = r\sin t$, $dx = r\cos t\, dt$, $t \in [0, \frac{\pi}{2}]$, erhält man

$$\lambda_2(M) = 4 \int_0^{\pi/2} r^2 \cos^2 t \, dt = 4r^2 \, \frac{\pi}{4} = \pi r^2.$$

(ii) Sei nun $M := \{(x, y, z)^T \in \mathbb{R}^3 : |(x, y, z)^T| \leq r\}$ die Kugel im $\mathbb{R}^3$ mit Radius r. Für $x \in [-r, r]$ ist der Schnitt zum Wert x gegeben durch $M_x = \{(y, z) \in \mathbb{R}^2 : y^2 + z^2 \leq r^2 - x^2\}$, d. h. nach (i) ist $\lambda_2(M_x) = \pi(r^2 - x^2)$. Damit ist

$$\lambda_3(M) = \int_{-r}^{r} \pi(r^2 - x^2)\, dx = 2\pi\left(r^3 - \frac{r^3}{3}\right) = \frac{4}{3}\pi r^3.$$

Somit besitzt ein Kreis im $\mathbb{R}^2$ mit Radius r die Fläche πr^2 und eine Kugel im $\mathbb{R}^3$ mit Radius r das Volumen $\frac{4}{3}\pi r^3$.

Beispiel 13.38 (Trägheitsmoment einer Kugel). *Sei* $K := \{(x,y,z)^T \in \mathbb{R}^3 : |(x,y,z)^T| \le r\}$ *(Kugel mit Radius* $r > 0$*). Das Trägheitsmoment von* K *bzgl. der* z-*Achse ist gegeben durch* $J := \int_K (x^2 + y^2) d(x,y,z)$. *Nach dem Satz von Fubini ist*

$$J = 2\int_K x^2 d(x,y,z) = 2\int_{-r}^{r} \int_{-\sqrt{r^2-x^2}}^{\sqrt{r^2-x^2}} \int_{-\sqrt{r^2-x^2-y^2}}^{\sqrt{r^2-x^2-y^2}} x^2 dz dy dx$$

$$= 16\int_{0}^{r} \int_{0}^{\sqrt{r^2-x^2}} \int_{0}^{\sqrt{r^2-x^2-y^2}} x^2 dz dy dx$$

$$= 16\int_{0}^{r} \int_{0}^{\sqrt{r^2-x^2}} x^2 \sqrt{r^2-x^2-y^2}\, dy dx.$$

Substituiert man $y = \sqrt{r^2-x^2}\sin t$, $dy = \sqrt{r^2-x^2}\cos t\, dt$, *so erhält man*

$$J = 16\int_{0}^{r} x^2 \int_{0}^{\pi/2} \sqrt{r^2-x^2}\sqrt{1-\sin^2 t}\sqrt{r^2-x^2}\cos t\, dt dx$$

$$= 16\int_{0}^{r} x^2(r^2-x^2) dx \int_{0}^{\pi/2} \cos^2 t\, dt$$

$$= 16(\tfrac{r^5}{3} - \tfrac{r^5}{5}) \cdot \tfrac{\pi}{4} = \tfrac{8}{15}\pi r^5.$$

13.4   Der Transformationssatz

Im Folgenden sei $\lambda = \lambda_n$ das Lebesgue-Maß im $\mathbb{R}^n$.

Definition und Satz 13.39.   *(i) Sei* $U \subset \mathbb{R}^n$ *offen,* μ *ein Maß auf* $(U, \mathcal{B}(U))$*, mit* $\mathcal{B}(U) := \mathcal{B}(\mathbb{R}^n) \cap U$*, und* $\Phi\colon U \to \mathbb{R}^n$ *messbar. Dann ist*

$$\mu \circ \Phi^{-1}\colon \mathcal{B}(\mathbb{R}^n) \to [0,\infty], \quad A \mapsto \mu(\Phi^{-1}(A)),$$

ein Maß, das „Bildmaß" von μ *unter* Φ.

(ii) Ein Maß μ *auf* $(\mathbb{R}^n, \mathcal{B}(\mathbb{R}^n))$ *heißt „translationsinvariant", falls* $\mu \circ \Phi^{-1} = \mu$ *für alle Translationen* $\Phi\colon \mathbb{R}^n \to \mathbb{R}^n$, $x \mapsto x+c$ *mit* $c \in \mathbb{R}^n$ *gilt. Das Maß* μ *heißt „bewegungsinvariant", falls* $\mu \circ \Phi^{-1} = \mu$ *gilt für alle Bewegungen* $\Phi\colon \mathbb{R}^n \to \mathbb{R}^n$, $x \mapsto Sx+c$ *mit* $S \in \mathbb{R}^{n\times n}$ *orthogonale Matrix und* $c \in \mathbb{R}^n$.

Beweis: Die σ-Additivität folgt sofort aus

$$\mu\Big(\Phi^{-1}\Big(\dot{\bigcup_{k\in\mathbb{N}}} A_k\Big)\Big) = \mu\Big(\dot{\bigcup_{k\in\mathbb{N}}} \Phi^{-1}(A_k)\Big) = \sum_{k\in\mathbb{N}} \mu(\Phi^{-1}(A_k)),$$

die anderen Eigenschaften eines Maßes sind klar.   □

Satz 13.40.   *(i)* λ *ist translationsinvariant.*

(ii) Sei $W := ((0, \ldots, 0), (1, \ldots, 1)]$ der n-dimensionale Einheitswürfel. Falls μ ein translationsinvariantes Maß auf $(\mathbb{R}^n, \mathcal{B}(\mathbb{R}^n))$ mit $\mu(W) =: \alpha < \infty$ ist, so ist $\mu = \alpha\lambda$.

Beweis:

(i) Für $a, b \in \mathbb{R}^n$ mit $a < b$ und $\Phi(x) = x + c$, $c \in \mathbb{R}^n$, gilt $\lambda \circ \Phi^{-1}((a, b]) = \lambda((a-c, b-c]) = \prod_{j=1}^n (b_j - a_j) = \lambda((a, b])$. Nach Satz 13.10 ist $\lambda \circ \Phi^{-1} = \lambda$.

(ii) Sei $a_k := (\frac{1}{k}, \ldots, \frac{1}{k})$, $W_k := (0, a_k]$ und $G_k := \{\frac{1}{k}, \frac{2}{k}, \ldots, 1\}^n$. Dann ist $W = W_1 = \bigcup_{r \in G_k} (r - a_k, r]$ und damit $\mu(W) = \alpha = k^n \mu(W_k)$. Wegen $\alpha < \infty$ folgt $\mu(W_k) = \frac{\alpha}{k^n} = \alpha\lambda(W_k)$.

Betrachte nun $(a, b]$ mit $a, b \in \mathbb{Q}^n$. O. B. d. A. gilt $a = 0$, $b = (\frac{m_1}{k}, \ldots, \frac{m_n}{k})$. Dann ist $(0, b] = \bigcup_{r \in H_k} (r - a_k, r]$ mit Indexmenge $H_k := \prod_{i=1}^n \{\frac{1}{k}, \ldots, \frac{m_i}{k}\}$. Damit

$$\mu((0, b]) = \sum_{r \in H_k} \mu((r - a_k, r]) = \alpha \cdot \frac{m_1}{k} \cdot \ldots \cdot \frac{m_n}{k} = \alpha\lambda((0, b]).$$

Somit gilt $\mu((a, b]) = \alpha\lambda((a, b])$ für alle $a, b \in \mathbb{Q}^n$ mit $a < b$.

Zu $a, b \in \mathbb{R}^n$, $a < b$, wähle nun $a_k, b_k \in \mathbb{Q}^n$ mit $(a_k, b_k] \nearrow (a, b]$ und erhalte $\mu((a, b]) = \alpha\lambda((a, b])$. Nach Satz 13.10 folgt $\mu = \alpha\lambda$. $\qquad\square$

Satz 13.41. λ *ist bewegungsinvariant.*

Beweis: Sei $\Phi(x) = Sx + c$, d. h. $\Phi = T_c \circ S$ mit $S: \mathbb{R}^n \to \mathbb{R}^n$ orthogonal und $T_c: \mathbb{R}^n \to \mathbb{R}^n$, $x \mapsto x + c$ mit $c \in \mathbb{R}^n$. Dann gilt $\Phi = T_c \circ S = S \circ T_d$ mit $d := S^{-1}c$ und damit

$$\lambda \circ \Phi^{-1} = (\lambda \circ S^{-1}) \circ T_c^{-1} = (\lambda \circ T_d^{-1}) \circ S^{-1} = \lambda \circ S^{-1} \qquad (13.3)$$

nach Satz 13.40 (i). Zu zeigen ist also noch $\lambda \circ S^{-1} = \lambda$.

Da $S^{-1}(W) \subset \mathbb{R}^n$ beschränkt ist, folgt $\alpha := (\lambda \circ S^{-1})(W) < \infty$. Nach (13.3) ist $\lambda \circ S^{-1}$ translationsinvariant, und nach Satz 13.40 (ii) folgt $\lambda \circ S^{-1} = \alpha \cdot \lambda$. Für $K := \overline{B(0, 1)} = \{x \in \mathbb{R}^n : |x| \le 1\}$ ist $S^{-1}(K) = K$, d. h. $(\lambda \circ S^{-1})(K) = \lambda(S^{-1}(K)) = \lambda(K) > 0$ und damit $\alpha = 1$. $\qquad\square$

Satz 13.42. *Sei $T \in \mathbb{R}^{n \times n}$ invertierbar. Dann gilt*

$$(\lambda \circ T^{-1})(B) = \frac{1}{|\det T|} \lambda(B) \quad (B \in \mathcal{B}(\mathbb{R}^n))$$

bzw.

$$\lambda(T(B)) = |\det T| \cdot \lambda(B) \quad (B \in \mathcal{B}(\mathbb{R}^n)).$$

Beweis: Wie im Beweis von Satz 13.40 sieht man, dass $\lambda \circ T^{-1}$ translationsinvariant ist. Da $\alpha := (\lambda \circ T^{-1})(W) = \lambda(T^{-1}(W)) < \infty$, folgt aus Satz 13.40 (ii) $\lambda \circ T^{-1} = \alpha \cdot \lambda$.

Nach einem Satz der linearen Algebra existieren orthogonale Matrizen S_1, S_2 und eine Diagonalmatrix $D = \operatorname{diag}(\lambda_1, \ldots, \lambda_n)$ mit $T = S_1 D S_2$. Für $B := S_1(W)$ folgt

$$
\begin{aligned}
\alpha = \alpha\lambda(W) &= \alpha \cdot (\lambda \circ S_1)(W) = \alpha\lambda(B) \\
&= (\lambda \circ T^{-1})(B) = \lambda(S_2^{-1} \circ D^{-1} \circ S_1^{-1}(B)) \\
&= \lambda \circ S_2^{-1}(D^{-1}(W)) = \lambda(D^{-1}(W)) \\
&= \lambda\Big(\prod_{j=1}^{n}(0, |\lambda_j|^{-1}] \Big) = \prod_{j=1}^{n} |\lambda_j|^{-1} = |\det D|^{-1} = |\det T|^{-1}.
\end{aligned}
$$

$\square$

Für lineare bijektive Abbildungen haben wir also die Gleichheit $\lambda(T(B)) = |\det T| \cdot \lambda(B)$ $(B \in \mathcal{B}(\mathbb{R}^n))$. Seien nun $U, V \subset \mathbb{R}^n$ offen und $\Phi: U \to V$, $z \mapsto \Phi(z) =: x$, ein C^1-Diffeomorphismus. Dann gilt $x_2 - x_1 = \Phi(z_2) - \Phi(z_1) = \Phi'(z_1)(z_2 - z_1) + \cdots$. Somit liegt es nahe, dass Würfelinhalte lokal um den Faktor $|\det \Phi'(z)|$ verstärkt werden, d. h. dass gilt „$dx = |\det \Phi'(z)|dz$". Dies ist tatsächlich der Fall, wie der folgende Satz zeigt, der erst im zweiten Teil des Buches vollständig bewiesen wird.

Satz 13.43 (Transformationssatz). *Seien $U, V \subset \mathbb{R}^n$ offen und $\Phi: U \to V$ ein C^1-Diffeomorphismus. Sei $f: V \to \mathbb{R}$ messbar. Dann ist f über $V = \Phi(U)$ genau dann integrierbar, wenn $(f \circ \Phi) \cdot |\det \Phi'|: U \to \mathbb{R}$ integrierbar über U ist, und dann gilt*

$$
\int_{\Phi(U)} f(x)dx = \int_U f(\Phi(z)) \cdot |\det \Phi'(z)|dz.
$$

Beispiel 13.44 (Polarkoodinaten im $\mathbb{R}^2$). *Bereits in Beispiel 11.18 hatten wir die Koordinatentransformation von kartesischen Koordinaten auf Polarkoordinaten in $\mathbb{R}^2$ angegeben:*

$$
\mathbb{R}^2 \in (x, y) = \Phi(r, \varphi) = (r \cos \varphi, r \sin \varphi),
$$

wobei $\Phi: Q \to \mathbb{R}^2 \setminus \{(x, 0)| \ x \geq 0\}$ mit $Q := \{(r, \varphi)| r > 0, \ 0 < \varphi < 2\pi\}$. Φ ist bijektiv, und es gilt

$$
\det \Phi'(r, \varphi) = \begin{vmatrix} \cos \varphi & -r \sin \varphi \\ \sin \varphi & r \cos \varphi \end{vmatrix} = r > 0 \ in \ Q,
$$

also ist Φ ein Diffeomorphismus. ($\Phi: \overline{Q} \to \mathbb{R}^2$ ist dagegen nicht bijektiv, deshalb die Abbildung auf die „geschlitzte Ebene" $\mathbb{R}^2 \setminus \{(x, 0)| \ x \geq 0\}$). Die *unbeschränkte Menge* $N := \{(x,0)|\ x \geq 0\}$ *ist eine Nullmenge, so dass wir schreiben können:*

$$\int\limits_{B(0,R)} f(x,y)d(x,y) = \int\limits_{B(0,R)\setminus N} f(x,y)d(x,y) = \int\limits_0^R \int\limits_0^{2\pi} f(r\cos\varphi, r\sin\varphi)\, r\ d\varphi dr\,,$$

wobei die letzte Gleichung gerade aus der Transformationsformel resultiert. Für $f = 1$ *erhält man wieder die Fläche des Kreises:*

$$\lambda(B(0,R)) = \int_{B(0,R)} 1d(x,y) = \int_0^R \int_0^{2\pi} r\, d\varphi dr = 2\pi \frac{R^2}{2} = \pi R^2.$$

Für $f(x,y) = e^{-(x^2+y^2)}$ *erhält man*

$$\int_{\mathbb{R}^2} f(x,y)d(x,y) = \int_0^\infty \int_0^{2\pi} e^{-r^2} r\, d\varphi\, dr = \frac{2\pi}{2}(-e^{-r^2})\big|_0^\infty = \pi\,.$$

Wegen $\int_{\mathbb{R}^2} e^{-(x^2+y^2)}d(x,y) = \left(\int_{\mathbb{R}} e^{-t^2}dt\right)^2$ *folgt damit* $\int_{\mathbb{R}} e^{-t^2}dt = \sqrt{\pi}$ *und somit für die Wahrscheinlichkeitsdichte der Standard-Normalverteilung*

$$\frac{1}{\sqrt{2\pi}} \int_{-\infty}^\infty e^{-t^2/2}dt = 1.$$

13.5 Kurvenintegrale und Flächenintegrale

Unser Ziel ist es nun, Wegintegrale zu erklären. Wir erinnern uns an die Definition eines Weges als stetige Abbildung $\gamma : [a,b] \to \mathbb{R}^n$. Diese können noch recht exotisch sein, wenn man an das Beispiel einer Peanokurve $\gamma : [0,1] \to [0,1]^2$ (surjektiv) denkt. Für stückweise differenzierbare Wege haben wir deren Länge über

$$L(\gamma) = \int_a^b |\gamma'(t)|dt$$

festgelegt. Zunächst behandeln wir *Kurvenintegrale*, also Integrale über ein Integrationsgebiet $\Gamma = \gamma([a,b])$, und wollen zu einer Verallgemeinerung des Hauptsatzes der Differential- und Integralrechnung: $\int_\alpha^\beta f'(x)dx = f(\beta) - f(\alpha)$ gelangen. Später beweisen wir dann eine entsprechende Aussage über Flächenintegrale.

Definition 13.45. *Unter einem „Vektorfeld" auf* $D \subset \mathbb{R}^n$ *verstehen wir eine Abbildung*

$$v : D \to \mathbb{R}^n,$$

die jedem Punkt $x \in D$ *einen Vektor* $v(x) \in \mathbb{R}^n$ *zuordnet. Meist denkt man sich den Vektor* $v(x)$ *im Fußpunkt* x *angetragen.*

Wir führen nun Integrale über Γ ein und denken dabei beispielsweise an die folgende Situation: Es sei $\gamma : [a,b] \to \Gamma \subset \mathbb{R}^3$ ein glatter Weg, $v : \Gamma \to \mathbb{R}^3$ ein Vektorfeld. Ist v etwa ein Kraftfeld, so berechnet sich die physikalische Arbeit als „Kraft mal Weg" und man möchte das Integral

$$A := \int_\Gamma \langle v(x), dx \rangle := \int_a^b \langle v(\gamma(t)), \gamma'(t) \rangle dt, \qquad \langle \cdot, \cdot \rangle : \text{ Skalarprodukt in } \mathbb{R}^3$$

berechnen, also v „längs Γ" integrieren.

Einen Kalkül zur Berechnung solcher Integrale liefern die „Pfaffschen Differentialformen[5]". In diesem Zusammenhang sind auch die Namen Poincaré[6] und Cartan[7] zu nennen.

Definition 13.46. *Sei $\Gamma \subset \mathbb{R}^n$ Bild eines glatten Weges und $\omega : \Gamma \times \mathbb{R}^n \to \mathbb{R}$ stetig und linear im zweiten Argument. Dann heißt ω eine „1-Form" in Γ. Auch für eine beliebige Teilmenge $U \subset \mathbb{R}^n$ nennt man eine entsprechende Abbildung $\omega : U \times \mathbb{R}^n \to \mathbb{R}$ eine „1-Form" in U.*

Die 1-Form ω lässt sich explizit beschreiben, wenn wir die zweite Variable h bezüglich der Standardbasis des $\mathbb{R}^n$ schreiben: $h = \sum_{i=1}^n h_i e_i$, e_i i-ter Einheitsvektor des $\mathbb{R}^n$. Damit ist $\omega(x,h) = \sum_{i=1}^n \omega(x, e_i) h_i$, d. h. mit $\omega_i(x) := \omega(x, e_i)$ gilt:

$$\omega(x,h) = \langle \omega(x), h \rangle \ , \ \omega(x) = \begin{pmatrix} \omega_1(x) \\ \vdots \\ \omega_n(x) \end{pmatrix}.$$

Dem klassischen „dx" geben wir hiermit folgenden Sinn:

$$dx_i : \mathbb{R}^n \to \mathbb{R}, \ h \mapsto h_i = dx_i(h) = \langle h, e_i \rangle$$

$$\Rightarrow \omega(x, \cdot) = \sum_{i=1}^n \omega_i(x) dx_i \equiv \langle \omega(x), dx \rangle.$$

Definition 13.47. *Sei γ eine Darstellung von Γ. Dann heißt*

$$\int_\Gamma \omega := \int_a^b \omega(\gamma(t), \gamma'(t)) dt$$

das „Kurvenintegral der 1-Form ω längs Γ".

Erinnern wir uns an das obige Beispiel der physikalischen Arbeit, so ist $\omega(x, \cdot) = \langle v(x), dx \rangle$, d. h. $A = \int_\Gamma \omega$.

Die Definition des Kurvenintegrals ist von der speziellen Darstellung unabhängig, solange nur dieselbe Orientierung gewählt wird: Denn seien $\gamma_j : [a_j, b_j] \to$

---

[5]Johann Friedrich Pfaff, 22.12.1765 – 21.4.1825
[6]Henri Poincaré, 29.4.1854 –17.7.1912
[7]Élie Joseph Cartan, 9.4.1869 – 6.5.1951

$\mathbb{R}^n$ $(j = 1, 2)$ und $\varphi : [a_2, b_2] \to [a_1, b_1]$ mit $\varphi' > 0$, so dass $\gamma_2 = \gamma_1 \circ \varphi$. Dann gilt

$$\int_{a_1}^{b_1} \omega(\gamma_1(t), \gamma_1'(t)) dt = \int_{a_2}^{b_2} \omega(\gamma_1 \circ \varphi(\tau), \gamma_1' \circ \varphi(\tau)) \varphi'(\tau) d\tau = \int_{a_2}^{b_2} \omega(\gamma_2, \gamma_2')(\tau) d\tau.$$

Weiterhin gelten offensichtlich die folgenden Rechenregeln:

$$\int_\Gamma \omega_1 + \omega_2 = \int_\Gamma \omega_1 + \int_\Gamma \omega_2$$

$$\forall c \in \mathbb{R} : \quad \int_\Gamma c\,\omega = c \int_\Gamma \omega$$

$$\int_{\Gamma_1} \omega + \int_{\Gamma_2} \omega = \int_\Gamma \omega, \quad \text{für } \Gamma = \Gamma_1 + \Gamma_2.$$

Beispiele 13.48. *(i) Es sei das Kraftfeld* $v(x) = \frac{x}{|x|^2}$ *in* $\mathbb{R}^2$ *gegeben und* $\Gamma = \Gamma_1 + \Gamma_2 \subset \mathbb{R}^2$ *durch*

$$\Gamma_1 = \left\{ x = \gamma_1(t) = \begin{pmatrix} \cos t \\ \sin t \end{pmatrix},\ 0 \le t \le \frac{\pi}{2} \right\}, \ \Gamma_2 = \left\{ x = \gamma_2(t) = \begin{pmatrix} 0 \\ t \end{pmatrix},\ 1 \le t \le 2 \right\}$$

Dann berechnet sich die Arbeit wie folgt:

$$A = \int_\Gamma \omega = \int_{\Gamma_1} \omega + \int_{\Gamma_2} \omega, \ \textit{wobei}\ \omega(x, \cdot) = \langle v(x), dx \rangle.$$

Wegen $\omega(\gamma_1, \gamma_1') = \langle v(\gamma_1(t)), \gamma_1'(t) \rangle = 0$ *ist* $\int_{\Gamma_1} \omega = 0$. *Dann folgt*

$$\int_{\Gamma_2} \omega = \int_1^2 \langle v(\gamma_2(t)), \gamma_2'(t) \rangle dt = \int_1^2 \left\langle \frac{1}{t^2} \begin{pmatrix} 0 \\ t \end{pmatrix}, \begin{pmatrix} 0 \\ 1 \end{pmatrix} \right\rangle dt = \int_1^2 \frac{1}{t} dt = \ln 2.$$

(ii) Sei $\Gamma := \Gamma_1 + \Gamma_2 + \Gamma_3$ *gegeben durch*

$$\gamma_1(t) = \begin{pmatrix} \cos t \\ \sin t \end{pmatrix},\ 0 \le t \le \pi; \quad \gamma_2(t) = \begin{pmatrix} t-1 \\ -t \end{pmatrix},\ 0 \le t \le 1;$$

$$\gamma_3(t) = \begin{pmatrix} t \\ t-1 \end{pmatrix},\ 0 \le t \le 1,$$

und, für $x \neq 0$,

$$v(x) = \begin{pmatrix} -x_2 \\ x_1 \end{pmatrix} \cdot \frac{1}{|x|^2}, \ \omega(x, \cdot) = \langle v(x), dx \rangle = \frac{-x_2}{x_1^2 + x_2^2} dx_1 + \frac{x_1}{x_1^2 + x_2^2} dx_2$$

$$\Rightarrow \int_{\Gamma_1} \omega = \int_0^\pi \left\langle \begin{pmatrix} -\sin t \\ \cos t \end{pmatrix}, \begin{pmatrix} -\sin t \\ \cos t \end{pmatrix} \right\rangle dt = \pi$$

$$\int_{\Gamma_2} \omega = \int_0^1 \left\langle \begin{pmatrix} t \\ t-1 \end{pmatrix}, \begin{pmatrix} 1 \\ -1 \end{pmatrix} \right\rangle \frac{1}{t^2 + (t-1)^2} \, dt$$

$$= \int_0^1 \frac{1}{t^2 + (1-t)^2} \, dt = \int_{-1/2}^{1/2} \frac{1}{(\tau + \frac{1}{2})^2 + (\tau - \frac{1}{2})^2} \, d\tau$$

$$= 2 \int_{-1/2}^{1/2} \frac{1}{4\tau^2 + 1} \, d\tau = \int_{-1}^1 \frac{1}{s^2 + 1} \, ds = \arctan s \Big|_{s=-1}^{s=1} = \frac{\pi}{2}.$$

Analog: $\int_{\Gamma_3} \omega = \frac{\pi}{2}$

$$\Rightarrow \int_\Gamma \omega = 2\pi.$$

Wenn man Γ_1 zu einer vollen Kreislinie $\tilde{\Gamma}_1$ verlängert, so ergibt sich: $\int_{\tilde{\Gamma}_1} \omega = 2\pi$.

In den letzten Beispielen haben wir gesehen, dass für das erste $\int_{\text{Kreislinie}} \omega = 0$ gilt, während man für das zweite und den geschlossenen Weg Γ $\int_\Gamma \omega = 2\pi$ erhält. Außerdem gilt für das zweite, um vom Punkt $(1,0)$ zum Punkt $(-1,0)$ zu kommen im Fall von $\Gamma_1 : \int_{\Gamma_1} \omega = \pi$, während man für den Weg $\tilde{\Gamma} = \Gamma_2 + \Gamma_3$ in umgekehrter Richtung durchlaufen $\int_{\tilde{\Gamma}} \omega = -\pi$ erhält.

Wir sehen also, dass die „Arbeit", also das Integral, vom Integrationsweg abhängen kann (aber nicht muss). Es drängen sich nun folgende Fragen auf:

- Wann ist $\int_\Gamma \omega$ nur von den Endpunkten von Γ abhängig?

- Wann sind die Integrale über geschlossene Kurven null?

Bemerkung 13.49. *(i) Eine Funktion wird auch „Nullform" genannt. Sei $U \subset \mathbb{R}^n$ offen, $f \in C^1(U; \mathbb{R})$. Dann ist $df: U \times \mathbb{R}^n \to \mathbb{R}$, $(x,h) \mapsto f'(x,h) = \langle \nabla f(x), h \rangle$ eine 1-Form in U. Sie heißt „das totale Differential" von f. Es gilt*

$$\int_\Gamma df = \int_a^b f'(\gamma(t), \gamma'(t)) dt = \int_a^b (f \circ \gamma)'(t) dt = f(\gamma(b)) - f(\gamma(a))$$
$$= f(B) - f(A)$$

mit $B := \gamma(b)$ und $A := \gamma(a)$, d. h. das Integral hängt nur von den Endpunkten ab.
(ii) Existiert zur 1-Form $\omega: U \times \mathbb{R}^n \to \mathbb{R}$ eine 0-Form $f : U \to \mathbb{R}$ mit $\omega(x,h) = f'(x,h) = (df)(x,h)$, so heißt ω „exakt" und f „Stammfunktion" zu ω. Ist $\omega(x,h) = \langle \omega(x), h \rangle$, so ist also für exaktes $\omega : \omega(x) = \nabla f(x)$.
(iii) Eine 1-Form $\omega: U \times \mathbb{R}^n \to \mathbb{R}$ heißt „wegunabhängig", falls $\int_{\Gamma_1} \omega = \int_{\Gamma_2} \omega$ für alle in U verlaufenden Wege Γ_1, Γ_2 mit denselben Anfangs- und Endpunkten gilt.

Eine Antwort auf die obigen Fragen und eine Verbindung zur vorangegangenen Definition liefert der

Satz 13.50. *Seien $U \subset \mathbb{R}^n$ offen und zusammenhängend und $\omega \colon U \times \mathbb{R}^n \to \mathbb{R}$ eine 1-Form. Dann gilt: ω ist genau dann exakt, wenn ω wegunabhängig ist.*

Beweis: „$\Rightarrow$": Ist bereits in Bemerkung 13.49 (i) bewiesen worden.

„$\Leftarrow$": Sei $x_0 \in U$ fest gewählt und $\Gamma(x_0, x)$ verbinde x_0 mit $x \in U$, dann ist

$$f(x) := \int_{\Gamma(x_0, x)} \omega$$

wohldefiniert, da das Integral nach Voraussetzung wegunabhängig ist. Das so definierte f ist die gesuchte Funktion, denn $f \in C^1(U, \mathbb{R})$ mit folgendem Argument: Verbindet man x mit $x + h$ geradlinig (für kleine h) und Γ_1 sei die Verbindungsstrecke, dann ist

$$
\begin{aligned}
f(x + h) - f(x) &= \int_{\Gamma_1} \omega = \int_0^1 \omega(x + th, h) dt \\
&= \omega(x + \tau h, h) \qquad \text{für ein } \tau \in (0, 1), \tau = \tau(x, h) \\
&= \omega(x, h) + \omega(x + \tau h, h) - \omega(x, h) \\
&= \omega(x, h) + r(x, h)|h| \\
\text{mit } r(x, h) &:= \begin{cases} \frac{\omega(x + \tau h, h) - \omega(x, h)}{|h|} &, \ h \neq 0, \\ 0 &, \ h = 0, \end{cases} \\
&= \omega\left(x + \tau h, \frac{h}{|h|}\right) - \omega\left(x, \frac{h}{|h|}\right) \qquad \text{für } h \neq 0,
\end{aligned}
$$

d. h., da ω stetig: $|r(x, h)| < \varepsilon$, falls $|\tau h| < \delta(\varepsilon, x)$

$$\Rightarrow \exists f'(x) = \omega(x, \cdot).$$

$\square$

Beispiele 13.51. *Wenn wir die Beispiele 13.48 betrachten, so gilt*

(i) $\omega(x) = \frac{x}{|x|^2} = \nabla \ln |x|$ *in* $U = \mathbb{R}^2 \setminus \{0\}$, *d. h. ω ist exakt.*

(ii) $\omega(x) = \frac{1}{|x|^2}\begin{pmatrix} -x_2 \\ x_1 \end{pmatrix}$ *ist nicht exakt, da für den geschlossenen Weg Γ gilt* $\int_\Gamma \omega = 2\pi \neq 0.$

Als *notwendige Bedingung* für die Exaktheit haben wir wegen

$$\omega(x, h) = f'(x, h) \ \Rightarrow \ \sum_{i=1}^n \omega_i(x) h_i = \sum_{i=1}^n \partial_i f(x) h_i \ \Rightarrow \ \omega_i = \partial_i f$$

für $\omega \in C^1$:

$$\partial_j \omega_i = \partial_j \partial_i f = \partial_i \partial_j f = \partial_i \omega_j.$$

Die Bedingung ist jedoch *nicht hinreichend*, wie Beispiel 13.48 (ii) zeigt:

$$\partial_2\omega_1 = \frac{-1 \cdot |x|^2 + 2x_2^2}{|x|^4} = \frac{x_2^2 - x_1^2}{|x|^4}, \quad \text{sowie} \quad \partial_1\omega_2 = \frac{|x|^2 - 2x_1^2}{|x|^4} = \frac{x_2^2 - x_1^2}{|x|^4}.$$

Eine hinreichende Bedingung erhält man unter zusätzlichen Voraussetzungen an U:

Definition 13.52. *Eine Teilmenge $U \subset \mathbb{R}^n$ heißt „sternförmig" bezüglich eines Punktes $p \in U$:⇔ für alle $x \in U$ ist die Verbindungsstrecke $\overline{px}$ in U enthalten.*

Satz 13.53. *Sei $U \subset \mathbb{R}^n$ offen und sternförmig und ω eine C^1-1-Form mit $\partial_j\omega_i = \partial_i\omega_j$, $i,j = 1,\ldots,n$. Dann ist ω exakt.*

Beweis: O. B. d. A. sei U sternförmig bezüglich des Nullpunktes. Durch geradliniges Integrieren längs $\overline{0x}$ geben wir eine Stammfunktion an: $\Gamma(0,x) = \{\gamma(t) = tx \,|\, 0 \le t \le 1\}$:

$$f(x) := \int_{\Gamma(0,x)} \omega = \int_0^1 \omega(tx,x)dt = \int_0^1 \sum_{i=1}^n \omega_i(tx)x_i dt.$$

Da nach Voraussetzung $\omega_i \in C^1$ gilt, folgt dass

$$\partial_j f(x) = \int_0^1 \omega_j(tx)dt + \int_0^1 \sum_{i=1}^n x_i t\, \partial_j\omega_i(tx)dt$$

$$= \int_0^1 \omega_j(tx)dt + \int_0^1 \sum_{i=1}^n x_i t\, \partial_i\omega_j(tx)dt.$$

Mit partieller Integration ist

$$\int_0^1 t \sum_{i=1}^n x_i\partial_i\omega_j(tx)dt = t\omega_j(tx)\Big|_0^1 - \int_0^1 \omega_j(tx)dt = \omega_j(x) - \int_0^1 \omega_j(tx)dt,$$

somit $\partial_j f(x) = \omega_j(x)$. □

Beispiele 13.54. *Wiederum betrachten wir die Beispiele 13.48:*

(i) *Dieses Beispiel zeigt, dass in $U = \mathbb{R}^2 \setminus \{0\}$ nicht beide Bedingungen nötig sind, denn U ist nicht sternförmig, doch es gilt $\omega(x) = \nabla \ln|x|$ dort.*

(ii) *Dieses Beispiel wollen wir auf der sternförmigen Menge $U := \{x\,|\, x_1 > 0\}$ betrachten und eine Stammfunktion von*

$$\omega(x) = \frac{1}{|x|^2}\begin{pmatrix} -x_2 \\ x_1 \end{pmatrix}$$

berechnen. Wir wählen $p = (1,0)$ und nach $x = (x_1, x_2)$ den Weg $\Gamma = \Gamma_1 + \Gamma_2$ mit

$$\Gamma_1 = \{\gamma_1(t) = (t, 0) \mid 1 \le t \le x_1\} \quad \text{und} \quad \Gamma_2 = \{\gamma_2(t) = (x_1, t) \mid 0 \le t \le x_2\},$$

welcher eine einfachere Berechnung des Integrals über ω zulässt als die direkte Verbindung $\overline{px}$. Diese freie Wahl des Weges ist jetzt wegen der Wegunabhängigkeit (nach Satz 13.50) möglich. Damit gilt

$$f(x) = \int_\Gamma \omega = \int_1^{x_1} \frac{1}{t^2} \left\langle \begin{pmatrix} 0 \\ t \end{pmatrix}, \begin{pmatrix} 1 \\ 0 \end{pmatrix} \right\rangle dt + \int_0^{x_2} \frac{1}{x_1^2 + t^2} \left\langle \begin{pmatrix} -t \\ x_1 \end{pmatrix}, \begin{pmatrix} 0 \\ 1 \end{pmatrix} \right\rangle dt$$

$$= \int_0^{x_2} \frac{x_1}{x_1^2 + t^2} \, dt = \int_0^{x_2/x_1} \frac{1}{1 + \tau^2} \, d\tau = \arctan \frac{x_2}{x_1}.$$

Man darf aber nicht beliebig um den Nullpunkt herum integrieren, weil man sonst womöglich einen einmal gewählten Zweig der arctan-Funktion verlassen wird.

Im Folgenden werden wir analog zur Bogenlänge von Kurven ein Flächenmaß einführen. Sei also $\gamma : T \subset \mathbb{R}^m \to \mathbb{R}^n$ eine Parameterdarstellung einer m-dimensionalen Fläche (vgl. Kapitel 12), $\Gamma = \gamma(U)$ mit $U \subset \mathbb{R}^m$ offen und $\gamma'(u, \cdot)$ habe Rang m.

Was soll nun das Maß $A(\Gamma)$ von Γ sein? Betrachte dazu ein m-dimensionales Parallelepiped (Spat) $P := \{x = \sum_{j=1}^m \lambda_j a_j : \lambda_j \in [0,1]\}$ mit Kantenvektoren $a_1, \ldots, a_m \in \mathbb{R}^n$. Es gilt $P = S([0,1]^m)$ mit der Matrix $S := (a_1, \ldots, a_m)$. Im Falle $n = m$ erhält man (vgl. Satz 13.42) $A(P) = \lambda_m(S([0,1]^m)) = |\det S|$, d. h. $A(P)^2 = (\det S)^2 = (\det S^T) \det S = \det(S^T S) = \det G(a_1, \ldots, a_m)$

$$G(a_1, \ldots, a_m) := \Big(\langle a_i, a_j \rangle \Big)_{i,j=1,\ldots,m} = \begin{pmatrix} \langle a_1, a_1 \rangle & \ldots & \langle a_1, a_m \rangle \\ \vdots & & \vdots \\ \langle a_m, a_1 \rangle & \ldots & \langle a_m, a_m \rangle \end{pmatrix}.$$

Diese Formel ist auch für $m < n$ sinnvoll und zeigt, dass das m-dimensionale Volumen eines Würfels unter der Abbildung S mit dem Faktor $\sqrt{\det G(a_1, \ldots, a_m)}$ multipliziert wird.

Sei nun $\gamma \colon U \to \mathbb{R}^n$ eine Parametrisierung einer m-dimensionalen Fläche Γ. Lokal an der Stelle $x = \gamma(u)$ wird die Fläche (approximativ) durch die Vektoren $\gamma(u + h e_i) - \gamma(u)$, $i = 1, \ldots, m$, aufgespannt. Im Limes erhält man die partiellen Ableitungen $\partial_i \gamma(u)$. Mit $a_i := \partial_i \gamma(u) \in \mathbb{R}^n$ gilt $\gamma'(u) = (a_1, \ldots, a_m) \in \mathbb{R}^{n \times m}$. Es ist daher plausibel, dass das m-dimensionale Volumen eines Würfels lokal mit dem Faktor $\sqrt{\det(\langle a_i, a_j \rangle)_{i,j=1,\ldots,m}} = \sqrt{\det(\gamma'(u)^T \gamma'(u))}$ verstärkt wird.

Definition 13.55. *Sei $U \subset \mathbb{R}^n$ offen und $\gamma \colon U \to \mathbb{R}^n$ eine Parametrisierung einer m-dimensionalen Fläche Γ.*

(i) Dann heißt

$$g \colon U \to \mathbb{R}^{m \times m}, \quad u \mapsto g(u) = \gamma'(u)^T \gamma'(u) = (\langle \partial_i \gamma(u), \partial_j \gamma(u) \rangle)_{i,j=1,\ldots,m}$$

die „Gramsche Matrix[8]" (oder Maßtensor) zu γ und $\det g(u)$ die „Gramsche Determinante" zu γ.

(ii) Der „Flächeninhalt" $A(\Gamma)$ („Areal") von Γ ist definiert durch

$$A(\Gamma) := \int_U \sqrt{\det g(u)}\, du = \int_U \sqrt{\det(\gamma'(u)^T \gamma'(u))}\, du.$$

Hilfssatz 13.56.   (i) Der Inhalt einer Fläche ist invariant gegenüber Bewegungen im $\mathbb{R}^n$.

(ii) Der Inhalt einer Fläche ist unabhängig von der Parametrisierung der Fläche.

Beweis:

(i) Sei $\Phi(x) = Sx + c$ eine Bewegung. Dann ist $\tilde{\gamma} := \Phi \circ \gamma$ eine Parametrisierung der Fläche $\tilde{\Gamma} := \Phi(\Gamma)$. Es folgt $\tilde{\gamma}'(u) = S\gamma'(u)$ und damit $\tilde{\gamma}'(u)^T \tilde{\gamma}'(u) = \gamma'(u)^T S^T S \gamma'(u) = \gamma'(u)^T \gamma'(u)$, da S orthogonal ist.

(ii) Seien $\gamma_j : U_j \subset \mathbb{R}^m \to \mathbb{R}^n$, $j = 1, 2$ äquivalente Parametrisierungen von Γ, also $\gamma_2 = \gamma_1 \circ \varphi$ mit $\varphi : U_2 \to U_1$ diffeomorph und $\det \varphi' > 0$. Dann folgt $\gamma_2'(u) = \gamma_1'(\varphi(u))\varphi'(u)$ und damit

$$g_{\gamma_2}(u) = \gamma_2'(u)^T \gamma_2'(u) = \varphi'(u)^T \gamma_1'(\varphi(u))^T \gamma_1'(\varphi(u))\varphi'(u),$$

also

$$\det g_{\gamma_2}(u) = |\det \varphi'(u)|^2 \det g_{\gamma_1}(u).$$

Somit erhält man für die zugehörigen Flächeninhalte nach dem Transformationssatz

$$\int_{U_2} \sqrt{\det g_{\gamma_2}(u)}\, du = \int_{U_2} \sqrt{\det g_{\gamma_1}(\varphi(u))} |\det \varphi'(u)|\, du$$

$$= \int_{U_1} \sqrt{\det g_{\gamma_1}(u)}\, du.$$

$\square$

Wir hatten für das Flächenmaß $A(\Gamma) = \int_U \sqrt{\det g(u)}\, du$ hergeleitet, wobei $g_{ij}(u) = \langle \partial_i \gamma(u),\, \partial_j \gamma(u) \rangle$ und $\gamma : U \to \Gamma$ eine Parametrisierung der m-Fläche Γ war. Es gilt somit „$dA = \sqrt{\det g(u)}\, du$". Dies ist die Grundlage des Integrals über m-dimensionale Flächen.

Definition 13.57. Sei $\gamma : U \to \mathbb{R}^n$ eine Parametrisierung einer m-Fläche Γ mit Gramscher Matrix $g(u)$ und $f : \Gamma \to \mathbb{R}$ eine Funktion. Dann heißt f

---

[8]Jorgen Pedersen Gram, 27.6.1850 – 29.4.1916

„integrierbar über Γ", falls $u \mapsto f(\gamma(u))\sqrt{\det g(u)}$ integrierbar über U ist. In diesem Fall setzt man

$$\int_\Gamma f dA := \int_\Gamma f(x) dA(x) := \int_U f(\gamma(u))\sqrt{\det g(u)} du$$

(„Oberflächenintegral"). Andere Schreibweise ist $\int_\Gamma f dS$ („surface"). Im Fall $m = 1$ schreibt man auch $\int_\Gamma f ds$ (s: Bogenlänge).
Eine Teilmenge $M \subset \Gamma$ heißt „integrierbar", falls χ_M integrierbar ist, und in diesem Fall heißt $A(M) := \int_\Gamma \chi_M dA$ „der m-dimensionale Flächeninhalt" von $M \subset \mathbb{R}^n$.

Bemerkung 13.58. (i) Wie in Hilfssatz 13.56 (ii) sieht man mit dem Transformationssatz, dass das Integral wohldefiniert, d. h. unabhängig von der Parametrisierung ist.

(ii) Für $f = 1$ erhält man wieder $A(\Gamma) = \int_\Gamma 1 dA$. Für $m = 1$ ist $g(u) = \langle \gamma'(u), \gamma'(u) \rangle$ für $u \in U = (a, b)$ und damit

$$A(\Gamma) = \int_\Gamma 1 dA = \int_a^b |\gamma'(u)| du$$

die Bogenlänge der Kurve Γ. In diesem Fall ist

$$\int_\Gamma f(x) ds(x) = \int_a^b f(\gamma(u))|\gamma'(u)| du.$$

(iii) Als Beziehung zum Kurvenintegral für 1-Formen ergibt sich für $n = 2$, $m = 1$, $\omega = \omega_1 dx_1 + \omega_2 dx_2$, $W := (\omega_1, \omega_2)$:

$$\int_\Gamma \omega = \int_a^b \omega(\gamma(t), \gamma'(t)) dt = \int_a^b \langle W(\gamma(t), \vec{t}(\gamma(t))) \rangle |\gamma'(t)| dt = \int_\Gamma \langle W, \vec{t} \rangle ds,$$

wobei $\vec{t}(\gamma(t)) = \frac{\gamma'(t)}{|\gamma'(t)|}$ den Tangenteneinheitsvektor bezeichnet.

(iv) Für $m = n$ erhält man

$$A(\Gamma) = \int_\Gamma 1 dA = \int_U 1 \cdot \sqrt{\det(\gamma'(u)^T \gamma'(u))} du$$

$$= \int_U 1 \cdot |\det \gamma'(u)| du = \int_\Gamma 1 dx = \lambda_n(\Gamma),$$

der n-dimensionale Flächeninhalt im $\mathbb{R}^n$ ist also wieder das Lebesgue-Maß (Volumen).

Beispiel 13.59 (Rotationsflächen). Sei $I \subset \mathbb{R}$ ein offenes Intervall, $f \in C^1(I, \mathbb{R})$ mit $f(t) \geq 0$, $t \in I$. Setze $\Gamma := \{(x, y, z)^T \in \mathbb{R}^3 : z \in I, x^2 + y^2 = f(z)^2\}$. Dann ist

$$\gamma \colon I \times (0, 2\pi) \to \mathbb{R}^3, \ (t, \phi) \mapsto \begin{pmatrix} f(t) \cos \phi \\ f(t) \sin \phi \\ t \end{pmatrix}$$

bis auf eine Nullmenge eine Parametrisierung von Γ. Es gilt

$$\gamma'(t,\phi) = \begin{pmatrix} f'(t)\cos\phi & -f(t)\sin\phi \\ f'(t)\sin\phi & f(t)\cos\phi \\ 1 & 0 \end{pmatrix}$$

und damit

$$\gamma'(t)^T\gamma'(t) = \begin{pmatrix} f'(t)^2+1 & 0 \\ 0 & f(t)^2 \end{pmatrix}.$$

Also ist $\sqrt{\det g(t,\phi)} = f(t)\sqrt{f'(t)^2+1}$ und damit

$$A(\Gamma) = \int_\Gamma 1 dA = \int_{I\times(0,2\pi)} \sqrt{\det g(t,\phi)}\,d(t,\phi) = \int_0^{2\pi}\int_I f(t)\sqrt{f'(t)^2+1}\,dt\,d\phi$$

$$= 2\pi\int_I f(t)\sqrt{f'(t)^2+1}\,dt.$$

Speziell sei $f(t) = r$ und $I = (0, L)$. Dann ist Γ die Oberfläche eines Zylinders der Länge L mit Radius r, und man erhält $A(\Gamma) = 2\pi\int_0^L r\,dt = 2\pi Lr$.

Beispiel 13.60 (Oberfläche eines Graphen). *Sei $U \subset \mathbb{R}^{n-1}$ offen, $F \in C^1(U,\mathbb{R})$. Dann ist $\Gamma := \mathrm{graph}\,F \subset \mathbb{R}^n$ eine $(n-1)$-dimensionale Fläche mit Parametrisierung $\gamma\colon U \to \mathbb{R}^n, u \mapsto (u, F(u))^T$. Man kann nachrechnen, dass $\det g(u) = \det(\gamma'(u)^T\gamma'(u)) = 1 + |\nabla F(u)|^2$ gilt. Somit ist für integrierbares $f\colon \Gamma \to \mathbb{R}$*

$$\int_\Gamma f\,dA = \int_U f(u, F(u))\sqrt{1 + |\nabla F(u)|^2}\,du.$$

Insbesondere erhält man $A(\mathrm{graph}\,F) = \int_U \sqrt{1 + |\nabla F(u)|^2}\,du$.
Sei nun speziell $U := \{u \in \mathbb{R}^{n-1} : |u| < r\}$ und $F(u) := \sqrt{r^2 - |u|^2}$ für $r > 0$. Dann ist $\Gamma := \mathrm{graph}\,F = \{x \in \mathbb{R}^n : |x| = r,\ x_n > 0\}$ die Oberfläche der Nordhalbkugel mit Radius r. Wegen $\nabla F(u) = -\frac{u}{\sqrt{r^2-|u|^2}}$ erhält man $\det g(u) =$

$1 + |\nabla F(u)|^2 = 1 + \frac{|u|^2}{r^2-|u|^2} = \frac{r^2}{r^2-|u|^2}$. *Somit ist*

$$\int_\Gamma f\,dA = \int_{|u|<r} f(u, \sqrt{r^2-|u|^2})\frac{r}{\sqrt{r^2-|u|^2}}\,du$$

$$= r^{n-1}\int_{|v|<1} \frac{f(rv, r\sqrt{1-|v|^2})}{\sqrt{1-|v|^2}}\,dv,$$

wobei die Substitution $u = rv$, $du = r^{n-1}dv$ verwendet wurde.

Satz 13.61. *Sei $f\colon \mathbb{R}^n \to \mathbb{R}$ integrierbar. Dann gilt*

$$\int_{\mathbb{R}^n} f(x)dx = \int_0^\infty \left(\int_{|x|=r} f(x)dA(x)\right)dr.$$

Beweis: Sei $U := \{u \in \mathbb{R}^{n-1} : |u| < 1\}$ und $\Phi_\pm : U \times (0, \infty) \to \mathbb{R}^n$, $(u, r)^T \mapsto$ $(ru, \pm r\sqrt{1 - |u|^2})^T$. Dann ist $\Phi_\pm : U \times (0, \infty) \to \mathbb{R}^n_\pm$ ein Diffeomorphismus, wobei $\mathbb{R}^n_\pm := \{x \in \mathbb{R}^n : \pm x_n > 0\}$. Da $\{x \in \mathbb{R}^n : x_n = 0\}$ eine Nullmenge ist, folgt nach dem Transformationssatz

$$\int_{\mathbb{R}^n} f(x)dx = \int_{\mathbb{R}^n_+} f(x)dx + \int_{\mathbb{R}^n_-} f(x)dx$$

$$= \int_{U \times (0,\infty)} f\big(\Phi_+(u,r)\big)|\det \Phi'_+(u,r)|d(u,r)$$

$$+ \int_{U \times (0,\infty)} f\big(\Phi_-(u,r)\big)|\det \Phi'_-(u,r)|d(u,r)$$

$$= \int_0^\infty \int_U f(ru, r\sqrt{1 - |u|^2}) \frac{r^{n-1}}{\sqrt{1 - |u|^2}} \, du dr$$

$$+ \int_0^\infty \int_U f(ru, -r\sqrt{1 - |u|^2}) \frac{r^{n-1}}{\sqrt{1 - |u|^2}} \, du dr$$

$$= \int_0^\infty \int_{|x|=r} f(x)dA(x) \, dr.$$

$\square$

Folgerung 13.62 (Rotationssymmetrische Funktionen). *(i) Sei $f : (0, \infty) \to \mathbb{R}$ mit $x \mapsto f(|x|)$ integrierbar. Dann gilt*

$$\int_{\mathbb{R}^n} f(|x|)dx = A(S^{n-1}) \int_0^\infty f(r)r^{n-1}dr.$$

(ii) Sei $B_n := \{x \in \mathbb{R}^n : |x| \le 1\}$ und $S^{n-1} := \{x \in \mathbb{R}^n : |x| = 1\}$. Dann gilt $A(S^{n-1}) = n\lambda_n(B_n)$. Speziell ist $A(S^1) = 2\pi$, $A(S^2) = 4\pi$.

Beweis:

(i) Nach Satz 13.61 ist

$$\int_{\mathbb{R}^n} f(|x|)dx = \int_0^\infty \int_{|x|=r} f(|x|)dA(x)dr = \int_0^\infty f(r) \int_{|x|=r} 1 dA(x)dr$$

$$= A(S^{n-1}) \int_0^\infty f(r)r^{n-1}dr.$$

(ii) folgt aus (i) mit $f = \chi_{(0,1)}$ wegen $\int_0^1 r^{n-1}dr = \frac{1}{n}$. $\square$

13.6   Die Integralsätze von Gauß und Stokes

In $\mathbb{R}$ lautet der Hauptsatz der Differential- und Integralrechnung $\int_a^b f' = f(b) - f(a)$ für stetig differenzierbares f. Entsprechendes haben wir für Kurvenintegrale und 1-Formen in Bemerkung 13.49 bewiesen:

$$\int_\Gamma df = f(B) - f(A),$$

wobei A, B die Randpunkte von Γ sind.

In diesem Kapitel werden wir Analoga für glatte bzw. stückweise glatte m-Flächen, $m \geq 1$ beliebig, erhalten. Wir benötigen dafür noch einige geometrische Begriffe.

Definition 13.63. *Sei $\Gamma \subset \mathbb{R}^n$ eine m-Fläche mit Parametrisierung $\gamma \colon U \subset \mathbb{R}^m \to \mathbb{R}^n$. Sei $u \in U$ und $a := \gamma(u)$. Der von den Vektoren $\partial_1 \gamma(u), \ldots, \partial_m \gamma(u)$ aufgespannte (m-dimensionale) Vektorraum $T_a\Gamma := \{\gamma'(u)h : h \in \mathbb{R}^m\} \subset \mathbb{R}^n$ heißt der „Tangentialraum" an Γ im Punkt a. Die Elemente $v \in T_a\Gamma$ heißen „Tangentialvektoren" an Γ im Punkt a.*

Definition 13.64. *Sei $G \subset \mathbb{R}^n$ beschränktes Gebiet (d. h. G ist offen, zusammenhängend und beschränkt). Dann besitzt G einen „glatten Rand", falls es zu jedem $a \in \partial G$ eine offene Umgebung $V \subset \mathbb{R}^n$ und ein $\psi \in C^1(V, \mathbb{R})$ gibt mit $\nabla\psi(v) \neq 0$ $(v \in V)$ und $G \cap V = \{x \in V : \psi(x) < 0\}$. In diesem Fall schreiben wir $f \in C^p(\overline{G}, \mathbb{R}^m)$, falls es eine offene Umgebung $U \supset \overline{G}$ gibt mit $f \in C^p(U, \mathbb{R}^m)$.*

Bemerkung 13.65. *(i) Es gilt in diesem Fall $\partial G \cap V = \{x \in V : \psi(x) = 0\}$: Sei $x \in \partial G \cap V$. Falls $\psi(x) < 0$, dann existiert eine Umgebung $W \subset V$ mit $\psi < 0$ in W. Insbesondere folgt $W \subset G$ und damit ist x kein Randpunkt von G. (Analog für den Fall $\psi(x) > 0$.)*

Sei andererseits $x \in V$ mit $\psi(x) = 0$. Für $v := \nabla\psi(x) \neq 0$ gilt

$$\psi(x+h) = \psi(x) + \langle\nabla\psi(x), h\rangle + o(|h|) = \langle v, h\rangle + o(|h|), \quad (h \in \mathbb{R}^n,\ h \to 0).$$

Dabei benutzen wir für Funktionen f, g das Landausymbol[9] $g = o(f)$ für $x \to x_0$, falls $\lim_{x \to x_0} \frac{g(x)}{f(x)} = 0$ gilt.

Für $h := tv$, $t \in \mathbb{R}$, erhält man $\psi(x + tv) = t|v|^2 + o(t|v|)$, $t \to 0$. Also existiert ein $\epsilon > 0$ mit $\psi(x - tv) < 0 < \psi(x + tv)$ für $0 < t < \epsilon$. Somit enthält jede Umgebung von x Punkte in G und Punkte in $\mathbb{R}^n \setminus G$, d. h. $x \in \partial G$.

(ii) Seien G beschränktes Gebiet mit glattem Rand und $a \in \partial G$. Nach dem Satz über implizite Funktionen existiert nach eventueller Umnummerierung der Koordinaten eine offene Menge $U \subset \mathbb{R}^{n-1}$, ein Intervall $I := (\alpha, \beta) \subset \mathbb{R}$ und $g \in C^1(U, \mathbb{R})$ mit

$$G \cap (U \times I) = \{x = (x', x_n) \in U \times I : x_n < g(x')\}$$

und

$$\partial G \cap (U \times I) = \{x = (x', x_n) \in U \times I : x_n = g(x')\}.$$

D. h. man kann in Definition 13.64 $\psi(x) = x_n - g(x')$ wählen. Insbesondere ist durch

$$\gamma \colon U \to \mathbb{R}^n, \quad u \mapsto \begin{pmatrix} u \\ g(u) \end{pmatrix}$$

---

[9] Edmund Landau, 14.2.1877 – 19.2.1938

eine Parametrisierung von $\partial G \cap (U \times I)$ gegeben, d. h. ∂G ist (lokal) eine $(n-1)$-dimensionale Fläche.

Bemerkung 13.66. *Sei G beschränktes Gebiet mit glattem Rand, und $a \in \partial G$. Dann heißt*

$$N_a(\partial G) := \left(T_a(\partial G)\right)^{\perp} := \{x \in \mathbb{R}^n : \forall v \in T_a(\partial G) : \langle x, v \rangle = 0\}$$

der „Raum aller Normalenvektoren". Es gilt $\dim T_a(\partial G) = n - 1$ (siehe Bemerkung 13.65 (ii)) und damit $\dim N_a(\partial G) = 1$. Damit existiert genau ein Vektor $\nu(a) \in N_a(\partial G)$ mit $|\nu(a)| = 1$ und der Eigenschaft $a + t\nu(a) \notin G$ für hinreichend kleine t. Der Vektor $\nu(a)$ heißt „äußerer Normalenvektor" von ∂G im Punkt a. Andere Schreibweisen $n(a), \vec{n}(a)$. Falls ∂G lokal durch $\psi(x) = 0$ dargestellt wird, so ist $\nu(a) = \pm \frac{\nabla \psi(a)}{|\nabla \psi(a)|}$ (denn der Gradient ist orthogonal zur Höhenlinie). Wird speziell ∂G lokal durch $x_n = g(x')$, d. h. mit $\psi(x) = x_n - g(x')$ dargestellt, so ist

$$\nu(a) = \pm \frac{\nabla \psi(a)}{|\nabla \psi(a)|} = \pm \frac{1}{\sqrt{1 + |\nabla g(a')|^2}} \begin{pmatrix} -\nabla g(a') \\ 1 \end{pmatrix},$$

($a \in \partial A$, $a' := (a_1, \ldots, a_{n-1})$). Damit ist $\nu : \partial A \to \mathbb{R}^n$, $a \mapsto \nu(a)$, stetig.

Im Folgenden sei $G \subset \mathbb{R}^n$ ein beschränktes Gebiet mit glattem Rand. Der Satz von Gauß besagt, dass für glatte Vektorfelder $V : \overline{G} \to \mathbb{R}^n$ die Gleichheit $\int_G \operatorname{div} V(x)dx = \int_{\partial G} \langle V(x), \nu(x) \rangle dA(x)$ gilt. Beachte dabei $\operatorname{div} V = \partial_1 V_1 + \cdots + \partial_n V_n$. Wir betrachten zunächst V mit $\operatorname{supp} V \subset G$. Dann ist $V = 0$ auf ∂G und das rechte Integral ist gleich 0. Wir zeigen, dass $\int \partial_j V_j(x)dx = 0$ für alle $j = 1, \ldots, n$ gilt:

Hilfssatz 13.67. *Sei $h \in C^1(G, \mathbb{R})$ mit $\operatorname{supp} h \subset G$. Dann gilt $\int_G \partial_j h(x)dx = 0$ für $j = 1, \ldots, n$.*

Beweis: O. B. d. A. sei $j = 1$. Setze h durch 0 zu $\tilde{h} \in C^1(\mathbb{R}^n, \mathbb{R})$ fort. Dann ist $\int_G \partial_j h(x)dx = \int_{\mathbb{R}^n} \partial_j h(x)dx$. Wähle $R > 0$ mit $\operatorname{supp} h \subset [-R, R]^n$. Für festes $(x_2, \ldots, x_n) \in \mathbb{R}^{n-1}$ gilt nach dem Hauptsatz der Differential- und Integralrechnung

$$\int_{\mathbb{R}} \partial_1 h(x)dx_1 = \int_{-R}^{R} \partial_1 h(x)dx_1 = h(x_1, \ldots, x_n)\big|_{x_1 = -R}^{R} = 0.$$

Integration bzgl. $(x_2, \ldots, x_n)$ liefert die Behauptung. $\qquad\square$

In einem zweiten Schritt betrachten wir ein Vektorfeld $V : \overline{G} \to \mathbb{R}^n$, das nur in der Nähe eines Punktes $a \in \partial G$ nicht verschwindet. Lokal kann man den Rand durch $x_n = g(x')$ darstellen (siehe Bem. 13.66). Die Behauptung wird wieder für jede Komponente von V formuliert:

Satz 13.68. *Sei $U \subset \mathbb{R}^{n-1}$ offen, zusammenhängend und beschränkt, $I = (\alpha, \beta) \subset \mathbb{R}$, $g \in C^1(U; \mathbb{R})$ mit $g(U) \subset I$. Sei $W := \{x = (x', x_n) \in U \times$*

$I : x_n < g(x')\}$ und $M := \{x \in U \times I : x_n = g(x')\}$. Sei weiter $\nu(x) := \frac{1}{\sqrt{1+|\nabla g(x')|^2}}(\nabla g(x'), 1)^T$ der äußere Normalenvektor. Für $f \in C^1(U \times I, \mathbb{R})$ mit $\operatorname{supp} f \subset U \times I$ gilt

$$\int_W \partial_j f(x)dx = \int_M f(x)\nu_j(x)dA(x) \quad (j = 1, \ldots, n).$$

Beweis: Wegen $M = \operatorname{graph} g$ gilt für integrierbares $h \colon M \to \mathbb{R}$ nach Beispiel 13.60

$$\int_M h\, dA = \int_U h(u, g(u))\sqrt{1 + |\nabla g(u)|^2}du.$$

1. Sei $j \in \{1, \ldots, n-1\}$. Definiere $F \colon U \times I \to \mathbb{R}$, $F(x', z) := \int_\alpha^z f(x', x_n)dx_n$. Dann ist $\frac{\partial}{\partial z}F(x', z) = f(x', z)$ und $\partial_j F(x', z) = \int_\alpha^z \partial_j f(x', z)dx_n$. Setzt man $h(x') := F(x', g(x'))$, so ist $\operatorname{supp} h \subset U$ kompakt, und nach der Kettenregel folgt

$$\partial_j h(x') = \partial_j F(x', g(x')) = \int_\alpha^{g(x')} \partial_j f(x', x_n)dx_n + f(x', g(x'))\partial_j g(x').$$

Wende Hilfssatz 13.67 (mit $n-1$ statt n und U statt G) an und erhalte $\int_U \partial_j h(x')dx' = 0$. Damit

$$\begin{aligned}
\int_W \partial_j f(x)dx &= \int_U \int_\alpha^{g(x')} \partial_j f(x', x_n)dx_n dx' \\
&= -\int_U f(x', g(x'))\partial_j g(x')dx' \\
&= \int_U f(x', g(x'))\nu_j(x', g(x'))\sqrt{1 + |\nabla g(x')|^2}dx' \\
&= \int_M f(x)\nu_j(x)dA(x).
\end{aligned}$$

2. Sei nun $j = n$. Für festes $x' \in U$ hat $x_n \mapsto f(x', x_n)$ kompakten Träger in $I = (\alpha, \beta)$. Nach dem Hauptsatz der Differential- und Integralrechnung gilt

$$\int_\alpha^{g(x')} \partial_n f(x', x_n)dx_n = f(x', g(x')).$$

Damit

$$\begin{aligned}
\int_W \partial_n f(x)dx &= \int_U \int_\alpha^{g(x')} \partial_n f(x', x_n)dx_n dx' = \int_U f(x', g(x'))dx' \\
&= \int_U f(x', g(x'))\nu_n(x', g(x'))\sqrt{1 + |\nabla g(x')|^2}dx' \\
&= \int_M f(x)\nu_n(x)dA(x).
\end{aligned}$$

$\square$

Satz 13.69 (Gaußscher Integralsatz). *Sei $G \subset \mathbb{R}^n$ beschränktes Gebiet mit glattem Rand ∂G, und $\nu \colon \partial G \to \mathbb{R}^n$ die äußere Normale. Sei $V \colon \overline{G} \longrightarrow \mathbb{R}^n$ ein glattes Vektorfeld. Dann gilt*

$$\int_G \operatorname{div} V(x) dx = \int_{\partial G} \langle V(x), \nu(x)\rangle dA(x).$$

Beweisskizze: Wir haben die „lokalen Versionen" bereits bewiesen: Falls supp $V \subset G$, so folgt die Behauptung aus Hilfssatz 13.67, falls supp V hinreichend klein mit supp $V \cap \partial G \neq \emptyset$ ist, so kann man ∂G in supp V darstellen in der Form $x_n = g(x')$, und die Behauptung folgt aus Satz 13.68.
Im allgemeinen Fall wird der Satz durch eine Partition der Eins bewiesen. Es existiert eine offene Überdeckung $\overline{G} \subset \bigcup_{i \in I} W_i$ mit folgender Eigenschaft: Entweder ist $W_i \subset G$ oder (nach Umnummerierung) $W_i = U_i \times (\alpha_i, \beta_i)$ mit $U_i \subset \mathbb{R}^{n-1}$ und $\overline{G} \cap W_i = \{x \in U_i \times (\alpha_i, \beta_i) : x_n \leq g_i(x')\}$ mit $g_i \in C^1(U_i, \mathbb{R})$. Da $\overline{G}$ kompakt ist, kann man eine endliche Teilüberdeckung $\{W_1, \dots, W_N\}$ auswählen. Eine zugehörige Partition der Eins besteht aus Funktionen $\varphi_i \in C^\infty(\mathbb{R}^n, \mathbb{R})$ mit supp $\varphi \subset W_i$ und $\sum_{i=1}^N \varphi_i = 1$ in $\overline{G}$. (Eine solche Partition der Eins kann unter Verwendung der Funktion $t \mapsto \exp(-\frac{1}{1-t^2})$ konstruiert werden.) Wegen $\sum_{i=1}^N \varphi_i = 1$ ist

$$\int_G \operatorname{div} V(x) dx = \sum_{i=1}^N \int_G \operatorname{div} V(x) \varphi_i(x) dx$$

$$= \sum_{i=1}^N \int_{\partial G} \langle V(x)\varphi_i(x), \nu(x)\rangle dA(x) = \int_{\partial G} \langle V(x), \nu(x)\rangle dA(x).$$

Hierbei wurde für die mittlere Gleichheit Hilfssatz 13.67 bzw. Satz 13.68 verwendet. □
In Spezialfällen, zum Beispiel für

(i) $n = 2$, G Quadrat,

(ii) $n = 2$, G Kreis,

kann man den Gaußschen Integralsatz – auch für nichtglatte Ränder wie in (i) – direkt beweisen.

(i) Sei $G = (0,1)^2$, $V = (V^1, V^2) \equiv (f, g)$. Dann folgt

$$\int_G f_x(x, y) d(x, y) = \int_0^1 \int_0^1 f_x(x, y) dx\, dy = \int_0^1 (f(1, y) - f(0, y)) dy.$$

Außerdem ist mit $\Gamma_1 = \{(x, 0)|x \in [0,1]\}$, $\Gamma_2 = \{(1, y)|y \in [0,1]\}$, $\Gamma_3 = \{(x, 1)|x \in [0,1]\}$, $\Gamma_4 = \{(0, y)|y \in [0,1]\}$ und der äußeren Normalen

$\nu = \binom{\nu_x}{\nu_y} = \binom{\chi_{\Gamma_2} - \chi_{\Gamma_4}}{\chi_{\Gamma_3} - \chi_{\Gamma_1}}$ (Parametrisierung entgegen dem Uhrzeigersinn):

$$\int_{\partial G} \nu_x f \, ds = \sum_{j=1}^{4} \int_{\Gamma_j} \nu_x f \, ds = \int_{\Gamma_2 + \Gamma_4} \nu_x f \, ds = \int_0^1 \big(f(1,t) - f(0,t)\big) \, dt,$$

wenn man Γ_2 durch $\gamma_2(t) = (1,t)$ und Γ_4 durch $\gamma_4(t) = (0, 1-t)$ mit $t \in [0,1]$ parametrisiert. Es folgt

$$\int_G f_x \, dx \, dy = \int_{\partial G} \nu_x f \, ds.$$

Entsprechend geht man für g_y vor.

(ii) Sei $G = B(0,1)$ (Einheitskreis). Dann setze man $f(x,y) = g(r, \varphi)$ mit Polarkoordinaten (r, φ).

$$\nu = \binom{\nu_x}{\nu_y} = \binom{x}{y} = \binom{\cos \varphi}{\sin \varphi}$$

$$\Rightarrow f_x = g_r \cdot r_x + g_\varphi \cdot \varphi_x = g_r \cdot \frac{x}{r} + g_\varphi \cdot \left(-\frac{y}{r^2}\right) = g_r \cdot \cos \varphi - g_\varphi \cdot \frac{\sin \varphi}{r}$$

$$\Rightarrow \int_G f_x \, dx \, dy = \int_0^{2\pi} \int_0^1 \left(g_r \cos \varphi - g_\varphi \frac{\sin \varphi}{r}\right) r \, dr \, d\varphi$$

$$= \int_0^{2\pi} \left(\int_0^1 r g_r \, dr\right) \cos \varphi \, d\varphi - \int_0^1 \int_0^{2\pi} g_\varphi \sin \varphi \, d\varphi \, dr$$

$$= \int_0^{2\pi} g(1, \varphi) \cos \varphi \, d\varphi - \int_0^1 \int_0^{2\pi} g(r, \varphi) \cos \varphi \, dr \, d\varphi$$

$$+ \int_0^1 \int_0^{2\pi} g(r, \varphi) \cos \varphi \, d\varphi \, dr$$

$$= \int_0^{2\pi} g(1, \varphi) \cos \varphi \, d\varphi = \int_{\partial G} f \nu_x \, ds.$$

Entsprechend verfährt man für g_y.

Folgerung 13.70. *Sei G beschränktes Gebiet mit glattem Rand.*

(i) Für $f \in C^1(\overline{G}, \mathbb{R})$ gilt

$$\int_G \partial_j f(x) \, dx = \int_{\partial G} f(x) \nu_j(x) \, dA(x).$$

(ii) *Seien* $f, g \in C^2(\overline{G}, \mathbb{R})$ *und* $\Delta := \sum_{j=1}^n \partial_j^2$ *der Laplace-Operator. Dann gelten die Greenschen Formeln*[10]

$$\int_G f \Delta g \, dx = - \int_G \langle \nabla f, \nabla g \rangle dx + \int_{\partial G} f \frac{\partial g}{\partial \nu} \, dA(x),$$

$$\int_G (f \Delta g - g \Delta f) dx = \int_{\partial G} \left(f \frac{\partial g}{\partial \nu} - g \frac{\partial f}{\partial \nu} \right) dA(x).$$

Dabei ist $\frac{\partial f}{\partial \nu} = \langle \nabla f, \nu \rangle$ *die Richtungsableitung von* f *in Richtung* ν.

(iii) *Für* $f, g \in C^1(\overline{G}, \mathbb{R})$ *gilt die Formel der partiellen Integration:*

$$\int_G f(x)(\partial_j g)(x) dx = - \int_G (\partial_j f)(x) g(x) dx + \int_{\partial G} f(x) g(x) \nu_j(x) dA(x).$$

Beweis:

(i) Setze im Satz von Gauß $V = (0, \ldots, 0, f, 0, \ldots, 0)^T$ (j-te Stelle) und erhalte $\operatorname{div} V = \partial_j f$ und $\langle V, \nu \rangle = f \nu_j$.

(ii) Setze $V := f \nabla g$. Dann ist $\operatorname{div} V = f \Delta g + \langle \nabla f, \nabla g \rangle$ und $\langle V, \nu \rangle = f \langle \nabla g, \nu \rangle = f \frac{\partial g}{\partial \nu}$. Dies gibt die erste Formel, die zweite folgt, wenn man die Rollen von f und g vertauscht und die Gleichungen subtrahiert.

(iii) Wende (i) auf fg anstelle von f an.

$\square$

Beispiel 13.71. *Sei* $V(x) := x$ ($x \in \mathbb{R}^n$). *Dann ist* $\operatorname{div} V(x) = \sum_{j=1}^n \partial_j x_j = n$. *Somit folgt*

$$\lambda_n(G) = \int_G 1 dx = \frac{1}{n} \int_G \operatorname{div} V(x) dx = \frac{1}{n} \int_{\partial G} \langle x, \nu(x) \rangle dA(x).$$

Speziell für $G = B_n = B(0, 1)$ *(n-dimensionale Einheitskugel) folgt wegen* $\nu(x) = x$ *die Gleichheit*

$$\lambda_n(B_n) = \frac{1}{n} \int_{S^{n-1}} \langle x, x \rangle dA(x) = \frac{1}{n} \int_{S^{n-1}} 1 dA(x) = \frac{1}{n} A(S^{n-1}).$$

Im Fall $n = 2$ lautet der Satz von Gauß $\int_G (\partial_1 W_1 + \partial_2 W_2) dx = \int_{\partial G} \langle W, \nu \rangle dA$. Es existiert genau ein Tangenteneinheitsvektor $t: \partial G \to \mathbb{R}^2$ mit $|t(x)| = 1$, $\langle t(x), \nu(x) \rangle = 0$ und G ist links von $t(x)$. Es ist $\nu(x) = (t_2(x), -t_1(x))^T$, d. h. $\langle W, \nu \rangle = W_1 t_2 - W_2 t_1$. Setzt man nun noch $V := (-W_2, W_1)^T$, so erhält man

$$\int_G (\partial_1 V_2 - \partial_2 V_1) dx = \int_{\partial G} (V_1 t_1 + V_2 t_2) ds.$$

---

[10]George Green, 14.7.1793–31.3.1841

(Auf der rechten Seite steht das eindimensionale Oberflächenintegral, d. h. das Integral bzgl. der Bogenlänge s). Man definiert die Rotation im $\mathbb{R}^2$ durch

$$\operatorname{rot} V \colon \mathbb{R}^2 \to \mathbb{R}, \quad \operatorname{rot} V := \partial_1 V_2 - \partial_2 V_1.$$

Sei $\gamma \colon (\alpha, \beta) \to \mathbb{R}^2$ eine Parametrisierung von ∂G. Dann ist $t(\gamma(\tau)) = \frac{\gamma'(\tau)}{|\gamma'(\tau)|}$ (bei geeigneter Orientierung). Damit

$$\int_{\partial G} (V_1 t_1 + V_2 t_2) ds = \int_\alpha^\beta \langle V(\gamma(\tau)), t(\gamma(\tau)) \rangle |\gamma'(\tau)| d\tau = \int_\alpha^\beta \langle V(\gamma(\tau)), \gamma'(\tau) \rangle d\tau.$$

Definiert man die 1-Form $\omega(x, h) := \langle V(x), h \rangle$, so erhält man (vgl. Bemerkung 13.58 (iii)):

Satz 13.72 (Satz von Stokes im $\mathbb{R}^2$). *Sei $G \subset \mathbb{R}^2$ beschränktes Gebiet mit glattem Rand und $V \in C^1(\overline{G}, \mathbb{R}^2)$. Dann gilt*

$$\int_G \operatorname{rot} V(x) dx = \int_{\partial G} \langle V(x), dx \rangle.$$

Im $\mathbb{R}^3$ ist für $V \in C^1(G, \mathbb{R}^3)$ die klassische Rotation durch

$$\operatorname{rot} V := \nabla \times V := \begin{pmatrix} \partial_2 V_3 - \partial_3 V_2 \\ \partial_3 V_1 - \partial_1 V_3 \\ \partial_1 V_2 - \partial_2 V_1 \end{pmatrix}$$

gegeben. Der Satz von Stokes im $\mathbb{R}^3$ handelt von zweidimensionalen Flächen im $\mathbb{R}^3$. Sei $G \subset M$ für eine zweidimensionale Fläche $M \subset \mathbb{R}^3$, und sei $\nu(x)$ der Normalenvektor zu M, $\nu_{\partial G}(x)$ der Normalenvektor zu ∂G „auf M" und $t(x)$ der Tangenteneinheitsvektor zu ∂G. Dann bilden für $x \in \partial G$ die Vektoren $\nu(x), \nu_{\partial G}(x), t(x)$ eine Orthonormalbasis des $\mathbb{R}^3$. Der folgende Satz wird nicht bewiesen:

Satz 13.73 (Satz von Stokes im $\mathbb{R}^3$). *Sei $M \subset \mathbb{R}^3$ eine 2-Fläche, $G \subset M$ beschränkt mit glattem Rand. Für $V \in C^1(\overline{G}, \mathbb{R}^3)$ gilt*

$$\int_G \langle \operatorname{rot} V(x), \nu(x) \rangle dA(x) = \int_{\partial G} \langle V(x), dx \rangle ds.$$

Bemerkung 13.74. *(i) Man beachte, dass auf der linken Seite ein Flächenintegral, auf der rechten Seite ein Kurvenintegral steht. Definiert man die 1-Form $\omega(x, h) := \langle V(x), h \rangle$, so steht auf der rechten Seite $\int_{\partial G} \omega$.*
(ii) Es gelten die folgenden Rechenregeln: Seien f eine reellwertige Funktion und V wie oben, dann ist

$$\operatorname{rot} \nabla f = 0,$$

$$\operatorname{div} \operatorname{rot} V = 0,$$

$$\operatorname{div}(fV) = \langle \nabla f, V \rangle + f \operatorname{div} V,$$

$$\operatorname{rot}(fV) = (\nabla f) \times V + f \operatorname{rot} V,$$

$$\operatorname{div} \nabla f = \Delta f,$$

$$\Delta V = \nabla \operatorname{div} V - \operatorname{rot} \operatorname{rot} V,$$

wobei der Laplaceoperator in der letzten Zeile komponentenweise zu verstehen ist.

(iii) In die Definition von $\int_G$, $\int_{\partial G}$ geht eine gewisse „Orientierung" mit ein, denn die Integrale sind nur unabhängig von Parametrisierungen in äquivalenten Klassen, d. h. unter Transformationen φ mit $\det \varphi' > 0$. Allgemein heißt eine Basis des $\mathbb{R}^n$ „positiv orientiert", falls $\det B > 0$, wobei $B = (b_1, \ldots, b_n)$ und $\{b_1, \ldots, b_n\}$ Basis des $\mathbb{R}^n$. Zwei Basen heißen „gleich orientiert", falls $A = \Phi B$ mit $\det \Phi > 0$. Beispielsweise ist die Standardbasis positiv orientiert und über $\gamma : \mathbb{R}^p \to \mathbb{R}^n$ erhält man eine Orientierung in den Tangentialräumen des von γ beschriebenen p-Flächenstücks Γ aus der Orientierung von $\{e_1, \ldots, e_p\}$, d. h. wir haben eine natürliche Orientierung im Tangentialraum in $\gamma(u) : \operatorname{Or}(u) = \{\partial_1 \gamma(u), \ldots, \partial_p \gamma(u)\}$. Eine p-Fläche heißt „orientierbar", falls alle so erhaltenen Orientierungen $\operatorname{Or}(u)$ gleich orientiert sind.

Auf ∂G wird eine „positive Orientierung induziert", falls gilt: Ist $p \in \partial G$ und $\{w_1, \ldots, w_{n-1}\}$ eine Basis des Tangentialraums von ∂G in p, so ist für jeden nach „außen" weisenden Vektor w $\{w, w_1, \ldots, w_{n-1}\}$ positiv orientiert (d. h. gleich orientiert zur gegebenen Orientierung des $\mathbb{R}^n$).

(iv) Führt man „p-Differentialformen" ω ein für $1 \le p \le n$ – der Fall $p = 1$ ist bekannt – sowie einen Ableitungsoperator d, der aus $(p-1)$-Formen geeignete p-Formen macht (Beispiel: $p = 1$, $p - 1 = 0$, $f : \mathbb{R}^n \longrightarrow \mathbb{R}$ Funktion, Nullform, so $df := \sum_{k=1}^n \partial_k f \, dx_k$, also df die zugehörige 1-Form), so lassen sich die Sätze von Gauß und von Stokes elegant vereinheitlichen zu

$$\int_M d\omega = \int_{\partial M} \omega,$$

wobei M eine orientierte p-Fläche und ω eine $(p-1)$-Form ist. Für $p = n$ erhält man den Gaußschen Satz, für $1 \le p \le n - 1$ den Stokesschen Satz im $\mathbb{R}^n$.

Kapitel 14

Lokale Umkehrbarkeit und implizite Funktionen

Worum geht's? *Wir wollen nun den Satz über lokale Umkehrbarkeit und den Satz über implizite Funktionen beweisen, die bereits an mehreren Stellen verwendet wurden. Neben den schon früher behandelten Anwendungen dieser Sätze werden wir hier exemplarisch noch den Fixpunktsatz von Brouwer beweisen.*

14.1 Lokale Umkehrbarkeit

Für Funktionen $f : U \subset \mathbb{R} \to \mathbb{R}$ hatten wir gezeigt, dass strenge Monotonie ein notwendiges und hinreichendes Kriterium für Injektivität ist. Für Funktionen $f : U \subset \mathbb{R}^n \to \mathbb{R}^m, n \geq 2$, ist kein Analogon bekannt. Wir wollen hier zunächst für den Fall $n = m$ ein hinreichendes Kriterium für die lokale Invertierbarkeit von Funktionen beweisen.

Die erste Idee ist, für differenzierbare Funktionen $\det f'(x) \neq 0$ anzunehmen. Aber schon in $\mathbb{R}$ genügt diese Annahme nicht, wie das Beispiel

$$f : \mathbb{R} \to \mathbb{R}, \quad x \mapsto f(x) = \begin{cases} x + x^2 \cos \frac{1}{x}, & x \neq 0, \\ 0, & x = 0 \end{cases}$$

mit $f'(0) = 1$ zeigt. Es gilt jedoch:

Satz 14.1 (Satz über lokale Umkehrbarkeit). *Seien $U \subset \mathbb{R}^n$ offen, $a \in U$, $f \in C^1(U, \mathbb{R}^n)$ und $f'(a) : \mathbb{R}^n \to \mathbb{R}^n$ invertierbar. Dann gibt es eine offene Umgebung $V \subset U$ von a mit:*

(i) $f|_V$ *ist injektiv.*

(ii) $f(V)$ *ist offen.*

(iii) $g := (f|_V)^{-1}$ ist stetig differenzierbar.

Das heißt: $f|_V : V \to f(V)$ ist ein Diffeomorphismus.

Beweis: Seien o. B. d. A. $a = 0$, $f(a) = 0$ und $f'(0) = I_n$ ($n \times n$-Einheitsmatrix).

(1) Festlegung von V: Für $y \in \mathbb{R}^n$ definiere

$$\Phi_y : U \to \mathbb{R}^n, \quad x \mapsto \Phi_y(x) := x - f(x) + y.$$

Ein Fixpunkt der Funktion Φ_y ist Urbild von y. Im zweiten Schritt dieses Beweises werden wir $r > 0$ so bestimmen, dass

$$\Phi_y : \overline{B(0, 2r)} \to \overline{B(0, 2r)}$$

für alle $y \in B(0, r)$ kontrahierend ist.

Aus dem Banachschen Fixpunktsatz folgt dann: Für alle $y \in B(0, r)$ existiert genau ein $x \in \overline{B(0, 2r)}$ mit $f(x) = y$. Es wird in Teil (2) des Beweises folgen: $x \in B(0, 2r)$. Definiere nun ($r > 0$ sei bereits bestimmt)

$$V := f^{-1}(B(0, r)) \cap B(0, 2r).$$

V ist offen, da f stetig ist, und

$$f : V \to B(0, r) = f(V)$$

ist bijektiv. Die ersten beiden Behauptungen des Satzes sind mit dieser Wahl von V somit erfüllt.

(2) Wahl von r: Aus $f'(0) = I_n$ und der Stetigkeit der ersten Ableitung folgt:

$$\exists r > 0 \; \forall x, |x| \le 2r : \|I_n - f'(x)\|_{L(\mathbb{R}^n, \mathbb{R}^n)} \le \frac{1}{2}.$$

Aus dem Mittelwertsatz folgt für $\Phi_0 = \mathrm{id} - f$ mit $0 < \theta_j < 1$, $j = 1, \ldots, n$, und $x \in B(0, 2r)$:

$$|x - f(x)| = |\Phi_0(x) - \Phi_0(0)| = \left| \left((\Phi_0^j)'(\theta_j x, x) \right)_{j=1}^n \right| \le \frac{1}{2}|x|$$

(hierbei sei $\Phi_0 =: (\Phi_0^j)_{j=1}^n$).

Für $|y| < r$ und $|x| \le 2r$ ergibt sich hieraus

$$|\Phi_y(x)| \le |x - f(x)| + |y| < 2r,$$

d. h.: $\forall y \in \mathbb{R}^n$, $|y| < r : \; \Phi_y : \overline{B(0, 2r)} \to \overline{B(0, 2r)}$.

Insbesondere: $\Phi_y(x) = x \Rightarrow |x| < 2r$.

(3) Zur Kontraktion von Φ_y in $\overline{B(0,2r)}$: Seien $x_1, x_2 \in \overline{B(0,2r)}$. Dann gilt:

$$\Phi_y^j(x_2) - \Phi_y^j(x_1) = \left(\Phi_y^j\right)'(x_1 + \theta_j(x_2 - x_1), x_2 - x_1)$$

mit $0 < \theta_j < 1$, $j = 1, \ldots, n$. Hieraus folgt:

$$|\Phi_y(x_2) - \Phi_y(x_1)| \leq \frac{1}{2}|x_2 - x_1|.$$

(4) Zur Behauptung (iii): Es genügt, die Stetigkeit der Umkehrabbildung g zu zeigen. Die Differenzierbarkeit von g folgt dann aus Satz 11.16; die Stetigkeit der Ableitung ist sofort aus der in Satz 11.16 bewiesenen Darstellung der Ableitung und der Stetigkeit der Inversenbildung $GL(n,\mathbb{R}) \to \mathbb{R}^{n\times n}$, $A \mapsto A^{-1}$ ersichtlich.

Seien nun $x_i \in \overline{B(0,2r)}$ und $y_i := f(x_i)$ für $i = 1,2$. Dann ist

$$\Phi_0(x_i) = x_i - f(x_i), \quad \text{also}$$
$$x_1 - x_2 = \Phi_0(x_1) - \Phi_0(x_2) + f(x_1) - f(x_2) \quad \text{und somit}$$
$$|x_1 - x_2| \leq \frac{1}{2}|x_2 - x_1| + |f(x_2) - f(x_1)|.$$

Hieraus folgt sofort die Lipschitz-Stetigkeit von g.

$\square$

Beispiel 14.2. *Definiere*

$$f : \mathbb{R}^2 \to \mathbb{R}^2, \quad \begin{pmatrix} x \\ y \end{pmatrix} \mapsto f(x,y) := \begin{pmatrix} x^2 - y^2 \\ 2xy \end{pmatrix}.$$

Dann ist f differenzierbar und $\det f'(x,y) = 4(x^2+y^2)$. Folglich ist f in $\mathbb{R}^2\backslash\{0\}$ lokal invertierbar (da $\det f'(x,y) > 0$ für $(x,y) \neq (0,0)$), aber f ist nicht global invertierbar, da $f(-x,-y) = f(x,y)$.

14.2 Implizite Funktionen

In den Anwendungen tritt häufig folgendes Problem auf: Gegeben sei eine Abbildung

$$f : D \subset \mathbb{R}^{n+m} \to \mathbb{R}^n, \quad (x,u) \mapsto f(x,u).$$

Dabei seien $x = (x_1, \ldots, x_n)^T \in \mathbb{R}^n$, $u = (u_1, \ldots, u_m)^T \in \mathbb{R}^m$ und $f(x,u) = (f_1(x,u), \ldots, f_n(x,u))^T \in \mathbb{R}^n$.
Gesucht ist nun eine Abbildung

$$\varphi : \mathbb{R}^m \to \mathbb{R}^n, \quad u \mapsto \varphi(u)$$

mit $f(\varphi(u), u) = 0$; φ heißt „Auflösung".

Im Allgemeinen ist eine solche Auflösung nicht möglich, wie für $n = m = 1$ das Beispiel

$$f : \mathbb{R}^2 \to \mathbb{R}, (x, u) \mapsto f(x, u) := 1 + x^2 + u^2$$

zeigt; hier ist keine reelle Auflösung möglich. Es sind also Voraussetzungen an f erforderlich, mindestens z. B.:

$$\exists (x_1, u_1) \in \mathbb{R}^{n+m} : f(x_1, u_1) = 0 \,.$$

Wir werden folgende Schreibweise benutzen: Für $h \in \mathbb{R}^n$ und $k \in \mathbb{R}^m$ definiere

$$f' = f'(x, u; h, k) =: \tilde{f}_1'(x, u; h) + \tilde{f}_2'(x, u; k)$$

mittels

$$\begin{pmatrix} \partial_1 f_1 & \cdots & \partial_n f_1 & \partial_{n+1} f_1 & \cdots & \partial_{n+m} f_1 \\ \vdots & & \vdots & \vdots & & \vdots \\ \partial_1 f_n & \cdots & \partial_n f_n & \partial_{n+1} f_n & \cdots & \partial_{n+m} f_n \end{pmatrix} (x, u) \begin{pmatrix} h_1 \\ \vdots \\ h_n \\ k_1 \\ \vdots \\ k_m \end{pmatrix}$$

$$= \begin{pmatrix} \partial_1 f_1 & \cdots & \partial_n f_1 \\ \vdots & & \vdots \\ \partial_1 f_n & \cdots & \partial_n f_n \end{pmatrix} (x, u) \begin{pmatrix} h_1 \\ \vdots \\ h_n \end{pmatrix} + \begin{pmatrix} \partial_{n+1} f_1 \cdots \partial_{n+m} f_1 \\ \vdots & & \vdots \\ \partial_{n+1} f_n \cdots \partial_{n+m} f_n \end{pmatrix} (x, u) \begin{pmatrix} k_1 \\ \vdots \\ k_m \end{pmatrix} \,.$$

Satz 14.3 (Satz über implizite Funktionen). *Seien $D \subset \mathbb{R}^n \times \mathbb{R}^m$ offen und $f \in C^1(D, \mathbb{R}^n)$. Es gebe $a \in \mathbb{R}^n, b \in \mathbb{R}^m$ mit $f(a, b) = 0$ und $\det \tilde{f}_1'(a, b) \neq 0$. Dann existieren eine Umgebung $U = U(b) \subset \mathbb{R}^m$ von b und eine eindeutig bestimmte Abbildung $\varphi \in C^1(U, \mathbb{R}^n)$ mit:*

$$\forall u \in U : \quad f(\varphi(u), u) = 0 \,.$$

Beweis: Idee:
• Anwendung des Satzes über die lokale Umkehrbarkeit (Satz 14.1) auf die Abbildung $x \mapsto f(x, u)$, wobei u fest sei.
• Wähle $\varphi(u) := g(0, u)$, wobei $g(\cdot, u)$ die Umkehrabbildung zu $f(\cdot, u)$ bezeichne.
• Untersuchung der Eigenschaften von φ.
Definiere

$$F : D \to \mathbb{R}^{n+m}, \quad (x, u) \mapsto F(x, u) := (f(x, u), u) \,.$$

F ist stetig differenzierbar mit der Ableitung

$$F'(x, u) = \begin{pmatrix} \tilde{f}_1'(x, u) & \tilde{f}_2'(x, u) \\ 0 & I_m \end{pmatrix} \,.$$

Es ist $\det F'(x, u) = \det \tilde{f}_1'(x, u)$, also ist insbesondere $\det F'(a, b) \neq 0$.

Aus Satz 14.1 folgt nun, dass zu $(a, b) \in D$ eine Umgebung $W \subset D$ existiert, so dass $F|_W$ eine C^1-invertierbare Abbildung mit offenem Wertebereich ist. $G : F(W) \to W$ sei die Umkehrabbildung von $F|_W$. Aus $F(x, u) = (y, v)$ erhält man für G: $G(y, v) = (x, u)$, wobei $v = u$ ist. Setze $g(y, v) := x$. Dann ist $g \in C^1(F(W), \mathbb{R}^n)$. g liefert die gesuchte Abbildung φ mittels $\varphi(v) := g(0, v)$, denn:
Da $D(G) = F(W)$ offen ist, existiert eine Umgebung $U = U(b) \subset \mathbb{R}^m$ mit: $\forall v \in U(b) : (0, v) \in F(W)$. Dort ist φ erklärt. Aus $F \circ G = \mathrm{id}_{F(W)}$ folgt für $(y, v) \in F(W)$: $f(g(y, v), v) = y$. Mit $y = 0$ (und $v = u$) erhalten wir wie gewünscht:

$$f(\varphi(u), u) = 0 \qquad \forall u \in U.$$

Zu zeigen bleibt die Eindeutigkeit dieser Auflösung. Nach Definition der Abbildung g ist $g(f(x, u), u) = x$. Aus $f(x, u) = 0$ folgt somit $g(0, u) = x$, was äquivalent ist zu $x = \varphi(u)$. $\qquad \square$

Bemerkung 14.4. *Aus* $f(\varphi(u), u) = 0$ *folgt*

$$\tilde{f}_1'((\varphi(u), u); \varphi'(u; k)) + \tilde{f}_2'((\varphi(u), u); k) = 0 \text{ für alle } k \in \mathbb{R}^m.$$

Wegen der Invertierbarkeit von $\tilde{f}_1'(\varphi(u), u)$ *erhalten wir hieraus für die Ableitung von* φ *für* $u \in U$:

$$\varphi'(u, k) = -(\tilde{f}_1'(\varphi(u), u))^{-1} \tilde{f}_2'((\varphi(u), u); k), \text{ oder}$$
$$\varphi'(u) = -(\tilde{f}_1'(\varphi(u), u))^{-1} \tilde{f}_2'(\varphi(u), u).$$

Beispiele 14.5. *(i) Seien* $n = m = 1$ *und* $f : \mathbb{R} \times \mathbb{R} \to \mathbb{R}$, $(x, u) \mapsto f(x, u) := x + x^2 - u^2$. *Dann sind* $f(0, 0) = 0$, $\tilde{f}_1'(x, u) = 1 + 2x$, *also* $\tilde{f}_1'(0, 0) = 1$. *Die Voraussetzungen des Satzes über implizit gegebene Funktionen sind somit für* $(a, b) = (0, 0)$ *erfüllt.*

Durch formales Auflösen erhalten wir: $\varphi(u) = -\frac{1}{2} + \sqrt{\frac{1}{4} + u^2}$ *für* $u \in \mathbb{R}$ *(da* $\varphi(0) \stackrel{!}{=} 0$).

(ii) Seien $n = 2$, $m = 1$ *und*

$$f : \mathbb{R}^2 \times \mathbb{R} \to \mathbb{R}^2, \quad (x, y, u) \mapsto f(x, y, u) = \begin{pmatrix} 1 + x + y - u \\ -1 + x + y^2 + u \end{pmatrix}.$$

Für $(a, b) = ((0, 0), 1)$ *erhalten wir* $f(a, b) = (0, 0)$ *und aus*

$$\tilde{f}_1'(x, y, u) = \begin{pmatrix} 1 & 1 \\ 1 & 2y \end{pmatrix}$$

$\det \tilde{f}_1'(a, b) = 2y - 1 \big|_{y=0} = -1$. *Die Voraussetzungen des Satzes sind somit erfüllt. Formales Auflösen und die Bedingung* $\varphi(1) = (0, 0)$ *liefern*

$$\varphi(u) = \frac{1}{2} \begin{pmatrix} 2u - 3 + \sqrt{9 - 8u} \\ 1 - \sqrt{9 - 8u} \end{pmatrix}.$$

Als Anwendung wollen wir den Brouwerschen[1] Fixpunktsatz beweisen. Dieser besagt, dass jede stetige Abbildung $f\colon M \to M$ einen Fixpunkt besitzt, falls M homöomorph zur n-dimensionalen Einheitskugel ist, d. h., falls eine bijektive Abbildung g von M nach $B(0,1)$ existiert mit g und g^{-1} stetig. Dazu benötigen wir zunächst eine Aussage über glatte Retraktionen.

Satz 14.6. *Es sei $\emptyset \neq G \subset \mathbb{R}^n$ offen, beschränkt und glatt berandet. Dann gibt es keine glatte „Retraktion" f von $\overline{G}$ auf seinen Rand, d. h. kein $f \in C^2(\overline{G}, \partial G)$ mit $f(x) = x$ für $x \in \partial G$.*

Beweis für $n = 2$: Annahme: f sei eine solche Retraktion. Für $0 \le t \le 1$ sei

$$F(t) := \int_G [1 - t + t(\partial_2 f_2 + \partial_1 f_1 - 1)]\, dx +$$

$$\int_G [t^2(\partial_1 f_1 \partial_2 f_2 - \partial_1 f_1 - \partial_2 f_1 \partial_1 f_2 - \partial_2 f_2 + 1)]\, dx.$$

Dann ist

$$F'(t) = \int_G [-1 + \partial_2 f_2 + \partial_1 f_1 - 1]\, dx +$$

$$\int_G [2t(\partial_1 f_1 \partial_2 f_2 - \partial_1 f_1 - \partial_2 f_1 \partial_1 f_2 - \partial_2 f_2 + 1)]\, dx$$

$$= \int_G [\partial_1(f_1 - x_1) - t\,(\partial_2[(f_1 - x_1)\partial_1 f_2] - \partial_1[(f_1 - x_1)\partial_2 f_2] + \partial_1(f_1 - x_1))]\, dx$$

$$+ \int_G [\partial_2(f_2 - x_2) + t\,(\partial_2[(f_2 - x_2)\partial_1 f_1] - \partial_1[(f_2 - x_2)\partial_2 f_1] - \partial_2(f_2 - x_2))]\, dx$$

$$= \int_{\partial G} [\nu_1(f_1 - x_1) - t\,(\nu_2[(f_1 - x_1)\partial_1 f_2] - \nu_1[(f_1 - x_1)\partial_2 f_2] + \nu_1(f_1 - x_1))]\, ds$$

$$+ \int_{\partial G} [\nu_2(f_2 - x_2) + t\,(\nu_2[(f_2 - x_2)\partial_1 f_1] - \nu_1[(f_2 - x_2)\partial_2 f_1] - \nu_2(f_2 - x_2))]\, ds$$

$$= 0.$$

Somit ist F konstant. Wegen

$$F(0) = \int_G 1\, dx = |G|$$

folgt

$$F(1) = |G|.$$

Andererseits gilt

$$F(1) = \int_G [\partial_1 f_1 \partial_2 f_2 - \partial_2 f_1 \partial_1 f_2]\, dx = \int_G \det f'\, dx = 0,$$

---

[1] Luitzen Egbertus Jan Brouwer, 27.2.1881 – 2.12.1966

da es zu einem $x_0 \in G$ mit $\det f'(x_0) \neq 0$ eine Umgebung $U(x_0) \subset G$ geben würde, die durch f auf eine offene Umgebung von $f(x_0)$ abgebildet wird, was im Widerspruch zur Abbildungseigenschaft $f : \overline{G} \to \partial G$ steht. Es folgt also

$$F(1) = 0,$$

im Gegensatz zum eben bewiesenen $F(1) = |G| > 0$, also ein Widerspruch. $\square$

Folgerung 14.7. *Jedes zweimal stetig differenzierbare Vektorfeld $v \in C^2(\overline{B}, \mathbb{R}^n)$ auf der Einheitskugel $B \subset \mathbb{R}^n$, das auf dem Rand nullstellenfrei ist und $\frac{v(x)}{|v(x)|} = x$ für $x \in \partial B$ erfüllt, hat mindestens eine Nullstelle in B.*

Beweis: Nehmen wir das Gegenteil an, so ist $f(x) := \frac{v(x)}{|v(x)|}$ eine glatte Retraktion von $\overline{B}$ auf ∂B, was nach Satz 14.6 nicht sein kann. $\square$

Satz 14.8 (Brouwerscher Fixpunktsatz). *Sei $\overline{B} \subset \mathbb{R}^n$ eine abgeschlossene Kugel. Dann besitzt jede stetige Abbildung $F : \overline{B} \to \overline{B}$ einen Fixpunkt. Dies gilt auch, falls B homöomorph zu einer abgeschlossenen Kugel ist.*

Beweis: O. B. d. A. nehmen wir als Kugel die Einheitskugel $B = B(0, 1)$.

(1) Zunächst sei $F \in C^2(\overline{B}, \overline{B})$.
   Annahme: F hat keinen Fixpunkt, d. h. $\forall x \in \overline{B} : F(x) \neq x$.

   Zu $x \in \overline{B}$ existiert dann eine Verbindungsgerade nach $F(x)$. Die von x ausgehende Halbgerade in Richtung $x - F(x)$ schneidet ∂B in $f(x)$. Dadurch ist $f(x)$ eindeutig definiert, denn durch die Halbgerade werden alle Punkte der Menge $\{x + \lambda(x - F(x)) \,|\, 0 \leq \lambda < \infty\}$ beschrieben, und es gilt $|f(x)| = 1$

   $$\Rightarrow 1 = |x|^2 + 2\lambda\langle x, x - F(x)\rangle + |x - F(x)|^2 \lambda^2.$$

   Diese Gleichung besitzt genau eine nichtnegative Lösung für λ:

   $$\lambda = \lambda(x) = \frac{-\langle x, x - F(x)\rangle + \sqrt{\langle x, x - F(x)\rangle^2 + (1 - |x|^2)|x - F(x)|^2}}{|x - F(x)|^2}.$$

   Wegen $F \in C^2(U)$ für eine offene Obermenge $U \supset \overline{B}$ und $|F(x) - x| > 0$ in $\overline{B}$ gilt mit geeignetem U:

   $$|F(x) - x| > 0.$$

   Der Radikand des Wurzelterms in der Gleichung für λ ist positiv, denn:

   $$\text{falls } |x| < 1 \Rightarrow (1 - |x|^2) > 0$$
   $$\text{und falls } |x| = 1 \Rightarrow \langle x, F(x) - x\rangle = \langle x, F(x)\rangle - 1 < 0,$$

   da wir $F(x) \neq x$ auf dem Rand $\partial B = \{x \in \mathbb{R}^n \,|\, |x| = 1\}$ angenommen haben und F auf die abgeschlossene Einheitskugel $\overline{B}$ abbildet.

   $$\Rightarrow \lambda \in C^2(U) \quad \Rightarrow f(x) = x + \lambda(x)(x - F(x)) \text{ ist aus } C^2(\overline{B}, \partial B).$$

Für $x \in \partial B$ ist $\lambda(x) = 0$, also gilt $f(x) = x$, und f ist somit eine Retraktion von $\overline{B}$ auf ∂B. Dies steht aber im Widerspruch zur Aussage von Satz 14.6 und den Eigenschaften der Einheitskugel $B = B(0,1)$. Also besitzt F einen Fixpunkt.

(2) Sei nun $F \in C(\overline{B}, \overline{B})$ wie in der Voraussetzung des Satzes. Dann gilt nach dem Weierstraßschen Approximationssatz bzw. dem Satz von Stone und Weierstraß:

$$\forall \varepsilon > 0 \; \exists G \in C^\infty(\overline{B}, \mathbb{R}^n) \; \forall x \in \overline{B} : \; |F(x) - G(x)| < \varepsilon.$$

Folglich ist
$$|G(x)| \le |F(x)| + \varepsilon \le 1 + \varepsilon$$
und für $H(x) := \frac{G(x)}{1+\varepsilon}$ ist $H \in C^\infty(\overline{B}, \overline{B})$, und es gilt

$$\begin{aligned}
|H(x) - F(x)| &= \frac{1}{1+\varepsilon}|G(x) - F(x) - \varepsilon F(x)| \\
&\le \frac{1}{1+\varepsilon}|G(x) - F(x)| + \frac{\varepsilon}{1+\varepsilon}|F(x)| \\
&< \frac{2\varepsilon}{1+\varepsilon} < 2\varepsilon.
\end{aligned}$$

Annahme: F habe keinen Fixpunkt in B.

$\Rightarrow f(x) = |F(x) - x|$ nimmt auf $\overline{B}$ ein positives Minimum η an.

Wähle $\varepsilon := \frac{\eta}{2}$, dann folgt

$$|H(x) - F(x)| < 2\varepsilon = \eta$$

und wegen $|F(x) - x| - |H(x) - x| \le |F(x) - H(x)|$ ist

$$|H(x) - x| > 0 \quad \text{auf } \overline{B}.$$

Also hat H keinen Fixpunkt in B, was im Widerspruch zum Teil (1) des Beweises steht.

$\square$

Gewöhnliche Differentialgleichungen

Kapitel 15 – 19

Kapitel 15

Differentialgleichungen – Beispiele

Worum geht's? *Differentialgleichungen treten in vielen Bereichen auf, insbesondere in Anwendungen in der Physik, der Chemie, der Biologie, der Ingenieurwissenschaften, aber auch in den Wirtschaftswissenschaften und in der Psychologie. Hier werden gewöhnliche Differentialgleichungen zunächst eingeführt und Beispiele betrachtet.*

Definition 15.1 (Gewöhnliche Differentialgleichung). *Als „gewöhnliche Differentialgleichung" bezeichnet man eine Gleichung, in der eine (unbekannte) Funktion $x : \mathbb{R} \to \mathbb{R}^n$ ($t \in \mathbb{R} : t \mapsto x(t)$) und ihre Ableitungen bis zu einer gewissen Ordnung $k \in \mathbb{N}_0$ auftauchen:*

$$f(t, x(t), x^{(1)}(t), \ldots, x^{(k)}(t)) = 0,$$

wobei

$$f : \mathbb{R} \times \mathbb{R}^{(k+1) \cdot n} \longrightarrow \mathbb{R}^m$$

gegeben ist. Lösung bedeutet: $x \in C^k(\mathbb{R}, \mathbb{R}^n) \equiv C^k(\mathbb{R})$ erfüllt die Gleichung.

Bemerkungen 15.2. *(i) Für $m > 1$ spricht man auch von einem „System von gewöhnlichen Differentialgleichungen".*

(ii) Treten weitere Parameter sowie deren partielle Ableitungen auf, so spricht man von „partiellen Differentialgleichungen".

Das System soll

(1) „determiniert": „Zustand" in t_0 bekannt $\Rightarrow$ Lösung $x(t)$ für $t \geq t_0$ bestimmt,

(2) „endlich-dimensional": $x(t) \in \mathbb{R}^n$, und

(3) „differenzierbar": $t \mapsto x(t)$ differenzierbar

sein.

Beispiele 15.3. *Anwendungen von Differentialgleichungen*

(i) *„Freier Fall in Erdnähe": g konstant.*
   Sei $h(t)$ die Höhe zur Zeit t, dann ergibt sich die den Vorgang beschrei-
   bende Differentialgleichung durch das 2. Newtonsche[1] Gesetz als:

$$m \cdot h''(t) = -m \cdot g.$$

Wir führen eine Substitution durch: Sei $x(t) := h(\frac{t}{\sqrt{g}})$. Dann lautet die
Differentialgleichung für x

$$x''(t) = -1.$$

Die Lösung durch Integration ist explizit möglich nach Vorgabe von An-
fangswerten $x(0) = a, x'(0) = b$: $x'(t) = -t + b \Rightarrow x(t) = -\frac{t^2}{2} + bt + a$.

(ii) $x'(t) = x^2(t)$, $x(0) = x_0 \in \mathbb{R} \setminus \{0\} \Rightarrow x(t) = \frac{1}{\frac{1}{x_0} - t}$ *für* $t \in \left(-\frac{1}{|x_0|}, \frac{1}{|x_0|} \right)$.

(iii) $x'(t) = 2\sqrt{|x(t)|}$, $x(0) = 0$.
   Diese Differentialgleichung besitzt unendlich viele Lösungen:
   Für $c \geq 0$: $x_c(t) := \begin{cases} 0, & t \leq c, \\ (t-c)^2, & t \geq c. \end{cases}$

(iv) *„Freier Fall aus großer Höhe": $g = g(h)$.*
   Sei wieder $h = h(t)$ die Höhe des fallenden Objekts zur Zeit t. Dann ergibt
   sich mit dem Gravitationsgesetz die Differentialgleichung:

$$mh'' = -m\frac{MG}{h^2}$$

Hierbei sind M die Erdmasse ($\approx 5,97 \cdot 10^{27} g$) und G die Gravitationskon-
stante ($\approx 6,67 \cdot 10^{-14} \frac{m^3}{gs^2}$). Weiter sei R der Erdradius ($\approx 6,37 \cdot 10^6 m$).

Lösungsversuch: Multiplikation mit h' und Integration über t mit $h(0) = h_0$ und $h'(0) = h_1$:

$$\int_0^t h''h' dt = -\int_0^t MG\frac{h'}{h^2} dt$$

$$\Rightarrow \frac{(h'(t))^2}{2} = \frac{h_1^2}{2} + MG\left[\frac{1}{h(t)} - \frac{1}{h_0}\right] \Rightarrow (h'(t))^2 = h_1^2 + 2MG\left[\frac{1}{h(t)} - \frac{1}{h_0}\right]$$

(noch keine explizite Lösung!).
Spezialfälle:

---

[1] Isaac Newton, 25.12.1642 – 20.3.1727

(a) „Ein Meteor fällt auf die Erde".
Damit sind die Anfangsbedingungen $h_0 = \infty, h_1 = 0$. Wir wollen die Aufprallgeschwindigkeit ermitteln:

$$h(t_A) \overset{!}{=} R \Rightarrow h'(t_A) = \sqrt{\frac{2MG}{R}} \approx 11,2 \frac{km}{s}.$$

(b) „Fluchtgeschwindigkeit"
Für $h_0 = R$ ist $h'(0)$ gesucht, so dass $h(t) \to \infty$ für $t \to \infty$.
Notwendig: $h_1^2 - \frac{2MG}{R} \geq 0$

$$\Rightarrow h_1 \overset{!}{\geq} \sqrt{\frac{2MG}{R}}.$$

(v) Ungedämpftes Pendel.
Sei $\phi = \phi(t)$ der Auslenkwinkel im Bogenmaß. g bezeichne die Erdbeschleunigung.
Mit Newton:

$$m \cdot l \cdot \phi'' = -m \cdot g \cdot \sin \phi$$

$$\Rightarrow \phi''(t) + \omega^2 \sin(\phi(t)) = 0 \ mit \ \omega := \sqrt{\frac{g}{l}} \quad (l = Pendellänge)$$

Anfangsbedingungen: $\phi(0) = \phi_0, \quad \phi'(0) = \phi_1$
Betrachte zuerst $\omega = 1$: $\phi''(t) + \sin \phi(t) = 0$: Schwierig!
Für kleines ϕ (kleine Auslenkungen) lässt sich nähern: $\sin \phi \sim \phi$
Damit ergibt sich die Differentialgleichung:

$$\phi''(t) + \phi(t) = 0.$$

Lösungen:

$$\phi(t) = a \cos t + b \sin t$$
$$= \phi_0 \cos t + \phi_1 \sin t.$$

Nun analog für $\omega \neq 1$:

$$\phi(t) = \phi_0 \cos(\omega t) + \phi_1 \frac{\sin(\omega t)}{\omega}.$$

Schwingungsdauer (Periode):

$$T_p = \frac{2\pi}{\omega} \sim \sqrt{l}.$$

Ergänzung zum ungedämpften mathematischen Pendel ohne Näherung für kleine Winkel: $\phi'' + \omega^2 \sin \phi = 0$:
Multiplizieren mit ϕ' und anschließendes Integrieren ergibt: $(\phi'(t))^2 = \phi_1^2 +$

$2\omega^2(\cos\phi(t) - \cos\phi_0)$.

Wir interessieren uns für die Schwingungsdauer T_p im Fall $0 < \phi_0 < \pi$, $\phi_1 = 0$. Einsetzen ergibt:

$$\phi'(t) = -\omega\sqrt{2(\cos\phi(t) - \cos\phi_0)}$$

$$\Rightarrow \int_0^t \frac{\phi'(s)ds}{\sqrt{\cos(\phi(s)) - \cos\phi_0}} = -\sqrt{2}\omega t$$

$$\Rightarrow \int_{\phi_0}^{\phi(t)} \frac{dz}{\sqrt{\cos z - \cos\phi_0}} = -\sqrt{2}\omega t.$$

Sei τ die erste positive Nullstelle von ϕ', d. h.:

$$\tau = \frac{T_p}{2} : \quad \phi'(\tau) = 0, \quad \phi(\tau) = -\phi_0$$

$$\Rightarrow T_p = 2\tau = -\frac{2}{\sqrt{2}\omega} \int_{\phi_0}^{-\phi_0} \frac{dz}{\sqrt{\cos z - \cos\phi_0}}$$

$$= \frac{2\sqrt{2}}{\omega} \int_0^{\phi_0} \frac{dz}{\sqrt{\cos z - \cos\phi_0}} \quad (= T_p(\phi_0)!).$$

Dies ist ein nicht elementar lösbares sog. „elliptisches Integral".

Bemerkungen 15.4.   *(i) Eine Differentialgleichung der Form*

$$f(t, x(t), ..., x^{(k)}(t)) = 0$$

heißt auch „implizit".

(ii) Gilt: $x^{(k)}(t) = \tilde{f}(t, x(t), ..., x^{(k-1)}(t))$, so spricht man von einer „expliziten Differentialgleichung".

(iii) Falls t nicht explizit auftritt, so heißt die Differentialgleichung „autonom".

Die explizite Lösung gestaltet sich oft schwierig, aber häufig ist die Bestimmung des Richtungsfeldes möglich, bei dem im Punkt (t, x) der Einheitsvektor mit Steigung $f(t, x)$ eingezeichnet wird.

$$x'(t) = f(t, x(t)), \quad x(0) = x_0 \quad (m = 1).$$

Die folgenden Abbildungen zeigen jeweils Richtungsfeld und eine Lösung zu verschiedenen Differentialgleichungen:

Beispiel 15.5. $x'(t) = \frac{1}{0.3+t}$.

Beispiel 15.6. $x'(t) = x(t)$.

Beispiel 15.7. $x'(t) = (\sin(x))^2$.

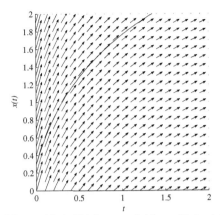

Abbildung 15.1: Richtungsfeld zu Beispiel 15.5

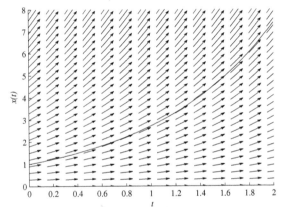

Abbildung 15.2: Richtungsfeld zu Beispiel 15.6

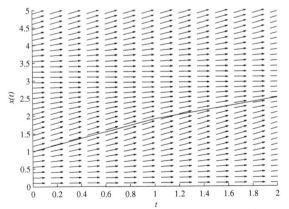

Abbildung 15.3: Richtungsfeld zu Beispiel 15.7

Kapitel 16

Klassische Existenz- und Eindeutigkeitssätze

Worum geht's? *In diesem Kapitel werden grundlegende Aussagen zu Fragen der (eindeutigen) Lösbarkeit allgemeiner Systeme bewiesen. Zentral ist dabei der Satz von Picard & Lindelöf, dessen Beweis auf dem Banachschen Fixpunktsatz beruht. Neben der Existenz und Eindeutigkeit der Lösung einer gewöhnlichen Differentialgleichung wird auch die stetige Abhängigkeit der Lösung von den Daten der Gleichung kurz diskutiert.*

Ohne Einschränkung betrachten wir ein System erster Ordnung:

$$x'(t) = f(t, x(t)), \quad t \in \mathbb{R}, \ x(0) = x_0 \in \mathbb{R}^n,$$

$$x : \underbrace{[0, h]}_{:=J} \longrightarrow \mathbb{R}^n, \qquad f : \underbrace{J \times \mathbb{R}^n}_{=:S} \longrightarrow \mathbb{R}^n \text{ stetig,}$$

S heißt *Streifen*. Eine allgemeine Differentialgleichung

$$y^{(k)}(t) = F(t, y(t), y'(t), \ldots, y^{(k-1)}(t)), \quad y : [0, h] \longrightarrow \mathbb{R}^1,$$

lässt sich auf eine Differentialgleichung erster Ordnung zurückführen:

$$x_1 := y, \ x_2 = y', \ \ldots, \ x_k := y^{(k-1)},$$

$$x := (x_1, \ldots, x_k) : \ J \longrightarrow \mathbb{R}^k,$$

$$x'(t) = \begin{pmatrix} x_2 \\ x_3 \\ \vdots \\ x_k \\ F(t, x_1, \ldots, x_k) \end{pmatrix}(t) = f(t, x(t)).$$

Satz 16.1 (Satz von Picard[1] & Lindelöf[2]). *Sei $x_0 \in \mathbb{R}^n$. $f : \underbrace{J \times \mathbb{R}^n}_{=:S} \longrightarrow \mathbb{R}^n$ sei*

stetig und genüge einer „globalen Lipschitz-Bedingung":

$$\exists L \geq 0 \ \forall (t, x_1), (t, x_2) \in S : |f(t, x_1) - f(t, x_2)| \leq L |x_1 - x_2|. \qquad (16.1)$$

Dann gibt es genau eine Lösung $x \in C^1(J, \mathbb{R}^n)$ von $x' = f(\cdot, x)$, $x(0) = x_0$.

Beweis: Transformation der Differentialgleichung in eine Integralgleichung:
Ist $x \in C^1(J, \mathbb{R})$ Lösung, so folgt

$$x(t) = \underbrace{x_0 + \int_0^t f(s, x(s))ds}_{=:(Tx)(t)}. \qquad (16.2)$$

Umgekehrt: Ist $x \in C^0(J, \mathbb{R}^n)$ Lösung von $x = Tx$, d. h. (16.2) gilt, dann gilt: $x \in C^1(J, \mathbb{R})$ und $x' = f(\cdot, x)$, $x(0) = x_0$, d. h. x ist Lösung. Sei also $T : C^0(J, \mathbb{R}^n) \to C^0(J, \mathbb{R}^n)$ mit $(Ty)(t) := x_0 + \int_0^t f(s, y(s))ds$. Gesucht ist $x \in C^0(J, \mathbb{R}^n)$ mit $Tx = x$, so dass der Banachsche Fixpunktsatz greift. Wir führen eine Metrik $d(f, g) := \sup_{t \in J} |e^{-(L+1)t} \cdot (f(t) - g(t))|$ auf $X := C^0(J, \mathbb{R}^n)$ ein.
Die Metrik ist wegen $e^{-(L+1)h} \leq e^{-(L+1)t} \leq e^0 = 1$ äquivalent zur Metrik aus der Supremumsnorm. Daher ist (X, d) ein vollständiger metrischer Raum und wir müssen nur noch die Kontraktion von $T : X \longrightarrow X$ nachweisen.
Seien $k := \frac{L}{L+1}$ und $m_1, m_2 \in X$. Damit folgt

$$d(Tm_1, Tm_2) = \sup_{t \in J} e^{-(L+1)t} \cdot \left| \int_0^t f(s, m_1(s)) - f(s, m_2(s))ds \right|$$

$$\leq \sup_{t \in J} e^{-(L+1)t} \cdot \int_0^t L \cdot |m_1(s) - m_2(s)|ds$$

$$= L \cdot \sup_{t \in J} e^{-(L+1)t} \cdot \int_0^t e^{(L+1)s} \cdot \underbrace{e^{-(L+1)s} \cdot |(m_1(s) - m_2(s))|}_{\leq d(m_1, m_2)} ds$$

$$\leq L \cdot d(m_1, m_2) \cdot \sup_{t \in J} e^{-(L+1)t} \cdot \int_0^t e^{(L+1)s} ds$$

$$= L \cdot d(m_1, m_2) \cdot \sup_{t \in J} e^{-(L+1)t} \cdot \left. \left(\frac{1}{L+1} e^{(L+1)s} \right) \right|_{s=0}^{s=t}$$

$$= L \cdot d(m_1, m_2) \cdot \sup_{t \in J} e^{-(L+1)t} \cdot \frac{e^{(L+1)t} - 1}{L+1}$$

$$\leq \underbrace{\frac{L}{L+1}}_{=k<1} d(m_1, m_2)$$

---

[1] Émile Picard, 24.7.1856 – 12.12.1941
[2] Ernst Lindelöf, 7.3.1870 – 4.6.1946

$$= k \cdot d(m_1, m_2).$$

$\square$

Bemerkungen 16.2. *Der Banachsche Fixpunktsatz ist konstruktiv, d. h., für $m_0 \in X$ beliebig und $m_{n+1} := T m_n$, $n \in \mathbb{N}_0$, folgt: Eine Lösung der Fixpunktgleichung ist: $x = \lim_{n \to \infty} m_n$. Fehlerabschätzung: $d(x, m_n) \leq \frac{k^n}{1-k} d(m_1, m_0)$.*

Beispiel 16.3. *Seien mit $n = 1$, $x'(t) = t + x(t)$, $x(0) = 0$ und $f(t,x) = t + x$. Damit ist*

$$|f(t, x_1) - f(t, x_2)| = |x_1 - x_2| \quad (L = 1),$$

und somit sind die Voraussetzungen des Satzes von Picard & Lindelöf, Satz 16.1, erfüllt, d. h. es gibt eine eindeutige Lösung.
Wähle $m_0 = 0$, dann folgt:

$$m_1(t) = \int_0^t f(s, m_0(s)) ds$$

$$= \int_0^t s\, ds = \frac{t^2}{2}$$

$$m_2(t) = \int_0^t f(s, m_1(s)) ds$$

$$= \int_0^t \left(s + \frac{s^2}{2} \right) ds = \frac{s^2}{2} + \frac{s^3}{3!}$$

$$\cdots$$

$$m_n(t) = \frac{t^2}{2} + \frac{t^3}{3!} + \cdots + \frac{t^{n+1}}{(n+1)!}$$

$$\Rightarrow x(t) = e^t - t - 1.$$

Einsetzen zur Kontrolle bestätigt dieses Ergebnis: $x(0) = 0$, $x'(t) = e^t - 1 = x(t) + t$.

Oft ist die globale Lipschitz-Bedingung zu restriktiv, zum Beispiel für $f(t,x) = t^2 + x^2$.
„Lokale Variante": f genügt einer „lokalen Lipschitz-Bedingung" in $S = J \times \mathbb{R}^n$, falls gilt:

$$\forall x \in \mathbb{R}^n \; \exists U(x) \; \exists L_x \geq 0 \quad \forall (t, x_1), (t, x_2) \in J \times U(x) :$$

$$|f(t, x_1) - f(t, x_2)| \leq L_x |x_1 - x_2|. \tag{16.3}$$

Beispiel 16.4. $f(t,x) = t^2 + x^2$:
$|f(t, x_1) - f(t, x_2)| = |x_1^2 - x_2^2| = |x_1 + x_2||x_1 - x_2| \leq L_x |x_1 - x_2|$
mit $L_x := 2 \cdot \max\{|x - 1|, |x + 1|\}$ in $U(x) := (x - 1, x + 1)$.

Satz 16.5. *Ist f stetig und genügt (16.3), so gibt es in einer Umgebung $U(0, x_0)$ genau eine stetig differenzierbare Lösung der Differentialgleichung*

$$x'(t) = f(t, x(t)), \quad x(0) = x_0.$$

Beweis: 1. Lokale Existenz: Sei $U(x_0)$ die Umgebung nach (16.3) um x_0. Sei $\phi \in C_0^\infty(U(x_0))$ (d. h. unendlich oft differenzierbar, aber mit kompaktem Träger in $U(x_0)$)) mit $\phi = 1$ nahe x_0, $0 \leq \phi \leq 1$. Sei $F(t,x) := f(t,x) \cdot \phi(x) \Rightarrow F$ stetig. Ferner ist eine globale Lipschitz-Bedingung erfüllt. Mit Satz 16.1 folgt:

$$\overset{1}{\exists}\, y : J \longrightarrow \mathbb{R}^n : \ y'(t) = F(t, y(t)), \ y(0) = x_0,$$

$$x(t) := y(t) \text{ erfüllt, solange } \phi(x(t)) = 1,$$

$$x'(t) = f(t, x(t)), \ x(0) = x_0.$$

Damit ist die lokale Existenz klar.

2. Eindeutigkeit: Seien x_1, x_2 Lösungen auf $[0, a]$ (a so, dass $x_1(t), x_2(t) \in U(x_0)$). Es folgt

$$|x_1(t) - x_2(t)| \leq \int_0^t |f(s, x_1(s)) - f(s, x_2(s))| ds$$

$$\leq L_{x_0} \int_0^t |x_1(s) - x_2(s)| ds \implies x_1(t) - x_2(t) = 0$$

nach dem folgenden Lemma von Gronwall. $\qquad\qquad\qquad\qquad\qquad\qquad \square$

Satz 16.6 (Lemma von Gronwall[3]). *Sei $a > 0$, $h, \Phi \in C^0([0, a], \mathbb{R})$. Seien weiterhin $h \geq 0$, $\beta \in \mathbb{R}$, und es gelte*

$$\forall\, t \in [0, a] : \ \Phi(t) \leq \beta + \int_0^t \Phi(s) h(s) ds.$$

Dann gilt:

$$\forall t \in [0, a] : \ \Phi(t) \leq \beta e^{\int_0^t h(s) ds}.$$

Beweis: Sei $\varepsilon > 0$, $\Psi(t) := (\beta + \varepsilon) \cdot e^{\int_0^t h(s) ds}$

$$\Rightarrow \Psi' = h\Psi \Rightarrow \Psi(t) = \underbrace{\beta + \varepsilon}_{= \Psi(0)} + \int_0^t h(s) \Psi(s) ds.$$

Behauptung: $\Phi < \Psi$ in $[0, a]$.

Beweis: 1. $t = 0$: $\Phi(0) \leq \beta < \beta + \varepsilon = \Psi(0)$.

2. Annahme: Bei $t_0 \in (0, a]$ sei zum ersten Mal $\Phi(t_0) = \Psi(t_0)$

$\Rightarrow \Phi(t_0) \leq \beta + \int_0^{t_0} h(s) \Phi(s) ds < \beta + \varepsilon + \int_0^{t_0} h(s) \Psi(s) ds = \Psi(t_0)$: Widerspruch!

Also folgt: $\forall\, t \in [0, a] : \ \Phi(t) < (\beta + \varepsilon) e^{\int_0^t h(s) ds}$. $\qquad\qquad\qquad \square$

---

[3]Thomas Hakon Gronwall (*orig.:* Hakon Tomi Grönwall), 16.1.1877 – 9.5.1932

Bemerkungen 16.7. *(i) In Satz 16.5 ist* $\Phi(t) = |x_1(t) - x_2(t)|$, $h(t) = L_{x_0}$, $\beta = 0$.
(ii) Für die lokale Existenz genügt es, wenn die Nagumo-Bedingung *erfüllt ist.*
Nagumo-Bedingung: $S := [0, h] \times \mathbb{R}^n$

$$\forall (t, x_1), (t, x_2) \in S : |t| |f(t, x_1) - f(t, x_2)| \leq |x_1 - x_2|.$$

(iii) Die Abschätzung der „Lebensdauer" einer Lösung im $\mathbb{R}^n$ *für* $n = 1$ *ist möglich.*

Zu (iii) sei $k > 0$ und Q der Quader

$$Q := [0, h] \times [x_0 - k, x_0 + k],$$

L_{x_0}, $U(x_0)$ aus Satz 16.5; k so, dass $Q \subset J \times U(x_0)$.
Behauptung:
Ist $A := \max_{(t,x) \in Q} |f|$, $a := \min(h, \frac{k}{A})$, so ist die lokale Lösung x nach Satz 16.5 mindestens existent bis $t = a$. Ferner gilt: $\forall t \in [0, a] : \quad |x(t) - x_0| \leq k$.
Beweis:

$$\text{Sei } F(\cdot, x) = \begin{cases} f(\cdot, x_0 + k), & x > x_0 + k, \\ f(\cdot, x), & x_0 - k \leq x \leq x_0 + k, \\ f(\cdot, x_0 - k), & x < x_0 - k \end{cases}$$

$\Rightarrow$ F stetig und genügt einer globalen Lipschitz-Bedingung ($L = L_{x_0}$).
$y' = F(\cdot, y)$, $y(0) = x_0$ kann also eindeutig gelöst werden. Sei y Lösung, $t \in [0, a]$:

$$|y(t) - x_0| = \left| \int_0^t F(s, y(s)) ds \right|\underbrace{\leq}_{t \leq a} Aa \stackrel{!}{\leq} k \Leftrightarrow a \leq \frac{k}{A}.$$

y bleibt im Quader $[0, a] \times [x_0 - k, x_0 + k]$ und stimmt dort mit x überein. Somit existiert x im Intervall $[0, a]$. $\qquad\square$

Beispiel 16.8. $f(t, x) = t^2 + x^2$, $\quad x_0 := 0$, $\quad h := 2$, $\quad k := 2$ ($\Leftrightarrow L_{x_0} = 4$)
$\Rightarrow A = 8$ *(Maximum des Quaders)*, $a = \frac{1}{4}$ *($\Rightarrow$ Lösung mindestens existent bis* $t = \frac{1}{4}$*). (Numerisch „out of bounds", bei* $t \approx 2,01$*). Die Abschätzung ist im Allgemeinen sehr grob.*

Beispiel 16.9. $x' = 2\sqrt{|x|}$ *(s.o.)*, $x(0) = 0$. *In* 0 *ist keine lokale Lipschitz-Bedingung erfüllt.*

Nun soll der Satz 16.1 von Picard und Lindelöf hinsichtlich der Existenz erweitert werden, es wird keine Eindeutigkeit mehr gefordert. Als Hilfsmittel verwenden wir einen sogenannten „Auswahlsatz".

Definition 16.10. *Sei* $G \subset \mathbb{R}^d$, $f_k \in C(G, \mathbb{R}^n)$, $k \in \mathbb{N}$.

(i) $(f_k)_k$ *heißt „gleichgradig stetig"* $:\Leftrightarrow$

$$\forall x \in G \; \forall \varepsilon > 0 \; \exists \delta > 0 \, \forall y \in G, \; |y - x| < \delta : \; \forall k \in \mathbb{N} : |f_k(x) - f_k(y)| < \varepsilon.$$

(ii) $(f_k)_k$ *heißt „gleichmäßig gleichgradig stetig"* :⇔

$$\forall \varepsilon > 0 \; \exists \delta > 0 \; \forall x, y \in G, \; |x - y| < \delta : \; \forall k \in \mathbb{N} : \; |f_k(x) - f_k(y)| < \varepsilon.$$

Satz 16.11 (Auswahlsatz von Arzelà[4] & Ascoli[5]). *Sei $G \subset \mathbb{R}^d$ offen, $\overline{G}$ kompakt, $f_n \in C(\overline{G}, \mathbb{R}^m), n \in \mathbb{N}$ mit $(f_n)_n$ gleichgradig stetig und (gleichmäßig) beschränkt.*
Dann gibt es eine Teilfolge $(f_{n_k})_k$ und ein $f \in C(\overline{G}, \mathbb{R}^m)$ mit

$$\|f_{n_k} - f\|_\infty \to 0 \quad (k \to \infty).$$

Beweis:

1. *Behauptung:* $(f_n)_n$ ist gleichmäßig gleichgradig stetig.
   Beweis: Wir nehmen an, $(f_n)_n$ ist nicht gleichmäßig stetig, d. h.

   $$\exists \varepsilon > 0 \; \forall \delta > 0 \; \exists \, x, y, |x - y| < \delta \; \exists n : \; |f_n(x) - f_n(y)| \geq \varepsilon.$$

   Wähle $\delta = \frac{1}{k}, \; k \in \mathbb{N}$. Daraus folgt:

   $$\exists x_k, y_k, |x_k - y_k| < \frac{1}{k} \; \exists n_k : \; \|f_{n_k}(x_k) - f_{n_k}(y_k)\| \geq \varepsilon.$$

   Da $\overline{G}$ kompakt ist, existiert eine (gleich bezeichnete) Teilfolge von $(x_k)_k$ mit $x_k \to \exists x \in \overline{G}$ (Bolzano & Weierstraß). Wegen $|x_k - y_k| < \frac{1}{k}$ gilt $y_k \to x$, und es folgt

   $$|f_{n_k}(x_k) - f_{n_k}(y_k)| \leq \underbrace{f_{n_k}(x_k) - f_{n_k}(x)}_{<\varepsilon/2, \, k \geq k_0(\varepsilon)} + \underbrace{|f_{n_k}(x) - f_{n_k}(y_k)|}_{<\varepsilon/2} < \varepsilon.$$

   Widerspruch zu $|f_{n_k}(x_k) - f_{n_k}(y_k)| \geq \varepsilon$.

2. Sei Y eine dichte, abzählbare Teilmenge von $\overline{G}$ (z. B. $Y := \overline{G} \cap \mathbb{Q}^n$), $Y = \{y_1, y_2, \ldots\}$. Sei weiterhin $f_{n,0} := f_n$. Sei $f_{n,1}$ eine Teilfolge von $f_{n,0}$, für die $(f_{n,1}(y_1))_n$ konvergente Teilfolge ist. ($(f_n)_n$ gleichmäßig beschränkt)
   Analog: Sei $f_{n,2}$ eine Teilfolge von $f_{n,1}$, für die $(f_{n,2}(y_2))_n$ und $(f_{n,2}(y_1))_n$ konvergente Teilfolge ist usw.

   $f_{1,0} \quad f_{2,0} \quad f_{3,0} \quad \cdots$
   $f_{1,1} \quad f_{2,1} \quad f_{3,1} \quad \cdots \quad$: konvergiert in y_1
   $f_{1,2} \quad f_{2,2} \quad f_{3,2} \quad \cdots \quad$: konvergiert in y_2 und y_1 usw.
   Sei $g_n := f_{n,n-1}$.
   Behauptung:
   $(g_n)_n$ konvergiert gleichmäßig in $\overline{G}$.
   Beweis:
   Sei $\varepsilon > 0$. Nach 1. existiert $\delta = \delta(\varepsilon)$ mit

   $$\forall x, y \in G, \; |x - y| < \delta \; \forall n : |g_n(x) - g_n(y)| < \varepsilon. \tag{16.4}$$

---

[4]Cesare Arzelà, 6.3.1847 – 15.3.1912
[5]Giulio Ascoli, 20.11.1843 – 12.7.1896

Sei $Z := \{z_1, \ldots, z_M\}$ eine endliche Teilmenge von Y mit $M = M(\varepsilon)$ so, dass

$$\forall x \in \overline{G} \, \exists z \in Z : |x - z| < \delta \quad \text{(Dichte)}. \tag{16.5}$$

Nach Schritt 1 gilt:

$$\forall z_j \in Z \, \exists N_j : \forall n, k \geq N_j : |g_n(z_j) - g_k(z_j)| < \frac{\varepsilon}{3}.$$

Sei $N := \max\{N_j | j = 1, \ldots, M\} = N(\varepsilon)$ Dann folgt:

$$\forall z \in Z \, \forall n, k \geq N : |g_n(z) - g_k(z)| < \frac{\varepsilon}{3}.$$

3. Sei $x \in \overline{G}$ beliebig, dazu sei $z = z(x)$ aus (16.5) $\Rightarrow \forall n, k \geq N = N(\varepsilon)$:

$$|g_n(x) - g_k(x)| \leq \underbrace{|g_n(x) - g_n(z)|}_{<\varepsilon/3, \text{ s. (16.4), (16.5)}} + \underbrace{|g_n(z) - g_k(z)|}_{<\varepsilon/3, \text{ s. (16.5)}} + \underbrace{|g_k(z) - g_k(x)|}_{<\varepsilon/3, \text{ s. (16.4), (16.5)}}$$
$$< \varepsilon$$

$$\Rightarrow \forall \varepsilon > 0 \, \exists N(\varepsilon) \, \forall n, m \in \mathbb{N}, n, m \geq N : \|g_n - g_m\|_\infty < \varepsilon.$$

$\square$

Satz 16.12 (Existenzsatz von Peano). *Sei $J := [0, h]$, $S := J \times \mathbb{R}^n$, $x^0 \in \mathbb{R}^n$, sei $f \in C(S, \mathbb{R}^n)$ beschränkt. Dann gibt es ein $x \in C^1(J, \mathbb{R}^n)$ mit $x(0) = x^0$ und $x' = f(\cdot, x)$ ($x^0 \in \mathbb{R}^n$ gegeben).*

Beweis: Anschaulich ($n = 1$):

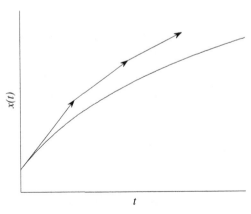

Abbildung 16.1: Das Cauchysche Polygonzugverfahren

Cauchysches Polygonzugverfahren, auch explizites Euler-Verfahren genannt (bei komplexen Systemen ist dieses Euler-Verfahren nicht ausgefeilt genug).

Exakter Beweis:

Sei J zu $m \in \mathbb{N}$ unterteilt in $2^m + 1$ äquidistante Teilpunkte

$$t_{m,\mu} := \mu \cdot \frac{h}{2^m} \qquad \text{mit} \quad \mu = 0, 1, \ldots, 2^m.$$

Approximation von x durch Polygonzugverfahren. Definiere x_m als folgenden Polygonzug: $x_m(0) := x^0$. Für $t_{m,\mu} < t \leq t_{m,\mu+1}$ sei

$$x_m(t) := x_m(t_{m,\mu}) + (t - t_{m,\mu}) f(t_{m,\mu}, x_m(t_{m,\mu})) \qquad (16.6)$$

Dann ist x_m stückweise differenzierbar und stetig.

Sei $g_m(0) := f(0, x^0)$, $g_m(t) := f(t_{m,\mu}, x_m(t_{m,\mu}))$ für $t_{m,\mu} < t \leq t_{m,\mu+1}$, d. h. $x_m(t) = x_m(t_{m,\mu}) + \int_{t_{m,\mu}}^t g_m(s) ds$ für $t_{m,\mu} < t \leq t_{m,\mu}$.

Wegen (Teleskopsumme)

$$x_m(t_{m,\mu}) = x_m(t_{m,0}) + \sum_{\nu=1}^{\mu} \left(x_m(t_{m,\nu}) - x_m(t_{m,\nu-1}) \right)$$

$$= x^0 + \sum_{\nu=1}^{\mu} \int_{t_{m,\nu-1}}^t g_m(s) ds$$

$$= x^0 + \int_0^{t_{m,\mu}} g_m(s) ds$$

folgt

$$x_m(t) = x^0 + \int_0^t g_m(s) ds.$$

Wir zeigen, dass $(x_m)_m$ eine gleichmäßig konvergente Teilfolge besitzt. Sei

$$c := \sup_{(t,x) \in S} |f(t, x)| < \infty$$

$$\Rightarrow \forall t \; \forall m: \; |g_m(t)| \leq c$$

$$\Rightarrow \exists c_1 > 0 \; \forall t \; \forall m: \; |x_m(t)| \leq c_1.$$

Seien $t_1, t_2 \in J$, es gilt:

$$|x_m(t_1) - x_m(t_2)| = \left| \int_{t_1}^{t_2} g_m(s) ds \right| \leq c |t_1 - t_2|.$$

Mithin ist $(x_m)_m$ (gleichmäßig) gleichgradig stetig.

Mit Satz 16.11 besitzt nun $(x_m)_m$ eine gleichmäßig konvergente Teilfolge

$$x_m \xrightarrow{\|\cdot\|_\infty} \exists x \in C^0(J, \mathbb{R}^n).$$

Zu $t \in J$ sei $\mu = \mu(t, m)$ so, dass $t_{m,\mu} < t \leq t_{m,\mu+1}$

$$\Rightarrow |t - t_{m,\mu}| \leq \frac{h}{2^m} \to 0 \text{ für } m \to \infty$$

$$\Rightarrow |x_m(t) - x_m(t_{m,\mu})| \le c \cdot |t - t_{m,\mu}| \le \frac{c}{2^m} \cdot h \overset{m \to \infty}{\to} 0.$$

Damit ist $|g_m(t) - f(t, x(t))| = |f(t_{m,\mu}, x_m(t_{m,\mu})) - f(t, x(t))| < \varepsilon$ falls $m \ge m_0(\varepsilon)$. f ist stetig auf einem Kompaktum: $|t_{m,\mu} - t| \le \frac{c}{2^m}$, $x_m \overset{glm.}{\to} x$. Das heißt: $\|g_m - f(\cdot, x(\cdot))\|_\infty \to 0 \Rightarrow x(t) = x^0 + \int_0^t f(s, x(s))ds$. $\qquad\square$

Beispiel 16.13. $x' = x^2$, $x(0) = 1$, $x(t) = \frac{1}{1-t}$.
Kein Widerspruch zum Satz von Peano, Satz 16.12, da keine Beschränktheit vorliegt.

Zu gewöhnlichen Differentialgleichungen gehören folgende klassische Fragen:

(i) Existenz einer Lösung,

(ii) Eindeutigkeit der Lösung,

(iii) Stetige Abhängigkeit von den Daten „x^0, f",

(iv) Berechnung der Lösung.

Zur stetigen Abhängigkeit von den Daten zunächst folgendes

Beispiel 16.14.

$$x'(t) = 2(x(t))^3 + (\ln(1 + |x(t)|))^{-23}, \quad x(0) = x_0.$$

Anfangswerte wie $x_0 = \pi$ können im Allgemeinen nur angenähert behandelt werden, z.B. durch $\tilde{x}_0 = 3,14$. Sei $\tilde{x}$ die Lösung zum Anfangswert $\tilde{x}_0$. Gesucht ist eine Abschätzung des Fehlers $|x(t) - \tilde{x}(t)|$.

Satz 16.15. *(i) $f \in C^0(S, \mathbb{R}^n)$ genüge einer globalen Lipschitz-Bedingung in S. Seien $x^0, y^0 \in \mathbb{R}^n$ und x, y die zugehörigen Lösungen: $x' = f(\cdot, x), x(0) = x^0$; $y' = f(\cdot, y), y(0) = y^0$. Dann gilt mit $k := \frac{L}{L+1} < 1$:*

$$d(x, y) \le \frac{|x^0 - y^0|}{1 - k}.$$

(ii) Seien $f, g \in C^0(S, \mathbb{R}^n)$, $\|f-g\|_\infty < \infty$, f genüge einer globalen Lipschitz-Bedingung mit der Lipschitzkonstanten L, x, y lösen $x' = f(\cdot, x), x(0) = x^0$ bzw. $y' = g(\cdot, y), y(0) = x^0$. Dann gilt mit $k = \frac{L}{L+1} < 1$:

$$d(x, y) \le \frac{h}{1 - k}\|f - g\|_\infty.$$

Hierbei ist $d = d(x, y)$ die bereits aus dem Satz von Picard-Lindelöf, Satz 16.1, bekannte Metrik.

Beweis:

(i)

$$x(t) - y(t) = x^0 - y^0 + \int_0^t f(s, x(s)) - f(s, y(s))ds$$

$$\Rightarrow d(x, y) \leq |x^0 - y^0| + L \cdot \sup_{t \in J} e^{-(L+1)t} \int_0^t \underbrace{|x(s) - y(s)|}_{e^{(L+1)s} \cdot e^{-(L+1)s}} \, ds$$

$$\leq |x^0 - y^0| + k \cdot d(x, y) \qquad \left(k = \frac{L}{L+1} \right)$$

$$\Rightarrow d(x, y) \leq \frac{1}{1-k} |x^0 - y^0|.$$

(ii)

$$x(t) - y(t) = \int_0^t f(s, x(s)) - f(s, y(s))ds + \int_0^t f(s, y(s)) - g(s, y(s))ds$$

$$\Rightarrow d(x, y) \leq k \cdot d(x, y) + h \cdot \|f - g\|_\infty$$

$$\Rightarrow d(x, y) \leq \frac{h}{1-k} \|f - g\|_\infty.$$

$\square$

Bemerkung 16.16. *Man kann mit dem Gronwallschen Lemma 16.6 auch schließen:*

$$\|x - y\|_\infty \leq |x^0 - y^0| e^{Lt} \leq |x^0 - y^0| e^{Lh}.$$

Kapitel 17

Spezielle Lösungsmethoden

Worum geht's? *Viele gewöhnliche Differentialgleichungen können nicht explizit analytisch gelöst werden. Für einige wichtige Klassen gibt es jedoch Lösungsansätze, z. B. für separable Gleichungen und für homogene Gleichungen. Die wichtige Klasse linearer Differentialgleichungssysteme liefert eine Verbindung zur linearen Algebra; im Falle linearer Systeme mit konstanten Koeffizienten lässt sich die Lösung explizit angeben.*

17.1 Spezielle Gleichungen

Sei im Folgenden $x(t) \in \mathbb{R}^1$.
(i) Separable Gleichungen
Separable Gleichungen sind Gleichungen vom Typ:

$$x'(t) = f(t, x(t)) = h(x(t)) \cdot g(t), \qquad \text{d. h. } f(t,x) = h(x) \cdot g(t).$$

Mit $x'(t) = h(x(t)) \cdot g(t)$, $x(0) = x^0$ ergibt sich für $h \neq 0$:

$$\frac{x'(t)}{h(x(t))} = g(t)$$

$$\Rightarrow \int_0^t \frac{x'(s)}{h(x(s))} ds = \int_0^t g(s) ds$$

$$\Rightarrow \int_{x^0}^{x(t)} \frac{1}{h(y)} dy = \int_0^t g(s) ds.$$

Beispiel:

$$x'(t) = e^{x(t)} \cdot \sin t, \ x(0) = C \in \mathbb{R}.$$

Setze $h(y) = e^y$, $g(s) = \sin s$.

$$\int_C^{x(t)} e^{-y} dy = \int_0^t \sin s\, ds$$

$$\Leftrightarrow -e^{-y}\big|_{y=C}^{y=x(t)} = 1 - \cos t$$

$$e^{-C} - e^{-x(t)} = 1 - \cos t$$

$$\Rightarrow e^{-x(t)} = -1 + \cos t + e^{-C}$$

$$\Rightarrow x(t) = -\ln(\cos t - 1 + e^{-C}).$$

Dabei darf das Argument des Logarithmus nicht null sein.

$$(ii) \qquad x'(t) = f(ax(t) + bt + c)$$

$(x(0) = x_0)$, a, b, c : Konstanten. Man betrachte: $y(t) := ax(t) + bt + c$. Dann folgt

$$y' = ax' + b = af(y) + b,$$

was vom Typ (i) ist.

(iii) Homogene Differentialgleichungen

$$x'(t) = f\Big(\frac{x(t)}{t}\Big), \qquad x(1) = x^0$$

$$\text{Sei } y(t) := \frac{x(t)}{t}$$

$$\Rightarrow y' = \frac{x't - x}{t^2} = \frac{x'}{t} - \frac{x}{t^2}$$

$$= -\frac{1}{t}y + \frac{1}{t}f(y) = \frac{1}{t}(f(y) - y),$$

was wiederum vom Typ (i) ist.

(iv) Bernoullische[1] Differentialgleichungen

$$x'(t) = a(t) \cdot x(t) + b(t) \cdot x(t)^\alpha, \text{ wobei } \alpha \neq 0, 1.$$

$\alpha = 0$: linear, siehe Kapitel 17.2. $\alpha = 1$: siehe Typ (i). Sei $y(t) := x(t)^{1-\alpha}$.

$$\Rightarrow y' = (1 - \alpha)x^{-\alpha}(ax + bx^\alpha)$$

$$= (1 - \alpha)(ay + b),$$

ist also linear, siehe Kapitel 17.2.

(v) Riccatische[2] Differentialgleichung

$$x' = kx^2 + gx + h, \text{ mit } k, g, h \in C^0(\mathbb{R}), \ k > 0 \text{ oder } k < 0, \quad x(t_0) = x^0.$$

1. Eine Lösung p mit $p(t_0) = p^0 \neq x^0$ sei bekannt. Dann kann die allgemeine Lösung berechnet werden. Sei $y := x - p$, $(y(t_0) = x^0 - p^0)$. Dann ergibt sich

$$y' = x' - p'$$

---

[1]Johann (I) Bernoulli, 6.8.1667 – 1.1.1748
[2]Jacopo Francesco Riccati, 2.5.1676 – 15.4.1754

$$= kx^2 + gx + h - kp^2 - gp - h$$
$$= ky^2 - 2kp^2 + 2kxp + gx - gp$$
$$= ky^2 + (2kp + g)y.$$

Im Unterschied zu vorher tritt h nicht auf, und es liegt eine Bernoullische Differentialgleichung zu $\alpha = 2$ vor.

Beispiel:

$$x' = x^2 + 2tx + 2, \quad x(1) = x^0.$$

Spezielle Lösung:

$$p(t) = -\frac{1}{t}, \quad p(1) = -1$$

$$\Rightarrow y' = y^2 + 2\left(t - \frac{1}{t}\right)y.$$

Nach (iv): $z := y^{-1} \Rightarrow z' = (-1)(2(t - \frac{1}{t})z + 1)$: ist eine lineare Gleichung.

2. Zurückführung auf eine lineare Differentialgleichung zweiter Ordnung.

$$\text{Sei } u(t) := e^{-\int_{t_0}^{t} k(s)x(s)ds} \Rightarrow u' = -kxu.$$

Dann erfüllt u

$$
\begin{aligned}
u'' &= k^2 x^2 u - k'xu - kx'u \\
&= k^2 x^2 u - k'xu - k^2 x^2 u - kgxu - khu \\
&= -k'xu - kgxu - khu \\
&= \underbrace{\frac{k'}{k}u' + \frac{kg}{k}u' - khu}_{ux = -\frac{u'}{k}}
\end{aligned}
$$

$$\Rightarrow \begin{cases} u'' - u'(\frac{k'}{k} + g) + khu = 0 \\ u(t_0) = 1, \ u'(t_0) = -k(t_0) \cdot x^0. \end{cases}$$

Dies ist wieder eine lineare Differentialgleichung.

Beispiel:

$$x' = x^2 + t^2, \ x(0) = 0$$

$$k = 1, \ g = 0, \ h(t) = t^2.$$

Dann löst u:

$$\begin{cases} u'' + t^2 u = 0 \\ u(0) = 1, \ u'(0) = 0. \end{cases}$$

Bemerkung 17.1. *Die Funktion u im letzten Beispiel ist eine sogenannte „Bessel[3]-Funktion" („Zylinderfunktion"). Die Besselfunktion lässt sich nicht elementar darstellen.*

---

[3]Friedrich Wilhelm Bessel, 22.7.1784 – 8.4.1846

Allgemeiner Ansatz *(Potenzreihenentwicklung)*:

$$u(t) = \sum_{n=0}^{\infty} a_n t^n.$$

Dann sollen die Koeffizienten a_n bestimmt werden. In obigem Beispiel: $u'' + t^2 u = 0$, $u(0) = 1$, $u'(0) = 0$ folgt zunächst $a_0 = 1$, $a_1 = 0$. Einsetzen des Ansatzes in die Differentialgleichung liefert

$$\sum_{n=2}^{\infty} n(n-1)a_n t^{n-2} + \sum_{n=0}^{\infty} a_n t^{n+2} = 0$$

$$\Leftrightarrow \sum_{n=0}^{\infty} \left((n+1)(n+2)a_{n+2} + a_{n-2} \right) t^n = 0,$$

mit $a_{-2} := a_{-1} := 0$. Mit dem Eindeutigkeitssatz für Potenzreihen folgt

$$\forall n : \quad a_{n+2} = -\frac{a_{n-2}}{(n+1)(n+2)},$$

d. h. $a_2 = 0$, $a_3 = 0$, $a_4 = -\frac{1}{4 \cdot 3}$, $a_5 = 0, \ldots$

(vi) Exakte Differentialgleichungen

$$g(t,x) + h(t,x)x' = 0. \tag{17.1}$$

(17.1) heißt *exakt*, falls $F = F(t,x)$ existiert mit $F_t = g$, $F_x = h$, d. h.: $\nabla F = \begin{pmatrix} g \\ h \end{pmatrix}$. Mit $F(t, x(t)) = c$, c Konstante, ist dann $F_t \cdot 1 + F_x \cdot x' = 0 \Leftrightarrow g + hx' = 0$.
Sind g, h gegeben, so gilt: (17.1) ist exakt, falls (in sternförmigen Gebieten)

$$g_x = h_t$$

(siehe Satz 13.53).
Beispiel:

$$\underbrace{3t^2 + 4tx}_{g} + \underbrace{(2t^2 + 3x^2)}_{h} x' = 0, \quad g_x = 4t = h_t.$$

Berechnung von F mittels eines Wegintegrals:
$F(t,x) = \int_{\Gamma} \omega$, $\omega((t,x), \cdot) = g \cdot dt + h \cdot dx$, Γ stückweise glatt von einem beliebigen (t_0, x_0) nach (t,x), z. B. $(t_0, x_0) = (0,0)$.

$$\Gamma_1 : \gamma_1(s) = (s, 0), \ 0 \le s \le t, \quad \Gamma_2 : \gamma_2(s) = (t, s), \ 0 \le s \le x,$$

$$F(t,x) = \int_{\Gamma_1} \omega + \int_{\Gamma_2} \omega.$$

Damit ist

$$F(t,x) = \int_0^t (3s^2 + 4s \cdot 0) \cdot 1 ds + \int_0^x (2t^2 + 3s^2) \cdot 1 ds = t^3 + 2t^2 x + x^3.$$

Eine Lösung der Differentialgleichung erhält man durch Lösen von $F(t, x(t)) = c$.

(vii) Wachstumsmodelle
Es beschreibe $t \mapsto x(t)$ die Population einer Spezies, und

$$x' = f(\cdot, x) \cdot x, \ x(0) = x^0$$

beschreibe deren Wachstum.

Beispiele: Bevölkerung, radioaktiver Zerfall. f ist z. B. Differenz zwischen Geburten- und Sterberate. Einfachster Fall:

$$\exists a \in \mathbb{R} \ \forall (t, x): \ f(t, x) = a$$

$$\Rightarrow x' = ax, \ x(t) = x_0 \cdot e^{at}$$

(„exponentielles Wachstum"). Dies ist oft nicht realistisch. Verbesserung:

$$\exists \xi > 0 \ \forall x \geq \xi \ \forall t: \ f(t, x) \leq 0, \ \text{z. B.} \ f(t, x) = b(\xi - x), \ b > 0$$

$$\Rightarrow x' = b\xi x - bx^2 = ax - bx^2, \ a := \xi b.$$

„Gleichung des beschränkten Wachstums" , deren Lösung als „logistische Kurve" bezeichnet wird (aufgestellt von Verhulst[4]). Dies ist eine spezielle Riccatische bzw. Bernoullische Differentialgleichung.

(viii) Räuber-Beute-Modell: System
Räuber: x_2, Beute: x_1, $x = (x_1, x_2)$
Annahme: Räuberspezies ernährt sich ausschließlich von der Beutespezies, Beutespezies hat unbegrenzt Nahrung.
Modell:

$$x_1' = r_1(\cdot, x) \cdot x_1, \quad x_2' = r_2(\cdot, x) \cdot x_2.$$

(a) *Unbegrenztes Wachstum*

$$r_1(t, x) = a - bx_2, \quad a, b > 0, \quad r_2(t, x) = -d + cx_1.$$

Ein solches System heißt „Lotka[5]-Volterra[6]-System". Die Lösung ist numerisch berechenbar, aber es lässt sich keine einfache Lösung angeben.

(b) *Soziale Reibungsterme*

$$r_1 = a - bx_2 - mx_1, \quad r_2 = -d + cx_1 - nx_2 \quad m, n > 0.$$

---

[4]Pierre-François Verhulst, 28.10.1804-15.2.1849
[5]Alfred James Lotka, 2.3.1880 – 5.12.1949
[6]Vito Volterra, 3.5.1860 – 11.10.1940

17.2 Lineare Systeme

Ein lineares System hat die Form

$$x'(t) = A(t)x(t) + f(t), \quad x(0) = x^0$$

mit:

$$x : J \to \mathbb{R}^n, \ J = [0, h],$$
$$A \in C^0(J, L(\mathbb{R}^n, \mathbb{R}^n)),$$
$$f \in C^0(J, \mathbb{R}^n), \ x^0 \in \mathbb{R}^n.$$

Eine eindeutige Lösung existiert global (Satz von Picard-Lindelöf, Satz 16.1), dabei ist $h > 0$ beliebig.

Beweis: Nachweis der Lipschitz-Bedingung für $g(t, x) := A(t)x + f(t)$:

$$\begin{aligned}
|g(t, x_1) - g(t, x_2)| &= |A(t)x_1 + f(t) - A(t)x_2 - f(t)| \\
&= |A(t)x_1 - A(t)x_2| \\
&= |A(t)(x_1 - x_2)| \\
&= \|A(t)\| \, |x_1 - x_2| \\
&\leq L|x_1 - x_2|,
\end{aligned}$$

mit $L := \sup\{\|A(t)\| \mid t \in J\}$. $\qquad\qquad\qquad\qquad\qquad\qquad\qquad\qquad\square$

Zunächst betrachten wir homogene Systeme, d. h. $f = 0$.

Satz 17.2. *Zu $x' = A(\cdot)x$ existieren genau n linear unabhängige Lösungen aus $C^1(J, \mathbb{R}^n)$. Eine Basis des Lösungsraums ist gegeben durch $\{\phi_1, \dots, \phi_n\}$ mit der Eigenschaft, dass die ϕ_i*

$$\left. \begin{cases} x' = A(\cdot)x \\ x(0) = e_i \end{cases} \right\} \ (e_i : i\text{-ter Eigenvektor})$$

lösen.

Beweis:

1. Zu zeigen: $\{\phi_1, \dots, \phi_n\}$ sind linear unabhängig. Es gelte $\sum_{i=1}^n \alpha_i \phi_i = 0$, mit $\alpha_i \in \mathbb{R}$. Dann folgt

$$\sum_{i=1}^n \alpha_i \phi_i(0) = 0 \quad \Rightarrow \sum_{i=1}^n \alpha_i e_i = 0 \quad \Rightarrow \alpha_1 = \dots = \alpha_n = 0.$$

2. Sei $x^0 \in \mathbb{R}^n$ beliebig, $x^0 = \sum_{i=1}^n \xi^i e_i$. Mit

$$x(t) := \sum_{i=1}^n \xi^i \phi_i(t)$$

folgt

$$x' = \sum_{i=1}^n \xi^i \phi_i' = \sum_{i=1}^n \xi^i A\phi_i = A \sum_{i=1}^n \xi^i \phi_i = Ax.$$

$$\square$$

Definition 17.3.
Eine Basis $\Phi = \{\phi_1, \ldots, \phi_n\}$ *von Lösungen zu* $x' = A(\cdot)x$ *heißt „Fundamentalsystem". Ist* $\{\phi_1, \ldots, \phi_n\}$ *Basis, so heißt* $\Phi := (\phi_1 \ldots \phi_n)$ *„Fundamentalmatrix".*

Sind $\psi_1, \ldots, \psi_n$ *Lösungen zu* $x' = A(\cdot)x$, *so heißt* $\psi := (\psi_1 \ldots \psi_n)$ *„Lösungsmatrix".*
Ist ψ *Lösungsmatrix, so heißt* $\Delta(t) := \det \psi(t)$ Wronski[7]*-Determinante (in* t).

Satz 17.4. *Sei* ψ *eine Lösungsmatrix. Dann sind folgende Aussagen äquivalent:*

(i) $\forall t \in J : \det \psi(t) \neq 0$,

(ii) $\exists t_0 \in J : \det \psi(t_0) \neq 0$,

(iii) ψ *ist Fundamentalmatrix.*

Beweis: (i) $\Rightarrow$ (ii): *klar.*
(ii) $\Rightarrow$ (iii): *Annahme:* $\sum_{i=1}^n \alpha_i \cdot \psi_i = 0$ *mit* $\exists k : \alpha_k \neq 0$
$\Rightarrow \sum_{i=1}^n \alpha_i \cdot \psi(t_0) = 0 \Rightarrow \det \psi(t_0) = 0$. *Widerspruch.*
(iii) $\Rightarrow$ (i): *Annahme:* $\exists t_1 : \det \psi(t_1) = 0 \Rightarrow \exists c \in \mathbb{R}^n \setminus \{0\} : \psi(t_1) \cdot c = 0$.
Sei $v(t) := \sum_{i=1}^n c_i \cdot \psi_i(t) \Rightarrow v(t_1) = \sum_{i=1}^n c_i \cdot \psi_i(t_1) = 0 \Rightarrow v(t) = 0 \; \forall t \in J$
(Eindeutige Lösbarkeit des Anfangswertproblems) $\Rightarrow \forall t : \sum_{i=1}^n c_i \cdot \psi_i(t) = 0$
für ein $c_i \neq 0 \Rightarrow \psi_i$ linear abhängig. *Widerspruch.* $\quad\square$

Lemma 17.5. *Für die Wronski-Determinante gilt*

$$\Delta(t) = \Delta(t_0) \exp \left(\int_{t_0}^t \operatorname{tr} A(s) ds \right),$$

wobei $\operatorname{tr} A(s)$ *die Spur der Matrix* $A(s)$ *bezeichne.*

Beweis: 1. Seien $\phi_1, \ldots, \phi_n$ Lösungen von $x' = A(\cdot)x$,

$$\phi_k = \begin{pmatrix} \phi_{k1} \\ \vdots \\ \phi_{kn} \end{pmatrix}$$

d. h. $\phi_k' = A(\cdot)\phi_k$, bzw. $\phi_{kj}' = \sum_{i=1}^n a_{ji}\phi_{ki}$.

2. Sei $\tilde{\phi}_j := \begin{pmatrix} \phi_{1j} \\ \vdots \\ \phi_{nj} \end{pmatrix}$,

d. h. $(\phi_1 \ldots \phi_n)^\top = (\tilde{\phi}_1 \ldots \tilde{\phi}_n) \Rightarrow \Delta(t) = \det \Phi(t) = \det(\Phi(t)^\top) = \det(\tilde{\phi}_1 \ldots \tilde{\phi}_n)$

---

[7]Josef-Maria [Hoene-]Wronski, 24.8.1778 – 9.8.1853

3. $\tilde{\phi}'_j = \begin{pmatrix} \phi'_{1j} \\ \vdots \\ \phi'_{nj} \end{pmatrix} = \sum_{i=1}^n a_{ji} \begin{pmatrix} \phi_{1i} \\ \vdots \\ \phi_{ni} \end{pmatrix} = \sum_{i=1}^n a_{ji} \tilde{\phi}_i$

$$\Rightarrow \Delta'(t) = \sum_{j=1}^n \det(\tilde{\phi}_1, \ldots, \tilde{\phi}'_j, \ldots, \tilde{\phi}_n)$$

$$= \sum_{j=1}^n \det(\tilde{\phi}_1, \ldots, \sum_{i=1}^n a_{ji} \tilde{\phi}_i, \ldots, \tilde{\phi}_n)$$

$$= \sum_{j=1}^n \sum_{i=1}^n a_{ji} \det(\tilde{\phi}_1, \ldots, \tilde{\phi}_i, \ldots, \tilde{\phi}_n)$$

$$= \sum_{j=1}^n a_{jj} \underbrace{\det(\tilde{\phi}_1, \ldots, \tilde{\phi}_n)}_{\Delta(t)}$$

$$\underbrace{\phantom{= \sum_{j=1}^n a_{jj}}}_{\operatorname{tr} A(t)}$$

$$= \Delta(t) \cdot \operatorname{tr} A(t)$$

$$\Rightarrow \Delta'(t) = \operatorname{tr} A(t) \cdot \Delta(t)$$
$$\Rightarrow \Delta(t) = \Delta(t_0) e^{\int_{t_0}^t \operatorname{tr} A(s)ds}. \qquad \qquad \square$$

Man kennt die allgemeine Lösung der inhomogenen Gleichung, falls man eine spezielle Lösung und die Fundamentalmatrix kennt:

Lemma 17.6. *Falls x_p eine spezielle (partikuläre) Lösung der inhomogenen Gleichung*

$$x'(t) = A(t)x(t) + f(t)$$

und Φ eine Fundamentalmatrix ist, so ist die allgemeine Lösung (für ein $c \in \mathbb{R}^n$) gegeben durch:

$$x(t) = x_p(t) + \Phi(t)c$$
$$= x_p(t) + c_1\phi_1(t) + \ldots + c_n\phi_n(t).$$

Beweis: 1. x ist Lösung:

$$x' = x'_p + (\Phi c)' = Ax_p + f + A(\Phi c) = Ax + f$$

(zu $x(0) = x_p(0) + \Phi(0)c$).

2. Man bestimme c so, dass $x(0) \overset{!}{=} x_0$: Löse: $x_0 \overset{!}{=} x_p(0) + \Phi(0)c \Leftrightarrow c := \Phi^{-1}(0)(x_0 - x_p(0))$.

Wir gewinnen eine partikuläre Lösung durch „Variation der Konstanten" mit dem Ansatz

$$x_p(t) = \Phi(t) \cdot c(t),$$

$$Ax_p + f \stackrel{!}{=} x_p' = \Phi' \cdot c + \Phi \cdot c'$$
$$= A\Phi \cdot c + \Phi \cdot c'$$
$$= Ax_p + \Phi \cdot c'.$$

Damit ergibt sich als Bestimmungsgleichung für c:

$$\Phi c' \stackrel{!}{=} f \Leftrightarrow c'(t) = \Phi(t)^{-1} f(t),$$

das heißt,

$$c(t) = c_0 + \int_0^t \Phi(s)^{-1} f(s) ds,$$

zum Beispiel

$$c(t) := \int_0^t \Phi(s)^{-1} f(s) ds,$$

also

$$x_p(t) = \Phi(t) \int_0^t \Phi(s)^{-1} f(s) ds.$$

$\square$

Beispiel 17.7.

$$x'(t) = \begin{pmatrix} 0 & -1 \\ 1 & 0 \end{pmatrix} x(t) + \begin{pmatrix} t \\ 0 \end{pmatrix}, \quad x(0) = x^0 = \begin{pmatrix} x_1^0 \\ x_2^0 \end{pmatrix}.$$

Homogenes System:

$$x' = \begin{pmatrix} 0 & -1 \\ 1 & 0 \end{pmatrix} x$$

$$\Leftrightarrow x_1' = -x_2, \quad x_2' = x_1, \quad (\text{d. h.:} \ x_2'' = -x_2, \ x_1'' = -x_1).$$

Fundamentalsystem:

$$\phi_1(t) = \begin{pmatrix} \sin t \\ -\cos t \end{pmatrix}, \quad \phi_2(t) = \begin{pmatrix} \cos t \\ \sin t \end{pmatrix}.$$

Fundamentalmatrix:

$$\Phi(t) = \begin{pmatrix} \sin t & \cos t \\ -\cos t & \sin t \end{pmatrix}, \quad \Phi(t)^{-1} = \begin{pmatrix} \sin t & -\cos t \\ \cos t & \sin t \end{pmatrix}.$$

$$\Rightarrow x_p(t) = \Phi(t) \int_0^t (\Phi(s))^{-1} f(s) ds$$

$$= \Phi(t) \int_0^t \begin{pmatrix} s \cdot \sin s \\ s \cdot \cos s \end{pmatrix} ds$$

$$= \Phi(t) \left[\begin{pmatrix} -s \cdot \cos s + \sin s \\ s \cdot \sin s + \cos s \end{pmatrix} \right]_{s=0}^{s=t}$$

$$= \Phi(t) \begin{pmatrix} -t \cdot \cos t + \sin t \\ t \cdot \sin t + \cos t - 1 \end{pmatrix}$$

$$= \begin{pmatrix} -t \cdot \cos t \sin t + \sin^2 t + t \cos t \sin t + \cos^2 t - \cos t \\ t \cdot \cos^2 t - \sin t \cos t + t \cdot \sin^2 t + \sin t \cos t - \sin t \end{pmatrix}$$

$$= \begin{pmatrix} 1 - \cos t \\ t - \sin t \end{pmatrix} : \quad \text{partikuläre Lösung.}$$

Wir kontrollieren, ob dies eine Lösung ist:

$$x_p'(t) = \begin{pmatrix} \sin t \\ 1 - \cos t \end{pmatrix} = \begin{pmatrix} 0 & -1 \\ 1 & 0 \end{pmatrix} x_p + \begin{pmatrix} t \\ 0 \end{pmatrix}$$

$$\Rightarrow x(t) = x_p(t) + \Phi(t)\Phi(0)^{-1}x^0$$

$$= \begin{pmatrix} 1 - \cos t \\ t - \sin t \end{pmatrix} + \Phi(t) \begin{pmatrix} 0 & -1 \\ 1 & 0 \end{pmatrix} x^0$$

$$= \begin{pmatrix} 1 - \cos t \\ t - \sin t \end{pmatrix} + \Phi(t) \begin{pmatrix} -x_2^0 \\ x_1^0 \end{pmatrix}$$

$$= \begin{pmatrix} 1 - \cos t - x_2^0 \sin t + x_1^0 \cos t \\ t - \sin t + x_2^0 \cos t + x_1^0 \sin t \end{pmatrix}.$$

Dies ist die allgemeine Lösung zu einem beliebigen Anfangswert $x(0) = x^0$.

Wir betrachten nun „Systeme mit konstanten Koeffizienten", d. h., $A(t) = A$ ist von t unabhängig. Zunächst sei A diagonalisierbar, d. h. es gibt eine Basis (des $\mathbb{R}^n$) von Eigenvektoren $u_1, \ldots, u_n$ mit Eigenwerten $\lambda_1, \ldots, \lambda_n$. ($Au_j = \lambda_j \cdot u_j$). Gesucht ist eine Lösung von $x' = Ax$.

Satz 17.8. *Ist A diagonalisierbar, so bilden die Funktionen:*

$$e^{\lambda_j t}u_j =: \phi_j(t), \ j = 1, \ldots, n,$$

ein Fundamentalsystem.

Beweis:

$$\phi_j' = \lambda_j e^{\lambda_j t}u_j, \ A\phi_j = e^{\lambda_j t}Au_j = \lambda_j e^{\lambda_j t}u_j$$

$$\det(\phi_1(0), \ldots, \phi_n(0)) = \det(u_1, \ldots, u_n) \neq 0.$$

$\square$

Beispiel 17.9.

$$u' = \begin{pmatrix} 2 & -1 \\ -1 & 2 \end{pmatrix} u.$$

Eigenwerte: Charakteristisches Polynom: $(2 - \lambda)^2 - 1 \overset{!}{=} 0 \ \Rightarrow \lambda_1 = 1, \ \lambda_2 = 3$.
Eigenvektoren:

$$u_1 = \begin{pmatrix} 1 \\ 1 \end{pmatrix}, \quad u_2 = \begin{pmatrix} 1 \\ -1 \end{pmatrix}.$$

Allgemeine Lösung des homogenen Problems:

$$u(t) = c_1 e^t \begin{pmatrix} 1 \\ 1 \end{pmatrix} + c_2 e^{3t} \begin{pmatrix} 1 \\ -1 \end{pmatrix}, \quad c_1, c_2 \in \mathbb{R}.$$

Bemerkung 17.10. *A als reelle $n \times n$–Matrix kann komplexe Eigenwerte und Eigenvektoren haben (als Matrix in $\mathbb{C}^{n \times n}$). Zu $\lambda = \alpha + i\beta$, $(\alpha, \beta \in \mathbb{R})$ ist dann auch $\overline{\lambda} = \alpha - i\beta$ Eigenwert. Dem Eigenvektor u zu λ entspricht $\overline{u}$ als Eigenvektor zu $\overline{\lambda}$. Dann erhält man aus den komplexen Lösungen $e^{\lambda t} u$, $e^{\overline{\lambda} t} \overline{u}$ die reellen Lösungen:*

$$\phi_1 := \mathrm{Re}(e^{\lambda t} u), \quad \phi_2 := \mathrm{Im}(e^{\lambda t} u).$$

Falls $u = a + ib$, so ergibt sich

$$\phi_1 = e^{\alpha t}(a \cos \beta t - b \sin \beta t), \quad \phi_2 = e^{\alpha t}(a \sin \beta t + b \cos \beta t).$$

Zum allgemeinen Fall: Erinnerung:

$$A \text{ diagonalisierbar: } A \sim \begin{pmatrix} \lambda_1 & & 0 \\ & \ddots & \\ 0 & & \lambda_n \end{pmatrix} =: \Lambda,$$

$$\exists F \in \mathbb{R}^{n \times n} : F^{-1} A F = \Lambda.$$

Allgemein: „Jordansche[8] Normalform":

$$A \sim \begin{pmatrix} J_1 & & 0 \\ & \ddots & \\ 0 & & J_s \end{pmatrix}.$$

λ_k sei Eigenwert von A. Dazu gehört ein *Jordankästchen,*

$$J_k = \begin{pmatrix} \lambda_k & 1 & & 0 \\ & \ddots & \ddots & \\ & & \ddots & 1 \\ 0 & & & \lambda_k \end{pmatrix},$$

zu dem eine Kette von *Hauptvektoren* gehört:

$$h_1^k, \ldots, h_{r_k}^k \text{ mit } (A - \lambda_k) h_1^k = 0 \ (h_1^k : \text{ Eigenvektor}),$$

h_j^k: Hauptvektoren j–ter Stufe.

$$(A - \lambda_k) h_2^k = h_1^k, \ \ldots, \ (A - \lambda_k) h_{r_k}^k = h_{r_k - 1}^k.$$

Es gilt: $\exists T : \mathbb{C}^n \to \mathbb{C}^n$, so dass sich $J := T^{-1} A T$ aus Jordankästchen zusammensetzt. T setzt sich aus den Ketten von Hauptvektoren zusammen.

---

[8]Marie Ennemond Camille Jordan, 5.1.1838 – 22.1.1922

Satz 17.11. *Seien $\lambda_1, \ldots, \lambda_k$ die verschiedenen Eigenwerte von A. Ist λ einer davon und ist $h_1, \ldots, h_r$ eine zugehörige Kette von Hauptvektoren, so ergeben sich die zugehörigen r linear unabhängigen Lösungen von $x' = Ax$ als*

$$e^{\lambda t}h_1,$$

$$e^{\lambda t}(h_2 + th_1),$$

$$e^{\lambda t}\left(h_3 + th_2 + \frac{t^2}{2!}h_1\right),$$

$$\vdots$$

$$e^{\lambda t}\left(h_r + th_{r-1} + \ldots + \frac{t^{r-1}}{(r-1)!}h_1\right).$$

Insgesamt ergibt sich ein Fundamentalsystem.

Beweis: 1. Lösungseigenschaft: nachrechnen, z. B.

$$\frac{d}{dt}\left(\underbrace{e^{\lambda t}\left(h_2 + th_1\right)}_{:=u_2}\right) = \lambda u_2 + e^{\lambda t}h_1 = \lambda u_2 + u_1,$$

$$Au_2 = e^{\lambda t}(Ah_2 + tAh_1) = e^{\lambda t}\left(\lambda h_2 + h_1 + t\lambda h_1\right) = \lambda u_2 + u_1 \text{ usw.}$$

2. Die Lösungsmatrix an der Stelle 0 ist gleich der Matrix der Hauptvektoren, die nach Konstruktion nicht singulär ist.   □

Beispiel 17.12.

$$A = \begin{pmatrix} 2 & 0 & 1 \\ -1 & 1 & -1 \\ -1 & 0 & 0 \end{pmatrix}.$$

Das charakteristische Polynom lautet

$$\det(A - \lambda I_3) = \begin{vmatrix} 2-\lambda & 0 & 1 \\ -1 & 1-\lambda & -1 \\ -1 & 0 & -\lambda \end{vmatrix}$$

$$= (2-\lambda)(1-\lambda)(-\lambda) - (1)(1-\lambda)(-1)$$

$$= -(\lambda - 1)^3.$$

Eigenwerte: $\lambda = 1$ zweifach: $\lambda_1 = 1$, $\lambda_2 = 1$. Damit ergibt sich die Matrix der Jordankästchen zu

$$J = \left(\begin{array}{cc|c} 1 & 1 & 0 \\ 0 & 1 & 0 \\ \hline 0 & 0 & 1 \end{array}\right).$$

Eigenvektoren: $\begin{pmatrix} 1 \\ 0 \\ -1 \end{pmatrix}$, $\begin{pmatrix} 0 \\ 1 \\ 0 \end{pmatrix} = h_1^2$ *oder* $\begin{pmatrix} 1 \\ -1 \\ -1 \end{pmatrix} = h_1^1,$

$$\nexists h : (A - 1)h \overset{!}{=} \begin{pmatrix} 1 \\ 0 \\ -1 \end{pmatrix}$$

Aber es gilt

$$\exists h = h_2^1 : (A - 1)h_2^1 = \begin{pmatrix} 1 \\ -1 \\ -1 \end{pmatrix},$$

$$T = \begin{pmatrix} 1 & 1 & 0 \\ -1 & 0 & 1 \\ -1 & 0 & 0 \end{pmatrix}, \qquad h = \begin{pmatrix} 1 \\ 0 \\ 0 \end{pmatrix} = h_2^1.$$

Die allgemeine Lösung des homogenen Problems $u' = Au$ *ergibt sich dann zu*

$$u(t) = \alpha_1 e^t h_1^1 + \alpha_2 e^t (t h_1^1 + h_2^1) + \alpha_3 e^t h_1^2, \quad \alpha_k \in \mathbb{R}.$$

Kapitel 18

Qualitative Aspekte

Worum geht's? *Bei Lösungen, deren Funktionswerte meist nur numerisch approximativ berechnet werden können, ist es oft wichtig(er), das* qualitative *Verhalten, etwa das Langzeitverhalten („$t \to \infty$"), zu analysieren. Wir stellen hierfür grundlegende Begriffe sowie einige Charakterisierungen und Beispiele vor.*

Definition 18.1. • $x : \mathbb{R} \longrightarrow \mathbb{R}^n =: X$, X *bezeichnen wir als „Zustandsraum" oder „Phasenraum".*
Sei nun $x(0) = x^0 \in \mathbb{R}^n$; $x'(t) = f(t, x(t))$ *eindeutig lösbar.*

- *Als „Fluss" bezeichnen wir* $\Phi : \mathbb{R} \times X \longrightarrow X$, *wobei*
  $(t, x^0) \mapsto \Phi(t, x^0) := x(t)$ *und* x *Lösung von* $x' = f(\cdot, x), x(0) = x^0$ *ist.*

- $\mathbb{R} \times X$ *bezeichnen wir als „erweiterten Phasenraum".*

- *Für* $f = f(x(t))$ *autonom ist* $\Phi_t(x^0) := \Phi(t, x^0)$, $\Phi_t : X \longrightarrow X$
  $\Rightarrow \Phi_{t+s} = \Phi_t \circ \Phi_s$ *(aus der Eindeutigkeit folgt die Kommutativität)*
  $\Phi_{t+s}(x^0) = \Phi_t(\Phi_s(x^0)) = \Phi(t, \Phi(s, x^0))$

- $x : \mathbb{R} \longrightarrow X$ *heißt „Bewegung".*

- $t \mapsto (t, x(t))$ *heißt „Integralkurve durch x^0".*

- $\gamma(x^0) := \{ \Phi_t(x_0) \mid t \in \mathbb{R} \}$ *heißt „Phasenkurve", „Trajektorie" oder „Orbit".*

- x^0 *heißt „Fixpunkt", falls gilt:*
  $\forall t : \Phi_t(x^0) = x^0 \Leftrightarrow \forall t : f(t, x_0) = 0 \Leftrightarrow x^0$ *ist „singulärer Punkt" von f.*

Beispiel 18.2. *Die logistische Gleichung*

$$x' = x(x-1) = f(x)$$

besitzt die singulären Punkte $x^0 \in \{0, 1\}$.

Definition 18.3. *Ein Orbit heißt „periodisch“, falls gilt:*

$$\exists\, p > 0 \,\, \forall t: \,\, x(t+p) = x(t)$$

Das Minimale solcher p heißt „Periode“.

Beispiel 18.4. *Betrachten wir ein lineares Pendel:*

$$\varphi'' + \varphi = 0.$$

$$x := \begin{pmatrix} \varphi \\ \varphi' \end{pmatrix} \Rightarrow x' = \begin{pmatrix} 0 & 1 \\ -1 & 0 \end{pmatrix} x = \begin{pmatrix} x_2 \\ -x_1 \end{pmatrix} =: v(x),$$

$$x(t) = \begin{pmatrix} \cos t & \sin t \\ -\sin t & \cos t \end{pmatrix} x^0.$$

Dieses System ist periodisch ($p = 2\pi$), wobei $x^0 \neq 0$. Es besitzt außerdem den Fixpunkt $x^0 = 0$.

Bemerkung 18.5. *Für eine autonome Differentialgleichung, also $x' = v(x)$, mit einem Vektorfeld $v : \mathbb{R}^n \to \mathbb{R}^n$, ist x^0 Fixpunkt, falls $v(x^0) = 0$.*

Beispiel 18.6. *Lineare Systeme im $\mathbb{R}^2$:*

$$x' = Ax, \,\, x(0) = x^0.$$

A sei eine konstante reelle 2×2-Matrix mit $\det A \neq 0$. Der Fixpunkt des Systems liegt offensichtlich bei $x^0 = 0$. Zur qualitativen Diskussion von A betrachten wir folgende verschiedene Typen:

$$A_1 = \begin{pmatrix} \lambda_1 & 0 \\ 0 & \lambda_2 \end{pmatrix}, \quad \lambda_1, \lambda_2 \in \mathbb{R},$$

$$A_2 = \begin{pmatrix} \lambda & 1 \\ 0 & \lambda \end{pmatrix}, \quad \lambda \in \mathbb{R},$$

$$A_3 = \begin{pmatrix} \lambda & 0 \\ 0 & \bar{\lambda} \end{pmatrix}, \quad \lambda \in \mathbb{C} \setminus \mathbb{R}.$$

Zu A_1:

(i) $\lambda_1 \cdot \lambda_2 > 0$, $\lambda_1, \lambda_2 > 0$.

$$x(t) = \begin{pmatrix} e^{\lambda_1 t} \\ e^{\lambda_2 t} \end{pmatrix} x^0,$$

x^0 wird als Quelle *bezeichnet.*

(ii) $\lambda_1 \cdot \lambda_2 > 0$, $\lambda_1, \lambda_2 < 0$.

x^0 heißt hier Knoten, Brennpunkt, Fokus *oder* Senke.

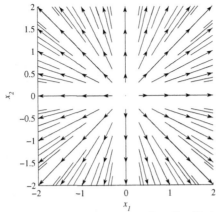

Abbildung 18.1: Lineare Systeme: Quelle (Beispiel 18.6 (i))

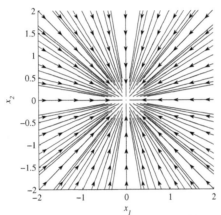

Abbildung 18.2: Lineare Systeme: Senke (Beispiel 18.6 (ii))

(iii) $\lambda_1 \cdot \lambda_2 < 0$, *z. B.* $\lambda_1 < 0$, $\lambda_2 > 0$.

x^0 *wird als* Sattelpunkt *bezeichnet.*

Zu A_2:

$$x(t) = \begin{pmatrix} e^{\lambda t}(x_0^1 + t x_0^2) \\ e^{\lambda t} x_0^2 \end{pmatrix}$$

Zu A_3:

$$\lambda = \mu + i\omega, \ \omega \neq 0, \quad u = a + ib : \ Au = \lambda u, \ A\overline{u} = \overline{\lambda}\,\overline{u}\,x(t) = e^{\lambda t} u,$$

$$x^1(t) = e^{\mu t}(a \cos \omega t - b \sin \omega t) \quad x^2(t) = e^{\mu t}(a \cos \omega t + b \sin \omega t).$$

1. *Fall* $\mu = 0$: *periodisch mit Periode* $\frac{2\pi}{\omega}$.
2. *Fall* $\mu \neq 0$: *Spirale nach außen* ($\mu > 0$), *Spirale nach innen* ($\mu < 0$).

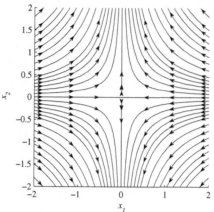

Abbildung 18.3: Lineare Systeme: Sattelpunkt (Beispiel 18.6 (iii))

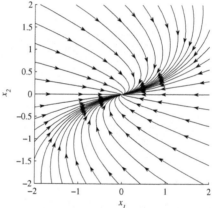

Abbildung 18.4: Lineare Systeme: Spirale nach innen (Beispiel 18.6)

Betrachten wir nun ein allgemeines System: $x' = f(\cdot, x)$, $x(0) = x^0$. Eine lokale Lösung kann zu einer Lösung auf einem maximalen Existenzintervall („maximale Lösung") erweitert werden.

Eine lokale Lösung existiere maximal auf (a, b), dabei sind $a = -\infty$ und $b = \infty$ zugelassen. Zur Erinnerung:

$$x' = x^2 \quad (x(t) \in \mathbb{R}), \quad x(0) = x^0 \in \mathbb{R} \setminus \{0\},$$

$$\Rightarrow x(t) = \frac{1}{\frac{1}{x^0} - t}.$$

Maximale Existenz der Lösung in $(-\infty, \frac{1}{x_0})$ für $x_0 > 0$ bzw. in $(\frac{1}{x_0}, \infty)$ für $x_0 < 0$.

Definition 18.7. *Sei x maximal in* (a, b). $\xi \in X$ *heißt „Grenzpunkt" von x bezüglich* $t \to b$, *falls gilt:*

$$\exists (t_n)_n, \ t_n \uparrow b : \ \lim_{n \to \infty} x(t_n) = \xi.$$

Analog können wir einen Grenzpunkt in a finden. Die Menge aller Grenzpunkte (in b) heißt „ω–Limesmenge" bezüglich $t \uparrow b$ (=: M_b).
Analog definieren wir die „α–Limesmenge" für $t \downarrow a$ (=: M_a). *Dabei sind* $a = -\infty$, $b = \infty$ *möglich.*

18.1 Stabilität

Sei x Lösung von $x' = f(\cdot, x)$, $x(0) = x^0 \in \mathbb{R}^n$, x sei dabei auf ganz $\mathbb{R}$ definiert. Es stellen sich folgende Fragen:

(i) Gibt es Fixpunkte?

(ii) Falls x, y Lösungen zu „nahe beieinander liegenden" Anfangswerten x^0, y^0 sind, liegen dann auch die Lösungen für alle t „beieinander"?

(iii) Was sind M_a und M_b?

Zu (i): Fixpunkte existieren, wenn gilt: $f(t, x^0) = 0$. Zu (ii), (iii):

Definition 18.8. *Eine Lösung y (zu einem Anfangswert* y^0) *heißt „stabil", falls gilt:*

$$\forall \varepsilon > 0 \, \exists \, \delta > 0 \, \forall x \ \text{Lösungen mit } |x^0 - y^0| < \delta : \forall t \geq 0 : \ |x(t) - y(t)| < \varepsilon.$$

y heißt „instabil", falls y nicht stabil ist.

Definition 18.9. *Eine Lösung y heißt „asymptotisch stabil":* $\Leftrightarrow$
y ist stabil und $\exists \, \delta > 0 : \forall x$ *Lösung ,* $|x^0 - y^0| < \delta : \lim_{t \to \infty} |x(t) - y(t)| = 0$.

Beispiel 18.10. *Sei A eine konstante Matrix im* $\mathbb{R}^2$, $x' = Ax$, $y \equiv 0$, λ *seien die Eigenwerte von A. Dann gilt*

(i) $\exists \lambda : \operatorname{Re}(\lambda) > 0$: $y \equiv 0$ *instabil,*

ii) $\forall \lambda, \operatorname{Re}(\lambda) < 0$: $y \equiv 0$ *asymptotisch stabil,*

(iii) $\forall \lambda, \operatorname{Re}(\lambda) \leq 0, \exists \operatorname{Re}(\lambda) < 0$: $y \equiv 0$ *stabil.*

Wir betrachten allgemeiner eine „nichtlineare Störung" des linearen Systems:

$$x' = Ax + g(\cdot, x) = f(\cdot, x), \tag{18.1}$$

mit $g \in C^1(\mathbb{R} \times \mathbb{R}^n, \mathbb{R}^n)$, A konstante $n \times n$-Matrix, $\det A \neq 0$ und

$$\lim_{x \to 0} \frac{|g(t, x)|}{|x|} = 0,$$

gleichmäßig in t. Dann gilt

Satz 18.11. *Seien $\lambda_1, \ldots, \lambda_n$ seien Eigenwerte von A mit $\mathrm{Re}(\lambda_i) < 0 \Rightarrow y = 0$ ist asymptotisch stabil. Insbesondere existiert eine globale Lösung zu (18.1).*

Beweis: $y = 0$ ist Lösung, da $g(\cdot, 0) = 0$. Eine Lösung von $z' = Az$ ist gegeben durch

$$z(t) = e^{At}z(0) \text{ mit } e^{At} := \sum_{k=0}^{\infty} \frac{(At)^k}{k!}.$$

Es gilt:

$$\exists b > 0 \;\forall i \;\; \mathrm{Re}(\lambda_i) < -b < 0 \quad (i = 1, \ldots, n)$$

$$\Rightarrow \exists a > 1 \;\forall t \geq 0 : \|e^{At}\| \leq ae^{-bt},$$

denn: n linear unabhängige Lösungen von $z' = Az$ sind gegeben durch: $z_j(t) = e^{\lambda_j t}p^j(t)$, wobei

$$p^j = \begin{pmatrix} p_1^j \\ \vdots \\ p_n^j \end{pmatrix}, \; p_n^j : \text{Polynom (vom Grad} \leq n)$$

(siehe Satz 17.11). Sei λ Eigenwert, $\varepsilon := -b - \mathrm{Re}(\lambda) > 0$.

$$\exists c_j \;\forall t : \; |p^j(t)| \leq c_j e^{\varepsilon t}$$

$$\Rightarrow |z_j(t)| = |e^{\lambda_j t}p^j(t)| \leq c_j e^{(\varepsilon + \mathrm{Re}(\lambda_j))t} = c_j e^{-bt}.$$

$e^{At}z_0$ ist eine Lösung des homogenen Systems, $e^{At}z_0 = Z(t)d$, wobei: $Z(t) = \begin{pmatrix} z^1 \ldots z^n \end{pmatrix}$ und d geeignet gewählt wird. Es folgt

$$\|e^{At}\| \leq a \cdot e^{-bt}.$$

Sei nun x die (lokale) Lösung von $x' = Ax + g(\cdot, x)$, $x(0) = x^0$

$$\Rightarrow x(t) = e^{At}x^0 + \int_0^t e^{A(t-s)}g(s, x(s))ds \text{ (Variation der Konstanten)},$$

$$\Rightarrow x'(t) = Ae^{At}x^0 + g(t, x(t)) + A\int_0^t e^{A(t-s)}g(s, x(s))ds,$$

d. h. x ist Lösung (Kontrolle durch Einsetzen). Es folgt

$$|x(t)| \leq a|x^0|e^{-bt} + a\int_0^t e^{-b(t-s)}|g(s, x(s))|ds. \tag{18.2}$$

Wegen $\frac{g(\cdot, x)}{|x|} \xrightarrow{x \to 0} 0$ folgt

$$\forall \varepsilon \in (0, b) \; \exists \delta \in (0, \varepsilon) \; \forall x, |x| < \delta \; \forall t \geq 0 : |g(t, x)| < \frac{\varepsilon}{a}|x|.$$

Behauptung:

$$\forall t \geq 0 \; \forall x^0, \; |x^0| < \frac{\delta}{a} : \; |x(t)| < \delta \; (< \varepsilon). \tag{18.3}$$

Beweis: Sei x^0 mit $|x^0| < \frac{\delta}{a}$, $t_0 := \inf\{t \geq 0 \,|\, |x(t)| = \delta\}$.
Annahme: t_0 ist endlich, dann folgt mit (18.2) und dem Lemma von Gronwall

$$\forall t \in [0, t_0] : |x(t)| \leq \delta e^{-bt} + a \int_0^t e^- b(t-s) \frac{\varepsilon}{a} |x(s)| ds$$

$$= \delta e^{-bt} + \varepsilon \int_0^t e^{-b(t-s)} |x(s)| ds$$

Daraus folgt

$$|x(t)| \leq \delta e^{-bt} \cdot e^{\varepsilon \int_0^t e^{-b(t-s)} ds}$$

$$\leq \delta e^{-bt} e^{\varepsilon t}$$

$$= \delta e^{-(b-\varepsilon)t} \tag{18.4}$$

$$\Rightarrow \delta = x(t^0) \leq \delta e^{-(b-\varepsilon)t_0} < \delta,$$

Widerspruch. D. h., $t_0 = \infty$ und es folgt, dass x beschränkt bleibt, falls $|x^0| < \frac{\delta}{a} = \frac{\delta(\varepsilon)}{a}$. Dann bleibt aber auch $g(\cdot, x)$ beschränkt, mithin auch x'. Also ist $y = 0$ stabil. Mit (18.4), jetzt angewandt für alle $t \geq 0$, folgt schließlich $|x(t)| \to 0$ für $t \to \infty$. $\square$

Beispiel 18.12. *Räuber–Beute–Modell*

$$x_1' = r_1(\cdot, x) x_1, \quad x_2' = r_2(\cdot, x) x_2,$$

$$r_1(\cdot, x) = a - bx_2 - mx_1, \quad r_2(\cdot, x) = -d + cx_1 - nx_2,$$

$a, b, c, d, m, n > 0$, d. h.

$$x = \begin{pmatrix} x_1 \\ x_2 \end{pmatrix}, \quad x' = f(x), \quad f(x) = \begin{pmatrix} x_1(a - bx_2 - mx_1) \\ x_2(-d + cx_1 - nx_2) \end{pmatrix}.$$

Fixpunkte: $f(x) \overset{!}{=} 0$

$$\Leftrightarrow \; (i) \; x_1 = x_2 = 0, \; x^1 = \begin{pmatrix} 0 \\ 0 \end{pmatrix}$$

$$oder \; (ii) \; x_1 = 0, \; x_2 = -\frac{d}{n}, \; x^2 = \begin{pmatrix} 0 \\ -\frac{d}{n} \end{pmatrix}$$

$$oder \; (iii) \; x_1 = \frac{a}{m}, \; x_2 = 0, \; x^3 = \begin{pmatrix} \frac{a}{m} \\ 0 \end{pmatrix}$$

$$oder \; (iv) \; x^4 = \begin{pmatrix} x_1^4 \\ x_2^4 \end{pmatrix}.$$

Seien x_j^4 $(j = 1, 2)$ Lösungen von

$$a - bx_2 - mx_1 = 0, \quad -d + cx_1 - nx_2 = 0,$$

$$x_1^4 = \frac{bd + an}{bc + nm}, \quad x_2^4 = \frac{ac - md}{bc + mn}.$$

(i) x^1 (bzw. $y = x^1 = 0$) ist nicht stabil:

$$x' = f(x), \quad f(x) = Ax + o(|x|) \ mit \ A = \frac{\partial f}{\partial x}(0),$$

$$\frac{\partial f}{\partial x}(x) = \begin{pmatrix} a - bx_2 - 2mx_1 & -bx_1 \\ cx_2 & -d + cx_1 - 2nx_2 \end{pmatrix},$$

$$\frac{\partial f}{\partial x}(0) = \begin{pmatrix} a & 0 \\ 0 & -d \end{pmatrix} \ \lambda_1 = a > 0, \ \lambda_2 = -d < 0,$$

(ii) $y \equiv x^3$ ist asymptotisch stabil, falls $ac < md$:

$$z := x - x^3, \ z' = \tilde{f}(z), \quad f(x) = \underbrace{\frac{\partial f}{\partial x}(x^3)}_{A}(x - x^3) + o(|x - x^3|),$$

$$\frac{\partial f}{\partial x}(x^3) = \begin{pmatrix} -a & -\frac{ba}{m} \\ 0 & -d + \frac{ac}{m} \end{pmatrix}$$

$$\Rightarrow \lambda_1 = -a < 0, \ \lambda_2 - d + \frac{ca}{m} = \frac{-dm + ca}{m} < 0, \ falls \ ac < md.$$

(iii) x^2 ist nicht stabil.

(iv) x^4 ist stabil, falls $ac > md$.

Ein weiteres Kriterium für Stabilität ist die Existenz einer sogenannten *Lyapunov*[1]*-Funktion.*

Beispiel 18.13.

$$y''(t) + y(t) + ry'(t) = 0, \quad y(t) \in \mathbb{R},$$

beschreibt eine gedämpfte Schwingung, $r > 0$ bezeichnet den Dämpfungsfaktor. Es folgt

$$y''y' + yy' + r(y')^2 = 0$$

$$\Rightarrow \frac{d}{dt}\{|y'|^2 + |y|^2\} = -2r(y')^2 \leq 0$$

$$\Rightarrow |y'(t)|^2 + |y(t)|^2 \leq |y'(0)|^2 + |y(0)|^2.$$

---

[1] Aleksandr Mikhailovich Lyapunov, 6.6.1857 – 3.11.1918

Es sollte also $y \equiv 0$ stabil sein.

$$x := \begin{pmatrix} y \\ y' \end{pmatrix}, \quad x' = v(x) \equiv \begin{pmatrix} x_2 \\ -x_1 - rx_2 \end{pmatrix}, \quad E(x) := |x|^2.$$

Für eine Lösung x erhalten wir: $E'(x) = \nabla E \cdot x' = 2xx' = 2xv(x) = -2rx_2^2 \leq 0$, $E' < 0$ falls $x_2 \neq 0$. E ist eine Lyapunov-Funktion zu $x' = v(x)$.

Definition 18.14. *x^0 sei ein isolierter, singulärer Punkt des Vektorfeldes $v = v(x)$. Dann heißt $L \in C^1(\mathbb{R}^n, \mathbb{R}_0^+)$ „Lyapunov-Funktion zu $x' = v(x)$, x^0",*
genau dann, wenn gilt:

(i) $L(x) = 0$ nur in $x = x^0$,

(ii) $(\nabla L) \cdot v \leq 0$.

Gilt statt (ii) sogar

(ii') $\nabla L(x) \cdot v(x) < 0$ für $x \neq x^0$,

so heißt L „strenge Lyapunov-Funktion".

Satz 18.15. *$x^0 = 0$ sei ein isolierter, singulärer Punkt des Vektorfeldes v, und es existiere eine Lyapunov-Funktion zu v, x^0. Dann ist x^0 (bzw. $y = 0$) stabil bzgl. $x' = v(x)$.*

Bemerkung 18.16 (ohne Beweis).
Existiert eine strenge Lyapunov-Funktion, so ist x^0 asymptotisch stabil.

Beweis von Satz 18.15: L existiere in $B(x^0, \varepsilon_0)$ mit (i), (ii). Sei $0 < \varepsilon < \varepsilon_0$ gegeben. Dann ist mit (i)

$$m(\varepsilon) := \min_{|x|=\varepsilon} L(x) > 0. \tag{18.5}$$

$$L(x^0) = 0 \Rightarrow \exists \delta = \delta(\varepsilon) < \varepsilon \; \forall x, |x| < \delta : \; L(x) < m(\varepsilon).$$

Sei x eine Lösung mit $|x(t_1)| < \delta$ für ein $t_1 \geq 0$

$$\Rightarrow L(x(t_1)) < m(\varepsilon).$$

Ferner gilt mit (ii)

$$\frac{d}{dt} L(x(t)) = \nabla L(x(t))x'(t) = \nabla L(x(t)) \cdot v(x(t)) \leq 0$$

$$\Rightarrow \forall t \geq t_1 : \; L(x(t)) < m(\varepsilon)$$
$$\Rightarrow \forall t \geq t_1 : \; |x(t)| < \varepsilon,$$

da sonst für $|x(\tilde{t})| = \varepsilon$ mit (18.5) folgt: $L(x(\tilde{t})) \geq m(\varepsilon)$ (Widerspruch). $\qquad \square$

Bemerkungen 18.17. *(i) Im Allgemeinen ist es nicht leicht, eine Lyapunov-Funktion zu finden. Andererseits ist es ein sehr allgemeines Hilfsmittel, das auch bei partiellen Differentialgleichungen eingesetzt werden kann. Einfach ist es zum Beispiel, falls $v(x) = -\nabla U(x)$ für ein $U \in C^1(\mathbb{R}^n, \mathbb{R})$. Dann kann man $L := U$ wählen, denn: $\nabla L \cdot v = -|\nabla U|^2 \leq 0$.*

(ii) Im vorigen Satz sind wir von der Existenz einer globalen Lösung ($\neq 0$) ausgegangen. Der Beweis zeigt: Die Existenz einer globalen Lösung ist für kleine $|x^0|$ nachweisbar.

18.2 Periodische Lösungen (im $\mathbb{R}^2$)

Periodische Lösungen mit Periode $T_p > 0$,

$$x' = v(x), \ x \in \mathbb{R}^2, \quad x = \begin{pmatrix} x^1 \\ x^2 \end{pmatrix}, \quad x(0) = x^0.$$

Periodische Lösungen entsprechen einem geschlossenen Orbit. Eindeutigkeit impliziert $x(t + T_p) = x(t)$ (für alle $t \geq 0$). Wir zitieren ohne Beweis

Satz 18.18 (Poincaré & Bendixson[2]). *Sei K eine kompakte Menge im $\mathbb{R}^2$ und x eine Lösung von $x' = v(x)$, $x(0) = x^0$ mit $x(t) \in K$ für alle $t \geq 0$. K enthalte keine singulären Punkte von v. Dann ist die ω-Limesmenge M_+ ein periodischer Orbit und $\gamma(x^0) = M_+$ oder $x(t)$ strebt spiralförmig dagegen.*

Beispiele 18.19. *(i)*

$$y'' + (y^2 + 2(y')^2 - 1)y' + y = 0,$$

$$x := \begin{pmatrix} y \\ y' \end{pmatrix} \Rightarrow x' = v(x) = \begin{pmatrix} x_2 \\ -x_1 + x_2(1 - x_1^2 - 2x_2^2) \end{pmatrix}.$$

Singuläre Punkte des Vektorfeldes: $v(x) = 0 \Leftrightarrow x_2 = 0 = x_1$. Da $x' = Ax + o(|x|)$ mit $A = \begin{pmatrix} 0 & 1 \\ -1 & 1 \end{pmatrix}$, für $|x| \to 0$, existiert eine globale Lösung (nahe $x^0 = 0$),

$$\frac{d}{dt} \frac{1}{2} |x|^2 = x_1 x_1' + x_2 x_2' = (1 - x_1^2 - 2x_2^2)x_2^2.$$

Nun ist

$$1 - x_1^2 - 2x_2^2 \begin{Bmatrix} \geq 0 \\ \leq 0 \end{Bmatrix} \ falls \ \begin{Bmatrix} 2|x|^2 < \\ |x|^2 > \end{Bmatrix} 1,$$

d. h.:

$$\sqrt{\frac{1}{2}} < |x(0)| < 1 \Rightarrow \forall t \geq 0 : \sqrt{\frac{1}{2}} \leq |x(t)| \leq 1.$$

---

[2]Ivar Otto Bendixson, 1.8.1861 – 29.11.1935

Beweis: *Sei $|x(0)| < 1$, und $t_1 := \inf\{t \mid |x(t)| = 1\}$.*
Annahme: In $(t_1, t_1 + \varepsilon) : |x(t)| > 1$. Dann folgt für $t \in (t_1, t_1 + \varepsilon)$:

$$\frac{d}{dt}|x(t)|^2 = |x(t_1)|^2 + \underbrace{\int_{t_1}^t \frac{d}{dt}|x(s)|^2 ds}_{\leq 0} \leq |x(t_1)|^2,$$

Widerspruch. Analog mit $t_2 := \inf\{t \mid |x(t)|^2 = \frac{1}{2}\}$. Jetzt kann man Satz 18.18 mit $K := \{x \in \mathbb{R}^2 \mid \frac{1}{2} \leq |x|^2 \leq 1\}$ anwenden. $\square$

(ii)
$$y'' = y - y^3 =: g(y), \quad y(0) = y_0, \quad y'(0) = y_1.$$

Sei: $h(y) := \int_0^y g(s)ds = \frac{y^2}{4}(2 - y^2)$,

$$x := \begin{pmatrix} y \\ y' \end{pmatrix}, \quad x' = v(x) = \begin{pmatrix} x_2 \\ x_1 - x_1^3 \end{pmatrix} = \begin{pmatrix} x_2 \\ x_1(1 - x_1^2) \end{pmatrix}.$$

Singuläre Punkte:

$$x^1 = \begin{pmatrix} 0 \\ 0 \end{pmatrix}, \; x^2 = \begin{pmatrix} 1 \\ 0 \end{pmatrix}, \; x^3 = \begin{pmatrix} -1 \\ 0 \end{pmatrix}.$$

$$\frac{1}{2}\frac{d}{dt}(|y'|^2) = y''y' = yy' - y^3 y'$$

$$= \frac{1}{2}\frac{d}{dt}|y|^2 - \frac{1}{4}\frac{d}{dt}|y|^4$$

$$\Rightarrow 0 \leq 4|y'|^2 = 4y^2 - y^4 + c(y_0, y_1)$$
$$\Rightarrow y^4 - 4y^2 - c(y_0, y_1) \leq 0$$
$$\Leftrightarrow (y^2 - 2)^2 \leq 4 - c$$
$$\Rightarrow |y| \leq c$$
$$\Rightarrow |y''| \; \textit{ist beschränkt}$$
$$\Rightarrow |y'| \; \textit{ist beschränkt}.$$

Die Lösung y existiert also global (vgl. Satz 18.18). $\square$

18.3 Phasenporträts: Beispiele

Für eine Reihe von teils analytisch schon behandelten, teils neuen Beispielen wollen wir das Lösungsverhalten grafisch (meist als Phasenporträt) darstellen. Zur numerischen Lösung der Differentialgleichung

$$x' = f(\cdot, x), \; x(0) = x^0$$

werden im verwendeten Programm MATLAB[3] *Runge*[4]-*Kutta*[5]-*Verfahren* einge-
setzt.

Zur Erinnerung: Beim Beweis des Existenzsatzes von Peano (Satz 16.12) wurde
das Eulersche Polygonzugverfahren der Art

$$x(t_{n+1}) = x(t_n) + f(t_n, x(t_n)) \cdot (t_{n+1} - t_n).$$

verwendet.

(i) $y'' = y - y^3$

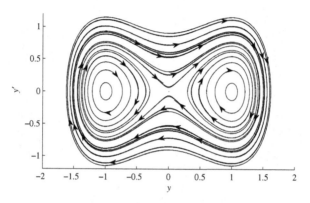

Abbildung 18.5: Phasenporträt von Beispiel (i)

(ii) $x_1(t) = r(t) \cdot \cos t, \quad x_2(t) = r(t) \cdot \sin t$

mit

$$r' = r(r - 1) =: f(r), \quad r(0) = r_0,$$

$$r_0 = 0: \quad r \equiv 0, \quad r_0 = 1: \quad r \equiv 1.$$

Ist $0 < r_0 < 1$, so ist für alle t: $r(t) \leq 1$. Ist $r_0 > 1$, so gilt $r(t) > 1$.
Durch Separation der Variablen ergibt sich:

$$r(t) = \frac{1}{1 - \frac{r_0-1}{r_0} e^t}, \quad (r_0 \neq 0, 1).$$

(iii) (a) $y'' + y = 0$ *lineares Pendel,*

(b) $y'' + \sin y = 0$ *nichtlineares Pendel.*

---

[3]MATLAB© ist ein eingetragenes Warenzeichen von The Math Works Inc.
[4]Carl Runge, 30.8.1856 – 3.10.1927
[5]Martin Wilhelm Kutta, 3.11.1867 – 25.9.1944

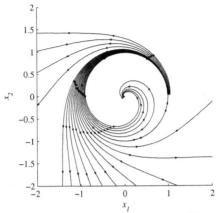

Abbildung 18.6: Phasenporträt von Beispiel (ii)

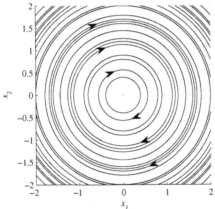

Abbildung 18.7: Phasenporträt von Beispiel (iii) (a), lineares Pendel

(iv) *Räuber-Beute-Modell* (s. Beispiel 18.12)

$$x' = \begin{pmatrix} (a - bx_2 - mx_1)x_1 \\ (-d + cx_1 - nx_2)x_2 \end{pmatrix}.$$

(a) $a = 6$, $b = c = d = m = n = 1$,

$$x^4 := \begin{pmatrix} 3,5 \\ 2,5 \end{pmatrix}, \quad \text{stabil, falls } ac > md.$$

(b) $a = b = c = d = 1$, $m = n = 10^{-2}$,

$$x(0) = \begin{pmatrix} 0,6 \\ 2,4 \end{pmatrix}, \quad x^4 \approx \begin{pmatrix} 1 \\ 1 \end{pmatrix}.$$

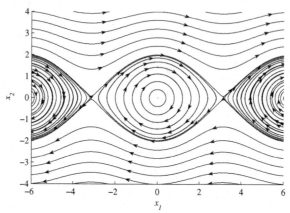

Abbildung 18.8: Phasenporträt von Beispiel (iii) (b), nichtlineares Pendel

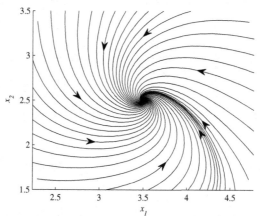

Abbildung 18.9: Das Räuber-Beute-Modell, Beispiel (iv) (a)

(v)
$$y'' + (y^2 + 2(y')^2 - 1)y' + y = 0,$$

$$x = \begin{pmatrix} y \\ y' \end{pmatrix}, \quad x(0) \in \left\{ \begin{pmatrix} 0,01 \\ 0 \end{pmatrix}, \begin{pmatrix} 0,5 \\ 0 \end{pmatrix}, \begin{pmatrix} 1,2 \\ 0 \end{pmatrix} \right\}.$$

(vi) *Lorenz-Attraktor*

$x = (x_1, x_2, x_3)$, $\sigma = 10$, $r = 28$, $b = \frac{8}{3}$.

$$x' = \begin{pmatrix} \sigma(-x_1 + x_2) \\ rx_1 - x_2 - x_1x_3 \\ -bx_3 + x_1x_2 \end{pmatrix}.$$

Dies ist ein Modell (Approximation) einer von unten erwärmten Flüssigkeit in einem Zylinder.

x_1: Rotationsgeschwindigkeit des Zylinders,

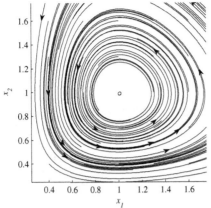

Abbildung 18.10: Das Räuber-Beute-Modell, Beispiel (iv) (b)

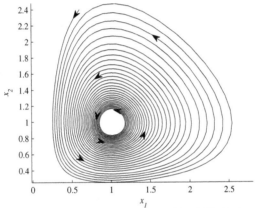

Abbildung 18.11: Das Räuber-Beute-Modell, Beispiel (iv) (b)

x_2: Temperaturdifferenz an gegenüberliegenden Zylinderseiten,
x_3: Abweichung vom linearen Temperaturgradienten.
Singuläre Punkte:
$P_0 = (0, 0, 0)$, $P_\pm := (\pm\sqrt{b(r-1)}, \pm\sqrt{b(r-1)}, r-1)$.

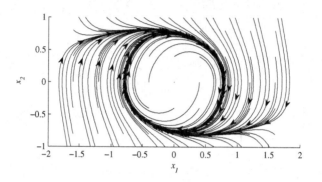

Abbildung 18.12: Phasenporträt von Beispiel (v)

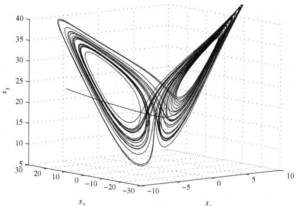

Abbildung 18.13: Der Lorenz-Attraktor

Kapitel 19

Rand- und Eigenwertaufgaben

Worum geht's? *Bis jetzt wurden Anfangswertaufgaben behandelt, d. h. Differentialgleichungen plus Vorgabe eines Anfangswertes: $x|_{t=0} \overset{!}{=} x_0$. In diesem Kapitel werden nun für verschiedenste Anwendungen wichtige Randwertaufgaben sowie dazugehörige Eigenwertaufgaben behandelt. Wichtige Begriffe sind dabei kompakte Operatoren, deren Eigenwerte und die Entwicklung nach Eigenfunktionen. Dieses Kapitel liefert somit auch einen ersten Einblick in funktionalanalytische Konzepte.*

Beispiele 19.1. *(i) Gleichgewichtszustand einer Saite unter einer äußeren Kraft:*

$$y''(x) = r(x), \ r \ gegeben.$$

Statt $(y(0), \ y'(0))$ wird nun zum Beispiel $(y(0) \overset{!}{=} 0, \ y(L) \overset{!}{=} 0)$ oder $(y'(0) = 0, \ y'(L) = 0)$ vorgegeben (Randwerte).
Die Vorgaben von $(y(0) = 0, y(L) = 0)$ bringen zum Ausdruck, dass die Saite der Länge L am Rand fest eingespannt ist.

(ii) Gleichgewichtszustand eines Balkens:

$$\frac{d^4}{dx^4} y(x) = r(x).$$

Randwertvorgaben: $y(0) = 0, \ y(L) = 0, \ y'(0) = 0, \ y'(L) = 0$.
(L entspricht der Länge des Balkens.)

Randwertprobleme sind (oft) eng verknüpft mit Schwingungsproblemen (dynamische Probleme), Beispiel schwingende Saite:

$$\partial_t^2 u - \partial_x^2 u = 0 \tag{19.1}$$

mit $u = u(t, x)$, $t \geq 0$, $x \in [0, L]$. Randwertvorgaben (in x) bzw. Anfangswert-vorgaben (in t):

$$u(t, 0) = u(t, L) = 0,$$
$$u(0, x) = u_0(x), \quad \partial_t u(0, x) = u_1(x).$$

Mit dem Ansatz

$$u(t, x) = a(t)v(x)$$

folgt über (19.1)

$$a''(t)v(x) - a(t)v''(x) = 0$$

$$\Rightarrow \frac{v''(x)}{v(x)} = \frac{a''(t)}{a(t)} =: -\lambda \in \mathbb{R}$$

$$\Rightarrow \begin{cases} v''(x) + \lambda v(x) \overset{!}{=} 0 \\ v(0) \overset{!}{=} 0, \ v(L) \overset{!}{=} 0. \end{cases}$$

(Eigenwertaufgabe)

Die Randwertaufgabe wird nun zu einem Eigenwertproblem, wobei v auch die Randbedingungen erfüllen muss.

19.1 Lineare Randwertaufgaben n-ter Ordnung

Sei im Folgenden wieder $\mathbb{K} \in \{\mathbb{R}, \mathbb{C}\}$, und für $u : [a, b] \longrightarrow \mathbb{K}$ sei

$$Lu := a_n u^{(n)} + \ldots + a_0 u, \quad a_k \in C^0([a, b]), \quad r \in C^0([a, b]), \quad \gamma_1, \ldots, \gamma_n \in \mathbb{K}.$$

Außerdem gelte:

$$\forall x \in [a, b] : \ a_n(x) \neq 0.$$

Wir betrachten das Randwertproblem:

$$\begin{cases} Lu = r, \\ R_i[u] = \gamma_i, \ i = 1, \ldots, n. \end{cases}$$

Dabei ist R_i ein „Randoperator" höchstens $(n-1)$-ter Ordnung, d. h.:

$$R_i[u] = \sum_{k=0}^{n-1} \alpha_{ik} u^{(k)}(a) + \sum_{k=0}^{n-1} \beta_{ik} u^{(k)}(b),$$

wobei $\alpha_{ik}, \beta_{ik} \in \mathbb{K}$ gegeben sind.
Die Randwerte heißen bzw. das Randwertproblem heißt „homogen", falls für alle Randwerte und für die rechte Seite r

$$\gamma_i = 0, \quad (i = 1, \ldots, n), \quad \text{sowie } r \equiv 0$$

gilt. Gesucht ist eine Lösung $u \in C^n([a, b])$.

Beispiele 19.2. *(i)*

$$-u'' = r, \quad u(a) = u(b) = 0,$$

d. h.

$$n = 2, \quad R_1[u] = u(a), \quad R_2[u] = u(b).$$

Dies wird als „Dirichletsche[1] Randwertaufgabe zu $-\partial_x^2$" bezeichntet.

(ii)

$$-u'' = r, \quad u'(a) = u'(b) = 0,$$

d. h.

$$n = 2, \quad R_1[u] = u'(a), \quad R_2[u] = u'(b).$$

Dies wird als „Neumannsche[2] Randwertaufgabe zu $-\partial_x^2$" bezeichnet.

(i) und (ii) sind Spezialfälle der sogenannten „Sturm[3] & Liouvilleschen[4] Differentialgleichung" bzw. *Randwertaufgabe:*

$$-(pu')' + qu = \lambda \rho u + \rho r,$$

mit

$$p \in C^1([a,b], \mathbb{R}), \ p > 0, \quad q, \rho, r \in C^0([a,b], \mathbb{R}), \ \rho > 0,$$

wobei $\lambda \in \mathbb{C}$, $u \in C^2([a,b], \mathbb{C})$ gesucht sind.
Die allgemeine Lösung u von $Lu = r$ lässt sich darstellen als

$$u(x) = \sum_{k=1}^{n} c_k u_k(x) + u_0(x),$$

wobei $u_1, \ldots, u_n$ ein Fundamentalsystem zu $Lu = 0$ bilden und u_0 eine partikuläre Lösung zu $Lu = r$ ist. Dabei sind die c_k durch die Randwerte bestimmte Konstanten (s.u.).
Im Folgenden sei $r \equiv 0$, d. h. wir können das Randwertproblem lösen, falls gilt:

$$\sum_{k=1}^{n} c_k \underbrace{R_i[u_k]}_{\text{gegeben}} \overset{!}{=} \gamma_i, \quad i = 1, \ldots, n.$$

Dies ergibt ein lineares Gleichungssystem für die c_k, welches eindeutig lösbar ist, falls $\det(R_i[u_k]) \neq 0$. Sei nun $r \neq 0$. Dies führt analog auf folgendes lineares Gleichungssystem mit:

$$\sum_{k=1}^{n} c_k R_i[u_k] + \underbrace{R_i[u_0]}_{\text{gegeben}} = \gamma_i$$

---

[1] Johann Peter Gustave Lejeune Dirichlet, 12.2.1805 – 5.5.1859
[2] Carl Neumann, 7.5.1832 – 27.3.1925
[3] Jacques-Charles-François Sturm, 22.9.1803 – 18.12.1855
[4] Joseph Liouville, 24.3.1809 – 8.9.1882

$$\Leftrightarrow \sum_{k=1}^{n} c_k R_i[u_k] = \gamma_i - R_i[u_0].$$

Also gilt:

(i) Ist $\det(R_i[u_k]) \neq 0$, so ist $Lu = r$, $R_i[u] = \gamma_i$ eindeutig lösbar für beliebige r, γ_i.

(ii) Ist $\det(R_i[u_k]) = 0$, so ist das Randwertproblem entweder nicht lösbar oder nicht eindeutig lösbar bei gegebenen r, γ_i.

Bemerkung 19.3.

$\det(R_i[u_k]) \neq 0$ für ein Fundamentalsystem

$\Leftrightarrow \det(R_i[u_k]) \neq 0$ für alle Fundamentalsysteme

$\Leftrightarrow$ die homogene Randwertaufgabe $\left\{ \begin{matrix} Lu = 0 \\ R_i[u] = 0 \end{matrix} \right\}$ hat nur die Lösung $u \equiv 0$.

Satz 19.4. *Das Randwertproblem $Lu = r$, $R_i[u] = \gamma_i$, $(i = 1, ..., n)$ besitzt für beliebige $r \in C^0([a,b])$ und $\gamma_i \in \mathbb{K}$ eine eindeutige Lösung $u \in C^{(n)}([a,b])$, falls die homogene Aufgabe $(r = 0$, $\gamma_i = 0)$ nur die (triviale) Lösung $u \equiv 0$ besitzt. Andernfalls gibt es keine oder mehrere Lösungen.*

Beispiele 19.5. *(i) $Lu = -u''$, $[a,b] = [0,1]$, $R_1[u] = u(0)$, $R_2[u] = u(1)$ (Dirichletsche Randwertaufgabe). Fundamentalsystem: $u_1(x) = 1$, $u_2(x) = x$.*

$$\det(R_i[u_k]) = \begin{vmatrix} 1 & 0 \\ 1 & 1 \end{vmatrix} = 1 \neq 0$$

$\Rightarrow -u'' = r$, $u(0) = \gamma_1$, $u(1) = \gamma_2$ ist zu beliebigen r, γ_1, γ_2 eindeutig lösbar.

(ii) Wie (i), aber $R_1[u] = u'(0)$, $R_2[u] = u'(1)$ (Neumannsche Randwertaufgabe).

$$\det(R_i[u_k]) = \begin{vmatrix} 0 & 1 \\ 0 & 1 \end{vmatrix} = 0.$$

Im Allgemeinen nicht oder nicht eindeutig lösbar. Man erkennt dies auch daran, dass die homogene Aufgabe $-u'' = 0$, $u'(0) = 0$, $u'(1) = 0$ durch $u \equiv 1$ gelöst wird.

(iii) $Lu = -u''$, $[a,b] = [0,1]$. Fundamentalsystem: $u_1(x) = 1$, $u_2(x) = x$. $R_1[u] = u(0) - u(1)$, $R_2[u] = u'(0) - u'(1)$, $R_i[u] = 0$: Periodische Randbedingung.

$$\det(R_i[u_k]) = \begin{vmatrix} R_1[u_1] & R_1[u_2] \\ R_2[u_1] & R_2[u_2] \end{vmatrix} = \begin{vmatrix} 0 & -1 \\ 0 & 0 \end{vmatrix} = 0.$$

Die homogene Aufgabe wird von $u \equiv 1$ gelöst. Also im Allgemeinen nicht oder nicht eindeutig lösbar.

(iv) $Lu = -u'' + \kappa^2 u$, $\kappa > 0$, $[a,b] = [0,1]$, Dirichletsche Randbedingung: $R_1[u] = u(0)$, $R_2[u] = u(1)$, Fundamentalsystem: $u_1(x) = e^{\kappa x}$, $u_2(x) = e^{-\kappa x}$.

$$\det(R_i[u_k]) = \begin{vmatrix} 1 & 1 \\ e^\kappa & e^{-\kappa} \end{vmatrix} = e^{-\kappa} - e^{+\kappa} \neq 0.$$

Also ist die Randwertaufgabe eindeutig lösbar. (Für $\kappa = 0$ wären u_1 und u_2 linear abhängig, das angegebene Fundamentalsystem wäre also kein Fundamentalsystem mehr, vgl. (i).)

(v) $Lu = -u'' - k^2 u$, $k > 0$, $[a,b] = [0,1]$, Dirichletsche Randbedingung: $R_1[u] = u(0)$, $R_2[u] = u(1)$, Fundamentalsystem: $u_1(x) = \sin(kx)$, $u_2(x) = \cos(kx)$.

$$\det(R_i[u_k]) = \begin{vmatrix} 0 & 1 \\ \sin k & \cos k \end{vmatrix} = -\sin k.$$

Also ist es eindeutig lösbar nur für $k \neq j\pi$, $j \in \mathbb{N}$, denn dann gilt $\sin k \neq 0$.

19.2 Die Greensche Funktion

Die allgemeine Lösung zum Anfangswertproblem $x' = f(t,x)$, $x(0) = x_0$ ergibt sich wie folgt:

$$x(t) = \int_0^t f(s, x(s))ds + x_0,$$

also Integration als Umkehrung der Differentiation. Gesucht ist nun eine Darstellung der Lösung des Randwertproblems in der Form

$$u(x) = \int_a^b G(x,y)r(y)dy.$$

Sei dazu im Folgenden $n \geq 2$ und $\gamma_1 = \ldots = \gamma_n = 0$. Bezeichnung:

$$R_i[u] = R_i^a[u] + R_i^b[u], \quad i = 1, \ldots, n,$$

mit

$$R_i^a[u] = \sum_{k=0}^{n-1} \alpha_{ik} u^{(k)}(a), \quad R_i^b[u] = \sum_{k=0}^{n-1} \beta_{ik} u^{(k)}(b).$$

Satz 19.6. *Sei die homogene Aufgabe ($r = 0$) eindeutig lösbar, d. h. sie besitze nur die triviale Lösung ($u \equiv 0$). Dann gilt:*
Es existiert eine eindeutig bestimmte sogenannte Greensche[5] Funktion $G = G(x,y)$, $G \in C^0([a,b]^2)$ mit den Eigenschaften:

(i) Zu $r \in C^0([a,b])$ ist $u(x) := \int_a^b G(x,y)r(y)dy$ die eindeutig bestimmte Lösung zum Randwertproblem: $Lu = r$, $R_i[u] = 0$.

[5]George Green, 14.7.1793 – 31.3.1841

(ii)

$$G(x,y) = \begin{cases} G^{\leq}(x,y), \, a \leq x \leq y \leq b \\ G^{\geq}(x,y), \, a \leq y \leq x \leq b \end{cases}, \quad G^{\geq}, G^{\leq} \in C^0([a,b]^2)$$

mit

(a) $\frac{\partial^j}{\partial x^j} G^{\leq}$ und $\frac{\partial^j}{\partial x^j} G^{\geq}$, $j = 0, \ldots, n$, existieren stetig auf $[a,b]^2$ mit

$$\frac{\partial^j G^{\geq}(x,x)}{\partial x^j} - \frac{\partial^j G^{\leq}(x,x)}{\partial x^j} = \begin{cases} 0, & j = 0, 1, \ldots, n-2, \\ \frac{1}{a_n(x)}, & j = n-1, \end{cases}$$

(Sprungbedingung in der $(n-1)$-ten Ableitung).

(b) Für festes y gilt: $(\exists)\, L_x G^{\leq}(x,y) = L_x G^{\geq}(x,y) = 0$.

(c) Für festes y gilt: $R_i\left[G(\cdot,y)\right] = R_i^a\left[G^{\leq}(\cdot,y)\right] + R_i^b\left[G^{\geq}(\cdot,y)\right] = 0$, $i = 1, \ldots, n$.

Beweis: Existenz und Eindeutigkeit, gleichzeitig Konstruktion von G in folgenden Schritten:

1. G mit (ii) $\Rightarrow$ (i).

2. G mit (i) ist eindeutig bestimmt.

3. G mit (ii) ist konstruierbar.

1. Sei G mit (ii) gegeben. Sei $u(x) := \int_a^b G(x,y)r(y)dy$. Dann folgt

$$u(x) = \int_a^x G^{\geq}(x,y)r(y)dy + \int_x^b G^{\leq}(x,y)r(y)dy$$

$$\Rightarrow u'(x) = \int_a^x \frac{\partial G^{\geq}(x,y)}{\partial x}r(y)dy$$

$$+ G^{\geq}(x,x)r(x) + \int_x^b \frac{\partial G^{\leq}(x,y)}{\partial x}r(y)dy - G^{\leq}(x,x)r(x)$$

$$= \int_a^x \frac{\partial G^{\geq}(x,y)}{\partial x}r(y)dy + \int_x^b \frac{\partial G^{\leq}(x,y)}{\partial x}r(y)dy.$$

Weiteres Differenzieren (für $k \leq n-1$, denn bei der $(n-1)$-ten Ableitung taucht ein Sprung auf) führt auf

$$u^{(k)}(x) = \int_a^x \frac{\partial^k G^{\geq}(x,y)}{\partial x^k}r(y)dy + \int_x^b \frac{\partial^k G^{\leq}(x,y)}{\partial x^k}r(y)dy \qquad (19.2)$$

$$\Rightarrow u^{(n)}(x) = \int_a^x \frac{\partial^n G^{\geq}(x,y)}{\partial x^n}r(y)dy + \int_x^b \frac{\partial^n G^{\leq}(x,y)}{\partial x^n}r(y)dy +$$

$$\underbrace{\left[\frac{\partial^{n-1}}{\partial x^{n-1}}G^{\geq}(x,x) - \frac{\partial^{n-1}}{\partial x^{n-1}}G^{\leq}(x,x)\right]}_{=\frac{1}{a_n(x)}} r(x)$$

$$\Rightarrow \quad u \in C^n([a,b]) \quad \text{und}$$

$$Lu(x) = \sum_{k=0}^{n} a_k(x) u^{(k)}(x) \tag{19.3}$$

$$= \int_a^x \underbrace{L_x G^{\geq}(x,y)}_{=0}\, dy + \int_x^b \underbrace{L_x G^{\leq}(x,y)}_{=0}\, dy + \frac{r(x)a_n(x)}{a_n(x)}$$

$$= r(x).$$

Ferner gilt mit (19.2):

$$u^{(k)}(a) = \int_a^b \frac{\partial^k}{\partial x^k} G^{\leq}(a,y) r(y) dy,$$

$$u^{(k)}(b) = \int_a^b \frac{\partial^k}{\partial x^k} G^{\geq}(b,y) r(y) dy$$

$$\Rightarrow R_i[u] = \int_a^b R_i^a[G^{\leq}(x,y)] r(y) dy + \int_a^b R_i^b[G^{\geq}(x,y)] r(y) dy$$

$$= \int_a^b r(y) \left(R_i^a[G^{\leq}(x,y)] + R_i^b[G^{\geq}(x,y)] \right) dy = 0.$$

2. Seien G, $\tilde{G}$ mit (i). Dann folgt

$$\forall r \in C^0([a,b]) : \int_a^b G(x,y) r(y) dy = \int_a^b \tilde{G}(x,y) r(y) dy$$

$$\Leftrightarrow \int_a^b (G(x,y) - \tilde{G}(x,y)) r(y) dy = 0$$

$$\Rightarrow G(x,y) - \tilde{G}(x,y) = 0.$$

3. Konstruktion von G mit (ii). Sei $\{u_1, \ldots, u_n\}$ ein Fundamentalsystem zu $Lu = 0$. Ansatz:

$$G(x,y) = H(x,y) + S(x,y)$$

mit

$$H(x,y) = \sum_{k=1}^{n} A_k(y) u_k(x), \quad S(x,y) = \begin{cases} \sum_{k=1}^{n} B_k(y) u_k(x), & a \leq x \leq y \leq b, \\ -\sum_{k=1}^{n} B_k(y) u_k(x), & a \leq y \leq x \leq b. \end{cases}$$

Das heißt:

$$G^{\leq} = \sum_{k=1}^{n} (A_k + B_k) u_k,$$

$$G^{\geq} = \sum_{k=1}^{n} (A_k - B_k) u_k.$$

(ii) (b) ist klar nach dem Ansatz, B_k wird aus (ii) (a) bestimmt:

$$\sum_{k=1}^{n} B_k(x) u_k^{(i)}(x) = \begin{cases} 0, & i = 0, \ldots, n-2, \\ \frac{1}{2a_n(x)}, & i = n-1 \end{cases}$$

(n Gleichungen für n Unbekannte). Dies führt auf ein lineares Gleichungssystem mit zugehöriger Wronski-Determinante $W \neq 0$ ($\det(u_k^{(i)}(x)) \neq 0$). Also sind die B_k eindeutig bestimmbar. A_k wird aus (ii) (c) bestimmt:

$$R_i^a(G^{\leq}) + R_i^b(G^{\geq}) = 0$$

$$\Leftrightarrow \sum_{k=1}^{n}(A_k(y) + B_k(y)) \cdot R_i^a[u_k] + \sum_{k=1}^{n}(A_k(y) - B_k(y))R_i^b[u_k] = 0$$

$$\Leftrightarrow \sum_{k=1}^{n} A_k(y) R_i[u_k] = \underbrace{\sum_{k=1}^{n} B_k(y)(R_i^b[u_k] - R_i^a[u_k])}_{\text{gegeben, da } u_k, B_k \text{ bekannt}}.$$

Dies ist eindeutig lösbar, da $\det(R_i[u_k]) \neq 0$. Also ist A_k eindeutig bestimmt. $\square$

Im Folgenden betrachten wir die Sturm & Liouvillesche Randwertaufgabe

$$Lu = -(pu')' + qu = r,$$
$$R_1[u] =: R_1^a \equiv \alpha_{10}u(a) + \alpha_{11}u'(a) = \gamma_1,$$
$$R_2[u] =: R_2^b \equiv \beta_{20}u(b) + \beta_{21}u'(b) = \gamma_2$$

unter der Voraussetzung

$$p \in C^1[a,b], \ p(x) \neq 0 \text{ für alle } x \in [a,b], \quad q, r \in C[a,b]$$

sowie

$$\alpha_{10}^2 + \alpha_{11}^2 > 0, \quad \beta_{20}^2 + \beta_{21}^2 > 0.$$

Wir nehmen an, dass die zugehörige homogene Randwertaufgabe nur die triviale Lösung $u \equiv 0$ besitzt. Dann gilt

Satz 19.7. *Die Greensche Funktion zu*

$$Lu = -(pu')' + qu = r, \ R_i[u] = 0$$

lässt sich in der Form

$$G(x,y) = \frac{1}{p(a)W(a)} \begin{cases} \phi(x)\psi(y), & a \leq x \leq y \leq b, \\ \phi(y)\psi(x), & a \leq y \leq x \leq b \end{cases}$$

darstellen. Dabei sind ϕ und ψ die Lösungen von $Lu = 0$ mit

$$R_1[\phi] = 0, \ R_2[\phi] \neq 0, \quad R_1[\psi] \neq 0, \ R_2[\psi] = 0,$$

und

$$W = W(x) = W(\phi, \psi)(x) = \psi(x)\phi'(x) - \psi'(x)\phi(x)$$

die Wronski-Determinante.

Bemerkung 19.8. *Wir definieren*

$$v := (u, u'), \quad A := \begin{pmatrix} 0 & 1 \\ \frac{q}{p} & -\frac{p'}{p} \end{pmatrix}.$$

Dann ist $Lu = -pu'' - p'u' + qu = 0$ zu $v' = Av$ äquivalent, und es gilt:

$$W(x) = W(a) \exp\left(\int_a^x \operatorname{tr} A(\xi) d\xi \right)$$

$$= W(a) \exp\left(\int_a^x -\frac{p'}{p}(\xi) d\xi \right)$$

$$= W(a) \exp\left(-\ln \frac{p(x)}{p(a)} \right)$$

$$= W(a) \frac{p(a)}{p(x)}.$$

Nun zum *Beweis* von Satz 19.7:

1. Existenz von ϕ und ψ: Da die homogene Randwertaufgabe nur die triviale Lösung hat, sind die Randwertaufgaben

$$L\phi = 0, \ R_1[\phi] = 0, \ R_2[\phi] \neq 0,$$
$$L\psi = 0, \ R_1[\psi] \neq 0, \ R_2[\psi] = 0$$

nach Satz 19.4 eindeutig lösbar.

2. $\{\phi, \psi\}$ ist ein Fundamentalsystem: Annahme: ϕ, ψ sind linear abhängig. Dann folgt: $\exists \alpha \in \mathbb{R} : \phi = \alpha\psi \Rightarrow L\phi = 0, \ R_1[\phi] = 0, \ R_2[\phi] = \alpha R_2[\psi] = 0 \Rightarrow \phi$ ist nichttriviale Lösung der homogenen Randwertaufgabe. Widerspruch.

3. $W(a) \neq 0$:

$$W(a) = \psi(a)\phi'(a) - \psi'(a)\phi(a) = \begin{vmatrix} \psi(a) & \phi(a) \\ \psi'(a) & \phi'(a) \end{vmatrix} \neq 0,$$

da $\{\phi, \psi\}$ ein Fundamentalsystem ist.

4. Wir prüfen (ii) (a), (ii) (b) und (ii) (c) aus Satz 19.6 nach:

(ii) (b):

$$L_x G^{\leq}(x, y) = L_x \frac{1}{p(a)W(a)} \phi(x)\psi(y) = \frac{1}{p(a)W(a)} \psi(y) L_x \phi(x) = 0,$$

da $L\phi = 0$; analog für $L_x G^{\geq}(x, y) = 0$, da $L\psi = 0$.

(ii) (c):

$$R_i^a[G^{\leq}(\cdot, y)] + R_i^b[G^{\geq}(\cdot, y)] = \frac{1}{p(a)W(a)} \left\{ \psi(y) R_{i(x)}^a[\phi] + \phi(y) R_{i(x)}^b[\psi] \right\}$$
$$= 0,$$

da $R_1^a[\phi] = 0 = R_2^b[\psi]$ und ferner $R_1^b = R_2^a \equiv 0$.
(ii) (a):

$$\frac{\partial^i}{\partial x^i} G^{\leq}, \ \frac{\partial^i}{\partial x^i} G^{\geq} \in C^0([a,b]^2) \quad \text{für } i = 1, 2.$$

Es gilt: $G^{\geq}(x, x) - G^{\leq}(x, x) = 0$. Mit Bemerkung 19.8 ergibt sich:

$$\frac{\partial}{\partial x} G^{\geq}(x, x) - \frac{\partial}{\partial x} G^{\leq}(x, x) = \frac{1}{p(a)W(a)} [\phi(x)\psi'(x) - \phi'(x)\psi(x)]$$

$$= \frac{-W(x)}{p(a)W(a)} = -\frac{1}{p(x)}.$$

$\square$

Bemerkung 19.9. *G ist symmetrisch in x und y,*

$$G(x, y) = G(y, x).$$

Beispiele 19.10.   *(i) $Lu = -u''$, $0 \leq x \leq 1$, $u(0) = u(1) = 0$.*
1. Fundamentalsystem für $Lu = -u'' = 0$: Sei $v = (u, u')$. Dann ist
$-u'' = 0$ *zu*

$$v' = \begin{pmatrix} 0 & 1 \\ 0 & 0 \end{pmatrix} v$$

äquivalent. Als Fundamentalsystem erhalten wir nach Satz 17.11: $u_1(x) = 1$, $u_2(x) = x$. Da

$$\begin{vmatrix} R_1[u_1] & R_1[u_2] \\ R_2[u_1] & R_2[u_2] \end{vmatrix} = \begin{vmatrix} u_1(0) & u_2(0) \\ u_1(1) & u_2(1) \end{vmatrix} = \begin{vmatrix} 1 & 0 \\ 1 & 1 \end{vmatrix} = 1 \neq 0,$$

ist die homogene Randwertaufgabe nur trivial lösbar.
2. Bestimmung von ϕ und ψ: Die Randwertaufgaben

$$L\phi = -\phi'' = 0, \ \phi(0) = 0,$$
$$L\psi = -\psi'' = 0, \ \psi(1) = 0$$

werden durch

$$\phi(x) = x; \quad \psi(x) = 1 - x$$

gelöst.
3. Wronski-Determinante:

$$W(\phi, \psi) = \begin{vmatrix} \psi(x) & \phi(x) \\ \psi'(x) & \phi'(x) \end{vmatrix} = \begin{vmatrix} 1 - x & x \\ -1 & 1 \end{vmatrix} = 1 \neq 0$$

$$\Rightarrow G(x, y) = \begin{cases} x(1 - y), & 0 \leq x \leq y \leq 1, \\ y(1 - x), & 0 \leq y \leq x \leq 1. \end{cases}$$

(ii) $Lu = -u'' - k^2 u$, $0 \leq x \leq 1$, $u(0) = u(1) = 0$, $(p = 1, \; q = -k^2)$.

1. Fundamentalsystem für $Lu = -u'' - k^2 u = 0$: $u_1(x) = \sin(kx)$, $u_2(x) = \cos(kx)$,

$$\begin{vmatrix} R_1[u_1] & R_1[u_2] \\ R_2[u_1] & R_2[u_2] \end{vmatrix} = \begin{vmatrix} 0 & 1 \\ \sin k & \cos k \end{vmatrix} = -\sin k \neq 0 \quad \text{für} \;\; k \neq n\pi \;\; \text{mit } n \in \mathbb{Z}.$$

Also ist das System eindeutig lösbar, falls $k \neq n\pi$ *mit* $n \in \mathbb{Z}$.

2. Bestimmung von ϕ *und* ψ: *Die Randwertaufgaben*

$$L\phi = -\phi'' - k^2 \phi = 0, \;\; \phi(0) = 0,$$
$$L\psi = -\psi'' - k^2 \psi = 0, \;\; \psi(1) = 0$$

werden durch

$$\phi(x) = \sin(kx), \quad \psi(x) = \sin\left(k(1-x)\right)$$

gelöst.

3. Wronski-Determinante:

$$W(\phi, \psi) = \begin{vmatrix} \sin(kx) & \sin\left(k(1-x)\right) \\ k\cos(kx) & -k\cos\left(k(1-x)\right) \end{vmatrix}$$
$$= -k\sin k \;\; (\neq 0 \; \text{für} \; k \neq n\pi, \; n \in \mathbb{Z}).$$

$$G(x,y) = \frac{1}{k\sin k} \begin{cases} \sin(kx)\sin\left(k(1-y)\right), & 0 \leq x \leq y \leq 1, \\ \sin(ky)\sin\left(k(1-x)\right), & 0 \leq y \leq x \leq 1. \end{cases}$$

19.3 Eigenwertaufgaben

Gegeben sei die Sturm & Liouvillesche Eigenwertaufgabe

$$Lu = -\frac{1}{\rho}\left[(pu')' - qu\right] = \lambda u, \; \lambda \in \mathbb{C}, \; \rho \in C^0([a,b]), \; \rho, p > 0,$$
$$R_i[u] = \gamma_i, \; i = 1, 2,$$

wobei R_1, R_2 die in Kapitel 19.2 definierten Randoperatoren sind. Wir definieren

$$A: \; D(A) \subset C^0([a,b]) \to C^0([a,b]),$$
$$D(A) = \{u \in C^2([a,b]) \mid R_i[u] = 0, \; i = 1, 2\},$$

durch

$$Au := Lu.$$

Damit ist A ein linearer Operator und der Definitionsbereich $D(A)$ ein linearer Unterraum. Im Folgenden interessieren wir uns für die Fälle, in denen $Au = \lambda u$ nicht eindeutig lösbar ist, d. h. in denen neben der trivialen Lösung $u \equiv 0$ eine weitere Lösung $u \not\equiv 0$ existiert. Dieser Fall wird nicht für alle λ, sondern nur für bestimmte Werte von λ vorliegen. λ heißt dann *Eigenwert* von A und u *Eigenfunktion*.

Sei $\{u_1, u_2\}$ mit $u_1 = u_1(x, \lambda)$, $u_2 = u_2(x, \lambda)$ ein Fundamentalsystem zu

$$Lu - \lambda u = 0.$$

Dann existiert $u = c_1 u_1 + c_2 u_2 \in D(A)$ mit $(c_1, c_2) \neq (0, 0)$ und $Au = \lambda u$, falls

$$R_i[u] = 0 \Leftrightarrow \sum_{k=1}^{2} c_k R_i[u_k(\cdot, \lambda)] = 0.$$

Äquivalent dazu ist

$$\Delta(\lambda) := \det(R_i[u_k(\cdot, \lambda)]) = 0.$$

Beispiel 19.11.

$$Lu = -u'' = \lambda u, \ 0 \leq x \leq 1, \quad u(0) = u(1) = 0.$$

1. Sei $\lambda = 0$.
Fundamentalsystem: $u_1(x) = 1$, $u_2(x) = x$.

$$\Delta(\lambda) = \begin{vmatrix} u_1(0) & u_2(0) \\ u_1(1) & u_2(1) \end{vmatrix} = \begin{vmatrix} 1 & 0 \\ 1 & 1 \end{vmatrix} = 1 \neq 0.$$

Also ist $\lambda = 0$ kein Eigenwert von A.
2. Sei $\lambda \neq 0$.
Fundamentalsystem: $u_1(x) = e^{\sqrt{-\lambda}x}$, $u_2(x) = e^{-\sqrt{-\lambda}x}$.

$$\Delta(\lambda) = \begin{vmatrix} 1 & 1 \\ e^{\sqrt{-\lambda}} & e^{-\sqrt{-\lambda}} \end{vmatrix} = e^{-\sqrt{-\lambda}} - e^{\sqrt{-\lambda}} = 0$$

$$\Leftrightarrow e^{-2\sqrt{-\lambda}} = 1$$
$$\Leftrightarrow -2\sqrt{-\lambda} = 2k\pi i, \ k \in \mathbb{Z} \setminus \{0\}$$
$$\Leftrightarrow \lambda = \lambda_k = k^2 \pi^2.$$

Damit ergibt sich für die Eigenwerte von A: $\lambda_k = k^2\pi^2$ und für die zugehörigen Eigenfunktionen von A: $u_k(x) = c \cdot \sin(k\pi x)$, denn:

$$u_k(x) = c_1 \cdot \sin(k\pi x) + c_2 \cdot \cos(k\pi x)$$
$$u_k(0) = 0 \Rightarrow c_2 = 0, \ also:$$
$$u_k(x) = c \cdot \sin(k\pi x) \quad (u_k(1) = 0 \ ist \ erfüllt).$$

Folgerung 19.12. *(i) Es existieren genau abzählbar viele Eigenwerte*

$$\lambda_k = k^2 \pi^2$$

mit den zugehörigen Eigenfunktionen

$$u_k(x) = c \cdot \sin(k\pi x).$$

(ii) Jede glatte Funktion Φ mit

$$\Phi(0) = \Phi(1) = 0$$

kann in eine Reihe nach den Eigenfunktionen emtwickelt werden:

$$\Phi(x) = \sum_{k=1}^{\infty} a_k \sin(k\pi x).$$

Denn setzen wir Φ als ungerade Funktion auf das Intervall $-1 \leq x \leq 0$ fort, dann hat die Funktion Φ gemäß der Theorie der Fourierreihen im Intervall $-1 \leq x \leq 1$ eine Fourierentwicklung, welche nur ungerade Terme, d. h. Sinusterme, enthält.

Anschließend sollen allgemeine Ergebnisse über die Existenz von Eigenwerten und die Entwicklung nach Eigenfunktionen gewonnen werden. Sei

$$Au = -\frac{1}{\rho}[(pu')' - qu].$$

Wir betrachten die Dirichletsche Randwertaufgabe $R_1[u] = u(a)$, $R_2[u] = u(b)$. Ist λ Eigenwert zur Eigenfunktion u, dann folgt mit

$$\langle u, v \rangle := \int_a^b \rho(x)u(x)\overline{v(x)}dx \quad \text{(Skalarprodukt)}, \quad \|u\|_2 := \sqrt{\langle u, u \rangle} \quad \text{(Norm)}$$

die Ungleichung

$$\lambda\|u\|_2^2 = \langle \lambda u, u \rangle = \langle Au, u \rangle$$

$$= \int_a^b [-(pu')' + qu]\overline{u}dx$$

$$= \underbrace{-(pu')\overline{u}\Big|_a^b}_{=0} + \int_a^b pu'\overline{u}'dx + \int_a^b qu\overline{u}dx \qquad (19.4)$$

$$= \int_a^b p|u'|^2dx + \int_a^b q|u|^2dx$$

$$\geq q_0 \int_a^b \rho|u|^2dx \qquad (19.5)$$

$$= q_0\|u\|_2^2,$$

mit

$$q_0 := \min\left\{\frac{q(x)}{\rho(x)} \;\middle|\; x \in [a,b]\right\},$$

also

$$\mathbb{R} \ni \lambda \geq q_0.$$

Sei ohne Einschränkung $q_0 > 0$, sonst benutze man die Verschiebung

$$\tilde{A} := A - q_0 + 1.$$

Satz 19.13. *(i) A ist symmetrisch, d. h.*

$$\forall u, v \in D(A): \quad \langle Au, v \rangle = \langle u, Av \rangle.$$

(ii) Eigenfunktionen u_1, u_2 zu verschiedenen Eigenwerten $\lambda_1 \neq \lambda_2$ sind zueinander orthogonal, d. h. $\langle u_1, u_2 \rangle = 0$.
(iii) Alle Eigenwerte sind reell.

Beweis: (i): Seien $u, v \in D(A)$, dann gilt:

$$\langle Au, v \rangle = \int_a^b ((-pu')' + qu)\bar{v}dx$$

$$= -(pu')\bar{v}\big|_a^b + \int_a^b ((pu')\bar{v}' + qu\bar{v})\, dx$$

$$= \int_a^b ((pu')\bar{v}' + qu\bar{v})\, dx$$

$$= (pu)\bar{v}'\big|_a^b + \int_a^b (u(-(p\bar{v}')') + uq\bar{v})\, dx$$

$$= \int_a^b u(-(p\bar{v}')' + q\bar{v})dx$$

$$= \int_a^b u\overline{Av}dx = \langle u, Av \rangle.$$

Zu (iii): Sei $u \in D(A)$ mit $u \neq 0$ und $Au = \lambda u$. Dann gilt:

$$\lambda||u||_2^2 = \lambda\langle u, u \rangle = \langle \lambda u, u \rangle$$
$$= \langle Au, u \rangle = \langle u, Au \rangle$$
$$= \langle u, \lambda u \rangle = \bar{\lambda}\langle u, u \rangle$$
$$= \bar{\lambda}||u||_2^2.$$

Das heißt: $\lambda = \bar{\lambda}$, da $\langle u, u \rangle = ||u||_2^2 \neq 0$ für $u \neq 0$.
Zu (ii): Seien $u_1,\ u_2 \in D(A)$ mit $u_1,\ u_2 \neq 0$ und $Au_j = \lambda_j u_j$, $j = 1, 2$. Im Fall $\lambda_1 \neq \lambda_2$ gilt:

$$\lambda_1\langle u_1, u_2 \rangle = \langle Au_1, u_2 \rangle = \langle u_1, Au_2 \rangle = \lambda_2\langle u_1, u_2 \rangle$$

$$\Rightarrow \langle u_1, u_2 \rangle = 0, \text{ da } \lambda_1 \neq \lambda_2.$$

$\square$

$\lambda = 0$ ist kein Eigenwert von $Au = \lambda u$, da $q_0 > 0$. Also hat die Aufgabe $Au = 0$ nur die triviale Lösung $u \equiv 0$. Ist G die Greensche Funktion zu $-(pu')' + qu$, dann gilt für jedes $r \in C[a, b]$:

$$Au = r \Leftrightarrow -(pu')' + qu = \rho r$$

$$\Leftrightarrow u(x) = \int_a^b \rho(y)G(x,y)r(y)dy.$$

Das bedeutet nichts anderes, als dass

$$A : D(A) \subset C^0([a,b]) \to C^0([a,b])$$

umkehrbar ist. Wir definieren

$$M := A^{-1} : C^0([a,b]) \to D(A) \subset C^0([a,b]).$$

Dann gelten:

(i) $(Mf)(x) = \int_a^b \rho(y)G(x,y)f(y)dy$.

(ii) M ist symmetrisch.

(iii) μ Eigenwert von M (d. h.: $Mu = \mu u$) $\Leftrightarrow \frac{1}{\mu}$ Eigenwert von A (d. h.: $Au = \frac{1}{\mu}u$).

Hilfssatz 19.14.

(i)

$$\langle Mf, f \rangle \neq 0 \text{ für ein } f \in C^0([a,b]).$$

(ii)

$$\|M\|_2 = \sup_{\|f\|_2=1} |\langle Mf, f \rangle|, \text{ wobei } \|M\|_2 := \sup_{f \neq 0} \frac{\|Mf\|_2}{\|f\|_2} = \sup_{\|f\|_2=1} \|Mf\|_2.$$

Beweis: (i): Annahme:

$$\forall f \in C^0([a,b]) : \quad \langle Mf, f \rangle = 0$$

$$\Rightarrow \forall f, g \in C^0([a,b]) : \ 0 = \langle M(f+g), f+g \rangle = 2\operatorname{Re}(\langle Mf, g \rangle).$$

Wähle $g = Mf$

$$\Rightarrow \forall f \in C^0([a,b]) : \ \|Mf\|_2 = 0$$
$$\Rightarrow \forall f \in C^0([a,b]) : \ Mf = 0$$
$$\Rightarrow M = 0,$$

Widerspruch (da $M \neq 0$).
(ii): Offenbar gilt

$$c := \sup_{\|f\|_2=1} |\langle Mf, f \rangle| \leq \sup_{\|f\|_2=1} \|Mf\|_2 \|f\|_2 = \|M\|_2.$$

Um $\|M\|_2 \leq c$ zu zeigen, beachten wir, dass wegen der Symmetrie von M für alle $f, g \in C^0([a,b])$ gilt:

$$\langle M(f \pm g), f \pm g \rangle = \langle Mf, f \rangle \pm 2\operatorname{Re}(\langle Mf, g \rangle) + \langle Mg, g \rangle.$$

Hieraus folgt mit Hilfe der Polarisationsformel und der Parallelogrammgleichung:

$$\begin{aligned}
\operatorname{Re}(\langle Mf, g \rangle) &= \frac{1}{4}\left[\langle M(f+g), f+g \rangle - \langle M(f-g), f-g \rangle\right] \\
&\leq \frac{c}{4}\left[\|f+g\|_2^2 + \|f-g\|_2^2\right] \\
&= \frac{c}{4}\left[2\|f\|_2^2 + 2\|g\|_2^2\right].
\end{aligned}$$

Fixiert man $f \in C^0([a,b])$ mit $\|f\|_2 = 1$, und wählt man $g := \frac{Mf}{\|Mf\|_2}$, dann folgt

$$\|Mf\|_2 \leq c \Rightarrow \|M\|_2 \leq c.$$

$\square$

Satz 19.15. *M ist ein kompakter Operator, d. h.: Ist $(f_n)_n \subset C^0([a,b])$ beschränkt bezüglich $\|\cdot\|_\infty$, dann hat $(Mf_n)_n$ eine konvergente Teilfolge bezüglich $\|\cdot\|_\infty$.*

Beweis: Wir werden nachweisen, dass die Voraussetzungen des Satzes von Arzelà & Ascoli (Satz 16.11) erfüllt sind.

1. $(Mf_n)_n$ ist gleichmäßig beschränkt:

$$\begin{aligned}
|Mf_n(x)| &= \left|\int_a^b \rho(y)G(x,y)f_n(y)dy\right| \\
&\leq \int_a^b |G(x,y)|\,\rho(y)\,|f_n(y)|\,dy \\
&\leq \sup_{x,y\in[a,b]} |G(x,y)| \int_a^b \rho(y)|f_n(y)|dy \\
&= \sup|G(x,y)|\,\langle 1, |f_n|\rangle \\
&\leq \sup|G(x,y)|\,\|1\|_2\,\|f_n\|_2 \\
&= \sup|G(x,y)|\sqrt{\int_a^b \rho(y)dy}\sqrt{\int_a^b \rho(y)|f_n(y)|^2 dy} \\
&\leq \sup|G(x,y)| \int_a^b \rho(y)dy\|f_n\|_\infty \\
&\leq c \quad (c \text{ konstant}).
\end{aligned}$$

2. $(Mf_n)_n$ ist gleichgradig stetig: Sei $\varepsilon > 0$ beliebig. Da G stetig ist, gilt:

$$\exists \delta > 0\ \forall x_1, x_2 \in [a,b],\ |x_1 - x_2| < \delta:\ \forall y \in [a,b]:\ |G(x_1, y) - G(x_2, y)| < \varepsilon$$

$$\Rightarrow \sup_{y \in [a,b]} |G(x_1, y) - G(x_2, y)| \le \varepsilon.$$

Damit erhalten wir für $|x_1 - x_2| < \delta$:

$$
\begin{aligned}
|Mf_n(x_1) - Mf_n(x_2)| &\le \int_a^b |G(x_1, y) - G(x_2, y)| \rho(y) |f_n(y)| dy \\
&\le \sup_{y \in [a,b]} |G(x_1, y) - G(x_2, y)| \int_a^b \rho(y) |f_n(y)| dy \\
&\le c \cdot \varepsilon
\end{aligned}
$$

$\square$

Bemerkung 19.16. *Wie der Beweis zeigt, genügt es, wenn wir fordern, dass* $(f_n)_n$ *bezüglich* $\| \cdot \|_2$ *beschränkt ist.*

Satz 19.17. $\|M\|_2$ *ist der größte Eigenwert von* M.

Beweis: Wegen Hilfssatz 19.14 gibt es eine Folge $(f_n)_n$ in $C^0([a,b])$ mit

$$|\langle Mf_n, f_n \rangle| \to \|M\|_2$$

und $\|f_n\|_2 = 1$ für alle $n \in \mathbb{N}$. Ohne Einschränkung gelte: $\langle Mf_n, f_n \rangle \to \|M\|_2$. Da M kompakt ist, können wir $(f_n)_n$ so wählen, dass $(Mf_n)_n$ konvergiert. Dann ist $(\|Mf_n - \|M\|_2 f_n\|_2)_n$ eine Nullfolge, da

$$
\begin{aligned}
\|Mf_n - \|M\|_2 f_n\|_2^2 &= \|Mf_n\|_2^2 - 2\|M\|_2 \langle Mf_n, f_n \rangle + \|M\|_2^2 \|f_n\|_2^2 \\
&\le 2\|M\|_2^2 - 2\|M\|_2 \langle Mf_n, f_n \rangle.
\end{aligned}
$$

Daher existiert $f := \lim_{n \to \infty} f_n$, und es gilt:

$$Mf = M\left(\lim_{n \to \infty} f_n \right) = \lim_{n \to \infty} Mf_n = \lim_{n \to \infty} \|M\|_2 f_n = \|M\|_2 f.$$

$\square$

Damit haben wir den größten Eigenwert von M gefunden: $\mu_1 := \|M\|_2$, mit Eigenfunktion $u_1 := f$, d. h. $Mu_1 = \mu_1 u_1$ bzw. $Au_1 = \frac{1}{\mu_1} u_1$. Wir setzen das Verfahren fort. Für $n \ge 2$ definieren wir sukzessive

$$\mu_n := \sup_{\|f\|_2 = 1, \langle f, u_i \rangle = 0} |\langle Mf, f \rangle|, \quad i = 1, \dots, n-1. \tag{19.6}$$

Auf diese Weise erhalten wird die Eigenwerte $(\lambda_n)_n$ von A ($\lambda_n = \frac{1}{\mu_n}$). Es gilt: $Au_n = \lambda_n u_n$ mit $\|M\|_2^{-1} \le \lambda_1 \le \lambda_2 \le \dots$ und $(u_n)_n \subset D(A)$ sowie $\langle u_n, u_k \rangle = \delta_{nk}$.

Satz 19.18. (i) *Die Eigenwerte* $(\lambda_n)_n$ *häufen sich im Endlichen nicht.*

(ii) *Es gibt unendlich viele so konstruierte Eigenwerte.*

(iii) Alle Eigenwerte werden so erfasst.

Beweis: (ii): Angenommen, A habe endlich viele Eigenwerte. Seien $\lambda_1, \ldots, \lambda_k$ die Eigenwerte von A und $u_1, \ldots, u_k$ die zugehörigen Eigenfunktionen. Da $\dim C^0([a,b]) = \infty$, gibt es f mit $\|f\|_2 = 1$ und $\langle f, u_i \rangle = 0$ für $i = 1, \ldots, k$. Also existiert wegen (19.6) μ_{k+1}. Widerspruch.

(i): Es gilt:

$$0 \le \int_a^b \rho(y) \left(G(x,y) - \sum_{i=1}^n \frac{u_i(x)u_i(y)}{\lambda_i} \right)^2 dy$$

$$= \int_a^b \rho(y) G^2(x,y) dy - 2 \int_a^b G(x,y)\rho(y) \sum_{i=1}^n \frac{u_i(x)u_i(y)}{\lambda_i} dy +$$

$$\int_a^b \rho(y) \left(\sum_{i=1}^n \frac{u_i(x)u_i(y)}{\lambda_i} \right)^2 dy$$

$$= \int_a^b \rho(y) G^2(x,y) dy - 2 \sum_{i=1}^n \frac{u_i(x)}{\lambda_i} \int_a^b \rho(y) G(x,y) u_i(y) dy +$$

$$\int_a^b \rho(y) \left(\sum_{i=1}^n \frac{u_i(x)u_i(y)}{\lambda_i} \right)^2 dy.$$

Da $Mu_i = \frac{u_i}{\lambda_i} = \int_a^b \rho(y) G(x,y) u_i(y) dy$ und $\int_a^b \rho(y) u_i(y) u_j(y) dy = \delta_{ij}$, folgt:

$$0 \le \int_a^b \rho(y) G^2(x,y) dy - 2 \sum_{i=1}^n \frac{u_i^2(x)}{\lambda_i^2} + \sum_{i=1}^n \frac{u_i^2(x)}{\lambda_i^2}$$

$$= \int_a^b \rho(y) G^2(x,y) dy - \sum_{i=1}^n \frac{u_i^2(x)}{\lambda_i^2}$$

bzw.

$$\sum_{i=1}^n \frac{u_i^2(x)}{\lambda_i^2} \le \int_a^b \rho(y) G^2(x,y) dy.$$

Wir multiplizieren beide Seiten mit $\rho(x)$, integrieren über $[a,b]$ und erhalten

$$\sum_{i=1}^n \frac{1}{\lambda_i^2} \le \int_a^b \int_a^b \rho(x)\rho(y) G^2(x,y) dy dx < \infty.$$

Damit konvergiert $\sum_{i=1}^n \frac{1}{\lambda_i^2}$. Somit gilt insbesondere: $\lambda_i \to \infty$ für $i \to \infty$.

(iii): Sei $Av = \sigma v$ mit $\sigma \notin \{\lambda_1, \lambda_2, \ldots\}$, $v \ne 0$ und $\|v\|_2 = 1$. Da die Eigenfunktionen zu verschiedenen Eigenwerten zueinander orthogonal sind, gilt für jedes $n \in \mathbb{N}$: $\langle v, u_n \rangle = 0$. Daraus folgt für jedes $n \in \mathbb{N}$:

$$\frac{1}{\sigma} = \langle Mv, v \rangle \le \mu_n = \frac{1}{\lambda_n} \to 0.$$

Widerspruch. $\square$

Bemerkung 19.19. *Wir können den n-ten Eigenwert berechnen, ohne vorher* $u_1, \ldots, u_{n-1}, \lambda_1, \ldots, \lambda_{n-1}$ *zu kennen. Dazu definieren wir für beliebige Funktionen* h_j, $(j = 1, \ldots, n-1)$:

$$v_n(h_1, \ldots, h_{n-1}) := \sup_{\|f\|_2 = 1, \langle f, h_j \rangle = 0, j = 1, \ldots, n-1} |\langle Mf, f \rangle|.$$

Dann gilt:

$$\frac{1}{\lambda_n} = \mu_n = \inf_{h_1, \ldots, h_{n-1}} v_n(h_1, \ldots, h_{n-1})$$

(Courantsches[6] Minimax-Prinzip).

Entwicklung nach Eigenfunktionen:
Seien u_j, λ_j die Eigenfunktionen bzw. Eigenwerte von A, sei $f \in D(A)$ und $f = Mh$ (bzw. $Af = h$) für ein $h \in C^0([a,b])$. Sei $f_i := \langle f, u_i \rangle$ der Fourierkoeffizient. Das Ziel ist eine Entwicklung von f der Form $f(x) = \sum_{i=1}^{\infty} f_i u_i(x)$.

Satz 19.20.

$$f \in D(A) \Rightarrow f(x) = \sum_{i=1}^{\infty} f_i u_i(x),$$

wobei die Reihe gleichmäßig und absolut konvergiert.

Beweis:

$$h_i := \langle h, u_i \rangle, \; f = Mh, \; Af = h$$

$$\Rightarrow f_i = \frac{h_i}{\lambda_i}$$

$$\Rightarrow \left(\sum_{i=m}^{n} |f_i u_i(x)| \right)^2 \leq \sum_{i=m}^{n} h_i^2 \underbrace{\sum_{i=m}^{n} \frac{u_i^2(x)}{\lambda_i^2}}_{\leq c} \leq c \sum_{i=m}^{n} h_i^2 \to 0,$$

wobei $\sum_{i=m}^{n} \frac{u_i^2(x)}{\lambda_i^2} \leq c$ aus dem Beweis zu Satz 19.18 folgt; $\sum_{i=m}^{n} h_i^2 \to 0$ folgt aus der Besselschen Ungleichung $\sum_{i=1}^{\infty} h_i^2 \leq \|h\|_2^2$.
Es konvergiert also $\sum_{i=1}^{\infty} f_i u_i(x)$ absolut und gleichmäßig. Ferner haben wir

$$\|f - \sum_{i=1}^{n} f_i u_i(x)\|_2 = \|M(h - \sum_{i=1}^{n} h_i u_i)\|_2 \leq \underbrace{\mu_{n+1}}_{\to 0} \underbrace{\|h - \sum_{i=1}^{n} h_i u_i\|_2}_{\leq c} \to 0.$$

$\square$

Beispiele 19.21. *(i)* $Lu = -u''$ *führt zur klassischen Fourierreihe (sin bei Dirichletscher Randbedingung, cos bei Neumannscher Randbedingung).*

---

[6]Richard Courant, 8.1.1888 – 27.1.1972

(ii) *Die Legendreschen Polynome können als Eigenfunktionen zu gewissen Operatoren A gedeutet werden.*

Bemerkungen 19.22.   (i) $(u_i)_i$ *ist ein vollständiges Orthonormalsystem in* $L^2_{(\rho)}([a, b])$.

(ii) $G = G(x, y)$ *lässt sich entwickeln:*

$$G(x, y) = \sum_{i=1}^{\infty} \frac{u_i(x)u_i(y)}{\lambda_i},$$

die Reihe konvergiert gleichmäßig und absolut.

(iii) *Man beachte die verschiedenen Räume:* $C^0([a, b])$ *und* $L^2_\rho([a, b])$. *Entwicklungen sind „natürlich" in* $L^2_\rho([a, b])$. *Damit sind auch* schwächere Lösungsbegriffe *sinnvoll.*

Prüfungsvorbereitung

Kapitel 20

Prüfungsvorbereitung

In den folgenden Kapiteln werden zur Prüfungsvorbereitung typische Prüfungsfragen für mündliche oder schriftliche Prüfungen zusammengestellt. Als Hinweis zur Beantwortung wird jeweils nur ein Verweis auf das passende Kapitel
im vorhergehenden Text angegeben, um bewusst keine fertigen Frage-Antwort-
Beispiele, die zum Auswendiglernen verleiten könnten, zu liefern. Selbstver-
ständlich sind die nachstehenden Fragen nicht umfassend!

20.1 Analysis I: Kapitel 1 – 9

1. Gilt das Assoziativgesetz für Urbilder von Mengen, d. h., wie kann man $f^{-1}(A \cap (B \cup C))$ anders darstellen? (Kap. 1)

2. Was sind die Regeln von de Morgan? (Kap. 1)

3. Wie führt Peano die natürlichen Zahlen ein? (Kap. 2)

4. Was ist eine Halbordnung? Beispiel? (Kap. 2)

5. Wie lautet der Beweis des Wohlordnungssatzes? (Kap. 2)

6. Was ist das Prinzip der vollständigen Induktion? (Kap. 2)

7. Wie lautet der Beweis der Bernoullischen Ungleichung? (Kap. 2)

8. Worin unterscheiden sich reelle Zahlen zentral von den rationalen Zahlen? (Kap. 2)

9. Was bringt die Einführung von $\mathbb{C}$? (Kap. 2)

10. Was ist eine Folge? (Kap. 3)

11. Wie zeigt man, dass eine konvergente Folge eine Cauchy-Folge ist? (Kap. 3)

12. Warum konvergiert in $\mathbb{R}$ jede Cauchy-Folge? (Kap. 3)

13. Wie sieht eine Skizze zur Vervollständigung der rationalen Zahlen aus? (Kap. 3)

14. Wie lautet der Beweis für die Konvergenz der geometrischen Reihe? (Kap. 4)

15. Was besagt das Quotientenkriterium, und wie beweist man es? (Kap. 4)

16. Wie lautet das Leibniz-Kriterium für Reihen? Greift es bei $\sum\limits_{j=1}^{\infty} \frac{\cos(j\pi)}{\ln(1+j)}$? (Kap. 4)

17. Wie lautet der Beweis der Überabzählbarkeit von $\mathbb{R}$? (Kap. 5)

18. Was ist eine Metrik? (Kap. 5)

19. Wie lautet der Banachsche Fixpunktsatz samt Beweis? (Kap. 5)

20. Was ist ein Randpunkt einer Menge? Beispiel? (Kap. 5)

21. Was weiß man über beliebige Vereinigungen abgeschlossener Mengen? (Kap. 5)

22. Was ist eine Topologie? (Kap. 5)

23. Wann heißt eine Menge kompakt? (Kap. 5)

24. Was wird mit Intervallschachtelung bezeichnet? (Kap. 5)

25. Sind abgeschlossene und beschränkte Mengen kompakt? (Kap. 5)

26. Wie lautet die Cauchy & Schwarzsche Ungleichung samt Beweis? (Kap. 5)

27. Wie lautet der Beweis der Parallelogrammgleichung? (Kap. 5)

28. Banach, Cauchy, Hilbert, Pythagoras: Wer lebte vor wem? (Kap. 3,5)

29. Was ist eine transzendente Zahl? Beispiele? (Kap. 6)

30. Wie steht es mit der Annahme des Maximums bei stetigen Funktionen? (Kap. 7)

31. Wie lautet der Zwischenwertsatz für stetige Funktionen? (Kap. 7)

32. Was sind Hölder-stetige Funktionen? (Kap. 7)

33. Was ist der Unterschied zwischen normaler und gleichmäßiger Stetigkeit? (Kap. 7)

34. Wann ist die Umkehrfunktion einer stetigen Funktion stetig? (Kap. 7)

35. Was bedeutet gleichmäßige Konvergenz einer Funktionenfolge? (Kap. 7)

36. Wie steht es mit der Vollständigkeit von Räumen stetiger Funktionen? (Kap. 7)

37. Wie lauten die Formeln von de Moivre? (Kap. 7)

38. Impliziert gleichmäßige Stetigkeit die Differenzierbarkeit in mindestens einem Punkt? (Kap. 7)

39. Wie lautet die Ableitung von $x \mapsto \exp(x^2 - \sin(\ln(1 + x^{1958})))$? (Kap. 7)

40. Wie lautet der Beweis des Mittelwertsatzes der Differentialrechnung? (Kap. 7)

41. Was sind hinreichende Bedingungen für das Vorliegen eines Maximums einer Funktion? (Kap. 7)

42. Wie kann man den Grenzwert $\lim_{x \to \infty} \frac{\ln^2(x)}{x}$ berechnen? (Kap. 7)

43. Wie kann man eine Stammfunktion zu $x \mapsto \ln(x)$ berechnen? Begründung? (Kap. 8)

44. Was ist eine Partialbruchzerlegung? Beispiel? (Kap. 8)

45. Wie ist das Integral für Treppenfunktionen erklärt? (Kap. 8)

46. Wie sind Regelfunktionen definiert und charakterisiert? (Kap. 8)

47. Welche Funktionenklassen sind in den Regelfunktionen enthalten? (Kap. 8)

48. Sind die Heaviside-Funktion und die Funktion f mit $f(x) = x \sin(1/x)$ für $x \neq 0$ und $f(0) = 1959$ Regelfunktionen? (Kap. 8)

49. Wie beweist man den Mittelwertsatz der Integralrechnung? (Kap. 8)

50. Wie lautet der Hauptsatz der Differential- und Integralrechnung? (Kap. 8)

51. Was ist bei Funktionenfolgen ein Kriterium für die Vertauschbarkeit der Differentiation und „$n \to \infty$“? Begründung? (Kap. 8)

52. Ist $x \mapsto \int_0^1 e^{y^2 x^2} \, dy$, $x \in [7, 8]$, differenzierbar? (Kap. 8)

53. Wie lautet eine Fassung des Satzes von Fubini für glatte Funktionen? (Kap. 8)

54. Was ist das Riemann-Integral? (Kap. 8)

55. Wann stellt eine Reihe stetiger Funktionen eine stetige Funktion dar? (Kap. 9)

56. Wann ist eine Reihe differenzierbarer Funktionen differenzierbar, und wann liefert gliedweise Differentiation die Ableitung? (Kap. 9)

57. Ist $x \mapsto \sum_{j=1}^{\infty} \frac{\sin^2(j^3 x)}{j^5}$, $x \in \mathbb{R}$, differenzierbar? (Kap. 9)

58. Wie berechnet sich der Konvergenzradius einer Potenzreihe? (Kap. 9)

59. Was besagt der Identitätssatz für Potenzreihen? (Kap. 9)

60. Wie steht es um die Darstellung einer unendlich oft differenzierbaren Funktion über ihre Taylorreihe? (Kap. 9)

61. Wie lautet die Taylorreihe von arctan? (Kap. 9)

62. Wie sieht eine Skizze des Beweises des Weierstraßschen Approximationssatzes aus? (Kap. 9)

63. Was ist ein vollständiges Orthonormalsystem? (Kap. 9)

64. Was ist eine allgemeine, was die klassische Fourierreihe? (Kap. 9)

65. Was ist die Besselsche Ungleichung (Begründung)? (Kap. 9)

66. Was ist das Schmidtsche Orthonormalisierungsverfahren? (Kap. 9)

67. Wann konvergiert eine klassische Fourierreihe punktweise? (Kap. 9)

20.2 Analysis II: Kapitel 10 – 14

68. Was ist die Youngsche Ungleichung? (Kap. 10)

69. Wie beweist man mit der Youngschen die Höldersche Ungleichung in ℓ_p? (Kap. 10)

70. Wie sieht ein Beispiel für eine partiell stetige, aber nicht stetige Funktion aus? (Kap. 10)

71. Was sagt der Begriff des Zusammenhangs? (Kap. 10)

72. Was sagt der Zwischenwertsatz für stetige Funktionen in metrischen Räumen? Begründung? (Kap. 10)

73. Was bedeutet wegzusammenhängend? (Kap. 10)

74. Was ist die Operatornorm für beschränkte lineare Abbildungen? (Kap. 10)

75. Wann nennt man eine Funktion $f : D \subset \mathbb{R}^n \longrightarrow \mathbb{R}^m$ differenzierbar?

76. Wann ist eine partiell differenzierbare Funktion (Definition?) differenzierbar? (Kap. 11)

77. Wie lautet die Produktregel zur Differentiation im $\mathbb{R}^n$? (Kap. 11)

78. Wie sind Divergenz und Rotation erklärt und was ist div rot? (Kap. 11)

79. Wie differenziert sich die Umkehrabbildung einer differenzierbaren Funktion? Beispiel Polarkoordinaten? (Kap. 11)

80. Was ist ein Diffeomorphismus? (Kap. 11)

81. Wie lautet der Mittelwertsatz der Differentialrechnung im $\mathbb{R}^n$? Begründung? (Kap. 11)

82. Was ist ein Kriterium für das Vorliegen eines Minimums einer Funktion $f : \mathbb{R}^n \longrightarrow \mathbb{R}$? (Kap. 11)

83. Was sagt die Methode der kleinsten Fehlerquadrate? (Kap. 11)

84. Was kann die zweite Ableitung über die Konvexität einer Funktion aussagen? (Kap. 11)

85. Was ist die Rolle eines Langrangeschen Multiplikators? (Kap. 11)

86. Was ist ein stückweise glatter Weg? (Kap. 12)

87. Kann man stückweise glatt „um die Ecke gehen"? (Kap. 12)

88. Wie berechnet sich die Länge der Kreislinie? (Kap. 12)

89. Was ist die Bogenlänge? (Kap. 12)

90. Was ist die Krümmung der Spirale $s \mapsto (r\cos(ks), r\sin(ks), cks)'$, mit geeignetem k? (Kap. 12)

91. Was sind die Frenetschen Gleichungen im $\mathbb{R}^2$ bzw. im $\mathbb{R}^3$? (Kap. 12)

92. Was ist eine m-Fläche? (Kap. 12)

93. Was sind Rotationsflächen, und wie werden sie beschrieben? (Kap. 12)

94. Was ist und was soll eine σ-Algebra? (Kap. 13)

95. Was ist ein Maß? Beispiel Zählmaß? (Kap. 13)

96. Was bedeutet σ-Additivität? (Kap. 13)

97. Was ist eine Borel-σ-Algebra, und wie wird sie erzeugt? (Kap. 13)

98. Wie ist die Cantor-Menge charakterisiert? (Kap. 13)

99. Was sind Kriterien für die Borel-Messbarkeit von Funktionen? Beispiel charakteristische Funktion? (Kap. 13)

100. Wie steht es um die Messbarkeit stetiger Funktionen? (Kap. 13)

101. Was sind Stufenfunktionen, und was ist ihr Lebesgue-Integral? (Kap. 13)

102. Wie ist das Lebesgue-Integral für allgemeine Funktionen erklärt? (Kap. 13)

103. Was besagt das Majorantenkriterium für das Lebesgue-Integral? (Kap. 13)

104. Was sagen die Sätze von Lebesgue über monotone bzw. dominierte Konvergenz? (Kap. 13)

105. Wie stehen Riemann- und Lebesgue-Integral zueinander in Beziehung? (Kap. 13)

106. Was sagt der (allgemeine) Satz von Fubini? (Kap. 13)

107. Was besagt das Prinzip von Cavalieri? Anwendung auf die Berechnung des Kugelvolumens? (Kap. 13)

108. Was besagt der Transformationssatz für Integrale? (Kap. 13)

109. Was ist das Kurvenintegral einer 1-Form (Definition?)? (Kap. 13)

110. Wie ist der Zusammenhang zwischen Exaktheit und Wegunabhängigkeit bei 1-Formen? Begründung? (Kap. 13)

111. Was ist eine hinreichende Bedingung für die Exaktheit in einem sternförmigen Gebiet? Begründung? (Kap. 13)

112. Wie ist der Flächeninhalt einer m-dimensionalen Fläche definiert? (Kap. 13)

113. Wie integriert man eine Funktion über eine Fläche? (Kap. 13)

114. Wie berechnet sich das Integral einer rotationssymmetrischen Funktion? (Kap. 13)

115. Was besagt der Gaußsche Integralsatz? Beispiel: $\int\limits_{|x|\leq 1} x_1\, dA(x)$? (Kap. 13)

116. Was sagen die Greenschen Formeln? (Kap. 13)

117. Was besagen die Sätze von Stokes im $\mathbb{R}^2$ bzw. $\mathbb{R}^3$? (Kap. 13)

118. Wie sieht eine Beweisskizze zum Satz über lokale Umkehrbarkeit aus? (Kap. 14)

119. Wie kann man den Satz über implizite Funktionen auf das Beispiel: $4z + z^2 - u^4 - 5 = 0$ anwenden? (Kap. 14)

120. Was besagt der Fixpunktsatz von Brouwer (Kap. 14)?

121. Wie kann man den Brouwerschen Fixpunktsatz im $\mathbb{R}^1$ mit dem Zwischenwertsatz beweisen? (Kap. 7,14)

20.3   Analysis III: Gewöhnliche Differentialgleichungen

122. Ist $x'(t) = \int\limits_0^t x^2(s)\,ds$ oder $x''(t) = x^2(t)$ eine gewöhnliche Differentialgleichung? (Kap. 15)

123. Wie lautet die linearisierte Form der Differentialgleichung für das ungedämpfte Pendel? (Kap. 15)

124. Was ist der Unterschied zwischen expliziten und impliziten Differentialgleichungen? (Kap. 15)

125. Wie beweist man den Satz von Picard & Lindelöf? (Kap. 16)

126. Wie kann man eine untere Schranke für die Länge des Existenzintervalls erhalten? (Kap. 16)

127. Was bedeutet gleichgradige Stetigkeit einer Funktionenfolge? (Kap. 16)

128. Welche Schritte führen zum Beweis des Satzes von Arzelà & Ascoli? (Kap. 16)

129. Wie vergleicht sich der Existenzsatz von Peano mit dem von Picard & Lindelöf? (Kap. 16)

130. Gibt es eine eindeutige, globale Lösung zu $x' = \cos(\sqrt{1 + x^2})$, $x(0) = 1990$, oder zu $x' = \sin(x^2)$, $x(0) = 1995$? (Kap. 16)

131. Was sind separable Differentialgleichungen? Wie ist der zugehörige Lösungsansatz? (Kap. 17)

132. Wie löst man Bernoullische Differentialgleichungen? (Kap. 17)

133. Wie erhält man eine Lösung zur Differentialgleichung $x'(t) = -\frac{4t^2 + 6tx(t)}{3t^2 + 4x^2(t)}$? (Kap. 17)

134. Was ist ein Lotka-Volterra-System? (Kap. 17)

135. Was ist eine Fundamentalmatrix zu einem linearen System? (Kap. 17)

136. Wie löst man ein inhomogenes, lineares System? (Kap. 17)

137. Wie erhält man (theoretisch) eine Fundamentalmatrix für ein lineares System $x' = Ax$ mit einer beliebigen $n \times n$-Matrix A? (Kap. 17)

138. Wie erhält man die Fundamentalmatrix zu $x' = Ax$ mit $A = \begin{pmatrix} 2 & 1 \\ 1 & 2 \end{pmatrix}$?

139. Was bezeichnet man bei dem Phasenporträt eines linearen Systems als Quelle? (Kap. 18)

140. Wann heißt eine Lösung stabil? (Kap. 18)

141. Was ist ein Kriterium für die asymptotische Stabilität der Nulllösung? (Kap. 18)

142. Greift dies bei der nichtlinearen Gleichung $x' = Ax + x^{2002}$, wobei A eine $n \times n$-Matrix ist? (Kap. 18)

143. Was ist eine Lyapunov-Funktion? Beispiel: gedämpfte Schwingung? (Kap. 18)

144. Was besagt der Satz von Poincaré & Bendixson? (Kap. 18)

145. Was ist eine Sturm & Liouvillesche Randwertaufgabe? (Kap. 19)

146. Was ist ein Kriterium für die eindeutige Lösbarkeit einer allgemeinen Randwertaufgabe? Wie überprüft man dies mit Hilfe eines Fundamentalsystems? (Kap. 19)

147. Wie steht es mit der Lösbarkeit zu $Lu = -u'' - k^2u$, $k > 0$, in $[0, 1]$ zu Neumannschen Randbedingungen? (Kap. 19)

148. Was ist eine Greensche Funktion zu einer Randwertaufgabe? (Kap. 19)

149. Wie bestimmt man die Greensche Funktion zu einer Randwertaufgabe? (Kap. 19)

150. Was sind die wesentlichen Schritte zu einer Eigenfunktionsentwicklung zur Sturm & Liouvilleschen Randwertaufgabe? (Kap. 19)

151. Wie sieht die Entwicklung der Greenschen Funktion aus? (Kap. 19)

152. Was besagt das Courantsche Minimax-Prinzip? (Kap. 19)

Literaturverzeichnis

[1] Amann, H.: *Gewöhnliche Differentialgleichungen*. Walter de Gruyter, Berlin, New York (1995).

[2] Barner, M., Flohr, F.: *Analysis* **I**. De Gruyter, Berlin, New York (2000).

[3] Barner, M., Flohr, F.: *Analysis* **II**. De Gruyter, Berlin, New York (1996).

[4] Bauer, H.: *Wahrscheinlichkeitstheorie und Grundzüge der Maßtheorie*. De Gruyter, Berlin, New York (2002).

[5] Courant, R.: *Vorlesung über Differential- und Integralrechnung* **1**. Springer-Verlag, Berlin, Heidelberg, New York (1971).

[6] Courant, R.: *Vorlesung über Differential- und Integralrechnung* **2**. Springer-Verlag, Berlin, Heidelberg, New York (1972).

[7] Forst, W., Hoffmann, D.: *Gewöhnliche Differentialgleichungen Theorie und Praxis. Vertieft und visualisiert mit Maple*. Springer-Verlag, Berlin, Heidelberg, New York (2005).

[8] Heuser, H.: *Gewöhnliche Differentialgleichungen*. Vieweg+Teubner, Wiesbaden (2009).

[9] Heuser, H.: *Lehrbuch der Analysis* **1**. Vieweg+Teubner, Wiesbaden (2009).

[10] Heuser, H.: *Lehrbuch der Analysis* **2**. Vieweg+Teubner, Wiesbaden (2008).

[11] Hinderer, K.: *Grundbegriffe der Wahrscheinlichkeitstheorie*. Springer-Verlag, Berlin, Heidelberg, New York (1980).

[12] Koçak, H.: *Differential and difference equations through computer experiments*. Springer-Verlag, Berlin, Heidelberg, New York (1989).

[13] Landau, E.: *Grundlagen der Analysis*. Wissenschaftliche Buchgesellschaft, Darmstadt (1970).

[14] Lang, S.: *Analysis* **I**. Addison-Wesley Publishing Company, Reading (1968).

[15] Lang, S.: *Analysis* **II**. Addison-Wesley Publishing Company, Reading (1969).

[16] v. Mangoldt, H., Knopp, K.: *Einführung in die Höhere Mathematik 1-4*. S. Hirzel Verlag, Stuttgart (1990).

[17] Rudin, W.: *Reelle und Komplexe Analysis*. Oldenbourg Wissenschaftsverlag, München (2009).

[18] Walter, W.: *Analysis* **1**. Springer-Verlag, Berlin, Heidelberg, New York (2004).

[19] Walter, W.: *Analysis* **2**. Springer-Verlag, Berlin, Heidelberg, New York (2002).

[20] Walter, W.: *Gewöhnliche Differentialgleichungen*. Springer-Verlag, Berlin, Heidelberg, New York (2000).

Notation

$\emptyset$	leere Menge	3
$\{\}$	leere Menge	3
$\neg$	(logische) Negation	5
$\|\cdot\|$	Norm	39
$\|\cdot\|_p$	Norm in l_p	131
$\|\cdot\|_2$	(induzierte) Norm in einem Hilbertraum	119
sup	Supremum	14
$\vee$	(logisches) oder	5
$\sum_{j=1}^{\infty} a_j$	Reihe	23
$\langle \cdot, \cdot \rangle$	Skalarprodukt	40
$\subset$	ist Teilmenge von	4
$\subsetneq$	ist echte Teilmenge von	4
$\wedge$	(logisches) und	5
$\cup$	Vereinigung	4
$\dot{\cup}$	disjunkte Vereinigung	177
$\aleph_0$	Mächtigkeit der natürlichen Zahlen	29
$A(\Gamma)$	Areal (Flächeninhalt) von Γ	204
$B(S,T)$	beschränkte Abbildungen von S nach T	48
$\mathcal{B}(\mathbb{R}^n)$	Borel-σ-Algebra	181
$B(x_0, r)$	(offene) Kugel um x_0 mit Radius r	30
$\mathbb{C}$	komplexe Zahlen	15
$\mathfrak{c}$	Mächtigkeit des Kontinuums	29
$C(S,T)$	stetige Funktionen von S nach T	49
$C^0(S,T)$	stetige Funktionen von S nach T	49
$C^1(I, \mathbb{R})$	einmal stetig differenzierbare Funktionen von I nach $\mathbb{R}$	65
$C^1(U, \mathbb{R}^m)$	einmal stetig differenzierbare Funktionen von U nach $\mathbb{R}^m$	144
$C^n([a,b], \mathbb{R})$	n-mal stetig differenzierbare Funktionen von $[a,b]$ nach $\mathbb{R}$	109
$C^p(U, \mathbb{R}^m)$	p-mal stetig differenzierbare Funktionen von $U \subset \mathbb{R}^n$ nach $\mathbb{R}^m$	151
$C^\infty(S, \mathbb{R})$	unendlich oft differenzierbare Funktionen von S nach $\mathbb{R}$	103
$C_0^\infty(S, \mathbb{R})$	$C^\infty(S, \mathbb{R})$-Funktionen mit kompaktem Träger in S	236

ℓ_2	Folgenraum	39
$L^2(I, \mathbb{R})$	Vervollständigung von $\{C(\overline{I}, \mathbb{R}), \| \cdot \|_2\}$	119
λ_n	n-dimensionales Lebesgue-Maß	181
$\ln$	Logarithmus zur Basis e	59
$\log_a$	Logarithmus zur Basis a	59
$\lim\inf$	limes inferior	34
$\lim\sup$	limes superior	34
∇	Nabla (Gradient)	60
$\mathbb{N}$	natürliche Zahlen	3
$\mathbb{N}_0$	natürliche Zahlen inklusive Null	9
$o(f)$	Landausymbol	208
o. B. d. A.	ohne Beschränkung der Allgemeinheit	24
$\mathcal{P}(A)$	Potenzmenge von A	29
$\prod\limits_{k=m}^{n}$	Produkt	10
$\mathbb{Q}$	rationale Zahlen	3
$\mathbb{R}$	reelle Zahlen	3
$\mathbb{R}_0^+$	nicht negative reelle Zahlen	18
$\overline{\mathbb{R}}$	$\mathbb{R}$ erweitert um $\pm\infty$	183
$\mathrm{Re}\, x$	Realteil von x	15
$R_i[u]$	Randoperator	274
$\mathcal{R}(I, \mathbb{R})$	Regelfunktionen auf I	83
$\mathrm{rot}\, f$	Rotation von f	146
$\sigma(\mathcal{E})$	von $\mathcal{E}$ erzeugte σ-Algebra	178
$\sum\limits_{k=m}^{n}$	Summe	9
$\| \cdot \|_\infty$	Supremumsnorm	80
$\mathrm{supp}\, f$	Träger von f	189
$T_a\Gamma$	Tangentialraum an Γ im Punkt a	208
$\mathcal{T}(I, \mathbb{R})$	Treppenfunktionen auf I	80
χ_A	charakteristische Funktion	184
$\mathbb{Z}$	ganze Zahlen	3

Index

Lineare Algebra für das Bachelorstudium - Das Wichtigste ausführlich

Gerd Fischer

Lernbuch Lineare Algebra und Analytische Geometrie

Das Wichtigste ausführlich für das Lehramts- und Bachelorstudium
2011. X, 423 S. Geb. EUR 29,95
ISBN 978-3-8348-0838-7

Lineare Geometrie im reellen n-dimensionalen Raum - Grundbegriffe (Mengen, Gruppen, Körper, Vektorräume) - Lineare Abbildungen und Matrizen - Determinanten - Eigenwerte und Normalformen - Affine Geometrie (Transformationen und Quadriken)

Diese ganz neuartig konzipierte Einführung in die Lineare Algebra und Analytische Geometrie für Studierende der Mathematik im ersten Studienjahr ist genau auf den Bachelorstudiengang Mathematik zugeschnitten. Die Stoffauswahl mit vielen anschaulichen Beispielen, sehr ausführlichen Erläuterungen und vielen Abbildungen erleichtert das Lernen und geht auf die Verständnisschwierigkeiten der Studienanfänger ein. Das Buch ist besonders auch für Studierende des Lehramts gut geeignet. Es ist ein umfassendes Lern- und Arbeitsbuch und kann auch zum Selbststudium und als Nachschlagewerk benutzt werden. Das Buch erscheint in gebundener Ausgabe und zweifarbigen Layout. Es bringt in ausführlicher Form die beim Bachelor wichtigen Lehrinhalte.

Daneben sind die beiden "Klassiker" des Autors im Taschenbuchformat, das Standardwerk "Lineare Algebra" und der Ergänzungsband "Analytische Geometrie", kompakt geschrieben und mit einer über den Bachelor hinausgehenden Stoffauswahl, weiterhin lieferbar.

VIEWEG+ TEUBNER

Abraham-Lincoln-Straße 46
65189 Wiesbaden
Fax 0611.7878-400
www.viewegteubner.de

Stand Januar 2011.
Änderungen vorbehalten.
Erhältlich im Buchhandel oder im Verlag.

Printed in the United States
By Bookmasters